# Asymmetric Synthesis in Organophosphorus Chemistry
Synthetic Methods, Catalysis and Applications

# 有机磷化学中的不对称合成
方法、催化及应用

（乌克兰）奥列格·科洛迪阿什尼（Oleg I. Kolodiazhnyi） 著

郑冰 王毅 译

·北京·

## 内 容 简 介

本书系统介绍了有机磷化合物立体化学的基础，手性磷原子化合物的合成方法，侧链手性中心磷化合物的不对称合成方法，过渡金属配合物的不对称催化，有机催化的研究，酶和其他生物方法在不对称合成中的应用等内容。另外，还详细阐述了手性有机磷化合物及其不对称合成的理论基础，突出了手性有机磷化合物及其不对称合成研究的重要性，并结合最新研究进展介绍了该领域在工业中实际应用情况。

本书在翻译的过程中尽可能地遵循原著中内容和结构，旨在为读者提供更为专业和细致的讲解，可供从事有机化学、药物合成等领域研究的相关研究人员阅读，也可作为高等院校相关专业的教学用书。

Asymmetric Synthesis in Organophosphorus Chemistry：Synthetic Methods，Catalysis and Applications by Oleg I. Kolodiazhnyi
ISBN 9783527341504
Copyright © 2017 by Wiely-VCH Verlag GmbH & Co. All rights reserved.
Authorized translation from the English language edition published by John Wiley & Sons Limited
本书中文简体字版由 John Wiley & Sons Limited 授权化学工业出版社独家出版发行。
未经许可，不得以任何方式复制或抄袭本书的任何部分，违者必究。

北京市版权局著作权合同登记号：01-2019-1183

### 图书在版编目（CIP）数据

有机磷化学中的不对称合成：方法、催化及应用/（乌克兰）奥列格·科洛迪阿什尼（Oleg I. Kolodiazhnyi）著；郑冰，王毅译. —北京：化学工业出版社，2020.10
书名原文：Asymmetric Synthesis in Organophosphorus Chemistry：Synthetic Methods，Catalysis and Applications
ISBN 978-7-122-37539-1

Ⅰ.①有… Ⅱ.①奥…②郑…③王… Ⅲ.①有机磷化合物-不对称有机合成 Ⅳ.①O627.51

中国版本图书馆 CIP 数据核字（2020）第 149697 号

---

| 责任编辑：刘 军 冉海滢 | 文字编辑：陈小滔 王云霞 |
| --- | --- |
| 责任校对：宋 玮 | 装帧设计：王晓宇 |

---

出版发行：化学工业出版社（北京市东城区青年湖南街13号 邮政编码100011）
印　　装：大厂聚鑫印刷有限责任公司
710mm×1000mm 1/16 印张22½ 字数441千字
2021年1月北京第1版第1次印刷

购书咨询：010-64518888　　　　　　　　　售后服务：010-64518899
网　　址：http://www.cip.com.cn
凡购买本书，如有缺损质量问题，本社销售中心负责调换。

---

定　　价：128.00元　　　　　　　　　　　　版权所有　违者必究

## 译者的话

有机磷化合物已经被广泛地用于有机合成化学中。在 20 世纪 90 年代之前，关于有机磷作为亲核催化剂的研究很少。而目前，有关有机磷催化的有机反应已经成为一个研究热点，得到了显著的发展。例如有机磷催化的环化反应已经成为高效地合成碳杂环化合物的方法之一。特别是中国科学院上海有机化学研究所陆熙炎院士的开创性工作，使得这个领域目前在国内和国际学术界备受关注。而随着有机磷催化的加成反应取得了巨大进步，手性有机磷催化的不对称环化反应也得到了科学家的重视。1997 年，张绪穆报道了第一个比较成功的手性有机磷催化的 [3+2] 环加成反应，对映体过量值最高可达到 93%。目前，已有多个比较成功的手性磷催化的不对称环加成反应取得了较大的进步。

由 Oleg I. Kolodiazhnyi 所编著的 Asymmetric Synthesis in Organophosphorus Chemistry: Synthetic Methods, Catalysis and Applications 一书是一本在国际有机化学界享有盛誉的专著。全书除了介绍有机磷参与的各类反应外，还列出了大量的原始参考文献，方便读者获取相关实验信息。

译者希望本书中文版可以成为一本国内有机化学工作者的常备参考书。参加本书翻译工作的有中国农业大学的郭红超、王敏、刘敏、王兰等，安徽农业大学的朱美庆、王莉君、吴小琴、凡福港、赵宗元。全书由郑冰、王毅校阅定稿。某些化合物和化学试剂的译名比较复杂，有可能不能反映出真实名称或翻译不准确，还请广大读者批评指正。

郑冰，王毅
2020 年 7 月

# 前言
PREFACE

手性磷化合物在许多科学领域发挥着重要作用，包括生物活性药物、农用化学品和过渡金属配合物配体。近年来，有机磷化合物的不对称合成获得了巨大的成功，并取得了许多新的进展，在工业上得到了广泛的应用。不对称合成和不对称催化一直以来都是化学领域最重要的研究方向之一，引起了许多科学家和化学界的兴趣。因此，许多科学中心，包括学术和工业研究实验室，都对有机磷化合物的不对称合成进行了广泛的研究。对映体纯有机磷化合物的制备方法有非对映体经典拆分法、化学动力学拆分法、酶促拆分法、不对称金属配合物催化法和有机催化法。含有 PA—MP、DIPAMP、DIOP、CHIRAPHOS 配体的过渡金属配合物广泛用于 C—H 和 C—C 键的不对称合成。近年来，有机磷化合物的不对称合成取得了巨大的成功，主要是用膦配体催化不对称加氢反应，并发表了许多有关手性有机磷化合物合成的文章。在过去的 10~15 年里，许多致力于有机磷化合物立体化学的优秀综述和多部专著已经出版。一些致力于不对称合成和手性的期刊，如最为重要的 *Tetrahedron*：*Asymmetry* 和 *Chirality*，也获得了普及。

立体化学在药物作用中的重要性，以及对映体的生理作用差异，是目前研究的热点。美国食品药物监督管理局以及其他国家类似监管机构对新药的要求使这一点更加明显。一些氨基和羟基膦酸，以及合成膦酸，具有有效的药用特性，它们已被应用于药理学和医学。关于这些功能化膦酸盐和膦酸酯的详细信息可以在本专著的相关章节中找到。

本书强调了手性有机磷化合物及其不对称合成的重要性。尽管这方面的研究会引起极大的兴趣，但在化学文献中仍没有专门研究有机磷不对称合成的专著，这也是鼓励和激励我们编写这本书的原因。

本书第 1 章致力于有机磷化合物立体化学基础，包括与有机磷化合物立体化学有关的一般理论概念、通用命名法和分析方法。本书的其他章节概述了各种不对称反应和手性有机磷化合物。

第 2 章讨论了手性磷原子化合物的合成方法，包括双配位磷化合物、三配位磷化合物、四配位磷化合物、五配位磷化合物和六配位磷化合物等。

第 3 章介绍了侧链手性中心磷化合物的不对称合成方法。这些反应对于医药产品和中间体的生产特别重要。

第 4 章介绍了过渡金属配合物的不对称催化，即各种不饱和化合物的不对称催化加氢和化学计量还原。不对称加氢是合成新手性中心最简单的方法，该技术是手性合成的发展方向。由于不对称合成是一门高度面向应用的科学，因此本书将对相关技术的工业应用实例进行适当的说明。

第 5 章是对有机催化的深入研究。讨论了有机催化最重要的原理、制备和实际应用的实例。特别介绍了奎宁及其衍生物、鹰爪豆碱、脯氨酸、氨基酸及其衍生物作为催化剂的应用。

第 6 章讨论了酶和其他生物方法在不对称合成中的应用。讨论了外消旋有机磷化合物的动力学拆分、生物催化酯交换、α-羟基膦酸酯的动力学拆分、氨基膦酸酯的酶促拆分以及含有 C—P 键化合物的生物合成方法。以酵母、细菌、真菌为原料，采用微生物法合成手性磷化合物。

本书讨论了手性有机磷-钌化合物的不对称合成方法，在立体选择性合成和不对称催化中有许多应用，本书还参考了最新的文献结果和作者在过去 15~20 年中进行的原始研究。

**Oleg I. Kolodiazhnyi**

# 目录
## CONTENTS

缩略语表 ········································································································ 001

## 1 有机磷化合物立体化学基础 ···················································· 004
### 1.1 历史背景 ································································································ 004
### 1.2 立体化学中的一些常见定义 ··································································· 007
### 1.3 对映体组成的测定 ·················································································· 010
#### 1.3.1 核磁共振方法 ················································································ 010
##### 1.3.1.1 手性溶剂 ············································································· 011
##### 1.3.1.2 金属配合物（位移试剂） ·············································· 012
##### 1.3.1.3 核磁共振手性衍生试剂 ····················································· 014
#### 1.3.2 色谱分析方法 ················································································ 016
##### 1.3.2.1 气相色谱法 ········································································· 016
##### 1.3.2.2 液相色谱法 ········································································· 017
### 1.4 绝对构型的确定 ······················································································ 018
#### 1.4.1 X射线晶体分析 ············································································ 019
#### 1.4.2 化学相关方法 ················································································ 020
#### 1.4.3 通过核磁共振确定绝对构型 ························································ 021
### 1.5 不对称诱导和立体化学 ··········································································· 025
#### 1.5.1 不对称诱导 ···················································································· 025
#### 1.5.2 不对称合成 ···················································································· 026
#### 1.5.3 不对称转化 ···················································································· 026
#### 1.5.4 对映选择性反应 ············································································ 026
#### 1.5.5 对映选择性合成 ············································································ 026
### 1.6 总结 ········································································································ 027
### 参考文献 ······································································································ 027

## 2 P-手性磷化合物的不对称合成 ·················································· 035
### 2.1 引言 ········································································································ 035

## 2.2 低配位磷化合物 ··· 036
## 2.3 三价三配位磷化合物 ··· 040
### 2.3.1 P(Ⅲ)-化合物的结构稳定性 ··· 041
### 2.3.2 P(Ⅲ)上的不对称亲核取代 ··· 042
#### 2.3.2.1 仲醇作为手性助剂 ··· 044
#### 2.3.2.2 光学活性胺作为手性助剂 ··· 053
#### 2.3.2.3 麻黄碱在 P(Ⅲ)上作为手性诱导剂 ··· 056
### 2.3.3 P(Ⅲ)化合物的不对称氧化 ··· 064
### 2.3.4 P(Ⅲ)上的不对称亲电取代 ··· 066
#### 2.3.4.1 不对称 Michaelis-Arbuzov 反应 ··· 067
## 2.4 五价 P(Ⅳ)-磷化合物 ··· 070
### 2.4.1 导言 ··· 070
### 2.4.2 亲核取代反应 ··· 070
#### 2.4.2.1 手性醇在 P(Ⅳ)上的亲核取代 ··· 072
#### 2.4.2.2 手性胺 P(Ⅳ)上的亲核取代 ··· 075
## 2.5 手性 P(Ⅴ)和 P(Ⅵ)磷化合物 ··· 077
## 2.6 总结 ··· 083
## 参考文献 ··· 084

# 3 含有侧链手性中心的磷化合物 ··· 097
## 3.1 引言 ··· 097
## 3.2 侧链中的不对称诱导 ··· 098
### 3.2.1 手性从磷向其他中心的转移 ··· 099
#### 3.2.1.1 手性磷稳定阴离子 ··· 099
#### 3.2.1.2 1,2-不对称诱导 ··· 101
#### 3.2.1.3 1,4-不对称诱导 ··· 102
## 3.3 对映选择性烯化 ··· 108
## 3.4 磷亲核试剂与 C=X 键的立体选择性加成 ··· 112
### 3.4.1 磷-羟醛反应 ··· 114
### 3.4.2 磷-Mannich 反应 ··· 125
### 3.4.3 磷-Michael 反应 ··· 136
## 3.5 不对称还原 ··· 140
## 3.6 不对称氧化 ··· 146
## 3.7 C-修饰 ··· 150
## 3.8 不对称环加成 ··· 151

3.9 多重立体选择性 ……………………………………………………………… 153
3.10 总结 …………………………………………………………………………… 162
参考文献 ……………………………………………………………………………… 162

4 金属配合物的不对称催化 ………………………………………………………… 178
  4.1 引言 ……………………………………………………………………………… 178
  4.2 不对称催化加氢及其他还原反应 …………………………………………… 179
    4.2.1 C=C 磷化合物的加氢 ………………………………………………… 180
    4.2.2 C=O 磷化合物的加氢 ………………………………………………… 191
  4.3 不对称还原和氧化 …………………………………………………………… 193
    4.3.1 C=O、C=N 和 C=C 键的还原 ……………………………………… 194
    4.3.2 不对称氧化 ……………………………………………………………… 199
  4.4 亲电不对称催化 ……………………………………………………………… 202
    4.4.1 磷原子上的催化亲电取代 …………………………………………… 202
      4.4.1.1 P(Ⅲ)化合物的烷基化和芳基化 ……………………………… 202
    4.4.2 侧链中的催化亲电取代 ………………………………………………… 206
      4.4.2.1 烷基化 …………………………………………………………… 206
      4.4.2.2 卤化 ……………………………………………………………… 208
      4.4.2.3 胺化 ……………………………………………………………… 210
  4.5 亲核不对称催化 ……………………………………………………………… 212
    4.5.1 磷亲核试剂对多键的不对称加成 …………………………………… 212
      4.5.1.1 磷-羟醛反应 …………………………………………………… 212
      4.5.1.2 磷-Mannich 反应 ……………………………………………… 218
      4.5.1.3 磷-Michael 反应 ……………………………………………… 220
  4.6 环加成反应 …………………………………………………………………… 225
  4.7 总结 …………………………………………………………………………… 228
  参考文献 …………………………………………………………………………… 228

5 不对称有机催化 …………………………………………………………………… 239
  5.1 引言 ……………………………………………………………………………… 239
  5.2 不对称有机催化中底物的催化活化模式 …………………………………… 239
  5.3 磷-羟醛反应 …………………………………………………………………… 243
    5.3.1 金鸡纳生物碱的催化作用 …………………………………………… 243
    5.3.2 金鸡纳-硫脲的催化作用 ……………………………………………… 245
    5.3.3 其他有机催化剂的催化作用 ………………………………………… 246

5.4 磷-Mannich 反应 248
　　5.4.1 金鸡纳生物碱的有机催化作用 248
　　5.4.2 亚胺的有机催化作用 250
　　5.4.3 亚胺盐的有机催化作用 250
　　5.4.4 手性 Brønsted 酸的有机催化作用 251
5.5 磷-Michael 反应 254
　　5.5.1 金鸡纳生物碱的有机催化作用 254
　　5.5.2 硫脲的有机催化作用 255
　　5.5.3 亚胺盐的有机催化作用 257
　　5.5.4 N-杂环卡宾的有机催化作用 259
　　5.5.5 脯氨酸衍生物的有机催化作用 259
5.6 酮膦酸酯的有机催化加成 266
　　5.6.1 脯氨酸、氨基酸及其衍生物 266
　　5.6.2 硫脲的有机催化作用 272
5.7 磷-Henry 反应 273
5.8 P-叶立德的有机催化改性 274
5.9 手性二胺的不对称催化 276
5.10 其他 287
参考文献 288

# 6 不对称生物催化 298

6.1 引言 298
6.2 有机磷化合物的酶促合成 298
　　6.2.1 羟基膦酸酯的动力学拆分 299
　　6.2.2 生物催化酯交换法拆分 α-羟基膦酸酯 300
　　6.2.3 生物催化水解法拆分 α-羟基膦酸酯 302
　　6.2.4 α-羟基膦酸酯的动态动力学拆分 305
　　6.2.5 β-和 ω-羟基膦酸酯的拆分 306
　　6.2.6 β-羟基膦酸酯的动态动力学拆分 313
　　6.2.7 氨基膦酸酯的拆分 314
6.3 C—P 键化合物的生物合成 317
6.4 P-手性磷化合物的拆分 320
6.5 手性有机磷化合物的微生物合成 330
　　6.5.1 酵母催化合成 331
　　6.5.2 单细胞真菌合成 335

6.5.3 细菌合成 ……………………………………………………………………… 337
6.6 总结 ……………………………………………………………………………… 338
参考文献 ……………………………………………………………………………… 339

**索引** ……………………………………………………………………………… 347

# 缩略语表

| | | |
|---|---|---|
| Ac | acetyl group | 乙酰基 |
| AC | absolute configuration | 绝对构型 |
| AD mix-α | reagent for asymmetric dihydroxylation | 不对称二羟基化试剂 |
| AD mix-β | reagent for asymmetric dihydroxylation | 不对称二羟基化试剂 |
| ALB | Al-Li-bis(binaphthoxide) | Al-Li-双(联萘酚) |
| Ar | Aryl | 芳基 |
| BCL | *Burkholderia cepacia* lipase | 洋葱伯克霍尔德菌脂肪酶 |
| BINOL | 2,20-dihydroxyl-1,10-binaphthyl | 2,20-二羟基-1,10-联萘 |
| BINAP | 2,20-bis(diphenylphosphino)-1,10-binaphthyl | 2,20-双(二苯基膦基)-1,10-联萘 |
| Bn | benzyl group | 苄基 |
| BOC | *tert*-butoxycarbonyl group | 叔丁氧羰基 |
| Bz | benzoyl group | 苯甲酰基 |
| CALB | *Candida antarctica* lipase B | 南极假丝酵母脂肪酶 B |
| CBS | chiral oxazaborolidine compound developed by Corey, Bakshi, and Shibata | Corey、Bakshi 和 Shibata 开发的手性噁唑硼烷化合物 |
| CCL | *Candida cyclindracea* lipase | 圆柱假丝酵母脂肪酶 |
| CD | circular dichroism | 圆二色性 |
| CDA | chiral derivatizing agents | 手性衍生试剂 |
| COD | 1,5-cyclooctadiene | 1,5-环辛二烯 |
| CIP | Cahn-Ingold-Prelog | 卡恩-英格尔-普雷洛格顺序规则 |
| Cp | cyclopentadienyl group | 环戊二烯基 |
| CPL | circularly polarized light | 圆偏振光 |
| CRL | *Candida rugosa* lipase | 皱落假丝酵母脂肪酶 |
| CSR | chemical shift reagent | 化学位移试剂 |
| DBU | 1,8-diazobicyclo[5.4.0]undec-7-ene | 1,8-二氮杂双环[5.4.0]十一碳-7-烯 |
| de | diastereomeric excess | 非对映体过量 |
| DEAD | diethyl azodicarboxylate | 偶氮二甲酸二乙酯 |
| DET | diethyl tartrate | 酒石酸二乙酯 |
| DHQ | dihydroquinine | 二氢奎宁 |

| | | |
|---|---|---|
| DHQD | dihydroquinidine | 二氢奎尼丁 |
| DIBAL-H | diisobutylaluminum hydride | 二异丁基氢化铝 |
| DIPT | diisobutyl tartrate | 酒石酸二异丁酯 |
| DKR | dynamic kinetic resolution | 动态动力学拆分 |
| DMAP | 4-$N,N$-dimethylaminopyridine | 4-$N,N$-二甲氨基吡啶 |
| DME | 1,2-dimethoxyethane | 1,2-二甲氧基乙烷 |
| DMF | $N,N$-dimethylformamide | $N,N$-二甲基甲酰胺 |
| DMSO | dimethyl sulfoxide | 二甲基亚砜 |
| DMT | dimethyl tartrate | 酒石酸二甲酯 |
| L-DOPA | 3-(3,4-dihydroxyphenyl)-L-alanine | 3-(3,4-二羟基苯基)-L-丙氨酸 |
| DYKAT | dynamic kinetic asymmetric transformation | 动态动力学不对称变换 |
| ee | enantiomeric excess | 对映体过量 |
| GC | gas chromatography | 气相色谱 |
| HMPA | hexamethylphosphoramide | 六甲基磷酰胺 |
| HOMO | highest occupied molecular orbital | 最高占据分子轨道 |
| HPLC | high performance liquid chromatography | 高效液相色谱 |
| Ipc | isocamphenyl | 异茨尼烯基 |
| IR | infrared spectroscopy | 红外光谱 |
| L* | chiral ligand | 手性配体 |
| LDA | lithium diisopropylamide | 二异丙基氨基锂 |
| LDBB | lithium 4,4'-di-*tert*-butyldiphenylide | 4,4'-二叔丁基二苯基锂 |
| LLB | Ln-Li-bis(binaphthoxide) | 镧系-锂-双(联萘酚) |
| LHMDS | LiN(SiMe$_3$)$_2$ | 双(三甲基硅基)氨基锂 |
| MEM | methoxyethoxymethyl group | 甲氧基乙氧基甲基 |
| Mnt | menthyl | 薄荷基 |
| MOM | methoxymethyl group | 甲氧基甲基 |
| MPA | methoxyphenylacetic acid | 甲氧基苯乙酸 |
| Ms | methanesulfonyl, mesyl group | 甲磺酰基 |
| MTPA | $\alpha$-methoxyltrifluoromethyl-phenylacetic acid | $\alpha$-甲氧基三氟甲基苯乙酸 |
| NAD(P)H | nicotinamide adenine dinucleotide(phosphate) | 烟酰胺腺嘌呤二核苷酸(磷酸) |
| NHMDS | NaN(SiMe$_3$)$_2$ | 双(三甲基硅基)氨基钠 |
| NME | $N$-methylephedrine | $N$-甲基麻黄碱 |
| NMMP | $N$-methylmorpholine | $N$-甲基吗啉 |
| PFL | *Pseudomonas fluorescences* lipase | 荧光假单胞菌脂肪酶 |
| PLE | pig liver esterase | 猪肝酯酶 |

| | | |
|---|---|---|
| PTC | phase transfer catalyst | 相转移催化剂 |
| R* | chiral group | 手性基团 |
| RAMP | (*R*)-1-amino-2-(methoxymethyl) pyrrolidine | (*R*)-1-氨基-2-(甲氧基甲基)吡咯烷 |
| Salen | *N*,*N*'-disalicylidene-ethylenediaminato | *N*,*N*'-双(水杨酸)乙二胺 |
| TBAF | tetrabutylammonium fluoride | 四丁基氟化铵 |
| Tf | trifluoromethanesulfonyl group | 三氟甲磺酰基 |
| THF | tetrahydrofuran | 四氢呋喃 |
| TMS | trimethylsilyl group | 三甲基硅基 |
| TMSCN | cyanotrimethylsilane | 氰基三甲基硅烷 |
| Ts | tosyl group | 对甲苯磺酰基 |
| TS | transition state | 过渡态 |

# 1 有机磷化合物立体化学基础

## 1.1 历史背景

自然过程从属于几何动力学——完全从几何学角度描述物理对象、几何时空和相关现象的理论。对称性和非对称性是现代自然科学的基本概念之一[1]。这一领域的研究始于中世纪，当时方解石的双折射特性被发现。1669年，Bartholinus观测到了冰洲石（方解石的一种）的双折射特性。后来，在1801年，矿物学家Haui发现石英晶体是对映异构的，代表彼此的镜像。1815年，另一位法国博物学家J.-B. Biot发现某些化合物会旋转偏振光束的平面[2]。除了构建第一台旋光仪，他还发现许多天然化合物具有光学活性，也就是说，它们会旋转圆偏振光的平面。Biot在显微镜下研究并发现了两种类型的晶体。第一种类型的晶体组成的样品顺时针方向转动偏振光，而另一种类型的晶体却向相反方向转动偏振光。两种晶体的混合物对偏振光却不具有转动效应。直到1848年Louis Pasteur提出它的分子基础源于某种形式的不对称，这种性质仍然是一个谜[3]。Pasteur在显微镜下分离D,L-酒石酸钠-铵盐的左和右半面体晶体，并将相反的光学活性关联到这些晶体的镜像上，他认为产生极化的混合物是不对称的，并将这种现象称为不对称（asymmetry）。手性（chirality）一词由Lord Kelvin于1894年提出，并于1962年由Mislow引入化学领域。Pasteur发现这种现象存在于自然界中，如有些从生物体中获得的化合物是手性的或非外消旋的。1852年，Pasteur发现可以通过使用手性碱（奎宁和马钱子碱）和微生物来分离手性结构。他发现，在光学活性天然碱如奎宁或马钱子碱的作用下，可以拆分出酒石酸。此外Pasteur还研发了一种在青霉菌作用下拆分出左旋酒石酸的方法，从而为外消旋体的微生物拆分奠定了基础。J. Wislicenus得出的结论是，右旋乳酸和左旋乳酸具有相同的结构，他注意到异构体之间的唯一差异是自由基在空间中的分布顺序[4]。手性的起源最终能追溯到1874年，当时van't Hoff和Le Bel独立提出这种光学活动现象可以通过假设碳原子和它们的邻位之间的四个饱和化学键指向正四面体的角来解释[5]。该概念通过认识到具有四个不同取代基的碳原子存在于两个镜像中而导致对所观察到的光学活性的解释，即：它是手性的。对映选择性反应的研究始于 Emil Fisher[6]，他研究了糖类物质与氰化氢反应。1912 年，Bredig 和 Fiske[7] 描述了第一个对映选择性催化反应。他们研究了金鸡纳生物碱催化的氰化氢加成苯甲醛的反应。尽管最初形成的苯并氰醇水解得到的扁桃酸具有较低的光学纯度（3%～8%），但 Bredig 和 Fiske 的研究表明可以通过手性催化剂从非手性前体合成光学活性化合物。与 Fischer 不同，尽管使用了手性有机催化剂，Marckwald 对非手性非天然原料进行了对映选择性反应[8]。在一篇题为"Ueber asymmetrische Syntheses"的论文中，Marckwald 给出了不对称合成的定义："不对称合成是指从对称结构的化合物中产生光学活性物质的反应，中间使用光学活性物质，但不包括所有分析过程。"50 年后，Horst Pracejus 报道了生物碱催化甲基（苯基）酮与醇的不对称有机催化反应，从而生成光学活性的 $\alpha$-苯基丙酸酯对映体[9]。

第一项关于通过不饱和磷酸酯的催化加氢合成不对称氨基磷酸酯的工作发表于大约 30 年前。对映选择性合成的发展起初很慢，主要是由于可用于分离和分析的技术有限。直到 20 世纪 50 年代，由于新技术的发展，手性合成才开始取得真正的进展。其中第一个是 X 射线晶体学，Bijvoet 等用它来测定有机化合物的绝对构型（AC）[10]。在同一时期，还有一些方法陆续被开发出来，如通过核磁共振（NMR）分析手性化合物：使用手性衍生试剂（CDAs），如 Mosher 酸[11] 或铕基位移试剂，其中 Eu(DPM)$_3$ 是使用最早的[12]。手性助剂概念由 Corey 和 Ensley 于 1975 年引入[13]，并在 D. Enders 的工作中占据突出地位。与此同时，对映选择性有机催化技术得到了发展，酶催化的对映选择性反应在 20 世纪 80 年代变得越来越普遍，尤其是在工业上。其应用包括用猪肝酯酶水解不对称酯。新出现的基因工程技术使酶的裁剪成为特定的过程，从而增大了选择性转化的范围。

今天，有机磷化合物的不对称合成是现代化学中极其热门的研究领域。许多杰出的化学家在不对称合成这一领域做出了卓越的贡献。

Louis Pasteur（1822—1895）

Hermann Emil Fischer（1852—1919）

因此，L. Horner 研究了季鏻盐的电化学裂解，发现具有三个不同取代基的叔膦是手性的[14,15]。这些知识奠定了 Horner 在对映选择性催化，特别是对映选择性均相加氢方面的开创性工作的基础[15]。基于 Horner 发现的手性膦工作，且与 W. S. Knowles[16]的工作同年独立发表，因而获得了诺贝尔奖。Knowles 通过采用手性膦配体取代 Wilkinson 催化剂中的非手性三苯基膦配体，开发出第一种不对称加氢催化剂。他利用 DIPAMP 配体开发了一种对映选择性加氢路线，用于生产 L-DOPA[3-(3,4-二羟基苯基)-L-丙氨酸]。L-DOPA 后来成为治疗帕金森病的主要成分。基于阻转异构体配体 BINAP[2,2′-双(二苯基膦基)-1,1′-联萘]的开发和手性催化加氢的研究，Noyori Ryōji 与 W. S. Knowles 共同获得了诺贝尔化学奖[17]。1985 年，Schöllkopf 等[18]报道了 N-[1-(二甲氧基磷酰基)-乙烯基]甲酰胺的不对称加氢，使用含有（+）-DIOP 手性配体的铑催化剂，得到了具有良好产率的 L-(1-甲酰氨基乙基)膦酸酯，其对映体过量为 76%。最初形成的甲酰胺用浓盐酸水解，得到氨基膦酸。而从水/甲醇中结晶可以使最终产物的对映体过量提高至 93%。

$$\underset{H}{\overset{H}{\diagdown}}C=C\underset{P(O)(OMe)_2}{\overset{NHCHO}{\diagdown}} \xrightarrow{H_2 \atop Rh\text{-}(+)\text{-}DIOP} \underset{H}{\overset{H}{\diagdown}}\underset{P(O)(OMe)_2}{\overset{NHCHO}{\diagup}} \longrightarrow \underset{H}{\overset{H}{\diagdown}}\underset{P(O)(OH)_2}{\overset{NH_2}{\diagup}}$$

L-,76%ee　　　　　　　L-,93%ee
$[\alpha]_D = -12.9$　　　　$[\alpha]_D = -15.6(1\text{mol}\cdot L^{-1}\text{ NaOH})$

法国科学院院士 Henry Kagan 对有机磷化合物不对称合成的发展也作出了重大贡献。他开发了 $C_2$ 对称的次膦配体，包括 DIOP，用于非对称催化。这些配体在化学工业中具有广泛的实际应用[19]。

日本化学家 Imamoto 开发了许多类型的膦配体，并将其应用到实际工业生产中[20]。法国化学家 Juge 创造了易实现的使用"麻黄碱"方法来制备手性膦，将其命名为"Juge-Stephan 法"。他与 Imamoto 一起开发了膦硼烷[21]。美国化学家 William McEwen 开发了有机磷化合物立体化学的基本原理[22]。波兰化学家 Kafarsky[23]和 Mikołajczyk[24]对磷和硫作为反应物在生物活性和天然化合物的制备中应用进行了重要的研究。Pietrusiewicz 等[25]，Kielbasisky 和 Drabowich[24,26]现在仍在进行这些研究。不对称合成方法和手性有机磷化合物的合成吸引了许多大型工业企业和科研机构的兴趣，其中值得注意的是罗斯托克大学莱布尼茨催化研究所（LIKAT），这是欧洲最大的公共资助研究机构。该研究所的 A. Börner 教授一直致力于开发新颖的次膦酸手性配体及其实际应用[27]。除了上面提到的那些，许多科学中心的数百名高度专业的化学家正致力于有机磷化合物的不对称合成领域。他们的名字和成就可以在本专著中找到。

## 1.2 立体化学中的一些常见定义

本节将解释立体化学领域的一些常用术语。这些术语在本书中反复出现。因此，我们必须为这些常用术语建立通用定义[28]。

**绝对构型** 物理上识别手性分子实体（或基团）的原子空间排列及其立体化学描述［如 (R) 或 (S)，(P) 或 (M)，(D) 或 (L)］。

**绝对构型** 化学家的术语，指手性分子。特别要注意的是，这既涉及所考虑的实体，即晶体结构与分子的关系，又涉及对称性限制。

**不对称化合物** 缺少所有对称元素。不对称分子具有光学活性。它有一个额外的分子，它是不可重叠的镜像。它们一起被称为对映体。一些不对称分子不仅作为对映体存在，而且作为非对映体存在。

**确定绝对构型的 *R-S* 序列规则** 为了指定立体中心的立体化学，必须确定连接到立体中心的基团的优先级。

CIP（Cahn-Ingold-Prelog）优先级规则是命名分子立体异构体的标准方法。$R/S$ 描述符是通过一个系统来分配的，该系统用于对连接到每个立体中心的基团的优先级进行排序。比较直接连接到立体中心的原子的原子序数为 $(Z)$。具有较高原子序数的原子基团具有较高的优先级。随着原子序数的增加，优先级增加：I>Br>Cl>S>P>O>N>C>H>电子对。

在确定了立体中心取代基的优先顺序后，分子在空间中定向，因此优先级最低的基团会远离观察者。具有顺时针旋转方向的中心是 (R) 或正中心，具有逆时针旋转方向的中心是 (S) 或负中心。四面体磷化合物中取代基优先顺序与具有真正 C=O 多键的碳化合物中的取代基优先顺序不同（Alk<R—O—C<C=O）。磷酸盐、膦酸酯和相关化合物中的 P=O 键传统上表示为双键，尽管将其视为具有位于氧原子上的两个电子对的单键处理更为正确。这是四面体磷的取代基具有以下优先顺序的原因：Alk<P=O<R—O—P[29,30]。在三配位磷化合物中，优先级最低的基团是电子对。

**生物催化** 生物催化是酶或其他生物催化剂通过其进行有机组分之间反应的化学过程。生物催化利用从分离的酶到活细胞的生物化合物，进行化学转化。这些试剂的优点包括非常高的对映选择性和试剂特异性，以及温和的反应条件和弱的环境影响。

**手性** 刚性物体（点或原子的空间排列）在其镜像上有不可叠加几何特性。这样的对象不具有第二种对称操作。如果对象在其镜像上是可叠加的，则该对象被描述为非手性的，并且被修改为 H-M 符号。Hermann-Mauguin 符号是用来代表点群、平面群和空间群中的对称元素[28]。

**手性助剂** 手性助剂是一种有机化合物，其与初始反应物偶联形成新化合物，然后可通过分子内不对称诱导进行对映选择性反应。在反应结束时，在不会引起最终产物外消旋化的条件下除去助剂。然后通常将其复原以备重复使用。

**不对称化合物** 缺少对称轴交替且通常作为对映体存在的化合物。不对称性是分子在其镜像上不可叠加的性质。不对称分子可能具有简单的对称轴，但它仍具有光学活性并作为对映体存在。不对称分子都具有光学活性。

**前缀 d 或 l** 根据实验确定的单色偏振光的平面向右或向左旋转可分为右旋或左旋。

**前缀 D 或 L** 通过与 D-或 L-甘油醛构型的实验化学相关性，确定分子的绝对构型；通常用于氨基酸和糖，尽管（R）和（S）是首选的。

**非对映异构体** 具有两个或多个手性中心的立体异构体，其中分子不是彼此的镜像，例如，赤藓糖和 D-三糖。术语非对映异构体通常被称为非对映体。

**光学纯/对映纯** 所有分子（在检测范围内）都具有相同手性意义的样品。强烈反对使用纯手性作为同义词（Moss[28]）。

**对映选择性合成** 也称为手性合成或不对称合成。IUPAC 将其定义为"一种化学反应（或反应序列），其中一种或多种新的手性元素在底物分子中形成，并且产生不等量的立体异构（对映异构或非对映异构）产物。"

**对映选择性有机催化** 有机催化是指由碳、氢、硫和其他非金属元素组成的有机化合物提高化学反应速率的一种催化形式。当有机催化剂为手性时，可以实现对映选择性合成。例如，在脯氨酸存在下，许多碳-碳键形成反应变成对映选择性的，羟醛反应是一个主要的例子。有机催化常用天然化合物作为手性催化剂。

**对映异构体** 两个立体异构体是彼此不可重叠的镜像。

**对映体过量 (ee)** 对映体过量（ee）是手性物质纯度的量度。它反映了两种对映体的混合物中一种对映体超过另一种对映体的百分比。外消旋混合物的 ee 为 0%，而单个完全纯对映体的 ee 为 100%：$ee=[(E_1-E_2)/(E_1+E_2)]\times100\%$。

**对映体** 立体化学术语对映体是指分子中两个基团之间的关系，如果一个或另一个被取代，将生成手性化合物。这两种可能的化合物是对映异构体。

**赤式/苏式** 源自糖类命名法的术语，用于描述相邻立体中心的相对构型。赤式是指在 Fischer 投影中，垂直链的同一侧具有相同或相似取代基的构型。相反，苏式异构体的这些取代基在相反的两边。这些术语来自于两种糖类化合物的命名，即三糖和赤藓糖。

**Flack 参数** 结构-振幅方程 $G$ 中的参数 $x$：
$$I(hkl)=(1-x)[(hkl)]^2+x[F(-h-k-l)]^2$$

**同位组** 可以通过对称轴交换的组。由此可知，任何具有对称轴的非手性或手性分子都包含至少一组（通常是一对）同位组。

**内消旋化合物** 分子不仅具有两个或多个不对称中心而且还具有对称平面的化合物。它们不以对映体的形式存在，例如内消旋酒石酸。

**光学活性** 通过实验观察到单色平面偏振光平面向观察者的右侧或左侧旋转。用旋光仪可以观察到光学活性。

**光学异构体** 对映体的同义词，现在研究较少，因为大多数对映体在某些波长的光下缺乏光学活性。

**光学纯度** 样品的光学纯度表示为其旋光度与纯对映体（旋光度最大）的百分比。

**旋光性** 顺时针（向右）旋转平面偏振光的对映体称为右旋对映体，用小写字母"$d$"或正号（+）表示。逆时针旋转平面的称为左旋，用小写字母"$l$"或负号（-）表示。

**P-手性** 在文献中，与三个不同取代基键合的磷原子称为 P-立体异构、P-手性源性或 P-手性。应该注意到"P-手性"并不严格正确，因为手性是整个分子的特性。

**前手性** 指分子中存在立体异构配体或面，在适当地替换一种此类配体或将在这样的面上添加一种非手性前体后，会产生手性产物。

**前 R 原子和前 S 原子** 指系统中存在的立体异位配体。假设引入的配体具有最高的优先级，用新引入的配体替换给定的配体将产生一个新的手性中心。如果新创建的手性中心具有（R）构型，则该配体被称为前 R 原子；而前 S 原子是指创建（S）构型的配体替换。

**外消旋体** 一对对映体的等摩尔混合物。它不表现出光学活性。外消旋体的化学名称或化学式与对映体的化学名称或化学式通过外消旋体或符号 $RS$ 和 $SR$ 区别开来。

**外消旋化** 将一种对映体转化为两种对映体混合物（50∶50）的过程。

***Re* 和 *Si*** 是用于对异位面进行立体化学描述的标签。如果将三个配体 a、b 和 c 的 CIP 优先级指定为 a>b>c，则顺时针方向朝向观察者的面称为 *Re*，逆时针方向为 a<b<c 的面称为 *Si*。

**非外消旋** 两种对映体的混合物，其中一种过量。这个术语是为了认识到大多数合成物或分离物不会产生100％的一种对映体。

**立体异构体** 由相同类型和相同数量的原子组成的分子，具有相同的连接方式但不同的结构。

## 1.3 对映体组成的测定

立体化学和手性在许多不同的领域都非常重要，因为立体异构体的分子性质和生物学效应通常是显著不同的。确定药物样品的 ee 可以使药物分配路线个体化和可跟踪化。除了传统的旋光法和化学拆分法外，目前最流行的对映体过量测定包括色谱法［即气相色谱法（GC）、高效液相色谱法（HPLC）］和其他可能被视为相关变体的技术，如毛细管区带电泳、胶束电动色谱法和超临界流体色谱法（SFC）。这些技术可直接应用于样品，或某些非手性试剂可用于样品修饰，例如，胺的酰化可改善色谱的分离效果。为了确定一种异构体比另一种异构体多出多少，基于手性色谱柱上的 HPLC 或 GC 的分析方法被证明是最可靠的。利用 NMR 分析的手性化学位移试剂和手性溶剂也很有用，光学方法也很有用[31-34]。

化合物的对映体组成可以用 ee 描述，其描述了一种对映体相对于另一种对映体的过量。相应地，样品的非对映体组成可以用非对映体过量（de）来描述，其是指一种非对映体的过量。

$$对映体过量(\%ee)=\frac{(R)-(S)}{(S)+(R)}\times 100\%$$

$$非对映体过量(\%de)=\frac{(S\times S)-(S\times R)}{(S\times S)+(S\times R)}\times 100\%$$

其中 (R) 和 (S) 分别是 R 和 S 对映体的组成，(S,S) 和 (S,R) 是非对映体的组成。

此外还有多种方法，其中所研究的化合物可以用手性试剂转化为非对映体产物，这些产物在物理性质上具有可检测的差异。如果使用衍生试剂，必须确保与目标分子的反应是定量的，并且衍生化反应要完成[31]。

### 1.3.1 核磁共振方法

光谱技术，主要是 NMR，通过观察 $^1H$、$^{13}C$、$^{19}F$ 或者其他原子核，对测定 ee 非常有用。NMR 方法采用直接方法，使用手性镧系转移试剂或手性溶剂，但也可以使用间接方法[32-39]。一种典型的间接 NMR 方法是使用手性试剂将底物对映体转化为稳定的非对映体衍生物。任何 NMR 方法都依赖于观察底物对映体中相应原子核的单独吸收（不同的化学位移）。

### 1.3.1.1 手性溶剂

在有机磷化学中，手性溶剂（CSA）如奎宁、辛可宁、氨基酸衍生物、手性膦酸和Kagan酰胺是最常用的（表1.1）[35-55]。使用金鸡纳生物碱（奎宁和辛可尼丁）作为CSA是测定羟基膦酸盐的对映体组成的简便方法[32-34]。将$CDCl_3$中的生物碱溶剂加入置于NMR管中的羟基膦酸酯中，随后记录NMR中的$^{31}P-[^1H]$光谱来进行测定。光谱中的非对映体信号被很好地分辨，从而可以积分。在羟基膦酸酯/生物碱的摩尔比为1:4时达到最佳的$\Delta\delta_P$信号强度（图1.1）[40]。

表1.1 一些用于测定对映体过量的手性溶剂

| 序号 | 试剂 | 磷化合物的种类 | 参考文献 |
| --- | --- | --- | --- |
| 1 | N-Fmoc-N'-Boc-L-色氨酸 | 膦酸酯,亚膦酸盐,磷酸盐,膦氧化物,氨基膦酸酯 | [35] |
| 2 | 奎宁 | 羟基膦酸酯 | [36-39] |
| 3 | 辛可尼丁 | 羟基膦酸酯 | [40] |
| 4 | Kagan 酰胺 | 叔膦氧化物,膦氧化物 | [41-43] |
| 5 | 大环化合物 | 次膦酸,膦酸,磷酸 | [44] |
| 6 | 叔丁基(苯基)膦(硫)醇 | P-手性膦酸酯和α-取代膦酸酯,叔膦氧化物,膦酰胺,亚膦酸盐,次膦酸酯,次膦酸盐 | [45-47] |
| 7 | 环糊精 | 羟基膦酸酯,氨基膦酸酯 | [48-54] |

某些手性化合物被发现在CSA存在下，也可以在非手性溶剂中实现测定。在这些情况下，基于底物和CSA之间的非对映异构相互作用来实现测定。可以使用$C_6D_6$或$CDCl_3$等氘代溶剂，它们不会干扰生物碱的溶剂化作用。但是，使用诸如氘代甲醇的溶剂会导致不良结果，其在生物碱和羟基膦酸酯之间形成氢桥中起关键作用，从而导致在NMR光谱中区分对映体。(S)-(l)-N-(3,5-二硝基

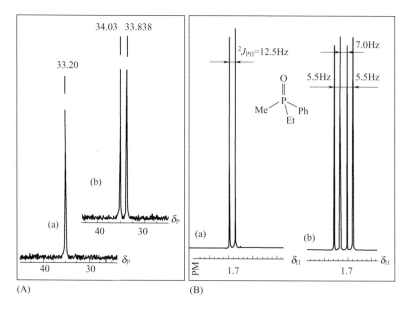

**图 1.1** 无溶剂和辛可尼丁外消旋体 (EtO)$_2$P(O)CH(Cl)Bu-$t$ 的
$^{31}$P-[$^1$H] NMR 谱（A）；无溶剂和 Kagan 酰胺外消旋甲基-乙基-
苯基膦氧化物的 NMR 谱（B）

苯甲酰基)-1-苯基乙胺和相应的($S$)-($l$)-1-萘基衍生物（Kagan 酰胺）是叔膦氧化物和磷杂环戊烯氧化物的有效 CSA。与 2-磷杂环戊烯-1-氧化物衍生物的结合引起$^{31}$P 共振的特征性扰动，其与绝对构型相关[41-43]。

对映体的区别通常较大，且带有较大的屏蔽萘基衍生物。($R$)-(1)或($S$)-(2)-叔丁基苯基硫代磷酸也是一种与含有氧化膦基团的化合物缔合的有效的手性 NMR 溶剂。如可与亚膦酸酯、硫代磷酸盐和硫代硫酸盐有类似的反应。在每一种情况下，屏蔽苯基会导致与绝对构型相关的$^1$H NMR 和$^{31}$P NMR 光谱的一致趋势。同样的情况也发生在($R$)-(1)和($S$)-(2)-($N$-苯基)甲基苯基膦酰胺上，后者通过氢键与其他膦酰胺结合[47]。Kafarski 等以 α-环糊精和 β-环糊精为手性选择剂，对氨基烷烃膦酸和氨基烷烃次膦酸的 ee 进行了$^{31}$P NMR 测定。这些酸大多与 α-和 β-环糊精形成包合物，随着环糊精与氨基膦酸摩尔比的增大，($R$)-和($S$)-对映体的$^{31}$P NMR 信号被分离。当氨基膦酸的外消旋混合物溶解在含有环糊精的溶液中时，形成两个非对映体配合物，在大多数情况下，$^{31}$P NMR 谱中观察到两个信号峰[48-54]。

### 1.3.1.2 金属配合物（位移试剂）

镧系位移试剂的一个最有用的应用是使用镧系元素上的手性配体来测定光学纯度。开发的两种更有效的试剂是 Eu(facam)$_3$[三(3-三氟乙酰基-D-樟脑)铕(Ⅲ)]和 Eu(hfbc)$_3$[三(3-七氟丁酰基-D-樟脑)铕(Ⅲ)]。手性化学位移试剂

(CSR）可用于增强非对映体混合物的各向异性，以便于定量分析。CSR 是某些镧系元素的顺磁性配合物，例如铱和钇，配体旨在使其可溶于有机溶剂。它们也具有化学惰性，在某些情况下，可提高化合物在非水溶剂中的溶解性。当添加到 NMR 样品中时，它们与极性官能团（如胺、酯、酮和醇）的配位关系较弱，并形成一个产生大化学位移变化的强局部磁场。手性 CSR（可商购）的示例如方案 1.1 所示。如果 CSR 与具有立体中心的底物结合，则可以从其对映体形成两个非对映体配合物，原则上，将表现出不同的化学位移，从而导致样品的两种对映体出现的不同共振峰（$^1$H 或 $^{13}$C）。手性位移试剂通常与含有非对映体质子的对映体底物形成加合物，这些对映体底物显示出良好的 NMR 信号。例如，镧系元素的配合物，如樟脑衍生物，特别是三-(3-3-(＋)-樟脑)镧(Ⅲ)[R＝C(CH$_3$)$_3$、C$_3$F$_7$ 等] 或者 Eu(hfc)$_3$（三[3-(七氟丙基羟亚甲基)-(＋)-樟脑酸酯]铕）配合物 1。在三铕[3(七氟丙基羟亚甲基)-(－)-樟脑酸酯]的手性位移试剂存在下，(R)/(S)-异构混合物在 NMR 光谱中的分辨率足以确定它们的对映体比率[56-59]。

**1** M＝Ln, Eu, Yb; R＝t-Bu, CF$_3$

(R,R)-**2**

**3**

**4**

方案 1.1 金属配合物增加了被测材料的异步信号

镧系元素配合物可用作弱 Lewis 酸。在非极性溶剂（例如 CDCl$_3$、CCl$_4$ 或 CS$_2$）中，这些顺磁性盐能够结合 Lewis 碱，例如酰胺、胺、酯、酮和亚砜。因此，质子、碳和其他原子核被去除屏蔽，并且这些核的化学位移被改变。这种改变的程度取决于配合物的强度及原子核与顺磁性金属离子的距离。因此，不同类型原子核的 NMR 信号位移的程度不同，这导致光谱简化。在手性 CSR 存在下观察到的光谱不等价性可以通过非对映体 CSR-手性底物配合物几何形状的差异以及引起异时性的配位对映体的不同磁性环境来解释。例如，通过 NMR 发现，Pd$^{2+}$ 与 1-氨基膦酸盐配体（L）的相互作用以非对映选择性方式产生在碱性 D$_2$O 溶液中可观察到的非对映异构螯合物对（PdL$_2$）[56]。螯合物 **2** 在 $^{31}$P NMR 光谱中给出两个峰：一个对应于手性物质 [两个配体都是 (R) 或 (S) 对映体]，另二个对应于内消旋形式 (R) 和 (S)-配体。在所用的实验条件下，观察到信号峰在 0.03～0.18。通过用衍生化 α-叔丁基取代的叔苄胺的纯手性邻位钯化分离试剂 **3** 对它们的非对映加合物进行色谱分离，分离 t-BuP(Ph)C$_6$H$_4$Br-**4**

的对映体。使用 $^1$H NMR 光谱测定了钯的构象和膦的绝对构型（AC），并通过对两种非对映体配合物的 X 射线衍射研究证实[60]。对映体纯的二铑配合物 **4** [$(R)Rh_2(MTPA)_4$] 是使用 $^1$H 或 $^{13}$C NMR 光谱法手性识别各种有机化合物的良好助剂。二铑配合物方法特别适用于软碱基团。因此，它是使用 CSR 方法的良好补充，因为 CSR 是已知较硬的碱。化合物 **4** 与 P=S 或 P=Se 衍生物的非对映体配合物在化学位移中表现出显著的差异，因此可以通过 $^1$H、$^{13}$C 和 $^{31}$P NMR 光谱测定该类化合物[59]。

#### 1.3.1.3 核磁共振手性衍生试剂

手性衍生试剂（CDA）是光学活性反应物，其可以与待分析的对映体反应。CDA 是用于将对映体混合物转化为非对映体的手性助剂，以分析混合物中存在的每种对映体的量，其可以通过光谱法或色谱法进行分析。

通常，该反应涉及共价键的形成，但在某些情况下，它可能生成可溶性盐。在许多情况下，非对映体配合物表现出与绝对构型相关的化学位移模式。由于 CDA 可用于测定 ee，因此在衍生化反应过程中不发生动力学拆分是至关重要的。

Dale 和 Mosher[11] 都提出了 α-甲氧基-α-苯基-α-三氟甲基乙酸（MTPA）存在 (R)- 和 (S)- 形式。MTPA 现被称为 Mosher 酸。MTPA 的氯化物与手性醇（主要是仲醇）反应形成称为 MTPA 酯或 Mosher 酯的非对映体混合物。使用 MTPA 有两个好处：由于不存在 α-质子，避免了手性 α-C 的差向异构化；并且 $CF_3$ 基团的引入使得可以通过 $^{19}$F NMR 分析衍生物，简化了分析过程。NMR 活性核（$^{19}$F）的存在提供了另一种确定 ee 和可能的绝对构型方法。通常不会观察到峰重叠，并且 $^{19}$F NMR 比 $^1$H NMR 峰分离得更好[61]。用 MTPA（Mosher 酸）[61-64]、樟脑酸[63]、扁桃酸[64]、膦酰基二肽[65,66]、二氮杂磷烷氯化物[67] 等进行氨基和羟基膦酸酯的衍生化反应。(S)-萘普生®氯化物和 (S)-布洛芬®氯化物是简易的 CDA，用于通过 $^{31}$P NMR 光谱法测定 α- 和 β-羟烷基膦酸酯的对映纯度[68]。此外还使用了羟基膦酸的手性 1-(1-萘基)乙胺盐的 $^1$H NMR 光谱[55]，手性介质中的 NMR，具有手性固定相的气液色谱法（GLC）[69] 以及其他方法（图 1.2）。

N 取代的 L-氨基酸可以通过 $^{31}$P NMR 光谱法测定手性 1-羟烷基膦酸的对映体组成（方案 1.2）[11,61-65]。还可以使用羟基膦酸的手性 1-(1-萘基)乙基铵盐的 $^1$H NMR 光谱，手性介质中的 NMR 和其他方法[51,70-77]。形成的非对映体酯可通过 $^1$H，$^{19}$F 和 $^{31}$P NMR 光谱分析。(S)-羟基膦酸酯的 $^{31}$P NMR 光谱中 P 原子的信号通常位于比 (R)-羟基膦酸酯低的场中。

许多手性磷衍生试剂 **5~11** 被报道并用于通过 NMR 测定有机磷化合物的对映体纯度[70-76]（方案 1.3）。例如，通过 $^1$H 和 $^{31}$P NMR 光谱，将 TADDOL **7** 的磷衍生物用于醇和羧酸的对映体鉴别。$C_2$ 对称配体的 P(Ⅲ) 和 P(Ⅴ)-磷衍生物 [1,2-二苯基-1,2-双(N-甲基氨基)乙烷或 1,2-双(N-甲基氨基)环己烷] 适用于

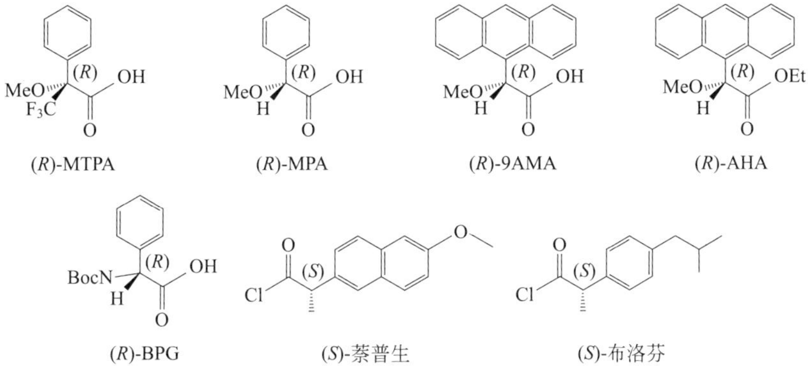

图 1.2　一些手性衍生试剂

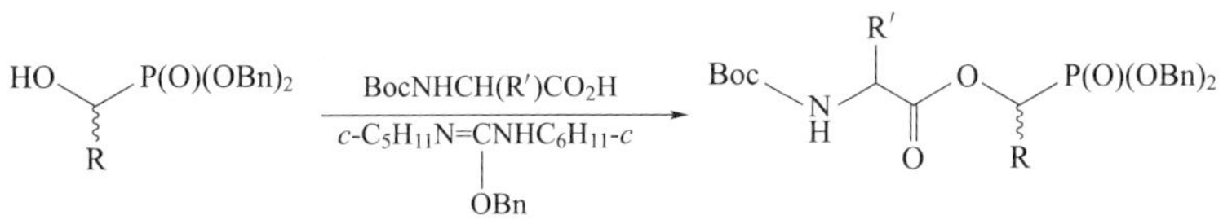

方案 1.2　通过 N-取代的 L-氨基酸测定光学纯度

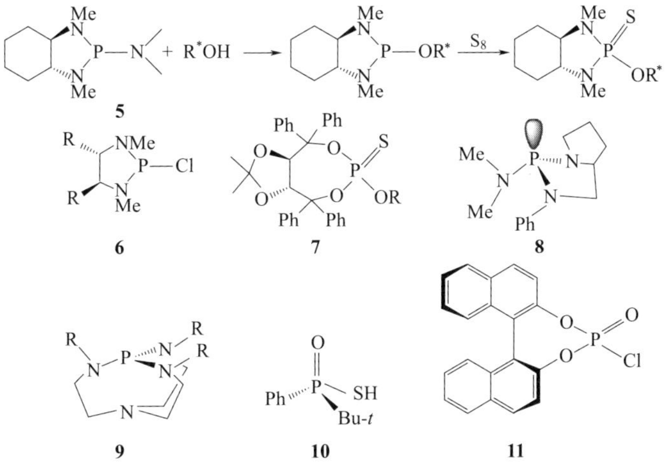

方案 1.3　含磷的手性衍生试剂

测定羧酸的光学纯度。通过 PCl₃ 与手性 2,3-丁二醇或氢化苯偶姻反应制得的环状氯代亚磷酸酯用于测量手性醇的 ee。(S)-2-苯氨基甲基吡咯烷的磷衍生物可用于卤代醇的对映体鉴别（方案 1.3）。

各种醇和胺的衍生化非对映体可通过 $^{31}$P NMR 光谱精确地确定样品的非对映异构体比率和光学纯度，即使在反应混合物中也可以。例如，由酒石酸盐或 1,2-二氨基环己烷得到的衍生试剂可以使衍生化合物的 Δδ 较低。

二薄荷基氯代亚磷酸盐是一种简便的化学衍生试剂，用于通过$^{31}$P NMR 测定羟基膦酸酯、氨基膦酸酯、氨基酸和醇的对映体纯度。与该试剂反应形成的非对映体羟基膦酸酯衍生物的化学位移 $\delta_P$ 明显不同。因此，结合$^{31}$P NMR 信号强度可以确定对映体比率[77]（方案 1.4）。

$$\text{MntO} \diagdown \text{P—Cl} \xrightarrow[-2HCl]{R^*OH, Et_3N} \text{MntO} \diagdown \text{P—OR}^*$$
$$\text{MntO} \diagup \qquad\qquad\qquad\quad \text{MntO} \diagup$$

**方案 1.4** 二薄荷基氯代亚磷酸酯作为衍生化试剂

## 1.3.2 色谱分析方法

GC 和 HPLC 均可提供快速且准确的方法，用于有机磷化合物的对映体分离。并且如果使用合适的检测装置，HPLC 可定量分析其质量和旋光度。色谱方法是手性分离中最有用的方法之一。有两种方法：利用衍生试剂的间接方法和利用手性固定相或手性流动相添加剂的直接方法。在间接方法中，使外消旋混合物与手性试剂反应形成一对非对映异构体，然后使用非手性色谱柱进行色谱分离。因为非对映异构体具有不同的理化性质，所以可以在非手性环境中将其分离。以下是间接方法的优点：①它更廉价，也就是说，可以使用传统的色谱柱；②它更灵活，因为可以使用 HPLC 各种非手性色谱柱和流动相条件；③可使用多种类型的衍生化学。另一方面也存在一些缺点：①分析时间长，包括样品制备和衍生化学的验证；②当需要逆向衍生化以回收纯对映体时，在制备色谱中存在不便；③需要合成非商业上可获得的纯衍生试剂；④由于衍生试剂的部分外消旋化或不相等的反应速率，得到的对映体组成的结果是有偏差的。

使用手性流动相添加剂在非手性色谱柱上直接分离对映体仅适用于 HPLC。在 GC 中，流动相是惰性载气，与分析物或固定相的选择性相互作用的可能性最小。然而，在 HPLC 中，流动相是系统的动态部分，其影响分析物和固定相的相互作用。在该方法中，通过在外消旋分析物和手性流动相添加剂之间形成一对瞬时非对映体配合物来实现对映体分离。通过使用合适的手性流动相添加剂，可以在常规非手性液相色谱柱上分离许多外消旋混合物。β-和 γ-环糊精等添加剂已经获得成功。该技术的优点如下：①可以使用较低成本的传统液相色谱色谱柱；②有多种可能的添加剂；③可以从手性相获得不同的选择性。然而，该技术的问题包括：①许多手性添加剂是昂贵的，有时必须合成；②操作方式对于制备色谱来说是复杂且不方便的，因为必须从对映体溶质中除去手性添加剂。

### 1.3.2.1 气相色谱法

手性气相色谱法是一种很常用的分析对映体混合物的方法。该方法基于以下原理：手性固定相和样品之间的分子缔合可以导致一些手性识别和对映体的充分分离。手性固定相含有高对映纯度的辅助拆分剂（方案1.5～方案1.7）。待分析的对映体与固定相经历快速和可逆的非对映体相互作用，因此可以以不同的速率洗脱。通过GC分离对映体或非对映体混合物是测定对映体组成的良好方法。然而，该方法仅限于挥发性和热稳定性的样品。通常，如果待分离的化合物具有低沸点（例如，<260℃），或者它可以转化为低沸点物质，并且在分析期间不发生外消旋化，则可以通过GC对其进行分析。如果化合物具有高沸点，或者化合物在高温下易于分解或发生外消旋化，则HPLC将是分离的选择[78,79]。

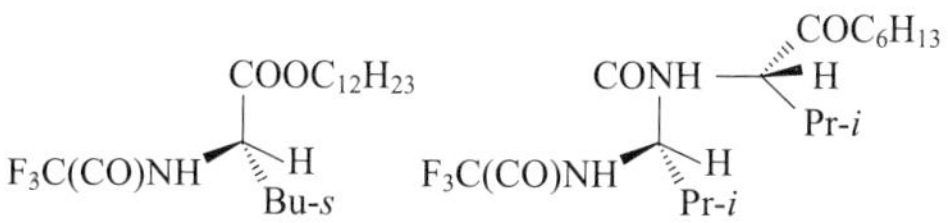

**方案1.5** 用于气相色谱的手性固定相

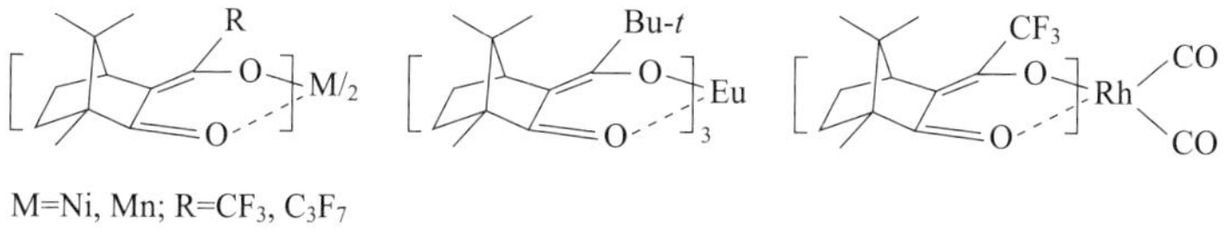

**方案1.6** 用于气相色谱的手性金属螯合物

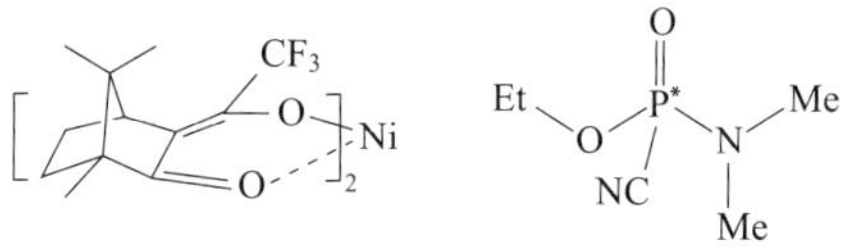

**方案1.7** 手性金属螯合物镍(Ⅱ)双[(1R)-3-(七氟丁酰基)樟脑酸酯]的结构

Benschop[80]报道了几种手性有机磷化合物的立体异构体的气相色谱分离，使用涂有非手性相SE-30和Carbowax 20M的玻璃毛细管柱，或者在OV-相Chirasil-Val和镍(Ⅱ)双[(1R)-3-(七氟丁酰基)樟脑酸酯]中。如使用Carbowax 20M柱扩展Chirasil-Val柱，可以完全分离四种梭曼（Soman）的立体异构体。除梭曼外，还分离了甲氟膦酸异丙酯酰基氟化物（沙林）和环己基甲氟膦酸异丙酯（环己基沙林）的对映体。Keglevich等通过OV-101（长度＝14m，内径＝0.44mm，温度＝120℃）在涂覆有镍(Ⅱ)双[(1R)-3-(七氟丁酸基)樟脑酸酯]的毛细管柱上通过GC分离O-乙基N,N-二甲基磷酰胺基氰酸酯（塔崩）的对映体。此外还通过手性GC在30m的Supelco BETADEX120毛细管柱[81]上用TADDOL衍生物分离1-正丁基-3-甲基-3-磷杂环戊烯1-氧化物。

#### 1.3.2.2 液相色谱法

手性高效液相色谱法是制备手性化合物对映纯标准品的有力工具之一。建立了HPLC分离有机磷及其化合物的方法。由于其特殊的吸附特性，在硅胶上固定的环糊精和环糊精衍生物经常被用于改善各种色谱方法的分离参数[82-89]。在手性固定相上用 HPLC 分离芳基(羟甲基)膦酸酯 12。注意到 (R)-(+)-羟基膦酸酯被手性固定相 (3R,4S)-Whelk-O-1 13 保留的强度比 (S)-(−)-羟基膦酸酯强[90]。这是由于在 (R)-异构体的情况下，P=O 基的氧原子与酰胺基的氢原子之间形成的氢键比在 (S)-羟基膦酸酯的情况下，羟基与 NH 基之间形成的氢键更强。例如，含有对、邻位取代基或其他芳香环(1-萘基、2-萘基和 2-噻吩基)的二乙基 α-羟基苄基膦酸酯对映体在 Whelk-O-1 手性固定相 13 上通过 HPLC 分离，该手性固定相 13 优于其他手性固定相 (CSP)(方案 1.8)[84]。

**方案 1.8** 氨基酸拆分的有效手性相[86,90]

为了研究保留手性识别机理，从对映体的色谱保留与其物理化学性质的分子描述符之间建立的定量方程出发，研究了定量结构-对映选择性保留关系 (QSERRs) 的方法[88,89]。以苯基氨基甲酸酯衍生物 β-环糊精键合相为原料，采用 HPLC 对 18 种新型氮芥键合磷酰二胺衍生物的对映体进行了分离研究。一些对映体在基线时被分离。保留和分离机理涉及取代基 $R^2$ 和疏水口袋之间的外部结合和包合[89]，固定 Pirkle 相已成功用于膦氧化物对映体的超临界和亚临界流体色谱分离[90]。Kobayashi[91]报道了以磷作为手性中心的外消旋化合物的色谱分离度。通过 HPLC 在光学活性 (+)-聚(甲基丙烯酸三苯基甲酯)上分离化合物。所分离的化合物包括杀虫剂，例如 O-乙基-O-(4-硝基苯基)苯基膦酸盐 (EPN)、O-(4-氰基苯基)-O-乙基苯基膦基亚硫酸氢钠(cyanofenfos) 和 2-甲氧基-4H-1,3,2-苯并二氧磷-2-硫化物(salithion)。在 SFC 中，商用纤维素三-(3,5-二甲基苯基氨基甲酸酯)固定相 (Lux Cellulose-1、Phenomenex) 上分离了许多 P-手性外消旋体和 C-手性有机磷对映体[92]。

# 1.4 绝对构型的确定

在不对称合成领域，最重要的参数之一是不对称反应中主要产物的构型[93]。手性化合物绝对构型 (AC) 的测定方法分为非经验测定方法和利用已知 AC 的内部参照物来测定 AC 的相关方法。主要的非经验测定方法是 X 射线晶体学的 Bijvoet 方法[10]和圆二色性（CD）激子手性方法。在 X 射线晶体学中，在适当的条件下可以非常准确地测量重原子的反常色散效应，从而得到清晰明了的立体结构。然而，X 射线法需要质量合适的晶体才能获得良好的 X 射线衍射，如何获得这样的晶体还存在问题。

圆二色性法测定手性也是有用的，因为绝对构型可以以非经验的方式测定，不需要结晶。此外，一些生物反应的手性可通过 CD 进行监测，甚至不稳定化合物的绝对构型也可通过该方法进行测定[94]。

Mosher 方法使用 MTPA 测定仲醇和羟基膦酸酯的化学稳定性。这种方法非常方便，因为它不需要化合物结晶。尽管该方法首次应用于仲醇，但也可用于其他类型的化合物。新化合物的构型也可以通过化学相关性的方法来确定，将旋光度 $[\alpha]_D$ 或 CD 光谱与参照化合物进行比较。

## 1.4.1　X 射线晶体分析

用 X 射线晶体学确定绝对结构有几种方法。例如，对比 Bijvoet 对的强度[10]或两种可能结构的 $R$ 因子，可以得出正确的绝对构型。最有效的方法之一是应用 Flack 参数，因为该参数明确地指示了分子的绝对构型。在这种情况下，可以使用引入助剂的手性作为内部参考来确定绝对构型。因此，样品不需要含有重原子即可产生反常的色散效应。得到的结果是一个值，即使由于单晶质量差而最终 $R$ 值不够小。即便只得到相对构型，也可以确定 AC。目前已有已经许多将内部参照物与目标分子联系起来的方法被报道，例如离子酸性盐或碱性盐、共价酯或酰胺，或各种包合物。

正常的 X 射线晶体学不能区分对映体。如果样品只包含轻原子核，干涉图样仅由核间分离决定，相位重合与空间方向无关。因此，根据衍射图样，可以计算分子中的各种核间距和组成，并推断这些原子核在空间中的相对位置。可以建立化合物的相对结构，但通常很难区分对映体或获得仅含有轻原子的手性化合物的 AC。由于相位延迟或异常色散，干涉图不仅取决于原子间距离，而且还取决于它们在空间中的相对位置，因此可以确定含有重原子的分子的 AC。化合物的 AC 可通过确定目标位置与参照化合物或具有已知 AC 的取代基的相对构型来获得。一个典型的例子是在引入具有已知 AC 的手性助剂后进行 X 射线晶体学分析。在这种情况下，可以使用引入助剂的手性作为内部参照来确定 AC。对于没有重原子的分子，可以通过将另一个已知结构的手性部分连接到样品上来测定 AC。

因此，用 X 射线单晶衍射分析法测定了 (+)-(R)-O-乙基-O-苯基硫代磷酸喹啉盐和 (-)-(S)-乙基苯基硫代磷酸马钱子碱盐中磷原子的 AC（方案 1.9）[92,96]。

**方案 1.9** *t*-Bu(Ph)P(O)NHCH(Me)Ph 的单晶 X 射线结构分析示例[95]

在 X 射线晶体学中，用 Flack 参数来估计由单晶 X 射线结构分析确定的 AC。这个由 H. D. Flack 引入的参数，成为非中心对称空间组结构的标准值集之一。这种方法决定了非中心对称晶体的绝对结构。Flack 参数可在结构细化期间使用以下公式计算：$I(hkl)=(1-x)[F(hkl)]^2+x[F(-h-k-l)]^2$，其中 $x$ 是 Flack 参数，$I$ 是缩放后的观测结构系数的平方，$F$ 是计算出的结构系数[97]。所有数据确定的 $x$ 值通常应介于 0 和 1 之间。当 Flack 参数值接近 0 时，结构分析确定的绝对结构明显正确；当 Flack 参数值接近 1 时，则反向结构正确。但是，如果该值接近 0.5，则晶体应为外消旋或双晶。当晶体中同时含有轻原子和重原子时，该技术最有效。轻原子通常只表现出很弱的反常色散效应。在这种情况下，Flack 参数可以重新定义为物理上不现实的值（<0 或 >1），并且没有意义。

### 1.4.2 化学相关方法

绝对构型可以通过化学相关性或者通过将所讨论化合物的旋光度或 CD 光谱与已知绝对构型的参照化合物的旋光度或 CD 光谱进行比较来确定。尽管经常使用这种方法，但在进行分析时，必须严格选择参照化合物[98,99]。例如，在脂肪酶 PFL（假单胞菌荧光脂肪酶）的存在下，前手性双（羟甲基）苯基膦氧化物 **14** 的生物催化乙酰化从而以 50% 的产率和 79% 的 ee 得到手性化合物 (*S*)-**15**。用化学相关方法测定了化合物 (*S*)-**15** 的 AC（方案 1.10）。为此，将醇 (*S*)-**15** 转化为碘化物 (*R*)-**16**，然后将其还原为亚膦酸盐 (*R*)-**17**，其转化生成具有已

**方案 1.10** 化学关联法测定化合物 (*S*)-15 的绝对构型

知 AC 的膦酸（R）-18 硼烷配合物[100]。

Mastalerz 等[99]已经通过与已知构型的丙氨酸或天冬氨酸的膦酸类似物的化学相关性建立了许多丝氨酸、α-氯丙氨酸、苯丙氨酸、酪氨酸和 2-氮丙啶膦酸的光学活性膦酸类似物的绝对构型。例如，通过将（−）-PheP **19** 转换成 TyrP **21**，建立 TyrP 为（R）-（−）的构型。通过硝化、还原和重氮化完成转化。定向旋转表明 TyrP **21** 的对硝基 **20** 和对氨基同源物也具有（S）-（−）构型（方案 1.11）。

$$\underset{(-)-(R)\text{-}\mathbf{19}}{\overset{CH_2Ph}{\underset{H}{H_2N\!-\!\overset{|}{C}\!-\!PO_3H_2}}} \xrightarrow{(a)} \underset{(-)-(R)\text{-}\mathbf{20}}{\overset{CH_2C_6H_4NO_2}{\underset{H}{H_2N\!-\!\overset{|}{C}\!-\!PO_3H_2}}} \xrightarrow{(b)} \overset{CH_2C_6H_4NH_2}{\underset{H}{H_2N\!-\!\overset{|}{C}\!-\!PO_3H_2}} \xrightarrow{(c)} \underset{(-)-(R)\text{-}\mathbf{21}}{\overset{CH_2C_6H_4OH}{\underset{H}{H_2N\!-\!\overset{|}{C}\!-\!PO_3H_2}}}$$

a=$H_2SO_4$, $HNO_3$; b=$H_2$/Pd; c=$H^+$, $NaNO_2$   $[\alpha]_D = -53(1\text{mol} \cdot L^{-1}\ HCl)$

**方案 1.11** 通过化学相关性确定绝对构型

## 1.4.3 通过核磁共振确定绝对构型

仲醇的绝对构型通常由 Kusumi 等开发的先进的 Mosher 方法确定[101,102]。在这种情况下，手性助剂的绝对构型，例如 α-甲氧基-α-三氟甲基苯乙酸（MTPA）或 α-甲氧基苯乙酸（MPA）是已知的，并且对手性仲醇与 MTPA 或 MPA 酸形成的酯的构象进行了合理化。此外，由于外部磁场引起的环电流，苯基产生磁各向异性效应，因此被苯基屏蔽的醇的 NMR 信号被转移到更高的磁场。通过观察 $^1H$ NMR 或 $^{31}P$ NMR 各向异性效应，可以确定手性化合物的 AC。这种方法特别方便，因为它不需要化合物的特殊提纯[101,102]。该方法包括将手性羟基膦酸酯转化为相应的 MTPA 酯，然后对所得衍生物进行 NMR 分析。Mosher 提出，羰基质子和酯羰基以及 MTPA 部分的三氟甲基位于同一平面。对 MTPA 酯的计算结果表明，所提出的构象只是两种稳定构象中的一种。由于苯环的抗磁作用，相对于（S）-MTPA 酯、（R）-MTPA 酯的质子 NMR 信号应该出现在高场。因此，对于 $\Delta\delta = \delta_S - \delta_R$，MTPA 右侧的质子为正值（$\Delta\delta > 0$），平面左侧的质子为负值（$\Delta\delta < 0$）。

**用 Mosher-Kusumi 法测定羟基膦酸酯（或仲醇）的 AC（方案 1.13）** 向含有 0.1mmol 任何羟基膦酸酯的 $CH_2Cl_2$ 溶液中，添加 0.2mmol 无水吡啶。然后，将 0.1mmol(R)-（−）-MTPA-Cl 添加到第一个样品（标记为 A）中，并将 0.1mmol（S）-（＋）-MTPA-Cl 添加到第二个样品（标记为 B）中。通过薄层色谱法，用溶剂（通常己烷与乙酸乙酯的配比为 4∶1）洗脱和用紫外光或任何其他适当方法来监测反应的进展。与起始醇相比，MTPA 酯的 $R_f$ 值更高。通过使用乙醚和水将反应混合物分离，然后用乙醚萃取水相，可以分离产物。将醚相干燥，残留物溶解于 $CDCl_3$ 中并进行 NMR 分析。然后记录两种酯的 $^1H$ NMR 光谱，并通过收集正和负的 $\Delta\delta$ 值来计算非对映体 **22** 和 **23** 之间的化学位移差（$\Delta\delta=\delta_S-\delta_R$）。然后，可以使用公式确定羟基膦酸酯的绝对构型，其中 $\Delta\delta<0$ 和 $\Delta\delta>0$ 分别替换为显示出正差异和负差异的实际结构片段。

Kakisawa 等[102]介绍了改进的 Mosher 方法在氨基酸酯和无环胺的 N-MTPA 衍生物中的应用，表明该方法可普遍用于测定氨基化合物 α-碳的绝对构型。对于羟基、氨基膦酸酯以及仲醇或胺的绝对构型，应构建目标分子的模型，并应确认所有分配的具有正和负 $\Delta\delta$ 值的核实际上分别位于 MTPA 平面的左右两侧（方案 1.12）。

**方案 1.12** 预测仲醇、羟基膦酸酯（X＝O）、伯胺或氨基膦酸酯（X＝NH）绝对构型的模型

$\Delta\delta$ 的绝对值必须与 MTPA 部分的距离成比例。显然，为了将从 NMR 光谱中获得的信息与绝对构型相关联，有必要详细了解每种构型以及 $R^1$ 和 $R^2$ 上的 Ph 各向异性效应的强度和方向。当满足这些条件时，模型应指示目标化合物的正确绝对构型。

许多 α-羟基膦酸酯的绝对构型通过 MTPA 衍生化和应用 $^1$H、$^{19}$F 和 $^{31}$P NMR 光谱测定[32,33,39]。衍生化的（S）-羟基膦酸酯 **22** 的化学位移 $\delta_P$ 通常位于相应的（R）-羟基膦酸酯 **23** 的信号的低场。化学位移 $\delta_P$ 的差异（0.40～1.09）可以用于确定羟基膦酸酯的构型（方案 1.13）。

由 α-羟基膦酸酯衍生的 Mosher 酯的构象模型表明，三氟甲基 C＝O 上的羰基氢被羰基氧所屏蔽。如果手性醇在 $C_1$ 处有（R）构型，相对于具有（S）构型的醇，（R）-MTPA 酯中的磷原子被苯基屏蔽。因此，与（S）-醇相比，（R）-羟基膦酸酯的（R）-MTPA 衍生物的 $^{31}$P NMR 光谱中磷原子的化学位移向高场移动。

含有（S）-羟基膦酸盐 **24** 的（R）-MTPA 酯的 $^{31}$P NMR 光谱证实它们的信号 $\delta_P$ 确实是向低场移动的，并且（R）-MTPA 酯衍生的（R）-羟基膦酸酯 **25** 的

**方案 1.13** MTPA 法测定羟基膦酸酯的构型

信号 $\delta_P$ 是向高场移动的。位移差异在 0.28~0.50 范围内（表 1.2）[61]。在另一项工作中，Hammerschmidt 和 Wugenig[103] 分析了酶催化的膦酸盐的分解，并证实了 Mosher 的假设，即 $(1R,2R)$-酯和 $(R)$-MTPA 的化学位移 $\delta_P$ 相对位于 $(S)$-MTPA 酯的高场（方案 1.14）。非对映体衍生物中芳香族屏蔽链效应的不同取向导致不对称中心的 $R^1$ 或 $R^2$ 取代基的选择性屏蔽或去屏蔽。扁桃酸酯衍生物的 $^1H$ 和 $^{31}P$ NMR 光谱可以测定 $α$-羟基膦酸酯的绝对构型。观察到的化学位移可根据化合物中苯基的位置及其屏蔽作用分配羟基膦酸酯的绝对构型。因此，$(1S,2R)$-非对映体的 $^1H$ NMR 光谱显示，$O$-甲基质子相对于母体醇的信号有低场位移。

**表 1.2** Mosher 酯 $^{31}P$ NMR 光谱中的化学位移（$\delta_P$）（方案 1.13）

| Mosher 酯 | | | $\delta_P$ | | $\Delta\delta$ | 参考文献 |
|---|---|---|---|---|---|---|
| $R^1$ | $R^2$ | $R^3$ | $(S)$ | $(R)$ | $[\delta(S)-\delta(R)]$ | |
| Et | H | Me | 22.21 | 21.77 | 0.44 | [61] |
| Pr | H | Me | 21.9 | 21.5 | 0.40 | [61] |
| $i$-Pr | H | Et | 19.33 | 18.93 | 0.40 | [61] |
| Bu | H | Me | 19.80 | 19.39 | 0.41 | [61] |
| $C_5H_{11}$ | H | Et | 19.90 | 19.43 | 0.47 | [61] |
| Et | H | Et | 19.85 | 19.37 | 0.48 | — |
| $PhCH_2CH_2$ | H | $i$-Pr | 17.42 | 17.01 | 0.41 | [61] |

用 X 射线分析法对化合物的绝对构型进行了测定。Kozlowski 和 Ordóñez[63,64] 利用扁桃酸的酯化作用测定了 $α$-羟基膦酸酯 **24** 的对映体纯度和绝对构型。$R^1/R^2$ 与芳环的空间关系与观察到的化学位移变化相关。$(R,R)$-非对映异构体的 $R^1$ 取代基比 $R^2$ 取代基向更高场位移。相反，$(S,R)$-衍生物中的 $R^2$

相对于 $R^1$ 向更高的场位移。化合物的 $^1H$ NMR 光谱中甲基质子信号的高场或低场位移取决于分子中苯基的排列方式及其屏蔽效应（方案1.14）。

**方案 1.14** 用 MPA 衍生的羟基膦酸酯测定绝对构型

Blazewska 等[104,105]描述了羟基膦酸酯和氨基膦酸酯的绝对构型的分配，其采用商品化的萘普生作为 CDA 进行双重衍生作用。研究表明，二乙氧基磷酰基在（$R$）-α-氨基膦酸酯和（$S$）-萘普生酯以及（$S$）-1-氨基膦酸酯和（$R$）-萘普生酯中被双屏蔽。立体碳中心周围的空间排列与 $\Delta\delta_{RS}$ 符号之间的相关性可通过比较（$R$）-和（$S$）-萘普生酯或酰胺衍生物的 $^1H$ 和 $^{31}P$ NMR 光谱来测定羟基和氨基膦酸酯的绝对构型。考虑到初始取代基顺序的变化，该模型对 2-氨基膦酸酯也是有效的。分析可以通过 $^1H$ 或 $^{31}P$ NMR 进行；但是，在 $^{31}P$ NMR 的情况下，绝对构型（AC）的测定基本上是简化的。该方法用于测定一系列羟基膦酸酯的乙酸（方案1.15）。

**方案 1.15** 用萘普生作为 CDA 测定羟基或氨基膦酸酯的绝对构型

Yokomatsu 等[106]通过将二羟基膦酸酯 **26** 转化成环状丙酮来测定其绝对构型[107,108]。用 MOPAC 半经验程序计算了 HCCP 之间的二面角。根据这些计算和 Karplus 方程的磷版本，反式 **27** 的质子-磷耦合常数较大（$^3J_{PH}=17.2 Hz$），而顺式异构体的耦合常数较小（$^3J_{PH}=1.7 Hz$）。通过仔细分析顺式和反式异构体的 $^1H$ NMR 光谱，确定了它们的邻位耦合常数分别为 10.1 Hz 和 9.8 Hz，表明它们是反式立体化学。化合物的（$S$）-AC 也通过对其（$R$）-MTPA 酯的 $^{31}P$ NMR 分析来确定。在 $^{31}P$ NMR 光谱的低场中，（$S$）-非对映体的 $\delta_P$ 化学位移被分配到（$S$）-构型。因此，两种替代方法得到的结果一致，因此初始化合物 **26** 的 AC 明确地确定为（$1S,2S$）（方案1.16）。

用甲氧基的 $^1H$ NMR 光谱测定了一系列 3,3'-二取代 MeO-BIPHEP 衍生物

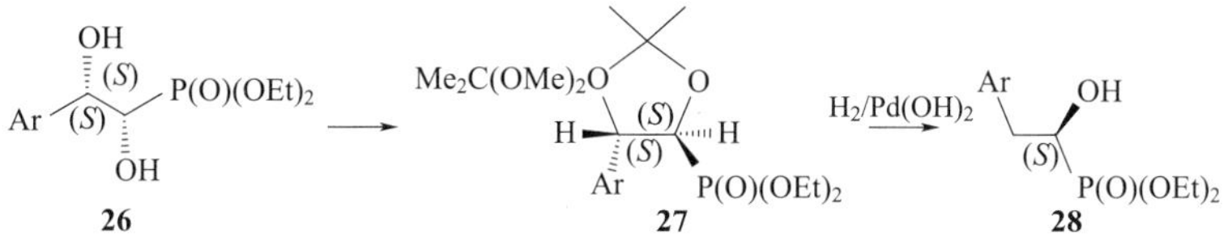

**方案 1.16** 改性二羟基膦酸酯测定绝对构型

Ar＝3-甲氧基苯基、4-氯苯基、呋喃基、1-萘基

与（－）-(2R,3R)-二苯甲酰二甲酸［(－)-DBTA］按 1∶2 的比例混合后的绝对构型，并在 CDCl$_3$ 中进行了 NMR 分析。$S_{ax}$ 对映体中甲氧基的化学位移比相应的 $R_{ax}$ 对映体中的化学位移出现在更高的场中[109]。

CD 法成功地用于测定羟基膦酸酯的绝对构型[106,110,111]。CD 包含圆偏振光。左旋圆偏振光（LHC）和右旋圆偏振光（RHC）代表光子的两种可能的自旋角动量状态，因此 CD 也被称为自旋角动量的二色性。它显示在光学活性手性分子的吸收带中。例如，Wynberg 等[110]使用 CD 光谱来测定一些手性 α-羟基膦酸酯的绝对构型。具有（S）-构型的对映体在 225nm 处显示出负 Cotton 效应。Yokomatsu 等[106]使用 CD 光谱测定 1,2-二羟基膦酸酯的绝对构型。研究发现，具有（1S,2S）-构型的 α,β-二羟基膦酸酯在 210～230nm 处表现出正 Cotton 效应，而（1R,2R）-异构体在这些波长处表现出负 Cotton 效应（方案 1.17）。Keglevich 利用量子化学计算成功地通过 CD 光谱法测定了 3-磷氧化物的绝对构型[81]。

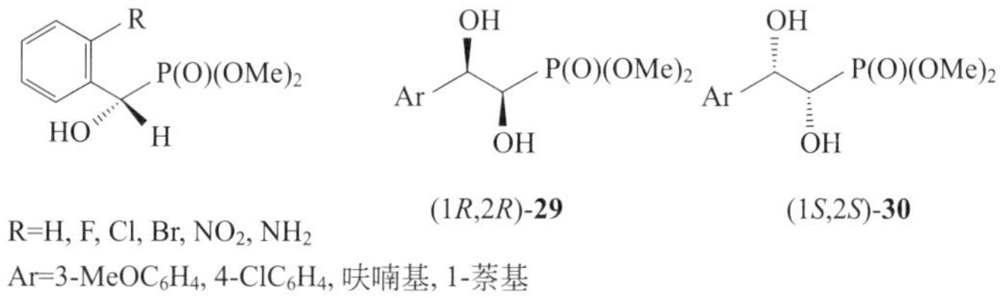

R＝H, F, Cl, Br, NO$_2$, NH$_2$
Ar＝3-MeOC$_6$H$_4$, 4-ClC$_6$H$_4$, 呋喃基, 1-萘基

**方案 1.17** 通过 CD 光谱来确定 1,2-二羟基膦酸盐绝对构型的实例

# 1.5 不对称诱导和立体化学

## 1.5.1 不对称诱导

立体化学中的不对称诱导描述了一种对映体或非对映体在化学反应中的优先形成，这是由于存在于底物、试剂、催化剂或反应介质中的手性诱导剂的影响[1,6]。不对称诱导有三种类型：（ⅰ）内部不对称诱导，其使用通过共价键结

合到反应中心的手性中心，并且在反应过程中保持这种状态。（ⅱ）中继不对称诱导，其使用在单独步骤中引入在单独的化学反应中去除的手性信息。（ⅲ）外部不对称诱导，其中通过手性催化剂或手性助剂在过渡态中引入手性信息。手性助剂是暂时掺入有机合成中以控制合成的立体化学结果的化合物或单元。不对称诱导可以涉及底物、试剂、催化剂或环境中的手性特征，并且其通过使形成一种对映体所需的活化能低于相对对映体的活化能而起作用[112]。当给定手性原料时，分子内可能发生不对称诱导。可以利用这种行为，特别是当目标是建立几个连续的手性中心以生成特定非对映体的特定对映体时。当一个反应的两种反应物为立体异构时，每种反应物的立体生成元素可以协同（配对）或相反（不配对）运行。这种现象被称为[113-115]双重不对称诱导或双重非对映选择。见第3.5节。

## 1.5.2 不对称合成

这涉及一种反应，通过手性试剂或助剂，作用于异位面、原子或底物的基团，选择性地产生一种或多种新的立体元素。立体选择性主要受到手性催化剂、试剂或助剂的影响，尽管底物中可能存在任何立体元素。

## 1.5.3 不对称转化

这涉及将立体异构体的外消旋混合物转化为单个立体异构体或其中一个异构体占主导地位的混合物。"第一类不对称转化"涉及无须分离立体异构体的转化，而在"第二类不对称转化"中，分离（例如平衡）伴随着一种立体异构体的选择性结晶。

## 1.5.4 对映选择性反应

对映选择性反应是其中在使用手性催化剂、酶或手性试剂从非手性原料产生光学活性产物的反应中优先形成一种对映体的反应。一个重要的变体是动力学拆分，其中预先存在的手性中心与手性催化剂、酶或手性试剂反应，使得一种对映体比另一种更快地反应并留下活性较低的对映体，或者其中预先存在的手性中心影响同一分子中其他位置的反应中心的活性。

## 1.5.5 对映选择性合成

对映选择性合成（或不对称合成）被 IUPAC 定义为"一种化学反应，其中一个或多个手性的新元素在底物分子中形成，并产生不等量的立体异构（对映异构或非对映异构）产物。"对映选择性合成是现代化学中的一个关键过程。由于分子的对映体或非对映体通常具有不同的生物活性，因此在医药领域尤为重要。

对映体具有相同的焓和熵及其他物理性质，因此应通过无定向过程生成相同的量——产生外消旋混合物。该解决方案是引入手性特征，通过过渡态的相互作用促进一种对映体的形成。给出不等量立体异构体的反应称为立体分化，并根据基质的性质作为对映体和非对映异构体，对映体和非对映异构体以及进一步的对映体和非对映体分化反应，根据立体异构体，基团是有区别的。请注意，前两种类型涵盖了底物的选择性转化，而后四种涵盖了产品的选择性转化。Izumi 的分类颇具吸引力，因为条件选择性可以非常简单地定义：对映体的分化需要手性方法，而非对映体的分化则不需要。在过去的几十年中，手性催化剂的开发是不对称合成中最重要的成功，其能够引发手性产物中非手性底物的转化。不对称催化，其中一分子手性催化剂可以产生许多分子手性产物，与这些较老的方法相比具有显著的潜在优势。通常使用手性配体使催化剂成为手性的。然而，也可以使用更简单的非手性配体产生手性金属配合物。大多数对映选择性催化剂在低浓度下仍然有效，使得它们非常适合工业规模的合成，因为即使是非常昂贵的催化剂也可以经济地使用。具有前手性中心以及手性中心的化合物可以转化为非对映体的混合物而不受另外的手性来源的干扰。在对映选择性合成中，通过在另外的手性来源（例如手性催化剂）的影响下产生的非对映体过渡态的相同原理来实现两种对映体之间的区分。这些方法对于在一步中立体选择性地形成两个新的立体中心的反应特别有价值，例如在多重立体选择性的情况下[114,115]。

# 1.6 总结

本章对立体化学、手性体系命名、对映体组成的测定、绝对构型的测定以及有机磷化学中使用的一些其他立体化学术语做了基本说明。由于本书的目的是介绍不对称合成，所以其余章节提供了手性有机磷化合物不对称合成的详细信息。

## 参 考 文 献

1. Rosen, J. (2008) Symmetry Rules: How Science and Nature Are Founded on Symmetry, The Frontiers Collection, Springer-Verlag, Berlin, Heidelberg, 312.
2. Crosland, M. P. (1970-1980) Biot, Jean-Baptiste, in Dictionary of Scientific Biography, vol. 2, Charles Scribner's Sons, New York, 133-140.
3. Flack, H. D. (2009) Louis Pasteur's 1848 discovery of molecular chirality and spontaneous resolution, together with a complete review of his chemical and crystallographic work. *Acta Crystallogr.*, *Sect. A*: *Found. Crystallogr.*, **A65** (5), 371-389.
4. Beckmann, E. (1905+) Johannes Wislicenus, vol. 37, Berichte der deutschen chemis-chen Gesellschaft, Verlag Chemie, 4861-4946.

5. Nobelprize.org (2015) Jacobus H. van't Hoff Biographical. Nobel Media AB 2014, http://www.nobelprize.org/nobel_prizes/chemistry/laureates/1901/hoff-bio.html (accessed 30 October 2015).
6. Fischer, E. (1890) Ueber die optischen Isomeren des Traubezuckers, der Gluconsäure und der Zuckersäure. *Ber. Dtsch. Chem. Ges.*, **23**, 2611-2624.
7. Bredig, G. and Fiske, P. S. (1912) Durch Katalysatoren bewirkte asymmetrische Synthese. *Biochem. Z.*, **46** (1), 7.
8. Marckwald, W. (1904) Ueber asymmetrische Synthes. *Ber. Dtsch. Chem. Ges.*, **37** (3), 349-354.
9. Pracejus, H. (1960) Organische Katalysatoren, LXI. Asymmetrische synthesen mit ketenen, 1 Alkaloid-katalysierte asymmetrische Synthesen von α-Phenyl-propionsaureestern. *Justus Liebigs Ann. Chem.*, **634** (1), 9-22.
10. Bijvoet, J. M., Peerdeman, A. F., and Van Bommel, A. J. (1951) Determination of the absolute configuration of optically active compounds by means of X-rays. *Nature*, **168** (4268), 271-272.
11. Dale, J. A. and Mosher, H. S. (1973) Nuclear magnetic resonanceenantiomer reagents. Configurational correlations via nuclear magnetic resonance chemical shifts of diastereomeric mandelate, O-methylmandelate, and alpha, methoxy-.alpha, trifluoromethyl phenylacetate (MTPA) esters. *J. Am. Chem. Soc.*, **95** (2), 512-519.
12. Sanders, J. K. M. and Williams, D. H. (1972) Shift reagents in NMR spectroscopy. *Nature*, **240**, 385-390.
13. Corey, E. J. and Ensley, H. E. (1975) Preparation of an optically active prostaglandin intermediate via asymmetric induction. *J. Am. Chem. Soc.*, **97** (23), 6908-6909.
14. Kunz, H. (2005) Leopold Horner (1911-2005): Nestor of preparative organic chemistry. *Angew. Chem. Int. Ed.*, **44** (47), 7664-7665.
15. (a) Horner, L. (1980) Dreibindige, optisch aktive Phosphorver bindungen, ihre Synthese, chemische Eigenschaften und Bedeutung fur die asymmetrische Homogenhydrierung. *Pure Appl. Chem.*, **52** (4), 843-858; (b) Horner, L., Siegel, H., and Buthe, H. (1968) Asymmetric catalytic hydrogenation with an optically active phosphinerhodium complex in homogeneous solution. *Angew. Chem. int. Edit.*, 7 (12), 942-942.
16. (a) Knowles, W. S. (2002) Asymmetric hydrogenations (Nobel Lecture). *Angew. Chem. Int. Ed.*, **41** (12), 1998; (b) Knowles, W. S. and Sabacky, M. J. (1968) Catalytic asymmetric hydrogenation employing a soluble, optically active, rhodium complex. *J. Chem. Soc., Chem. Commun.*, (22), 1445-1446.
17. Noyori, R. (2003) Asymmetric catalysis: science and opportunities (Nobel Lecture 2001). *Adv. Synth. Catal.*, **345** (1-2), 15-32.
18. Schöllkopf, U., Hoppe, I., and Thiele, A. (1985) Asymmetric *syn*-thesis of α-aminophosphonic acids, I enantioselective synthesis of L- (1-aminoethyl) phosphonic acid by asymmetric catalytic hydrogenation of N- [1- (dimethoxy phosphoryl) ethenyl] formamide. *Liebigs Ann. Chem.*, **3**, 555-559.
19. Kagan, H. B. and Phat, D. T. (1972) Asymmetric catalytic reduction with transition metal complexes. I. Catalytic system of rhodium (I) with (−)-2,3-0-isopropylidene-2,3-dihydroxy-1,4-bis (diphenylphosphino) butane, a new chiral diphosphine. *J. Am. Chem. Soc.*, **94** (18), 6429-6433.
20. Crépy, K. V. L. and Imamoto, T. P. (2003) Chirogenic phosphine ligands, in Topics in Current Chemistry, vol. 229 (ed. J.-P. Majoral), Springer-Verlag, Berlin, Heidelberg, 1-41.
21. Jugé, S. (2008) Enantioselective synthesis of P-chirogenic phosphorus compounds via the ephedrine-borane complex methodology. *Phosphorus, Sulfur Silicon Relat. Elem.*, **183** (2-3), 233-248.

22. McEwen, W. E. and Berlin, K. D. (1975) Organophosphorus Stereochemistry, Parts 2, John Wiley & Sons, Inc., New York, 320 pp.

23. Żymańczyk-Duda, E., Lejczak, B., Kafarski, P., Grimaud, J., and Fischer, P. (1995) Enantioselective reduction of diethyl 2-oxoalkyl phosphonates by baker's yeast. *Tetrahedron*, **51** (43), 11809-11814.

24. Kiełbasinski, P. and Mikołajczyk, M. (2007) in Future Directions in Biocatalysis (ed. T. Matsuda), Elsevier, p. 159.

25. Pietrusiewicz, K. M., Holody, W., Koprowski, M., Cicchi, S., Goti, A., and Brandi, (1999) Asymmetric and doubly asymmetric 1,3-dipolar cycloadditions in the synthesis of enantiopure organophosphorus compounds. *Phosphorus, Sulfur Silicon Relat. Elem.*, **146** (1), 389-392.

26. Drabowicz, J., Kudelska, W., Lopusinski, A., and Zajac, A. (2007) The chemistry of phosphinic and phosphinous acid derivatives containing $t$-butyl group as a single bulky substituent: synthetic, mechanistic and stereochemical aspects. *Curr. Org. Chem.*, **11** (1), 3-15.

27. Börner, A. (ed.) (2008) Phosphorus Ligands in Asymmetric Catalysis: Synthesis and Applications, vol. 1, John Wiley & Sons, Inc., 1546 pp.

28. Moss, G. P. (1996) Basic terminology of stereochemistry (IUAC Recommendations 1996). *Pure Appl. Chem.*, **68** (12), 2193-2222.

29. Mata, P., Lobo, A. M., Marshall, C., and Johnson, A. P. (1993) The CIP sequence rules: analysis and proposal for a revision. *Tetrahedron: Asymmetry*, **4** (4), 657-668.

30. IUPAC (2004) Provisional Recommendation, Chemical Nomenclature and Structure Representation Division. Nomenclature of Organic Chemistry. Preferred IUPAC Names, September, Chapter 9, p. 59.

31. Pirkle, W. H. and Finn, J. (1983) in Asymmetric Synthesis, vol. 1 (ed. J. D. Morrison), Academic Press, New York, p. 201.

32. Pirkle, W. H. and Hoover, D. J. (1982) NMR chiral solvating agents. *Top. Stereochem.*, **13**, 263.

33. Weisman, G. R. (1983) in Asymmetric Synthesis, vol. 1 (ed. J. D. Morrison), Academic Press, New York, 153-172.

34. Parker, D. (1991) NMR determination of enantiomeric purity. *Chem. Rev.*, **91** (7), 1441-1451.

35. Li, Y. and Raushe, F. M. (2007) Differentiation of chiral phosphorus enantiomers by $^{31}$P and $^{1}$H NMR spectroscopy using amino acid derivatives as chemical solvating agents. *Tetrahedron: Asymmetry*, **18** (12), 1391-1397.

36. Uccello-Barretta, G., Pini, D., Mastantuono, A., and Salvadori, P. (1995) Direct NMR assay of the enantiomeric purity of chiral $\beta$-hydroxy esters by using quinine as chiral solvating agent. *Tetrahedron: Asymmetry*, **6** (8), 1965-1972.

37. Żymańczyk-Duda, E., Skwarczynski, M., Lejczak, B., and Kafarski, P. (1996) Accurate assay of enantiopurity of 1-hydroxy-and 2-hydroxyaikyl phosphonate esters. *Tetrahedron: Asymmetry*, **7** (5), 1277-1280.

38. Maly, A., Lejczak, B., and Kafarski, P. (2003) Quinine as chiral discriminator for determination of enantiomeric excess of diethyl 1,2-dihydroxyalkane phosphonates. *Tetrahedron: Asymmetry*, **14** (8), 1019-1024.

39. Majewska, P., Doskocz, M., Lejczak, B., and Kafarski, P. (2009) Enzymaticresolution of $\alpha$-hydroxyphosphinates with two stereogenic centres and determination of absolute configuration of stereoisomers obtained. *Tetrahedron: Asymmetry*, **20** (13), 1568-1574.

40. Kolodyazhnyi, O. I., Kolodyazhna, A. O., and Kukhar, V. P. (2006) A method for determining the

optical purity of hydroxy phosphonates using cinchonidine as chiral solvating reagent. *Russ. J. Gen. Chem.*, **74** (8), 1342-1343.

41. Dunach, E. and Kagan, H. B. (1985) A simple chiral shift reagent for measure-ment of enantiomeric excesses of phosphine oxides. *Tetrahedron Lett.*, **26** (22), 2649-2652.

42. Demchuk, O. M., Swierczynska, W., Pietrusiewicz, M. K., Woznica, M., Wójcik, D., and Frelek, J. A. (2008) Convenient application of the NMR and CD methodologies for the determination of enantiomeric ratio and absolute configuration of chiral atropoisomeric phosphine oxides. *Tetrahedron: Asymmetry*, **19** (20), 2339-2345.

43. Pakulski, Z., Demchuk, O. M., Kwiatosz, R., Osinski, P. W., Swierczynska, W., and Pietrusiewicza, K. M. (2003) The classical Kagan's amides are still practical NMR chiral shift reagents: determination of enantiomeric purity of P-chirogenic phospholene oxides. *Tetrahedron: Asymmetry*, **14** (11), 1459-1462.

44. Ma, F., Shen, X., Ou-Yang, J., Deng, Z., and Zhang, C. (2008) Macrocyclic compounds as chiral solvating agents for phosphinic, phosphonic, and phosphoric acids. *Tetrahedron: Asymmetry*, **19** (1), 31-37.

45. Drabowicz, J., Pokora-Sobczak, P., Krasowska, D., and Czarnocki, Z. (2014) Optically active *t*-butylphenylphosphinothioic acid: synthesis, selected structural studies and applications as a chiral solvating agent. *Phosphorus, Sulfur Silicon Relat. Elem.*, **189** (7-8), 977-991.

46. Wenzel, T. J. (2007) Discrimination of Chiral Compounds Using NMR Spectroscopy, John Wiley & Sons, Inc., Hoboken, NJ.

47. Wenzel, T. J. and Chisholm, C. D. (2011) Assignment of absolute configuration using chiral reagents and NMR spectroscopy. *Chirality*, **23** (3), 190-214.

48. Rudzinska, E., Dziedzioła, G., Berlicki, Ł., and Kafarski, P. (2010) Enantiodifferentiation of α-hydroxyalkanephosphonic acids in $^{31}$P NMR with application of α-cyclodextrin as chiral discriminating agent. *Chirality*, **22** (1), 63-68.

49. Berlicki, Ł., Rudzinska, E., and Kafarski, P. (2003) Enantio differentiation aminophosphonic и aminophosphinic кислот acids with α-and β-cyclodextrins. *Tetrahedron: Asymmetry*, **14** (11), 1535-1539.

50. Berlicki, L., Rudzinska, E., Mucha, A., and Kafarski, P. (2004) Cyclodextrins as NMR probes in the study of the enantiomeric compositions of N-benzyloxycarbonylamino-phosphonic and phosphinic acids. *Tetrahedron: Asymmetry*, **15** (10), 1597-1602.

51. Malinowska, B., Młynarz, P., and Lejczak, B. (2012) Chemical and bio-catalytical methods of determination of stereomeric composition of 1,4-di[(diethoxyl phosphoryl) hydroxymethyl] benzene. *ARKIVOC*, **IV**, 299-313.

52. Rudzinska, E., Berlicki, Ł., Mucha, A., and Kafarski, P. (2007) Chiral discrimina-tion of ethyl and phenyl N-benzyloxycarbonylaminophosphonates by cyclodextrins. *Tetrahedron: Asymmetry*, **18** (13), 1579-1584.

53. Rudzinska, E., Poliwoda, A., Berlicki, Ł., Mucha, A., Dzygiel, P., Wieczorek, P. P., and Kafarski, P. (2007) Enantiodifferentiation of N-benzyloxy carbonylaminophosphonic and phosphinic acids and their esters using cyclodextrins by means of capillary electrophoresis. *J. Chromatogr. A*, **1138** (1-2), 284-290.

54. Rudzinska, E., Berlicki, Ł., Mucha, A., and Kafarski, P. (2007) Analysis of pD-dependent complexation of N-benzyl oxycarbonylaminophosphonic acids by α-cyclodextrin. Enantiodifferentiation of

phosphonic acid p$K_a$ values. *Chirality*, **19** (10), 764-768.

55. Uzarewicz-Baig, M. and Wilhelm, R. (2016) Straightforward diastereo selective synthesis of P-chirogenic (1R)-1,8,8-trimethyl-2,4-diaza-3-phosphabicyclo [3.2.1] octane 3-oxides: application as chiral NMR solvating agents. *Heteroat. Chem*, **27** (2), 121-134.

56. Glowacki, Z., Topolski, M., Matczak-Jon, E., and Hoffmann, M. (1989) $^{31}$P NMR enantiomeric purity determination of free 1-aminoalkylphosphonic acids via their diastereoisomeric Pd(Ⅱ) complexes. *Magn. Reson. Chem.*, **27** (10), 922-924.

57. Rockitt, S., Magiera, D., Omelanczuk, J., and Duddeck, H. (2002) Chiral discrimination of organophosphorus compounds by multinuclear magnetic resonance in the presence of a chiral dirhodium complex. *Phosphorus, Sulfur Silicon Relat. Elem.*, **177** (8-9), 2079-2080.

58. Andersen, K. V., Bildsee, H., and Jakobsen, H. J. (1990) Determination of enan-tiomeric purity from solid-state P MAS NMR of organophosphorus compounds. *Magn. Reson. Chem.*, **28** (1), 47-51.

59. Viswanathan, T. and Toland, A. (1995) NMR spectroscopy using a chiral lanthanide shift reagent to access the optical purity of l-phenylethylamine. *J. Chem. Educ.*, **72** (10), 945-946.

60. Dunina, V. V., Kuz'mina, L. G., Rubina, M. Y., Grishin, Y. K., Veits, Y. A., and Kazakova, E. I. (1999) A resolution of the monodentate P*-chiral phosphine PBu$^t$C$_6$H$_4$Br-4 and its NMR-deduced absolute configuration. *Tetrahedron: Asymmetry*, **10** (8), 1483-1497.

61. Hammerschmidt, F. and Li, Y.-F. (1994) Determination of absolute configurationof α-hydroxyphosphonates by $^{31}$P NMR spectroscopy of corresponding Mosher ester. *Tetrahedron*, **50** (34), 10253.

62. Hammerschmidt, F. and Vollenkle, H. (1989) Absolute Konfiguration der (2-Amino-1-hydroxyethyl) phosphonsaureausAcanthamoebacastellanii (Neff)-Darstellung der Phosphonsaure-Analoga von (＋)-und (－)-Serin. *Liebigs Ann. Chem.*, **6**, 577-583.

63. González-Morales, A., Fernández-Zertuche, M., and Ordóñez, M. (2004) Simultaneous separation and assignment of absolute configuration of γ-amino-β-hydroxyphosphonates by NMR using (S)-methoxyphenylacetic acid (MPA). *Rev. Soc. Quim. Mex.*, **48**, 239-245.

64. Kozlowski, J. K., Rath, N. P., and Spilling, C. D. (1995) Determination of the enantiomeric purity and absolute configuration of α-hydroxy phosphonates. *Tetrahedron*, **51** (23), 6385-6396.

65. Glowacki, Z. and Hoffmann, M. (1991) $^{31}$P NMR nantiomeric excess determination of 1-hydroxyalkyl phosphonic acids via their diastereoisomeric phosphonodidepsipeptides. *Phosphorus, Sulfur Silicon Relat. Elem.*, **55** (1-4), 169-173.

66. Glowacki, Z. and Hoffmann, M. (1991) $^{31}$P NMR non-equivalence of the diastereoisomeric phosphonodidepsipeptides. Part III. *Phosphorus, Sulfur Silicon Relat. Elem.*, **63** (1-2), 171-175.

67. Devitt, P. G., Mitchell, M. C., Weetmann, J. M., Taylor, R. J., and Kee, T. P. (1995) Accurate in-situ P-31 (H-1) assay of enantiopurity in α-hydroxy phosphonate esters using a diazaphospholidine derivatizing agent-zeta. *Tetrahedron: Asymmetry*, **6** (8), 2039.

68. Blazewska, K. and Gajda, T. (2002) (S)-Naproxen® and (S)-Ibuprofen® chlorides—convenient chemical derivatizing agents for the determination of the enantiomeric excess of hydroxy and aminophosphonates by $^{31}$P NMR. *Tetrahedron: Asymmetry*, **13** (7), 671-674.

69. Żymańczyk-Duda, E., Lejczak, B., Kafarski, P., Grimaud, J., and Fischer, P. (1995) Enantioselective reduction of diethyl 2-oxoalkylphosphonates by baker's yeast. *Tetrahedron*, **51** (43), 11809-11814.

70. Brunel, J. M., Pardigon, O., Maffei, M., and Buono, G. (1992) The use of (4R,5R)-dicar-

boalkoxy 2-chloro 1,3,2-dioxaphospholanes as new chiral derivatizing agents for the determination of enantiomeric purity of alcohols by $^{31}$P NMR. *Tetrahedron: Asymmetry*, **3** (10), 1243-1246.

71. Alexakis, A., Mutti, S., Normant, J. F., and Mangeney, P. (1990) A new reagent fora very simple and efficient determination of enantiomeric purity of alcohols by $^{31}$P NMR. *Tetrahedron: Asymmetry*, **1** (7), 437-440.

72. Anderson, R. C. and Shapiro, M. J. (1984) 2-Chloro-4(R),5(R)-dimethyl-2-oxo-1,3,2-dioxaphospholane, a new chiral derivatizing agent. *J. Org. Chem.*, **49** (7), 1304-1305.

73. Johnson, C. R., Elliott, R. C., and Penning, T. D. (1984) Determination of enantiomeric purities of alcohols and amines by a phosphorus-31 NMR technique. *J. Am. Chem. Soc.*, **106** (17), 5019-5020.

74. Hulst, R., Zijlstra, R. W. J., Feringa, B. L., de Vries, K., ten Hoeve, W., and Wynberg, H. A. (1993) New $^{31}$P NMR method for the enantiomeric excess determination of alcohols, amines and amino acid esters. *Tetrahedron Lett.*, **34** (8), 1339-1342.

75. Gorecki, Ł., Berlicki, Ł., Mucha, A., Kafarski, P., Lepokura, K. S., and Rudzinska-Szostak, E. (2012) Phosphorylation as a method of tuning the enantiodiscrimination potency of quinine—an NMR study. *Chirality*, **24** (4), 318-328.

76. Hulst, R., Kellogg, R. M., and Feringa, B. L. (1995) New methodologies for enan-tiomeric excess (ee) determination based on phosphorus NMR. *Reel. Trav. Chim. Pays-Bas.*, **114** (4-5), 115-138.

77. Kolodiazhnyi, O. I., Demchuk, O. M., and Gerschkovich, A. A. (1999) Application of the dimenthyl chlorophosphite for the chiral analysis of amines, amino acids and peptides. *Tetrahedron: Asymmetry*, **10** (9), 1729-1732.

78. Schurig, V. and Nowotny, H. P. (1990) Gas chromatographic separation of enantiomers on cyclodextrin derivatives. *Angew. Chem. Int. Ed. Engl.*, **29** (9), 939-957.

79. Dougherty, W., Liotta, F., Mondimore, D., and Shum, W. (1990) A convenientgas chromatographic method for the optical purity determination of chiral epoxy alcohols. *Tetrahedron Lett.*, **31**, 4389-4390.

80. Degenhardt, C. E. A. M., Verweij, A., and Benschop, H. P. (1987) Gaschromatography of organophosphorus compounds on chiral stationary phases. Int. *J. Environ. Anal. Chem.*, **30** (1-2), 15-28.

81. Bagi, P., Fekete, A., Kállay, M., Hessz, D., Kubinyi, M., Holczbauer, T., Czugler, M., Fogassy, E., and Keglevich, G. (2014) Resolution of 1-n-butyl-3-methyl-3-phospholene 1-oxide with TADDOL derivatives and calcium salts of $O,O'$-dibenzoyl-($2R,3R$)-or $O,O'$-di-$p$-toluoyl- ($2R,3R$)-tartaric acid. *Chirality*, **26** (3), 174-182.

82. Spruit, H. E. T., Trap, H. C., Langenberg, J. P., and Benschop, H. P. (2001) Bioanalysis of the enantiomers of (±)-sarin using automated thermal cold-trap injection combined with two-dimensional gas chromatograph. *J. Anal. Toxicol.*, **25** (1), 57-61.

83. Ahuja, S. (ed.) (1997) Chiral Separations: Application and Technology, American ChemicalSociety, Washington, DC.

84. Caccamese, S., Failla, S., Finocchiaro, P., and Principato, G. (1998) Separation of the enantiomers of $α$-hydroxybenzyl phosphonate esters by enantioselective HPLC and determination of their absolute configuration by circular dichroism. *Chirality*, **10** (1-2), 100-105.

85. Pirkle, W. H. and Pochapsky, T. C. (1989) Considerations of chiral recognition relevant to the liquid chromatography separation of enantiomers. *Chem. Rev.*, **89** (2), 347-362.

86. Pirkle, W. H., House, D. W., and Finn, J. M. (1980) Broad spectrum resolution ofoptical isomers using chiral high-performance liquid chromatographic bonded phases. *J. Chromatogr. A*, **192** (1),

143-158.

87. Fischer, C., Schmidt, U., Dwars, T., and Oehme, G. (1999) Enantiomeric resolution of derivatives of α-aminophosphonic and α-aminophosphinic acids by high-performance liquid chromatography and capillary electrophoresis. *J. Chromatogr. A*, **845** (1-2), 273-283.

88. Zarbl, E., Lämmerhofer, M., Hammerschmidt, F., Wuggenig, F., Hanbauer, M., Maier, N. M., Sajovic, L., and Lindner, W. (2000) Direct liquid chromato-graphic enantioseparation of chiral α-and β-aminophosphonic acids employing quinine-derived chiral anion exchangers: determination of enantiomeric excess and verification of absolute configuration. *Anal. Chim. Acta*, **404** (2), 169-177.

89. Chen, H., Lu, X.-Y., Gao, R.-Y., Zhou, J., and Wang, Q.-S. (2000) Separation of chiral phosphorus compounds on the substituted β-cyclodextrin stationary phase in normal-phase liquid chromatography. *Chin. J. Chem.*, **18** (4), 533-536.

90. Pirkle, W. H., Brice, L. J., Widlanski, T. S., and Roestamadji, J. (1996) Resolution and determination of the enantiomeric purity and absolute configurations of α-aryl-α-hydroxymethane phosphonates. *Tetrahedron: Asymmetry*, **7** (8), 2173-2176.

91. Okamoto, Y., Honda, S., Hatada, K., Okamoto, I., Toga, Y., and Kobayashi, S. (1984) Chromatographic resolution of racemic compounds containing phosphorus or sulfur atom as chiral center. *Bull. Chem. Soc. Jpn.*, **57** (6), 1681-1682.

92. West, C., Cieslikiewicz-Bouet, M., Lewinski, K., and Gillaizeau, I. (2013) Enantiomeric separation of original heterocyclic organophosphorus compounds in supercritical fluid chromatography. *Chirality*, **25** (4), 230-237.

93. Szyszkowiak, J. and Majewska, P. (2014) Determination of absolute configuration by $^{31}$P NMR. *Tetrahedron: Asymmetry*, **25** (2), 103-112.

94. Harada, N. and Nakanishi, K. (1983) Circular Dichroic Spectroscopy. Exciton Coupling in Organic Stereochemistry, University Science Books, Mill Valley, CA, and Oxford University Press, Oxford.

95. Kolodiazhnyi, O. I., Gryshkun, E. V., Andrushko, N. V., Freytag, M., Jones, P. G., and Schmutzler, R. (2003) Asymmetric synthesis ofchiral N-(1-methylbenzyl) aminophosphines. *Tetrahedron: Asymmetry*, **14** (2), 181-183.

96. Dou, S. Q., Zheng, Q. T., Dai, J. B., Tang, C. C., and Wu, G. P. (1982) The crystal structure and absolute configuration of quinine salt of (+)-o-ethyl o-phenyl phosphorothioic acid. *Acta Phys. Sin.*, **31** (4), 554-560.

97. Flack, H. D. (1983) On enantiomorph-polarity estimation. *Acta Crystallogr., Sect. A: Found. Crystallogr.*, **A39** (6), 876-881.

98. Hooft, R. W. W., Straver, L. H., and Spek, A. L. (2010) Using the *t*-distribution to improve the absolute structure assignment with likelihood calculations. *J. Appl. Crystallogr.*, **43**, 665-668.

99. Kowalik, J., Zygmunt, J., and Mastalerz, P. (1983) Determination of absolute configuration of optically active. 1-aminoalkanephosphonic acids by chemical correlations. *Phosphorus Sulfur Rel. Elem.*, **18** (1-3), 393-396.

100. Kielbasinski, P., Zurawinski, R., Albrycht, M., and Mikołajczyk, M. (2003) The first enzymatic desymmetrizations of prochiral phosphine oxides. *Tetrahedron: Asymmetry*, **14** (21), 3379-3384.

101. Seco, J. M., Quinoa, E., and Riguera, R. (2004) The assignment of absolute configuration by NMR. *Chem. Rev.*, **104** (1), 17-117.

102. Kusumi, T., Fukushima, T., Ohtani, I., and Kakisawa, H. (1991) Elucidationofthe absolute

configurations of amino acids and amines by the modified Mosher's method. *Tetrahedron Lett.*, **32** (25), 2939-2942.
103. Hammerschmidt, F. and Wuggenig, F. (1999) Enzymes in organic chemistry. Part 9: [1] Chemo-enzymatic synthesis of phosphonic acid analogues of l-valine, l-leucine, l-isoleucine, l-methionine and l-α-aminobutyric acid of high enantiomeric excess. *Tetrahedron: Asymmetry*, **10** (9), 1709-1745.
104. Blazewska, K., Paneth, P., and Gajda, T. (2007) The assignment of the absolute configuration of diethyl hydroxyand aminophosphonates by $^1$H and $^{31}$P NMR using naproxen as a reliable chiral derivatizing agent. *J. Org. Chem.*, **72** (3), 878-887.
105. Błazewska, K. M. and Gajda, T. (2009) Assignment of the absolute configuration of hydroxy-and aminophosphonates by NMR spectroscopy. *Tetrahedron: Asymmetry*, **20** (12), 1337-1361.
106. Yokomatsu, T., Yamagishi, T., Suemune, K., Yoshida, Y., and Shibuya, S. (1998) Enantioselective synthesis of threo-α,β-dihydroxyphosphonates by asymmetric dihydroxylation of 1 (*E*)-alkenylphosphonates with AD-mix reagents. *Tetrahedron*, **54** (5-6), 767-780.
107. Yokomatsu, T., Suemune, K., Murano, T., and Shibuya, S. (1996) Synthesis of (α,α-difluoroallyl) phosphonates from alkenyl halides or acetylenes. *J. Org. Chem.*, **61** (20), 7207-7211.
108. Yokomatsu, T., Kato, J., Sakuma, C., and Shibuya, S. (2003) Stereoselective synthesis of highly-functionalized cyclohexene derivatives having a diethoxyphosphoryldifluoromethyl functionality from cyclohex-2-enyl-1-phosphates. *Synlett*, **10**, 1407-1410.
109. Gorobets, E., Parvez, M., Wheatley, B. M. M., and Keay, B. A. (2006) Use of $^1$H NMR chemical shifts to determine the absolute configuration and enantiomeric purity for enantiomers of 3,3'-disubstituted-MeO-BIPHEP derivatives. *Can. J. Chem.*, **84** (02), 93-98.
110. Smaardljk, A. A., Noorda, S., van Bolhuls, F., and Wynberg, H. (1985) The absolute configuration of α-hydroxyphosphonates. *Tetrahedron Lett.*, **26** (6), 493-496.
111. Kielbasinski, P., Omelanczuk, J., and Mikołajczyk, M. (1998) Lipase-promoted kinetic resolution of racemic, P-chirogenic hydroxymethylphosphonates and phosphinate. *Tetrahedron: Asymmetry*, **9** (18), 3283-3287.
112. Morrison, J. D. and Mosher, H. S. (1976) Asymmetric Organic Reactions, Prentice Hall, Englewood Clifis, NJ.
113. Izumi, A. and Tai, S. (1977) Stereodifferentiating Reactions, Kodansha Ltd., Academic Press, Tokyo, New York, 334pp.
114. Kolodiazhnyi, O. I. (2003) Multiple stereoselectivity and its application in organic synthesis. *Tetrahedron*, **59** (32), 5953-6018.
115. Kolodiazhnyi, O. I. and Kolodiazhna, A. O. (2016) Multiple stereoselectivity in organophosphorus chemistry. *Phosphorus, Sulfur Silicon Relat. Elem.*, **191** (3), 444-45.

# 2 P-手性磷化合物的不对称合成

## 2.1 引言

P-手性磷化合物用于许多化学领域,包括生物活性药物、农用化学品和过渡金属配合物的配体。目前化学家已经设计并开发了多种方法来制备光学纯的P-手性磷化合物,包括通过非对映异构体的经典光学拆分、化学动力学拆分、酶促拆分、色谱拆分和不对称催化。在最近几年中,有机磷化合物的不对称合成取得了巨大的成功,并且已经发表了许多合成手性有机磷化合物的文章。含有PAMP、DIPAMP、DIOP和CHIRAPHOS配体的过渡金属配合物被广泛用于C—H和C—C键的不对称反应[1]。

磷可以与许多其他元素形成化学键。磷的化合价为+3或+5,因此配位数为1~6。此外它还有空的d轨道,可以轻易接受来自任何良好供体的电子。磷的这些性质为有机磷化学提供了额外的优势。三价三配位和五价四配位有机磷化合物可以以光学活性状态存在并且结构稳定。低配位价态的磷原子(单配位和双配位三价磷、三配位五价磷)具有轴对称性或平面对称性,并且不具有光学活性。五配位和六配位磷化合物在构型上是不稳定的,尽管它们中的一些是以光学活性形式获得的。手性五配位和六配位磷化合物是不对称合成中的重要中间体,因此在方案2.1中详细研究了它们的立体化学。

方案2.1 磷的配位态

本章指出了P-手性有机磷化合物不对称合成的重大进展,在立体选择性合成和不对称催化中有许多应用。除了通过适当取代前体的亲核取代合成方法之外，还描述了不对称加成和环加成反应、还原和氧化，包括金属催化和非金属生物催化方法。

## 2.2 低配位磷化合物

低配位磷配体由于存在磷原子孤对电子和活性 π-和 π*-体系，可以形成各种键的组合。事实上，低配位磷化合物形成 π-配合物的能力促进了配位化学中的许多重要合成进展，并在均相催化中得到应用[2-6]。一些有趣的配合物的组合如方案 2.2 所示。

$$\underset{\eta^1}{[M]{-}P{=}C} \quad \underset{\eta^2}{[M]{-}P{=}C} \quad \underset{\eta^1,\eta^2}{[M]{-}P{=}C{-}[M]} \quad \underset{\eta^3}{-P{-}[M]} \quad \underset{\eta^1,\eta^2}{[M]{-}P{-}[M]}$$

**方案 2.2** 各种低配位磷配体

低配位磷的前手性结构是不对称合成和配体研究的热点。Mikołajczyk 和 Markovski 等描述了光学活性醇和胺［(−)-薄荷醇、(−)-薄荷胺和 (−)-α-苯基乙胺］对具有三元结构的 $\lambda^3$-亚氨基膦的立体选择性反应[7,8]。在 $\lambda^3$-亚氨基膦与 (−)-薄荷醇反应的情况下，可观察到最高的立体选择性（34％ de）[8]（方案 2.3）。

R—P=N—R'  $\xrightarrow{R^*OH}$  R—P(NHR')(OR*) + R—P(OR*)(NHR')

R, R'=t-Bu, 2,4,6-t-Bu$_3$C$_6$H$_2$

Ar*—N=P—OMnt $\xrightarrow{BnOH}$ R*NH—P(OBn)(OMnt) + Ar*NH—P(OMnt)(OBn)

Ar*=2,4,6-t-Bu$_3$C$_6$H$_2$

**方案 2.3** 光学活性的醇对 $\lambda^3$-亚氨基膦的立体选择性加成

在手性 (−)-N-二甲基薄荷胺或 (−)-N-二甲基-1-甲基苄胺的存在下，$\lambda^3$-亚氨基膦与甲醇反应的立体选择性导致生成 55％ de 的甲氧基氨基膦。这些反应的立体选择性中等：在 $\lambda^3$-亚氨基膦与 (−)-薄荷醇反应中，观察到最高的立体选择性（34％de）。然而，在手性叔胺［(−)-N-二甲基薄荷胺或 (−)-N-二甲基-1-甲基苄胺］存在下，3-亚氨基膦与甲醇反应得到 55％ ee 的甲氧基氨基膦。在对薄荷氧基-3-亚氨基膦中添加苄基醇酸盐，可获得良好的立体选择性（80％ de）[8]。Mathey 使用以钨和钼配合物形式存在的磷烯烃 **1**（P-Wittig 试剂）进行各种合成（方案 2.4）[9,10]。例如，L-薄荷基磷-烯配合物 **2** 是由 P-Wittig 试剂 **1**

与醛反应制备的[9]。**1** 采用手性铑配合物 $RhL_2^+$ 催化加氢反应获得较高的立体选择性,当具有 $L_2=$ 二磷催化剂的情况下,产物 **3** 的非对映体产率高于 90% de;当具有 $L_2=$ (−)-手性磷催化剂的情况下,仅获得一种具有 100% de 的非对映体产物 **3**。五羰基[(二乙氧基磷酰)膦]钨配合物的阴离子与光学纯的 (S)-氧化苯乙烯的反应导致在 95℃下形成相应的光学活性五羰基(磷杂环丙烷)钨配合物 (dr=24:76) 与二磷[双(二苯基磷基)乙烷]的配合物,使具有光学活性的磷杂环丙烷 **4** 在碳上的构型发生反转(方案 2.5)。利用 P-Wittig 反应合成了磷烯烃 **5**,并将其转化为磷原子上具有较大基团的配合物。**1** 与 (R)-(+)-苯基环氧乙烷的反应只得到四种可能的非对映体中的两种 $(S_P,S_C)$-**5** 和 $(R_P,S_C)$-**5**。另外两种异构体 $(R_P,R_C)$-**5** 和 $(S_P,R_C)$-**5** 是从 (S)-(−)-苯基环氧乙烷中获得的,即反应是完全立体定向的,且碳构型和环氧乙烷碳的总转化有关。亚磷酸盐 **5** 在铑(I)配合物中用作配体,它们是潜在的加氢催化剂[11,12](方案 2.5)。

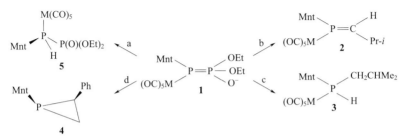

(a) BuLi; (b) -PrCHO; (c) $H_2$, $CH_2Cl_2/L_2Ph^+$; (d) (S)-苯基环氧乙烷,二磷;M=Mo,W

**方案 2.4** P-Wittig 试剂的化学转化

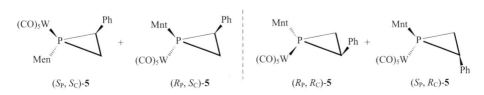

**方案 2.5** 具有光学活性的五羰基(磷杂环丙烷)钨配合物

在手性噁唑啉的基础上,制备了具有双配位磷的新型配体。空气稳定的磷烯烃 **8** 作为用于不对称催化的 π-接受配体具有重要的意义。噁唑啉中间体 **6** 由 L-缬氨酸经两步反应制备。用 sec-BuLi 和四甲基乙二胺 (TMEDA) 与中间体 **6** 反应形成所需的碳负离子。该负离子与苯甲酸乙酯的 Claisen 缩合反应生成酮 **7**,收率 49%。酮 **7** 经磷-Peterson 反应转化为磷烯烃 **8**,经正戊烷结晶提纯,并进行晶体结构表征。在铱配合物中,烯烃 **8** 用作不对称催化加氢、烯丙基烷基化和加氢甲酰化的配体[13,14](方案 2.6)。

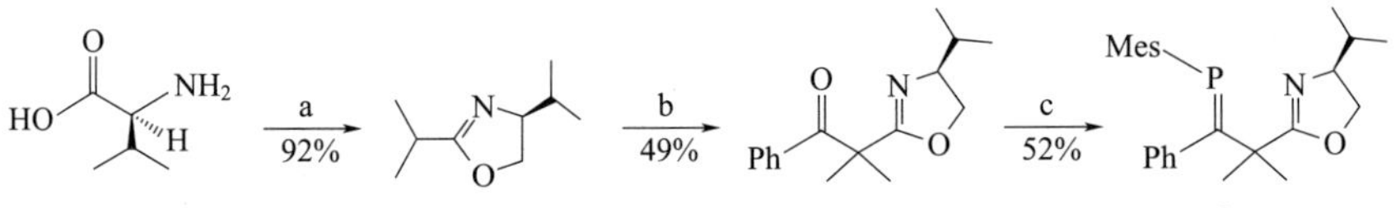

(a) NaBH₄/Me₂CCOOH; (b) s-BuLi/TMEDATHF/PhCOOEt; (c) MesP(SiMe₃)Li

**方案 2.6** 磷烯烃配体的合成

某些轴向不对称的磷代丙二烯可在对映体上拆分[15-18]。某些轴向不对称的磷杂环烯可进行对映体上拆分[15-18]，如通过高效液相色谱（HPLC）手性拆分获得轴向不对称 1,3-双(2,4,6-三叔丁基苯基)-1,3-二磷杂环丙烷 **9** 的对映体[16]。利用 CD 光谱测定了光学纯 1,3-双(2,4,6-三叔丁基苯基)-1,3-二磷杂环丙烷 **9** 的绝对构象。发现化合物 **9** 在可见光照射下消旋化，但在黑暗中消旋速率降低（方案 2.7）。这些现象与在低配位态的双键磷化合物体系中观察到的现象非常相似，如在光解时导致二磷丙二烯的外消旋化或在光解时导致 $D_h$ 对称的二膦和磷乙烯的异构化。**9** 的外消旋化可能涉及到围绕 P=C（或 C=C）键的旋转或磷原子的反转。

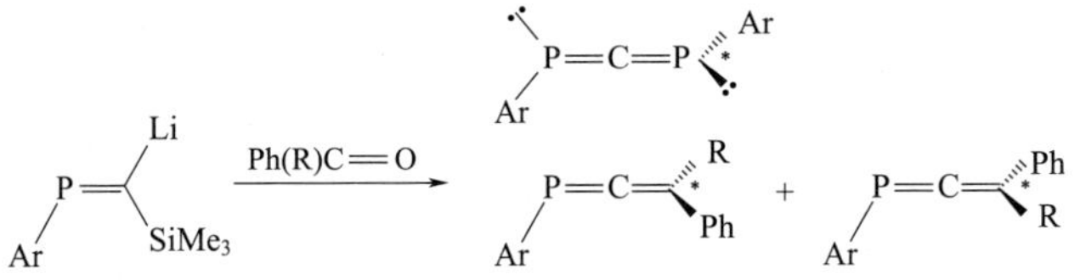

**方案 2.7** 化合物 **9** 的对映体

目前合成了一系列含二配位磷的手性杂环，并将其作为手性配体进行了研究。采用色谱法实现对映体分离。在二茂铁的基础上，开发了高效催化剂以及磷二茂铁-噁唑啉配体[19]。(−)-**11** 型平面手性双膦被成功地用于铑脱氢氨基酸催化的不对称加氢[19,20]（方案 2.8 和方案 2.9）。Ganter 等[10,21] 报道了甲酰基二茂铁可作为合成各种对映纯配体的简易前体。Fu 小组设计了非常有效的基于 Fe($\eta^5$-C₅Me₅) 系列的磷二茂铁基配体，如 **10**、**11** 和混合磷二茂铁-噁唑啉配体 **12**[20,22,23]。通过手性 HPLC 进行拆分。使用对映纯手性膦酰配体合成磷酰基取代的磷二茂铁的另一种方法也被报道[20]（方案 2.8）。

低配位磷配体在磷和磷二茂铁催化反应中得到了应用。这些配体结合了二茂铁主体和双配位的 P 原子从而具有特殊的电子性质，能够容纳许多过渡金属中心和氧化态。例如，Fu 等报道了平面手性双膦 (−)-**11** 在铑催化的脱氢氨基酸不对称加氢反应中的应用（方案 2.9）[18,22]。[Rh(COD)(**13**)(+)][PF₆] 配合物催化烯丙基醇的对映选择性异构体以高产率和良好的对映体过量（ee）生成相

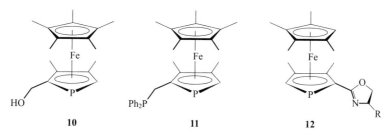

**方案2.8** 含二配位磷的磷二茂铁配体 **10**~**12**

应的醛（方案2.10）[22]。

以正己烷作为洗脱液，用 HPLC 在手性固定相上分离阻转异构体膦（R）-**14**/（S）-**14** 的对映异构体（方案2.11）[20,23]。一种对映体的富集和对其外消旋动力学的后续研究表明，$\Delta G_{298}=(109.5\pm0.5)$ kJ·mol$^{-1}$ 的内旋势垒与理论预测值 $\Delta G_{298}=116$ kJ·mol$^{-1}$ 非常一致。

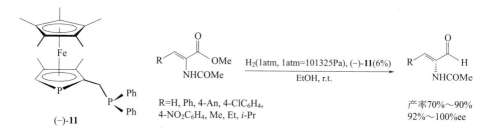

**方案2.9** 不对称还原烯酯为醛

**方案2.10** （E）-烯丙基醇催化对映选择性异构化制醛

用紫外光谱（UV）、CD 光谱和密度泛函理论（DFT）计算作进一步分析确定和分配了两种对映体的 AC。对映体的成功拆分证实了它们具有相当高的内旋势垒。通过比较两种对映体的实验 CD 光谱和优化结构的理论光谱，实现了对映体绝对构型的分配[24-26]。

此外科学家还研究了具有平面结构的前手性五价三配位磷原子反应的立体化学[27,28]（方案2.12）。因此，将叔丁胺添加到由 N-取代的氯磷酸酰胺脱氯化氢产生的硫代亚氨基偏膦酸酯 **15** 中，从而立体选择性地形成非对映体混合物，其

**方案 2.11** 阻转异构体膦(S)-14 和 (R)-14

比例随着溶剂极性的降低而增加，从 57∶43（乙腈）到 80∶20（环己烷）。在其他情况下，向具有平面-三角形构型的前手性 (S)-仲丁氧基-偏硫代磷酸酯 **16** 中添加醇形成等摩尔的非对映体混合物 **17**（方案 2.12）。L. Queen 应用低配位磷化合物对硅胶、金刚砂、沸石和二氧化钛进行改性，在 HPLC 柱中作为固定相具有较高的活性[29,30]。

**方案 2.12** 五价三配位磷化合物反应的立体化学

因此，低配位有机磷化合物是不对称合成的重要起始化合物。然而，它们的立体化学尚未得到充分的研究。展望未来，低配位有机磷化合物有望在不对称合成中作为起始试剂得到广泛应用。

# 2.3 三价三配位磷化合物

手性三价有机磷化合物在磷立体化学中起着关键作用，手性叔膦的基本用途是作为配体应用在不对称合成催化反应中。因此，人们致力于研究手性膦合成的简便方法[31-33]。通过不对称合成、外消旋体的动力学拆分和色谱法，可以得到手性三价有机磷化合物。不对称合成是制备手性三价磷化合物最有效的方法。过渡金属手性配合物不对称催化反应的成功开发取决于新型手性配体和新型手性膦的设计和合成。手性叔膦的一个有效来源是三价磷原子上的亲核取代反应。

## 2.3.1 P(Ⅲ)-化合物的结构稳定性

手性磷化合物的结构稳定性受到了广泛关注。在锥形结构中，一个三价磷原子与三个取代基成键，并拥有一个非成键电子对，可自发地进行构型反转[34]。这种锥形原子的反转过程必须通过一个过渡态（TS）**A**，其中非键对具有纯 $p$ 特性，从中心原子到取代基的键是 $sp^2$ 杂化[31]（方案 2.13）。

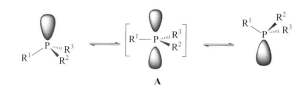

**方案 2.13** 三价磷化合物构型的反转

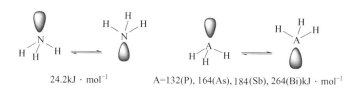

24.2 kJ·mol⁻¹      A=132(P), 164(As), 184(Sb), 264(Bi) kJ·mol⁻¹

**方案 2.14** 五元基团手性化合物的结构稳定性

三价磷化合物比氮化合物结构更稳定。三价磷化合物的外消旋作用很大程度上取决于它们的结构，首先取决于磷原子上的电子受体取代基，从而降低了结构的稳定性。无环膦的反转势垒约为 150 kJ·mol⁻¹，而无环胺的反转势垒约为 330 kJ·mol⁻¹。膦的反转势垒取决于与磷原子结合的取代基的电负性。然而，在某些情况下，磷原子上带有电子受体基团的化合物是外消旋的。例如，芳基膦中苯环对位上的电子受体基团降低了反转势垒。此外，手性氯膦是以（$R$）-和（$S$）-对映体的平衡外消旋混合物存在的构型不稳定化合物。尽管计算表明在 $R^1R^2PX$ 型卤代膦中，磷的锥体稳定性很高，但分离对映体纯氯膦并没有成功[31,32,35-42]（方案 2.14）。因此，49.4%ee 的叔丁基苯基氯膦在旋光细胞中失去了超过 20h 的光学活性[39]。

Jugé 等[43]对氯膦 **18** 的构型稳定性和外消旋化进行了实验和计算研究。纯的氯膦在结构上是稳定的。然而，微量的酸，例如 HCl，在实验条件下几乎是不可避免的，容易导致氯膦外消旋化。结果表明，HCl 在 P 中充当转化的催化剂。外消旋化的机理可以用磷对 H 的亲核进攻和氯对磷中心的协同背面进攻来解释。如气相计算所示，反应中间体是轴向位置有两个氯原子的非手性五配位磷（方案 2.15）。

**方案 2.15** 热力学控制的叔膦的外消旋化

手性三价磷酸 $R_2POR$ 的酯比氯膦更稳定，可以作为对映纯化合物分离。然而，手性磷酸酯 $R_2POR$ 在室温下的外消旋速率是可测量的。酸催化手性膦酸酯的外消旋化，可能不仅涉及锥体反转，还可能涉及酯基的交换。叔烷基芳基和二芳基膦在结构上或多或少是稳定的，它们具有 $30\sim35$ kcal·mol$^{-1}$（1kcal=4.186kJ）的锥体反转势垒，可以在环境温度下作为单个对映体获得。然而，在高温下，它们很容易外消旋化。在三价磷的立体突变过程中也观察到了除锥体反转外的其他机理，如配体交换，例如，(p-p)$_\pi$ 和 (p-d)$_\pi$ 共轭加速了快速的磷反转。势垒高度的降低是由于邻近的取代基上存在 d 轨道，如二膦和硅膦[41]。热力学控制的叔膦的锥体反转在合成上是有用的。次膦的酸催化外消旋涉及到非手性磷离子，并且常常使对映体的分离变得困难[44,45]。DYKAT（动态动力学不对称转化）和类似的立体动力学合成策略使用了一氯磷酰胺和其他不稳定的磷化合物[44]。

Radosevich 等[45]报道了三价膦的锥体反转是由单电子氧化催化的。具体来说，P-立体（芳基）甲基苯基膦在暴露于溶液中，且存在催化量的单电子氧化剂时，在环境温度下进行快速外消旋化[46]。例如，在环境温度下，对映体富集的 ($R_P$)-**19**（99%ee）在溶液中结构稳定，实验确定的热反转势垒为 31.4 kcal·mol$^{-1}$。然而，根据所提出的外层电子转移机理，通过有机胺氧化剂 [P-An$_3$N][PF$_6$]、(P-Tol$_3$N)PF$_6$、(Cp$_2$Fe)PF$_6$、Co(OTf)$_2$ 或三氟甲磺酸铜(Ⅱ) 的催化氧化，可以容易地实现 **19** 的外消旋化（方案 2.16）。

## 2.3.2 P(Ⅲ)上的不对称亲核取代

有机磷化学中最常见的反应是亲核取代反应。$S_NP$ 反应的机理和空间过程已被深入研究。在绝大多数情况下，手性三配位三价磷上的 $S_N2$ 亲核取代导致构型反转，假设形成五配位中间体产物 A，在顶端含有进攻基团和离去基团，尽管空间张力由于四元环在双四元位置的排列而扩大[47-52]。手性磷亲核取代的立

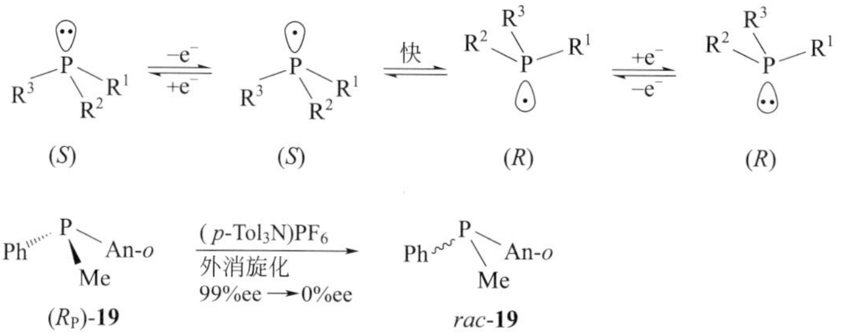

**方案 2.16** P(Ⅲ)化合物的催化外消旋化的实例

体化学效应在环状体系中可能是不同的。尤其是环的大小可以显著影响立体化学结果（方案 2.17）[47,48]。

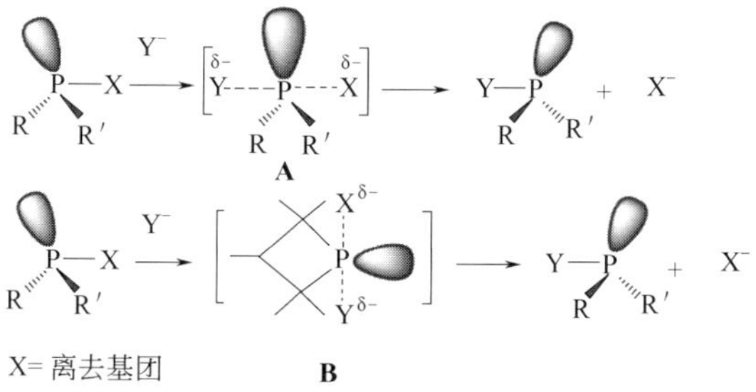

**方案 2.17** $S_N2P$ 反应的机理和立体化学

在理论计算的基础上，Bickelhaupt 发现模型反应 $X+PH_2Y(S_N2@P3)$ 的三配位磷中心的亲核取代的特征是形成稳定的高价过渡态复合物（TC），类似硅（$S_N2@Si$）上的亲核取代。$S_N2@P3$ 和 $S_N2@P4$ 之间的差异很小。然而，$S_N2@P4$ 取代（与 $S_N2@P3$ 不同）表现出一种特征行为，这在 $S_N2@Si$ 中也可以观察到：在中心原子周围引入足够的空间体积会导致前后势垒的出现，将过渡态从反应物和产物的配合物中分离出来[53,54]。前手性二薄荷基亚磷酸盐与烷基锂在低温下的反应继续形成具有高非对映体纯度（90%～96%de）的 P-拆分的薄荷基烷基苯基亚磷酸酯 **20**。第二次取代得到对映体富集的叔膦 **20**（73%～79%ee，方案 2.18）[55,56]。

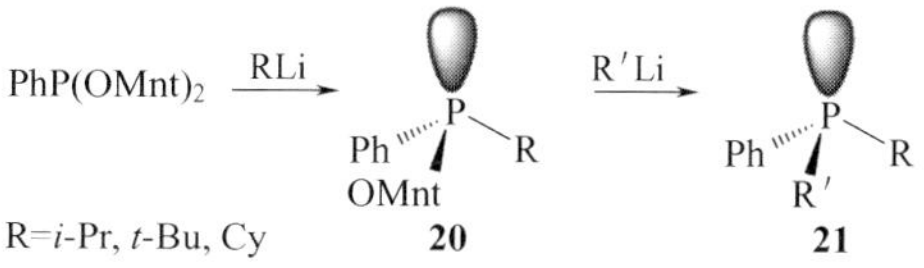

**方案 2.18** 二薄荷基亚磷酸盐与烷基锂的反应

2 P-手性磷化合物的不对称合成　　043

外消旋异丙基苯基氯膦与邻位金属化的 (R)-[1-(二甲基氨基)乙基]萘钯(Ⅱ)配合物在二氯甲烷中反应生成 ($R,R_P$)-和 ($R,S_P$)-非对映体配合物 **22**，其比率为 78∶22（方案 2.19）[35]。通过用双(二苯基膦基)乙烷（dppe）处理该配合物，从该配合物中分离出游离的结构稳定的 (R)-**23**，其 ee 达到 93%。甲醇盐取代 ($R,R_P$)-非对映异构体 **22** 中的 P-氯化物，在磷上进行完全转化[35]（方案 2.19）。

**方案 2.19** ($R,S_P$)-22 配合物与甲醇反应的立体化学

Dahl[49]报道了三价磷上的亲核取代反应在磷原子上发生反转。当亲核试剂是强碱，如 RLi 或 MeO-，并且离去基团是 OR、$NR_2$ 或 Ph 时，观察到非常彻底的反转。在其他情况下，最初形成的产物有反转，但它们在反应过程中会异构化。

三价磷原子上亲核取代的立体化学结果有时取决于反应条件。因此，*trans*-**24** 与过量的苯酚和三乙胺在室温下的反应使得 *trans*-苯基亚磷酸酯 **25** (84%de) 的构型得以保留。然而，在反应过程中向氯膦中加入苯酚以避免过量的酚盐离子仅提供 *cis*-苯基亚磷酸酯。这个结果可以通过 $S_N2P$ 机理和第二次进攻来解释，这是一种反平面途径，它产生热力学上更稳定的 *trans*-非对映体[25]（方案 2.20）。

**方案 2.20** 三价磷原子上的亲核取代

不对称合成的有效方法是在 P(Ⅲ) 原子上进行亲核取代反应，从而得到各种手性膦配体。例如，仲醇和胺与三价磷的氯化物的非对映选择性反应。

### 2.3.2.1 仲醇作为手性助剂

光学活性的仲醇（L-薄荷醇、*endo*-冰片、呋喃葡萄糖衍生物等）可作为价廉且易得的手性助剂，用于制备对映纯的有机磷化合物[58-64]。薄荷基亚膦酸酯硼烷的非对映异构体是有机合成中最常用的手性有机磷反应物[62,65]。1967 年，Mislow 等[61]报道了通过拆分非对映体薄荷基亚膦酸酯并随后加入格氏试剂合成

P-手性配体；用三氯硅烷还原膦氧化物得到手性膦（方案2.21）。手性烷氧基膦酸酯的代表性实例由容易获得的天然手性前体 L-薄荷醇或呋喃葡萄糖制备，而天然手性前体是从容易获得的 D-葡萄糖获得。此外还可以通过重结晶或柱色谱法将不对称取代的薄荷基亚膦酸酯 ($R_P/S_P$)-26 分离成它们的非对映异构体。Buono 等人[58,59]报道了 H-亚膦酸盐 27 的烷氧基与有机锂试剂的亲核取代并在磷上发生了立体定向的构型反转，在分别用卤代烷或水淬灭反应化合物时，得到各种 P-立体异构的叔膦氧化物 28 或仲膦氧化物 29[59,63]。($R_P$)/($S_P$)-混合物从含有痕量乙酰丙酮钠作为质子清除剂的乙腈中分级结晶，分离（−）-薄荷基异亚丙基丙酮膦 27c 的对映纯（$S_P$）-和（$R_P$）-非对映异构体（产率66.2%，97% de）。($S_P$)-27c(R=Mes) 的晶体和分子结构已确定（方案2.21和方案2.22）

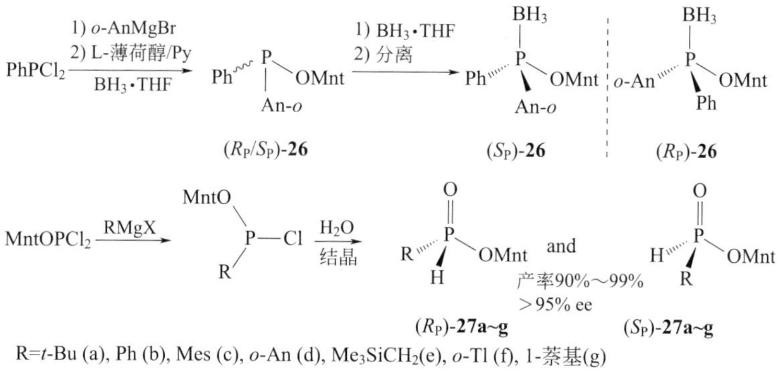

方案 2.21  手性薄荷基亚膦酸酯硼烷的制备

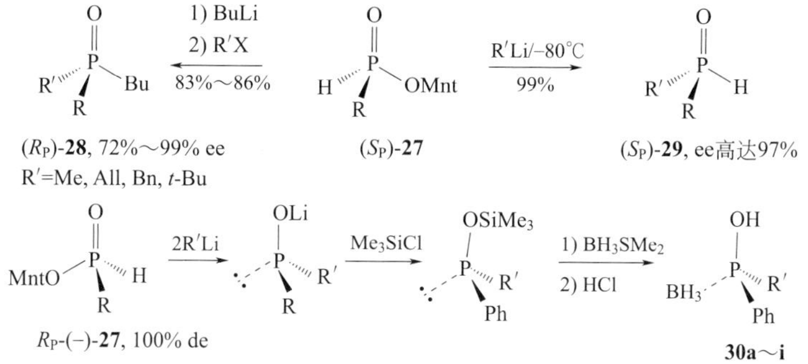

方案 2.22  手性 H-亚膦酸盐和 H-膦酸酯的制备

### ($S_P$)-(−)-叔丁基苯基氧化膦[59] ❶

a) 在 −70℃ 下，将含有 PhMgBr（200mmol）的 100mL 四氢呋喃（THF）溶液滴加到含有 40g 二氯-（−）-薄荷基膦的 300mL 戊烷溶液中，并在室温下搅

---

❶ 所有的制备都是在作者实验室完成或改良的。

拌反应混合物。然后加入氯化铵水溶液（100mL）。用碳酸钠水溶液洗涤有机相，过滤，用 $Na_2SO_4$ 干燥，减压浓缩，得到薄荷基苯基亚膦酸酯。将残留物置于冰箱中并在己烷中结晶，得到非对映纯的产物（产率 22%，$^{31}P$ NMR 24.0，d，$^1J_{PH}=480Hz$）。

b）在 $-85℃$ 下，将含有薄荷基苯基亚膦酸酯（10mmol）的 40mL THF 溶液缓慢加入到含有叔丁基锂（20mmol）的 30mL 戊烷溶液中。将反应混合物在 $-80℃$ 下搅拌 3h。然后将温度升至 $-30\sim-20℃$，用 50mL 乙醚稀释混合物，并加入饱和氯化铵水溶液（5mL）。分离出有机层并用 $Na_2SO_4$ 干燥。将溶液过滤并在真空下蒸发。将残留物在硅胶柱上进行色谱分离（乙醚/戊烷/乙醇作为洗脱液）（产率 72%，$[\alpha]_D^{20}=-35(c=1，CHCl_3)$；熔点 $77\sim78℃$；$\delta_P=49$，d，$^1J_{PH}=45.0Hz$）。

用硼氢化钠将亚膦酸还原为仲（$S_P$）-或（$R_P$）-膦硼烷 30a～i 的对映体。将容易获得的对映纯的 $H$-薄荷基亚膦酸酯 27 转化为手性亚膦酸硼烷 30，从而可以制备大量的 P-立体异构的次级膦硼烷。利用这些化合物的合成潜力，制备了各种具有位阻的 P-手性叔膦硼烷 28，它们均具有优异的 ee[58,59]（方案 2.23 和表 2.1）。

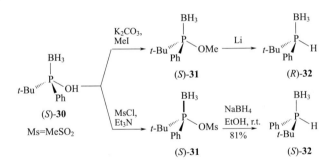

**方案 2.23** 对映纯的次级 $H$-膦 31（表 2.1）

**表 2.1** 由薄荷基 $H$-亚膦酸酯 27 制备 30a～i（方案 2.23）

| 化合物 | R | 芳基 | 构型 | 产率/% | ee/% | 参考文献 |
|---|---|---|---|---|---|---|
| 30a | Me | Ph | (S)-(−) | 78 | 95 | [59] |
| 30b | n-Bu | Ph | (−) | 70 | 89 | [59] |
| 30c | t-Bu | Ph | (S)-(−) | 70 | 84 | [59] |
| 30d | t-Bu | Tol | (S)-(−) | 70 | 99 | [58] |
| 30e | t-Bu | 1-萘基 | (S)-(−) | 62 | 99 | [58] |
| 30f | 2-Tol | Ph | (+) | 75 | 97 | [59] |
| 30g | 2-$PhC_6H_4$ | Ph | (−) | 85 | 95 | [59] |
| 30h | 1-萘基 | Ph | (R)-(−) | 75 | 99 | [59] |
| 30i | 1-呋喃基 | Ph | (+) | 72 | 80 | [59] |

Buono 描述了由 PhPCl₂ 制备薄荷基亚膦酸酯 **27** 并将它们分离成非对映异构体。随后（$S_P$）-亚膦酸酯硼烷 **27** 与氢化钠和甲基碘的反应得到薄荷基甲基苯基膦硼烷（$R_P$）-**33**，其在磷上构型得以保留[63]（方案 2.24）。（$S_P$）-**27** 与（$S_P$）和（$R_P$）-$O$-碘苯甲醚的钯催化（Pd[PPh₃]₄）偶联反应在磷原子上构型完全保留或几乎完全反转，这取决于所用的溶剂（乙腈或四氢呋喃）。因此，非对映异构体（$R_P$）-**26** 和（$S_P$）-**26** 均可由单一起始非对映异构体（$S_P$）-**27b** 合成[58,59]。

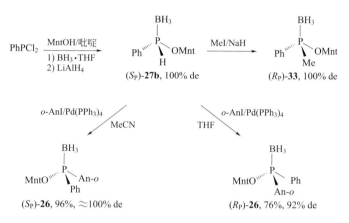

**方案 2.24** 对映纯（1$R$,2$S$,5$R$）-薄荷基亚磷酸酯硼烷的制备

Imamoto 用薄荷基亚膦酸酯硼烷合成了 DIPAMP 类似物，如方案 2.25 所示。二乙胺对二硼烷的脱硼得到了（$R,R$）-DIPAMP **35**[61,62]。非对映纯的薄荷基-或冰片基亚膦酸酯 **36a、36b** 与格氏试剂反应，得到叔膦氧化物 **34**，其磷的绝对构型反转[57-59]。用硅烷将膦氧化物 **36** 还原为叔膦或其硼烷（$R$）-**37**，随后用 4,4′-二叔丁基二苯锂（LDBB）和碘甲烷处理膦氧化物（$R,R$）-**36**，使二膦氧化

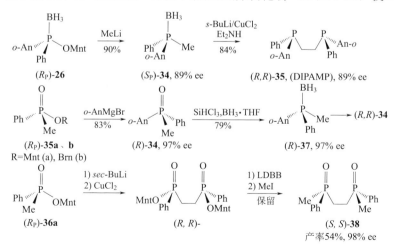

**方案 2.25** DIPAMP 类似物的合成

物（R,R）-**38**在磷原子上保留构型。这种方法是对薄荷基亲核取代的补充，其中，磷原子上的取代发生构型反转[57,58]。

通过用过量二乙胺、DABCO或某些酸处理膦硼烷，可以很容易地去除硼烷基。与氧化物还原相关的立体化学问题相比，该步骤完全保留了磷原子的构型。例如，如方案 2.26 所示，制备了含 2-二苯基的单齿膦**40**，并用作钯配合物中的有效配体，用于碳-碳键形成的催化反应。

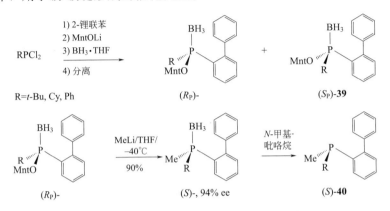

**方案 2.26** 具有 2-二苯基的单齿膦配体的合成

（1R,2S,5R）-薄荷基-H-亚膦酸酯 **41** 通过无水次磷酸与（1R,2S,5R）-薄荷醇在原甲酸三甲酯存在下反应制备[66,67]。H-亚膦酸盐 **41** 是稳定的并且可以通过在真空下蒸馏来纯化。它在钯配合物存在下与碘苯进行 Heck 反应，得到非对映异构体富集的（$S_P$）-(−)-薄荷基苯基亚膦酸酯 **27b**。与 $CCl_4$ 和异丙胺的 Todd-Atherton 反应生成酰胺 **42**。化合物 **41** 也与 Schiff 碱反应，得到双-氨基亚膦酸酯 **43**（方案 2.27）。

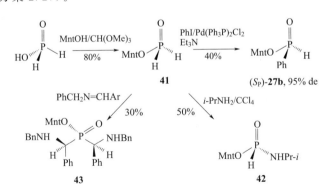

**方案 2.27** （1R,2S,5R）-薄荷基-H-亚膦酸酯 **41** 作为起始手性反应物

**（1R,2S,5R）-薄荷基-H-亚膦酸酯 41** 用 0.06mol 的原甲酸三甲酯和 0.06mol 的（1R,2S,5R）-薄荷醇连续处理 THF 中的 0.05mol 无水次磷酸。将

混合物在20℃放置3h,并在真空中除去挥发性化合物,残留物为光谱纯的化合物。在真空下对其进行减压蒸馏[产率90%（蒸馏前）,沸点60～70℃,(0.001mmHg,1mmHg=133.322Pa),$\delta_P$=10.5, dt, $^1J_{PH}$=557Hz, $^3J_{HH}$=10Hz]。

**(1R,2S,5R)-薄荷基 (S)-苯基膦酸酯** 将双(三苯基膦)二氯化钯 (0.05g) 添加到含有0.003mol薄荷基亚膦酸酯、0.003mol碘苯和0.004mol三乙胺的4mL乙腈溶液中。将混合物在100℃加热2～3h,滤出沉淀,蒸发溶剂,残留物在硅胶柱上进行色谱分离,洗脱液为己烷-乙酸乙酯(3:1)。采用正己烷低温结晶法对化合物 **27b** 进行了纯化。($R_f$=3.2,产率60%,$[\alpha]_D^{20}$=−21($c$=4,苯),$\delta_P$(CDCl$_3$)=20.5, dd, $^1J_{HP}$=557Hz, $^3J_{HH}$=13.0Hz)[66,67]。

Montchamp已经开发出将次磷酸和醇转化为各种对映纯 $H$-膦酸二酯的方法,称为不含PCl$_3$的有机磷化学,从绿色化学的角度来看这很有意义（方案2.28）[68-70]。由次磷酸、多聚甲醛和L-薄荷醇制备的化合物 ($R_P$)-**44a**,产率为9%。结晶的 ($R_P$)-**44** 与溴苯的进一步交叉偶联得到 ($R_P$)-**45**,产率为68%。另一方面,母液与溴苯的交叉偶联以及所得反应混合物在室温下的结晶导致 ($S_P$)-**45** 的,产率为23%,de为97%。

a=(CH$_2$O)$_n$, 75℃;b=L-薄荷醇,甲苯,回流;c=在−18℃下重结晶;
d=Pd(OAc)$_2$, Xantphos, DIPEA, PhBr, DMF/DME, 115℃;
e=母液;f=室温下重结晶

**方案2.28** P-立体异构 $H$-羟基甲基膦酸酯的合成

用苯基-$H$-次膦酸、L-薄荷醇和多聚甲醛制备了化合物 ($S_P$-**45**),产率为23%,de为95%。这些磷合成物被功能化为有用的P-立体异构化合物（方案2.28）[71]。非对映体 ($R_P$)-**44** 是一种用于制备手性叔膦的多功能P-立体异构基础材料（方案2.29）[71,72]。

($R_P$)-**44** 与芳基化物和Pd(OAc)$_2$交叉偶联得到 ($S_P$)-**46**,随后的氧化分解得到 ($R_P$)-**47** 产率为81%。化合物 ($S_P$)-**46** 可被立体定向地氧化成 ($R_P$)-**47**,de为81%～95%。

因此,在所有情况下,使用L-薄荷醇与 **44** 交叉偶联,然后氧化 **46**,使得亚

(a) Me$_3$SiN=C(OSiMe$_3$)Me/MeI 或烯丙基溴; (b) ArBr/Pd(OAc)$_2$/磺硫磷/i-Pr$_2$NEt;
(c) 邻苯二甲酰亚胺,PyPPh$_2$,DIAD; (d) N-氯丁二酰亚胺,Me$_2$S;
(e) Me$_3$SiN=C(OSiMe$_3$)Me, MeI 或烯丙基溴或1-辛烯, Et$_3$B

**方案 2.29** P-立体异构 H-亚膦酸盐 **44** 作为多功能 P-立体异构基础材料

膦酸盐为 P-构型。化合物 **44** 和 **46** 中羟甲基的存在为官能化提供了机会,如果需要碳原子可以保留。化合物 ($R_P$)-**44** 可被视为烷基次膦酸酯 ROP(O)H$_2$ 的受保护手性等价物,因为其可经立体定向烷基化形成 **48**,或交叉偶联形成 **46**,并且羟甲基部分随后可生成与 **47** 类似的 H-亚膦酸盐。例如,($S_P$)-**46** 与邻苯二甲酰亚胺的 Mitsunobu 反应得到 ($S_P$)-**49**,产率为 70%。在另一个反应中,在 Sharplomplex 存在下,甲基硫醇基取代膦酸乙酯 **50** 的立体异构体被异丙苯过氧化氢氧化生成相应的(甲基亚磺酰基)甲基膦酸酯 **51** (76%~82%de)。亚砜 **51** 以非对映纯的形式获得(重结晶时>98%de),并显示具有 ($R_P$,$S_S$)-构型(方案 2.30)[73]。Buono 最近报道了在温和条件下由易得的(羟甲基)膦-硼烷合成官能化叔膦-硼烷[74]。

**方案 2.30** 乙基薄荷基(甲基亚磺酰基)甲基膦酸酯 **51** 的合成

呋喃葡萄糖基亚膦酸酯是薄荷基亚膦酸酯的替代品。氯膦的三价磷与 (−)-1,2:5,6-二异亚丙基-或 (−)-1,2:5,6-二环己基-D-呋喃葡萄糖的亲核取代具有良好的立体选择性,得到对映纯的亚膦酸盐 **52a**,其产率良好。

在亚膦酸盐的制备中使用不同的碱,可以获得两种非对映异构体 ($S_P$)-**52**

或（$R_P$）-**52** 中的一种，具有良好的非对映选择性[75-77]。在三乙胺中存在甲苯时，得到左旋（−）-($S_P$)-亚膦酸酯 **52a**［或（$S_P$）-亚膦酸酯］，并且右旋亚膦酸酯（＋）-($R_P$)-**52a**（或（$R_P$）-亚膦酸盐）用吡啶作为碱在 THF 中得到。通过与有机镁反应将酯 **52a**、**b** 转化为相应的叔膦（或膦氧化物）($R_P$)-或（$S_P$）-**53a**、**b**（方案 2.31 和表 2.2）。Hii 等人报道，当反应物以等摩尔量使用时，即使在较低温度下，非对映异构体比率仍保持不变[76]。

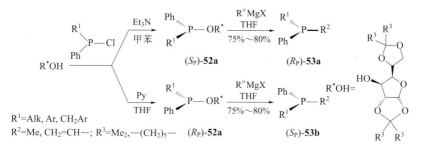

**方案 2.31** 用于合成 P-手性叔膦的呋喃葡糖糖基方法

**表 2.2** 外消旋苯基次膦酰氯与呋喃葡萄糖的反应（方案 2.31）

| 化合物 | $R^1$ | $CR_2^3$ | 碱 | 溶剂 | 产率/% | ($S_P$):($R_P$)52 |
|---|---|---|---|---|---|---|
| 1 | Me | $CMe_2$ | 三乙胺 | 甲苯 | 70 | 90:10 |
| 2 | Et | $CMe_2$ | 三乙胺 | 甲苯 | 70 | 96:4 |
| 3 | i-Bu | $CMe_2$ | 三乙胺 | 甲苯 | 70 | 95:5 |
| 4 | Bn | $CMe_2$ | 三乙胺 | 甲苯 | 75 | >99:1 |
| 5 | Bn | $CMe_2$ | 吡啶 | 四氢呋喃 | 70 | 25:75 |
| 5 | Me | $c$-$C_5H_{10}$ | 三乙胺 | 甲苯 | 75 | 95:5 |
| 6 | Me | $c$-$C_5H_{10}$ | 三乙胺 | 四氢呋喃 | 70 | 95:5 |
| 7 | Me | $c$-$C_5H_{10}$ | 三乙胺 | 二氯甲烷 | 70 | 87:13 |
| 8 | Me | $c$-$C_5H_{10}$ | 吡啶 | 甲苯 | 70 | 30:70 |
| 10 | Et | $c$-$C_5H_{10}$ | 三乙胺 | 甲苯 | 93 | 93:7 |
| 11 | Et | $c$-$C_5H_{10}$ | 吡啶 | 四氢呋喃 | 94 | 30:70 |
| 12 | i-Pr | $c$-$C_5H_{10}$ | 三乙胺 | 甲苯 | 92 | 86:14 |
| 13 | i-Pr | $c$-$C_5H_{10}$ | 吡啶 | 四氢呋喃 | 90 | 40:60 |
| 14 | Bn | $c$-$C_5H_{10}$ | 三乙胺 | 甲苯 | 95 | 90:10 |
| 15 | Bn | $c$-$C_5H_{10}$ | 吡啶 | 四氢呋喃 | 95 | 40:60 |
| 16 | o-An | $c$-$C_5H_{10}$ | 三乙胺 | 甲苯 | 93 | 30:70 |
| 17 | o-An | $c$-$C_5H_{10}$ | 吡啶 | 四氢呋喃 | 94 | 55:45 |
| 18 | 1-萘基 | $c$-$C_5H_{10}$ | 三乙胺 | 甲苯 | 87 | 40:60 |
| 19 | 1-萘基 | $c$-$C_5H_{10}$ | 吡啶 | 四氢呋喃 | 83 | 55:45 |

被保护的多羟基化 1,2-氧杂次膦烷 **54** 通过两步反应（在受保护的甘露呋喃糖上添加苯基-H-亚膦酸盐，然后进行分子内酯交换）可以以克级规模制备。使用酸性阳离子交换树脂对二异亚丙基衍生物 **54** 进行脱保护，得到类似于 C-芳基糖苷的游离羟基有机磷杂环 **55**（方案 2.32）。X 射线分析可以确定新产生的非对映异构体 **54** 的不对称中心的 AC。随后在乙醇中重结晶，得到纯的完全脱保护的芳基膦糖化合物 **55**。类似于芳基化血红素膦糖 **55** 显示具有 P2(S)，C3(R) AC 的船式结构 **B**（方案 2.32）[78]。

(a) MeO(Ph)P(O)H; (b) t-BuOK/THF; (c) Amberlist 15, MeOH, r.t.

**方案 2.32** 类似于 C-芳基糖苷的次膦酸的制备

**($S_P$)-1,2∶5,6-二-O-异亚丙基-α-D-呋喃葡萄糖基苄基苯基亚膦酸酯 52** 将含有 0.02mol 1,2∶3,5-二异亚丙基-D-呋喃葡萄糖的 5mL 甲苯溶液滴加到含有 0.02mol 苄基-苯基氯膦和 3.5mL 三乙胺并在冰浴中冷却的 10mL 甲苯溶液中。将溶液在 0℃下搅拌 3h，然后在氮气保护下于室温静置 12h。滤出三乙胺盐酸盐沉淀（产率 100%）并用 10mL 乙醚洗涤。减压蒸发滤液。通过快速色谱法纯化残留物［无色油状物，产率 85%，$[\alpha]_D = -154 (c=0.1$，甲苯)，$\delta_P = 124$］。

**(R)-甲基-苄基-苯基膦氧化物** 向冰浴中冷却的含有 0.01mL 亚磷酸酯的 5mL 二乙醚溶液中逐滴加入含有 0.011mol 甲基锂的 5mL 相同溶剂。将溶液在 0℃下搅拌 0.5h。然后滤出沉淀物，减压除去溶剂，残留物用次氯酸叔丁酯氧化，然后在己烷中结晶纯化［无色棱柱体，产率 65%，熔点 135℃，$[\alpha]_D = +50 (c=0.1$，EtOH)，$\delta_P = 41.22$］。

合成 P-手性葡萄糖膦硼烷和甘露糖膦硼烷的较好方法是在二乙基膦硼烷加成到葡萄糖衍生醛的基础上，主要通过环化和乙基/甲基交换（方案 2.33）反应得到。这种直接的 P(Ⅲ) 策略有助于各种 P-手性亚膦酸酯-硼烷的制备，其进一步的偶联反应导致两个磷二聚体的选择性合成[79]。

P-手性膦硼烷　　　　　　　　　Glu-β-(1→6)-Man 磷类似结构

**方案 2.33** P-手性葡萄糖膦硼烷和磷-磷二聚体

### 2.3.2.2 光学活性胺作为手性助剂

不对称的氯膦和氯膦氧化物与手性胺（氨基酸酯或1-甲基苄胺）立体选择性反应，生成对映体富集的氨基膦 **56a~d** 和 **57a~d**（R = $t$-Bu，R′ = Ph）（85%~90%de），其在重结晶后被分离为非对映纯的化合物。发现（$S$）-1-甲基苄胺在磷原子上产生（$R$）-构型，相反，（$R$）-1-甲基苄胺产生（$S$）-构型（方案2.34）[80-93]。反应的立体选择性取决于反应条件：反应应在20℃条件下进行，在氯膦苯溶液中缓慢加入1-甲基苄胺和三乙胺。此反应的立体选择性取决于溶剂（THF＞己烷＞甲苯＞苯＞二乙醚）和有机碱 [$Et_3$N＞DABCO＞DBU（1,8-重氮双环[5.4.0]十一-7-烯）]。反应机理包括五配位中间体的Berry旋转和P（Ⅴ）处配体的交换，结果形成了热力学上最稳定的非对映体。中间体 **b** 的稳定性、配体的亲核性以及光学活性1-甲基苄胺作用下的不对称诱导决定了反应的立体化学结果[81]。反应条件对产物 **c** 的非对映异构体比率的影响表现为热力学控制。例如，反应温度的降低降低了立体选择性，这在动力学控制下是不可能的，因为温度降低减缓五配位中间体配合物平衡的建立（方案2.35）。

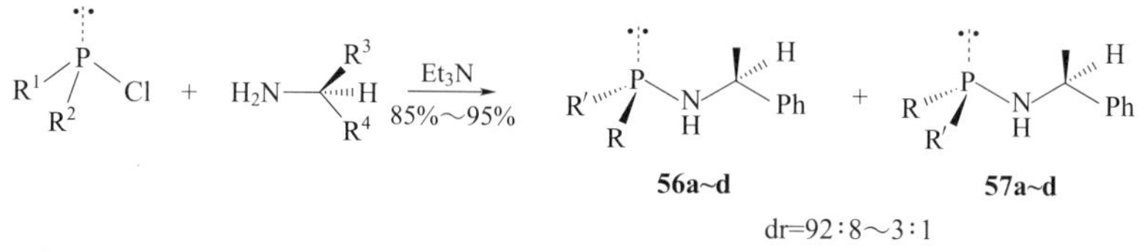

$R^1$=$t$-Bu, Ph; $R^2$=Me, Ph, Mes; $R^3$=Me, $i$-Pr, $i$-Bu, Ph, $p$-ClC$_6$H$_4$, 1-萘基；
$R^4$=Me, Tl, 萘基，CO$_2$Me

**方案 2.34** 氯膦与手性伯胺的反应

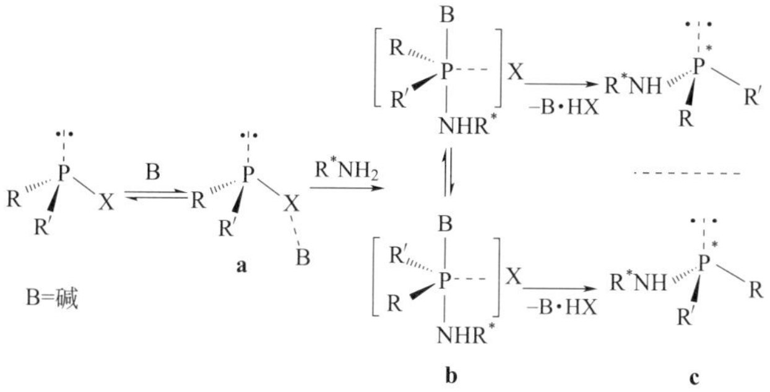

**方案 2.35** 三价磷原子的不对称诱导机理

氨基膦 **56** 是制备对映纯化合物的有效起始化合物，用硼烷在THF中处理氨基膦 **56**，可得到稳定的结晶加合物 **59**，其产率定量。用二乙胺处理膦硼烷配合物 **59**，可轻易除去BH$_3$基团，得到对映纯的氨基膦（$R_P$-**56**），其产率几乎定量。在含有硫酸的甲醇中回流时，化合物的氨基被甲氧基取代，形成 **58**。化合

物 **56** 的酸解得到叔丁基苯基膦氧化物的对映体[83]。**59** 的脱保护是通过用酰胺锂溶液处理得到的，从而形成氨基膦硼烷 **60**（方案 2.36）[84-87]。将对映纯的氨基膦 **61** 用作构建手性配体的基础原料。氨基的反应性可被进一步官能化，从而保持原始 P-手性的结构。这些 P-氨基膦的直接应用是制备手性氨基二膦（P—N—P）配体。因此，Riera 和 Verdaguer 使用氨基膦 **60** 得到了 P—N—P 和 P—N—S 配体 **62** 和 **63**，用于不对称催化加氢[86,87]（方案 2.37）。

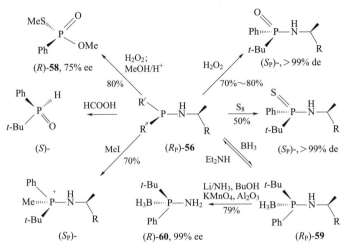

**方案 2.36**　氨基膦 **56** 作为手性起始反应物

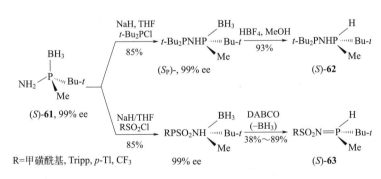

**方案 2.37**　PNP 和 PNS 配体 **62** 和 **63** 的合成

**N-(1-苯基乙基)氨基叔丁基苯基膦**　将含有 0.025mol(S)-N-(1-甲基苄基)胺和 0.026mmol 三乙胺的 10mL 苯溶液缓慢地搅拌 3h，随后将 4.5g（0.025mmol）叔丁基苯基氯膦加入到苯溶液中。该体系在室温下将溶液搅拌2～3h。然后，将反应混合物置于室温下过夜。过滤掉盐酸三乙胺的沉淀物，并用 50mL 乙醚清洗。将滤液进行减压蒸发，残留物在真空中蒸馏。产物为无色液体[沸点 140℃(0.01mmHg)]，产率 80%；硼烷配合物，熔点 140～141℃（正己烷)，95%ee，$[\alpha]_D^{20}=+24.5$ ($c=1$，$CH_2Cl_2$)[81]。

该方法还用于制备 P-手性膦酰亚胺 ($R_P$,$S$)-**64** 和 ($S_P$,$S$)-**65** (方案 2.38)。通过外消旋膦酰氯与光学活性的氨基锂的反应合成了对映纯的胺 **64** 及 **65**，用硅胶柱色谱分离了 ($R_P$,$S$)-**64** 和 ($S_P$,$S$)-**65** 两种非对映异构体。随后用 X 射线分析测定了膦酰亚胺 ($R_P$,$S$)-**64** 的 AC。此外，利用该反应还制备了对映纯的膦基苯甲酸盐和 P-手性膦基苯甲酸氯化物[88,89]。

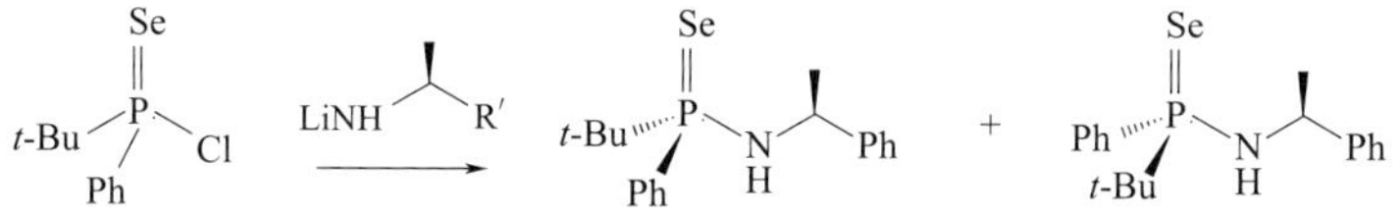


($R_P$,$S$)-**64**,34%　　($S_P$,$S$)-**65**, 51%

对映纯

**方案 2.38** P-手性膦基乙酰胺 **64** 和 **65** 的制备

Ortiz 等[90]描述了 *P*,*P*-二苯基氨基磷腈的邻位定向锂化反应，随后进行亲电淬灭，这是一种高产率和高对映选择性制备 P-手性邻位官能化氨基亚磷酸酯 **68** 的方法。在温和的反应条件下制备出多种高产率、立体选择性好的官能化的 P-手性化合物，包括膦酸酯、酰胺、硫代酰胺、膦氧化物和 (2-氨基苯基) 膦硼烷，证明了该方法的实用性 (方案 2.39)。

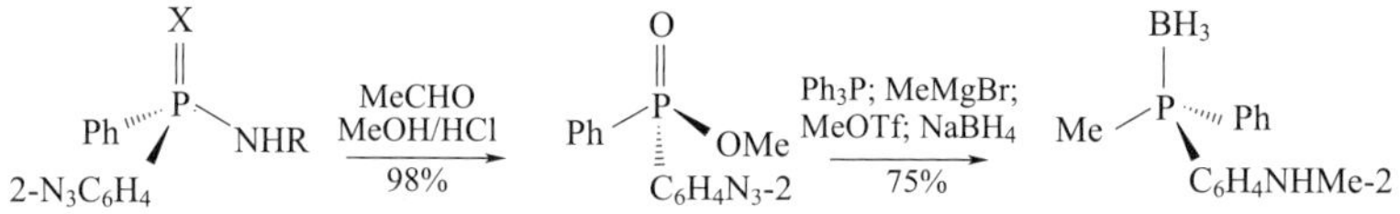


($S_P$, $R_C$)-**66**, 91% de　　($R_P$)-**67**, 92% ee　　($R_P$)-**68**, 97.4% ee

X=$NCO_2Me$, R=(*R*)-CH(Me)Ph

**方案 2.39** 通过不对称氨基磷腈合成 P-手性化合物

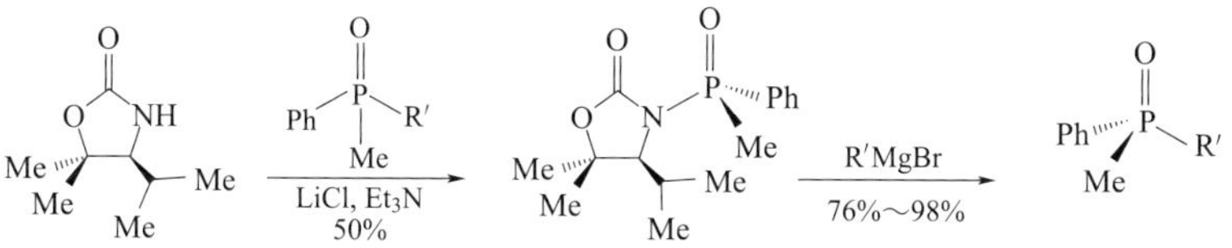


**69**, ＞90% de　　**70**, 96% ee

**方案 2.40** 手性膦氧化物 **70** 的合成

使用衍生自 L-缬氨酸的 *N*-膦酰噁唑烷酮 **69** 和甲基苯基氯化膦，在温和条件下合成了一系列手性二芳基-甲基和烷基-甲基苯基膦氧化物 **70**，其对映选择性高达 (er＞98∶2)。在氯化锂和三乙胺反应条件下，噁唑烷酮可以磷酸化，生成了 *N*-膦酰基噁唑烷酮 **69**。该方法涉及 P-手性噁唑烷酮 **69** 的高度立体选择性形成，通过与格氏试剂反应将其转化为膦氧化物 **70**（方案 2.40）[91]。

Han 等[92]报道了一种合成 P-手性膦氧化物的非对映选择性方法。1,3,2-苯并噁氮膦-2-氧化物 **71** 与带有 P—N 和 P—O 键的金属有机物发生连续亲核取代反应，生成 P-手性膦氧化物 **72**。用甲基氯化镁处理使得 **71** 中的 P—O 键断裂，生成 (S)-**73** 并在 P 上发生构型反转（er=99∶1）。结晶得到非对应纯的 ($R_P$)-**74**，X 射线晶体学分析证实了其 AC。该方法可有效地制备 Buchwald 型配体 **74** 的手性形式。该方法还应用于大体积 P-手性膦氧化物 **75** 的不对称合成，并将其转化为许多重要的 P-手性配体（方案 2.41）。Nemoto 和 Hamada[93]描述了一类新型手性磷配体——天冬氨酸衍生的 P-手性二氨基膦氧化物 DIAPHOX 并将其应用到几种钯催化的不对称烯丙基取代反应中。初步研究了钯催化的不对称烯丙基烷基化反应，采用二氨基膦氧化物 **77**，实现了季碳立体中心的高度对映选择性结构。利用 Pd-DIAPHOX 催化体系，高对映选择性地（许多情况下高达 97%～99%ee）实现了不对称烯丙基烷基化、不对称烯丙基胺化和季碳的对映选择性构建（方案 2.42）。

方案 2.41　对手性膦氧化物的合成

方案 2.42　($S,R_P$)-Ph-DIAPHOX 的合成

### 2.3.2.3　麻黄碱在 P(Ⅲ)上作为手性诱导剂

Jugé 开发了一种以麻黄碱作为手性助剂制备 P-立体异构膦的有效方法（Jugé-Stephan 方法）[94-97]。该方法中的关键反应物是 1,3,2-噁唑磷烷硼烷 **78**，

由双(二乙氨基)苯基膦和(−)-麻黄碱一锅反应制备,然后用 $BH_3$ 保护[94-98]。在此条件下,反应在热力学控制下进行,得到的产物非对映异构比率约为 95∶5。(−)-麻黄碱的环化可以立体选择性地优先生成非对映异构体 $(R_P)$-**78** 的晶体(约 90%de)[93]。叔膦 $(S_P)$-**79** 和 $(R_P)$-**79** 的对映体分别从(+)-或(−)-麻黄碱中获得。P 原子处的构型分别由(+)-伪麻黄碱或(−)-麻黄碱的 Ph 取代 $C_1$ 处的构型控制(方案 2.43)。

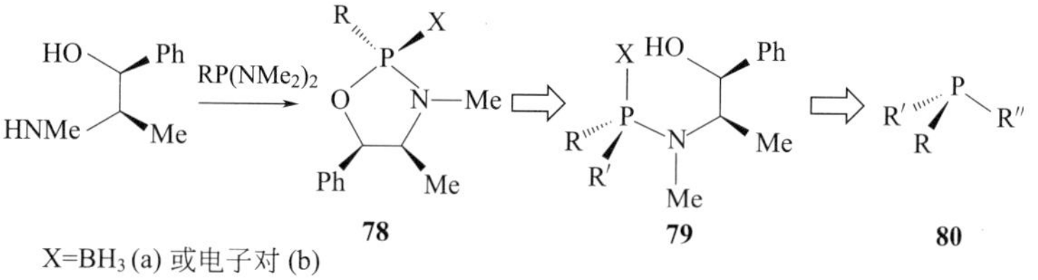

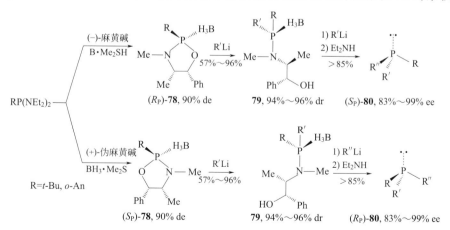

X=$BH_3$(a) 或电子对 (b)

**方案 2.43**  Jugé-Stephan 方法

1,3,2-噁唑磷烷和 1,3,2-噁唑磷烷硼烷 **78** 易与亲电子试剂或亲核试剂反应,得到各种手性磷化合物[97-106]。在 −78℃下,无环膦硼烷 **79** 由噁唑磷烷硼烷 **78** 与 THF 中的烷基锂或芳基锂反应制得。在氨基膦硼烷 **79** 中引入各种取代基 $R^1$ = $n$-烷基、$c$-烷基、芳基有较高的产率(93%~97%)和较高的非对映选择性(dr>98∶2)。氨基膦硼烷 **79** 在丙醇中的重结晶可获得非对映纯化合物[97]。反应进行时在磷上保留了构型,一些磷酰胺-硼烷的 X 射线分析证明了这一点[102]。同时,膦硼烷 **78** 在 −70℃下与有机锂试剂反应,在 P-中心上进行构型反转,生成叔膦硼烷 **79**,产率高且具有很好的 ee(85%~100%)。用三乙烯二胺(DABCO)或二乙胺进行分解得到游离的叔膦,并保留 AC[97](方案 2.44)。除了 "Jugé-Stephan 方法"[94]外,该方法基于麻黄碱衍生的噁唑磷烷硼烷 **78** 的亲核开

**方案 2.44**  由(+)或(−)麻黄碱合成 $(S_P)$-和 $(R_P)$-叔膦

环，Bickelhaupt 等人[53]报道了烷基锂试剂对 2-苯基噁唑磷烷 **81**（R＝H 或 Me）的立体发散开环。由（＋）-*cis*-1-氨基-2-吲哚和（－）-去甲麻黄碱衍生的 N—H 噁唑磷烷 **81** 提供了具有高立体选择性的转化产物。相反，N—Me 噁唑磷烷 **81** 则提供了在 P-手性中心保留构型的开环产物。最终，在一种氨基乙醇助剂作用下，合成了重要的 P-立体手性中间体 **82** 的两种对映体。化合物 **82** 的酸催化甲醇分解在 P-中心进行转化，得到（S）或（R）-甲基亚膦酸盐 **83**，产率和 ee 均很高[99]（方案 2.45）。

**方案 2.45** 2-苯基噁唑磷酰亚胺的立体扩张开环

以麻黄碱为原料制备的噁唑磷烷硼烷与有机锂化合物反应是合成手性叔膦及其配体的一种简便方法[94,96,98]。因此，膦硼烷 **83** 在－70℃下与有机锂化合物反应，在 P-中心发生构型反转，具有较高的化学产率和较高的 ee（85%～100%）的叔膦硼烷 **84**。膦硼烷 **84**（R＝Me）与相应的二膦二硼烷 **85** 偶联后，由 DABCO 分解为以良好的产率得到光学纯的（R,R）-DIPAMP **86**，在磷上保留 AC（方案 2.46）[96,97,102]。

**方案 2.46** 由噁唑磷烷硼烷 **79** 合成 PAMP·BH$_3$ **85** 和 DIPAMP

氨基膦硼烷 **79** 与氯膦的反应得到了相应的氨基膦-亚磷酸酯硼烷 **87**，产率为 30%～70%。用三乙烯二胺或二乙胺处理硼烷配合物得到对映纯的氨基膦-亚磷酸酯配体（AMPP）**88**，产率为 70%～90%[102-108]，这为许多过渡金属催化反应的变化和配体微调提供了巨大的潜力[102,106]。它们用于 Rh 配合物催化的 α-乙酰氨基甲酸甲酯的不对称加氢反应（99%ee）生成具有 99%ee 的（S）-苯丙氨酸衍生物，并且用于 Rh 催化的乙烯基芳烃的不对称氢甲酰化反应（方案

2.47)[105]。通过对相应的氨基膦硼烷 **79** 的 HCl 酸解，实现了 P-手性氯膦硼烷 **89** 的立体选择性合成。该反应导致 P—N 键断裂，磷中心的构型反转，从而导致氯膦硼烷 **89** 具有高度优异的对映体纯度（80%～99%ee）（方案2.48)[94,109]。

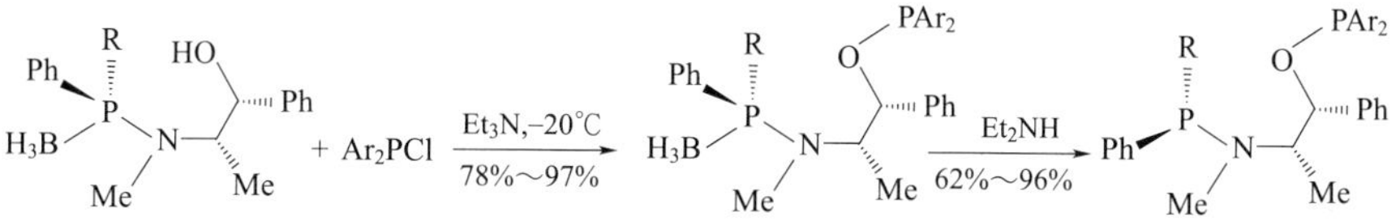

| R | 芳基 | ee/% |
|---|---|---|
| CH₃ | Ph | 75 |
| CH₃ | 4-CH₃C₆H₅ | 71 |
| CH₃ | 3,5-(CF₃)₂C₆H₃ | 32 |
| $n$-Bu | Ph | 75 |
| $n$-Bu | 4-CH₃C₆H₅ | 73 |
| $n$-Bu | 3,5-(CF₃)₂C₆H₃ | 46 |
| 1-萘基 | Ph | 10 |

**方案 2.47** 氨基膦-膦配体的合成

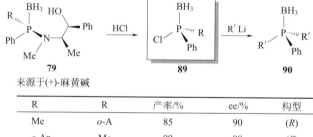

来源于(+)-麻黄碱

| R | R | 产率/% | ee/% | 构型 |
|---|---|---|---|---|
| Me | $o$-A | 85 | 90 | (R) |
| $o$-An | Me | 99 | 98 | (S) |
| $o$-Tol | Me | 87 | 98 | (S) |
| 2-萘基 | Me | 61 | 85 | (S) |
| $o$-PhPh | Me | 45 | 99 | (S) |
| $c$-C₆H₁₁ | — | 74 | 80 | (R) |

**方案 2.48** P-手性氯膦硼烷 **89** 的立体选择性合成

用麻黄碱法分别与（+）或（-）-麻黄碱进行了（R，R）-［或（S，S）-］配体 **92** 的立体选择性合成，合成的关键步骤是由碳负离子衍生的甲基膦硼烷 **90** 与氯膦硼烷 **91** 反应形成甲烷桥。(S)-氯-苯基-$m$-二甲基膦硼烷 **90** 与甲基锂的反应提供了相应的（R）-甲基膦硼烷 **91**，并在磷中心进行构型反转。用正丁基锂对甲基膦硼烷 **91** 进行脱质子后，与（S）-氯膦硼烷 **89** 反应得到了高产率的保护二膦二硼烷 **92**（方案2.49)[104]。

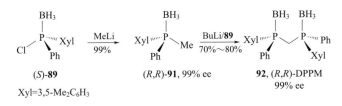

**方案 2.49** DPPM 配体 92 的合成

氯膦硼烷 89 用作合成各种 P-手性磷化合物的有效起始试剂。氯膦硼烷 89 与亲核试剂如碳负离子、酚盐、苯硫醇盐或酰胺的反应导形成相应的有机磷化合物 93~96，产率为 53%~99%，ee 高达 99%。该方法也适用于制备各种对称和不对称 P-手性配体，这些配体可用于过渡金属配合物催化的不对称反应（方案 2.50）[99,100,108]。

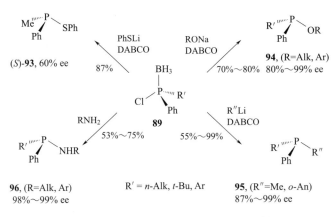

**方案 2.50** 氯膦硼烷作为手性起始试剂

2,3-双（叔丁基甲基膦基）-喹噁啉（QuinoxP*）100、1,2-双（叔丁基甲基膦基）苯（BenzP*）101 和 1,2-双（叔丁基甲基膦）-4,5-（亚甲基二氧基）-苯（Dioxy-BenzP*）102 的两种对映体，作为立体化学纯的化合物从对映纯 (S)-和 (R)-叔丁基甲基膦硼烷 97 以较短反应步骤制备，如方案 2.51 和方案 2.52 所示[110]。FcLi 对亲电磷的攻击，随后的假旋转和氯化物消除终止的反应顺序使构型总体保留合理化[43,110]。

以 99% 以上的非对映选择性对噁唑磷烷基硼烷 104 进行了原位锂化反应，为二茂铁骨架引入平面手性提供了一种新的有效途径。多种亲电体可以参与反应，显示了新方法的广泛适用性及其在生成配体 105 的潜力并将其用于不对称催化反应中（方案 2.53）[107]。以噁唑磷烷硼烷 78 为起始原料，经膦硼烷 83 的多步不对称合成和对映体 107 的选择性锂化，以高非对映纯度和对映纯度制备了 P-立体异构二膦配体 108。配体 107 用作制备钯配合物 108 的催化剂前体。钯配

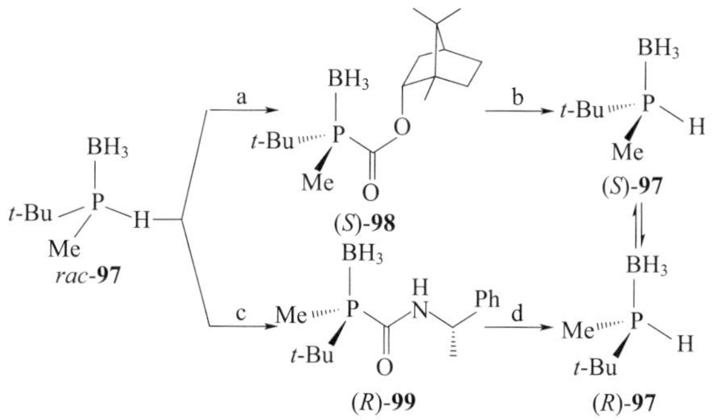

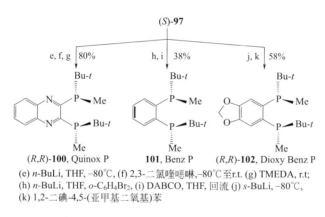

(a) *n*-BuLi, (−)-氯甲酸酯; (b) KOH, $H_2O$/MeOH;
(c) (*S*)-PhCH-(Me)NCO, *n*-BuLi (10mol%); (d) KOH, $H_2O$/THF

**方案 2.51**

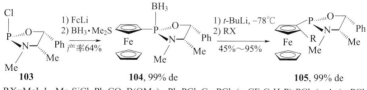

(e) *n*-BuLi, THF, −80℃, (f) 2,3-二氯喹噁啉,−80℃至r.t. (g) TMEDA, r.t;
(h) *n*-BuLi, THF, *o*-$C_6H_4Br_2$, (i) DABCO, THF, 回流 (j) *s*-BuLi, −80℃,
(k) 1,2-二碘-4,5-(亚甲基二氧基)苯

**方案 2.52** P-手性配体 **100**～**102** 的合成

RX=MeI, $I_2$, $Me_3SiCl$, $Ph_2CO$, $B(OMe)_3$, $Ph_2PCl$, $Cy_2PCl$, ($p$-$CF_3C_6H_4P)_2PCl$, ($p$-An$)_2$, PCl

**方案 2.53** 二茂铁膦配体 **105** 的合成

合物 **108** 为催化剂进行烯丙基烷基化反应以及加氢反应，其 ee 可高达 97.7%（方案 2.54）[110-112]。

P-手性二芳基膦羧酸 **109** 的合成是以噁唑磷烷硼烷 **78** 为起始原料，以优异的对映纯度实现的。含 L-脯氨酸主链的酰胺基和氨基二膦配体 **110** 也衍生于 **78**。在钯催化的 1,3-二苯基丙烯基乙酸酯的烯丙基烷基化反应中评估了配体 **110** 的催化活性（方案 2.55）[113]。

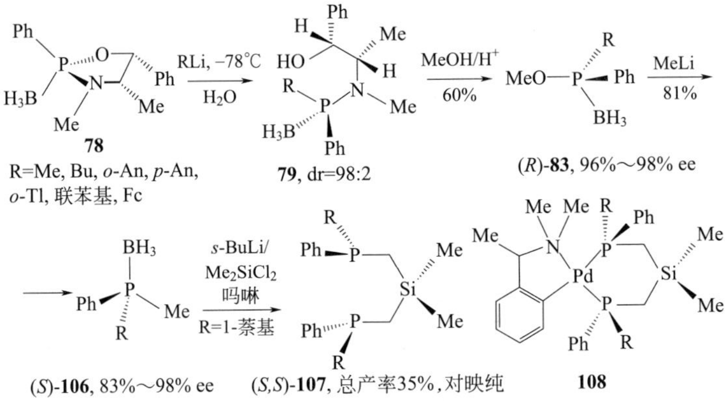

方案 2.54　二膦配体 107 的制备

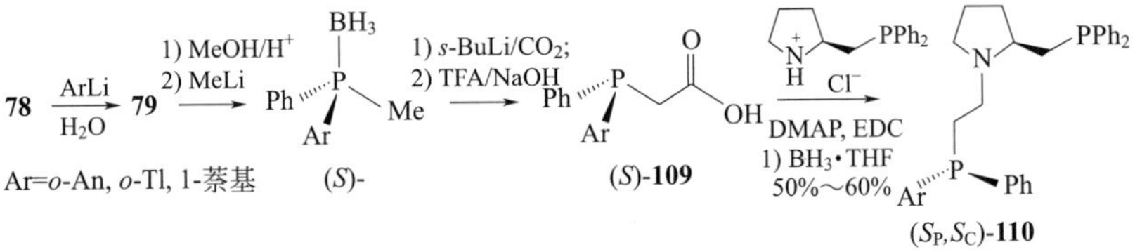

方案 2.55　P-手性酰胺和氨基二膦的合成

采用麻黄碱法，分两步合成了源于杯[4]芳烃 111 上缘的 P-手性氨基磷烷-膦配体（AMP*P）[100]。配体 111 用于制备相应的铑配合物[Rh(COD)(AMP*P)]$BF_4$，并对各种底物进行了不对称催化加氢实验，对映选择性高达 98%。例如，用这些铑配合物催化 α-乙酰氨基乙酸甲酯的不对称加氢反应生成了 99% ee 的（S）-苯丙氨酸衍生物。对 P-手性氨基膦单元上具有相似取代基且被修饰过的 P-手性氨基膦-亚磷酸酯配体 111 的研究表明，氨基膦部分的杯[4]芳烃取代基在不对称诱导中起主要作用（方案 2.56）[105]。

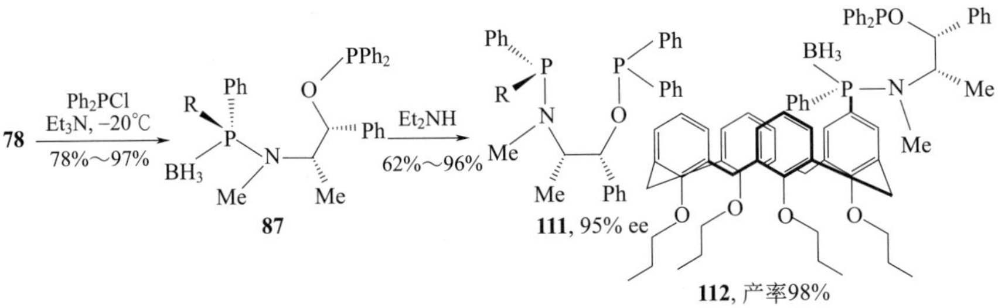

方案 2.56　氨基膦-亚磷酸酯配体的制备

使用该方法，以良好的产率（50%～90%）和（80%～98%）ee 合成了许多叔膦 112，包括二茂铁基和金刚烷基膦。在炔烃和醛的不对称催化还原偶联中，单齿二茂铁基膦 **114** 和 **115** 作为配体，在许多反应条件下得到具有良好对映选择性的手性烯丙醇，并且在所有情况下具有完美的 (*E*)-选择性 (>98∶2) (方案 2.57)[114-116]。Jugé-Stephan 方法 P-手性单膦和二膦的反应使人们可以轻松获得各种结构[117]。在铑催化的不对称加氢甲酰化反应中，报道了对映纯的 P-手性二膦 1,10-双(1-萘基-苯基膦)二茂铁 **118** 及其电子修饰的衍生物，它们在苯环对位带有甲氧基或三氟甲基 (方案 2.58)[118]。

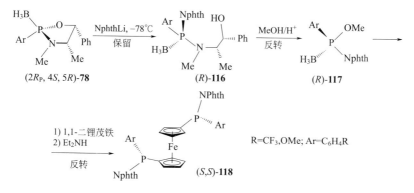

**方案 2.57** 二茂铁取代的叔膦的合成

**方案 2.58** P-手性 1,10-双(1-萘基苯基膦基)二茂铁

从噁唑磷烷硼烷 **78** 为原料，合成了对映体选择性很高的 P-手性二芳基膦基羧酸 **119**。含有 L-脯氨酸骨架的酰氨基- 和氨基- 二膦配体 **120**、**121** 也衍生自 **78**，在钯催化的 1,3-二苯基丙烯基乙酸酯的烯丙基烷基化反应中考察了 **121** 配体的催化活性[113] (方案 2.59)。

通过 α-金属化的 P-手性膦硼烷与苯甲醛亚胺的反应以 3∶1 的比例形成乙醇桥的碳-碳键非对映选择性合成 P-手性 β-氨基膦配体 **124** 的工作已经被报道。主要的非对映异构体 β-氨基膦硼烷 ($S_P$)-**123** 在中性条件下被解离成相应的 β-氨基膦 **124**，并且在乙醇回流中没有差向异构化[119] (方案 2.60)。

Buono 从噁唑磷烷 **125** 开始合成手性叔膦氧化物。对映纯的噁唑磷烷 ($R_P$)-**125** 由 PhP(NMe$_2$)$_2$ 和 (*S*)-(+)-脯氨醇制备。随后化合物 **125** 经过酸化水解，得到叔丁基苯基氧化膦 **127** 的两种对映体，具有良好的产率和对映选择性，ee 高达 91% (方案 2.61)[120-125]。含叔丁基锂的噁唑磷烷环 ($R_P$-**125**) 的

**方案 2.59** P-手性二芳基膦酸的合成

**方案 2.60** P-手性 β-氨基膦配体的非对映选择性合成

开环且在磷原子上保留其绝对构型，生成了氨基膦（$R_P$-126）的硼烷配合物（方案 2.62）。Buono 等[121,122]还合成了 P-手性噁唑磷烷和三氨基膦配体 128、129。以 8-溴喹啉为原料，分两步合成了 QUIPHOS-PN₅ 130。化合物 128 的结构是通过 X 射线分析含有该配体的钯（Ⅱ）配合物 129 来证实的[122]（方案 2.61）。

**方案 2.61** 从 ($R_P$)-噁唑磷烷制备 (R)- 和 (S)-叔丁基苯基膦氧化物

## 2.3.3 P(Ⅲ)化合物的不对称氧化

对映纯的膦氧化物的制备可以通过膦的不对称氧化来实现。因此，通过用四卤代甲烷和醇处理实现了 P-外消旋叔膦和氨基膦的对映选择性氧化。这些反应

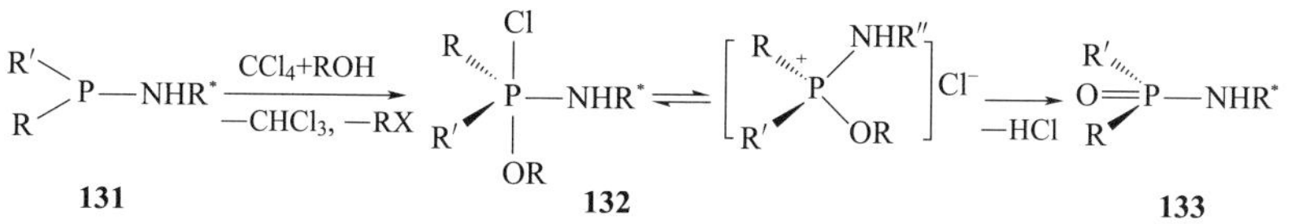

131 132 133

方案 2.62 膦与四卤代甲烷的不对称氧化

物氧化氨基膦导致氨基亚膦酸盐 **133** 的形成，产率为 80%～85%，de 为 50%～98%（方案 2.62）。通过结晶纯化化合物 **133**，其 de 大于 99%。结果表明，**131** 与 $CCl_4$ 和醇的反应是通过烷氧基氯磷烷 **132** 的形成进行的。**132** 在 P(Ⅴ) 配体的假旋转和 Arbuzov 重排中形成热力学最稳定的非对映异构体（方案 2.62）[75,82,126]。

Gilheany 等[127,128]报道了在 L-薄荷醇存在下叔膦 **134** 和多卤代烷烃的氧化（不对称 Appel 反应）。结果表明合成了具有良好 ee 的手性膦氧化物 **135**。以 98%ee 制备了手性双膦氧化物 (*R*,*R*)-**136**，其可以在苯的重结晶中除去少量的内消旋异构体，从而分离得到对映纯的（>99%ee）双膦氧化物 **135**，产率为 73%（方案 2.63 和方案 2.64）[129]。

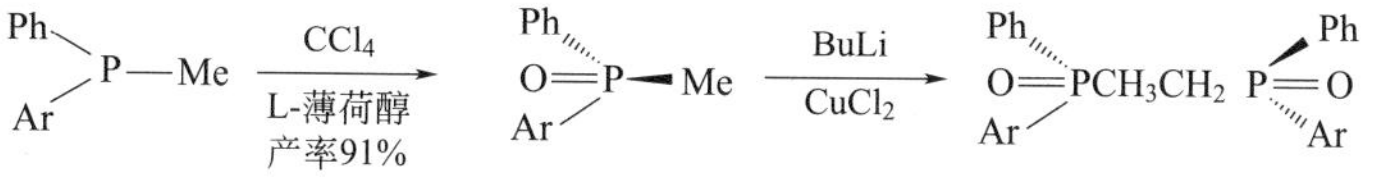

134　135, 80% ee　136

方案 2.63 多卤代烷烃氧化叔膦

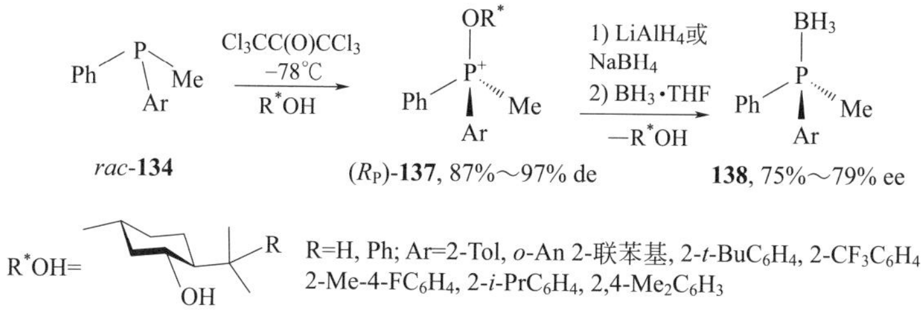

*rac*-134　(*R*P)-137, 87%～97% de　138, 75%～79% ee

R=H, Ph; Ar=2-Tol, *o*-An 2-联苯基, 2-*t*-BuC6H4, 2-CF3C6H4, 2-Me-4-FC6H4, 2-*i*-PrC6H4, 2,4-Me2C6H3

方案 2.64 非对映体富集的烷氧基鏻盐 **137**

Gilheany 等[130,131]还通过叔膦与六氯丙酮和薄荷醇的反应制备了非对映体烷氧基鏻盐 **137**，**137** 与 $LiAlH_4$ 或 $NaBH_4$ 的反应得到了相应的对映体富集的 P-立体异构磷烷 **138**，该反应产率高，且具有中等的 ee。这两种对映体膦氧化物都是由一种中间体（$R_P$）-烷氧基氯化膦 **139** 制备的，这种化合物是在选择性动力学拆分过程中，以薄荷醇的一种对映体作为手性助剂而形成的。在 Arbuzov 型反应条件下，该中间体在磷的构型保持不变的情况下转化为叔膦（$R_P$-**140**）。相反，P—O 键的碱性水解生成相反的对映体（$S_P$-**140**）（方案 2.65）[131-133]。在动力学拆分条件下用对映纯的双-磷酰基或双-硫代磷酰基二硫化物作用外消旋P-立体异构的叔膦 **134**，得到对映体富集的叔膦氧化物 **135** 或膦硫化物 **141**，其具有 3.5%～39%ee。然而，在氯离子存在及动态动力学拆分条件下（试剂比例为 1∶1）进行的相同反应得到膦酰氯（R=$t$-Bu），约为 70%ee（方案 2.66）[134]。Simonneaux 等描述了用手性二氧代钌(Ⅵ)卟啉氧化外消旋膦[135]。在卟啉平面两侧带有光学活性 $\alpha$-甲氧基-$\alpha$-(三氟甲基)苯乙酰基残基的二氧代钌(Ⅵ)配合物将氧原子转移到磷，形成光学活性的膦氧化物。例如，外消旋苄基甲基苯基膦的氧化导致 (S)-对映体 **142** 具有 41%ee[134,135]（方案 2.67）。

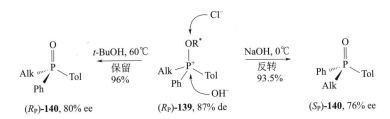

**方案 2.65** 外消旋叔膦的 DKR 氧化

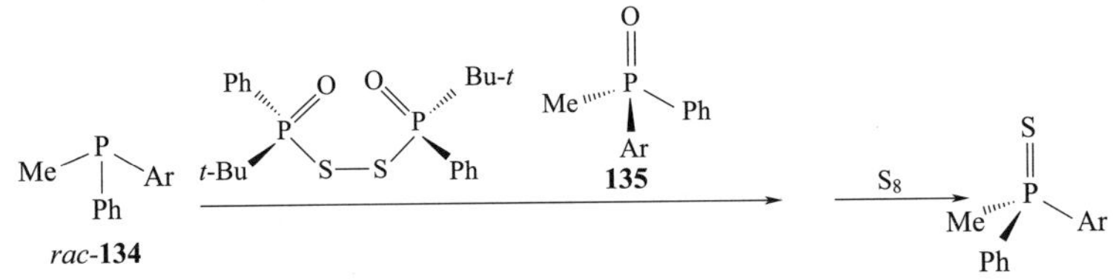

**方案 2.66** 叔膦氧化物的不对称硫化

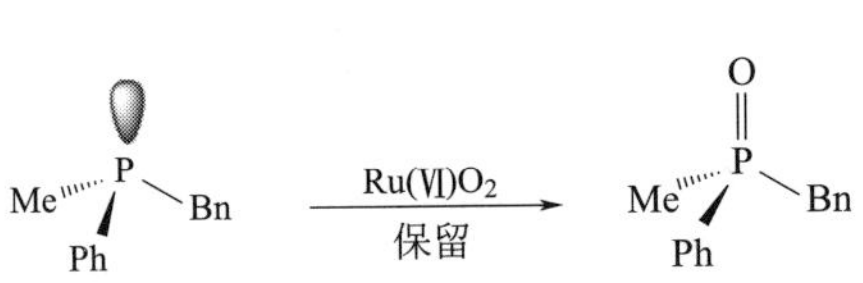

**方案 2.67**

## 2.3.4 P(Ⅲ)上的不对称亲电取代

在磷上以高度不对称诱导下进行已知立体选择性亲电反应的数量不是很高，并且实际上限于手性三配位磷化合物，其与亲电子试剂反应产生更稳定的三配位衍生物。通常认为亲电子进攻是针对磷的单电子对并导致构型的保留。P-前手性磷化物的烷基化被很多基团利用，但在几乎所有情况下，不对称诱导都很低（方案 2.68）[136-142]。

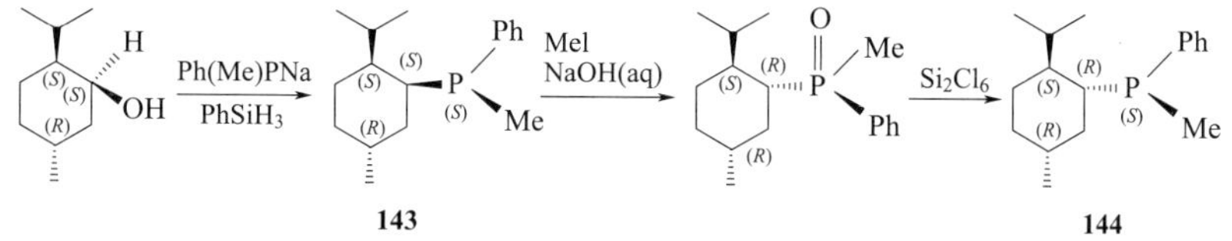

**方案 2.68** 手性薄荷基-甲基-苯基膦的合成

例如，薄荷基-甲基-苯基膦 **144** 由新薄荷基苯基-苯基膦 **143** 通过用于合成手性磷上具有立体异构基团的膦和膦氧化物的方法制备[137]。将叔膦的混合物氧化成膦氧化物，然后通过柱色谱法分离。用苯基硅烷还原膦氧化物后，得到光学活性的叔膦 **144**，并作为［Rh(COD)Cl］$_2$ 配合物中的配体。Mosher 和 Fisher 指出，薄荷基-甲基-苯基膦 **144** 的非对映异构体在室温下是稳定的。然而，它们在 120℃ 时发生差向异构化，得到 70∶30 的差向异构体平衡混合物（方案 2.68）[138,139]。Burgess 等进行了立体化学匹配的双膦配体的合成，表示为 DIOP-DIPAMP 杂化物。手性膦配体的绝对构型通过四羰基钼衍生物的单晶 X 射线衍射研究确定（方案 2.69）[140]。亚磷酸锂与甲磺酸盐或 (R,R)-2,4-戊二醇的环硫酸盐反应提供了一种新的手性配体，**145** 基于磷杂环戊烷部分。Mathey 等报道了（甲基膦）五羰基钨与 i-BuI 的脱质子和随后的烷基化反应，得到了两种非对映体仲膦配合物 **146**，比例为 7∶3（方案 2.70）。这些配合物的进一步烷基化优先形成叔膦，其非对映体过量为 80%。结晶和氧化分解后分离出非对映纯的叔膦。Nagel 等也描述了来源于酒石酸的前手性磷化物的烷基化和芳基化的不同实例[141,142]。

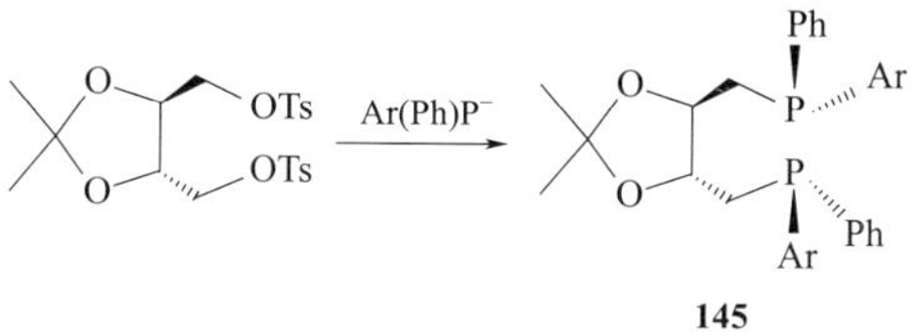

**方案 2.69** 对映纯双膦配体的合成

### 2.3.4.1 不对称 Michaelis-Arbuzov 反应

许多研究者研究了不对称形式的 Michaelis-Arbuzov 反应。例如，Suga 及其同事报道了由 (S)-1,3-丁二醇制备的环状苯基五膦酸酯 **147** 与卤代烷的反应，导致 P—O 键的解离开环[143]。在类似的反应中使用环状亚膦酸酯 **148** 和 **149**，

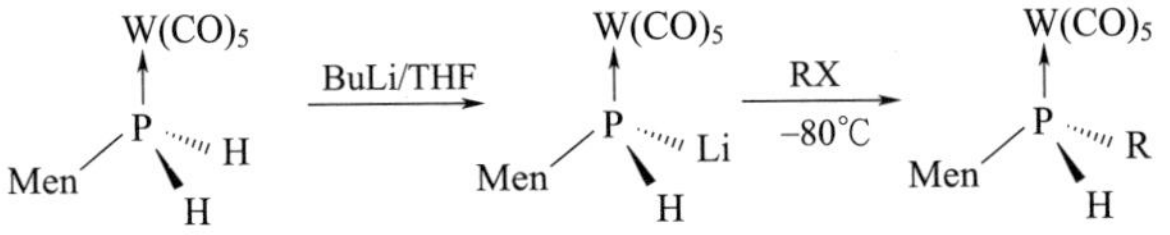

**方案 2.70** （甲基膦）五羰基钨配合物与卤代烷的反应

所得的膦氧化物的对映体纯度较低（方案 2.71）。

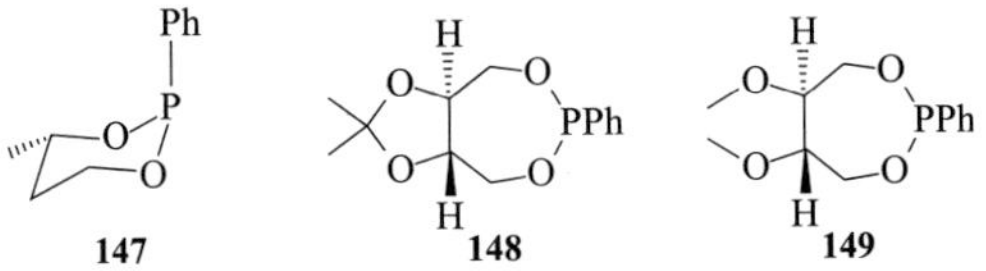

**方案 2.71**

Mikołajczyk 和 Drabowicz 在手性 (−)-$N,N$-二甲基 (L-苯基乙基) 胺的存在下于 70℃在乙醚溶液中通过外消旋氯膦与甲醇的反应制备了光学活性的 ($R$)-甲基乙基苯基亚膦酸酯 **150**。随后 ($R$)-亚膦酸酯 **150** 与碘甲烷的 Michaelis-Arbuzov 反应继续在磷上的保留 AC，生成了 (+)-($R$)-膦氧化物 **151**[144]（方案 2.72）。

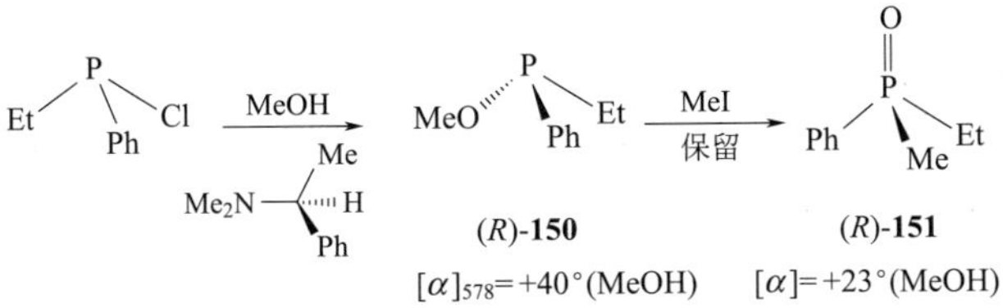

**方案 2.72**

在许多情况下，Arbuzov 反应的立体专一性较低。例如，Jugé 发现非对映纯的 ($2R,4S,5R$)-3,4-二甲基-2,5-二苯基-1,3,2-噁唑磷烷 **152** 与卤代烷的反应在磷上失去手性，得到两种非对映异构体的混合物，其比例为 85:15。由 NMR 监测反应表明，形成了与最终产物具有相同非对映体比率的磷中间体（方案 2.73）[145,146]。

丙酰氯与 1,3,2-噁唑磷烷的 Michaelis-Arbuzov 反应形成环状酰基膦酸酯 **154**，其具有 92:8 dr 并且产率为 81%。另一种合成主要涉及 $cis$-P-噁唑磷烷 **155** (dr=5:1~11:1)（方案 2.74）[147-149]。

Pietrusiewicz 等发现乙烯基膦与 (−)-薄荷基均乙酸盐反应，得到 Arbuzov

**方案 2.73** ($R_P$)-噁唑磷烷 **152** 与卤代烷的 Arbuzov 反应

**方案 2.74** 1,3,2-噁唑磷烷与卤代烷的不对称 Arbuzov 反应

产品的非对映异构体混合物[150,151]。通过结晶从粗反应混合物中分离非对映异构体。重结晶后，得到（$S_P$）-立体异构体（100%de）。Johnson 和 Imamoto 证明，以上述方式制备的薄荷酯 **156** 可以很容易地分离成其非对映异构体，分别进行水解和脱羧反应得到叔膦氧化物。这种方法成功地用于制备各种膦氧化物 **157**（方案 2.75）[149,152,153]。前手性二薄荷基苯基亚膦酸酯与烷基锂在低温下的反应，生成具有较高非对映异构体纯度（90%～96%de）的 P-拆分的薄荷基烷基苯基亚膦酸盐。第二个取代反应产生对映体富集的叔膦（73%～79%ee）[154]。

**方案 2.75** 非对映选择性 Arbuzov 反应

## 2.4 五价 P(Ⅳ)-磷化合物

### 2.4.1 导言

四配位有机磷化合物通常表现出较高的构型稳定性,尽管这取决于化合物的结构。叔膦氧化物是最稳定的,手性磷酸的酯也是构型稳定的,尽管它们在加热时会缓慢外消旋化。在亲核试剂存在下,磷酸的氯化物在室温下外消旋化。这与双锥体五配位磷物质的形成有关,这些磷物种反转它们的构型。由 (p-d)π 键加速的快速磷转化与烯丙基甲基苯基膦硫化物的立体突变有关[146]。

### 2.4.2 亲核取代反应

四配位五价磷原子上的亲核取代反应通常是高度立体选择性的,基本完全反转或保留构型。在其他情况下,反应仅表现出有限的立体选择性,反应路径的相对重要性使得产物构型反转或保留,这很大程度上取决于亲核试剂、离去基团和反应条件[41]。在绝大多数情况下,手性三配位三价磷的 $S_N2$ 亲核取代导致构型的反转,假定形成五配位中间体,在顶端位置含有进攻和离去基团,尽管空间张力由于四元环在双四元位置的排列而扩大。五配位磷化合物具有三角双锥形几何结构,其可以通过水平进攻或通过垂直进攻形成(方案 2.76)。通常认为,这种反应是通过 $S_N2P$ 机理同步发生的,该机理涉及一种三角双锥酰胺磷烷中间体,该中间体是由占据顶端位置的离开基团(L)对面的亲核细胞(Nu)加成,并在任何配体假旋转发生之前分解而成。基团置换(保留或反转)的结果取决于膦烷中间体的相对稳定性及其转化率[155]。通常,立体异构四配位磷的亲核取代导致构型的反转,但是,在某些情况下会发生保留。例如,无环叔丁基鏻盐的碱性水

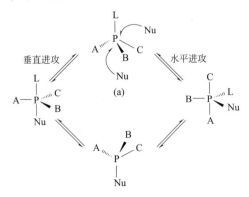

方案 2.76  P(Ⅳ) 化合物亲核取代的 $S_N2P$ 机理

解导致构型的反转[156]。通常，四配位磷上的亲核取代的立体化学结果（保留或反转）取决于离去基团的性质。磷的置换反应过程涉及膦烷中间体的形成，这是由中间体的能量学决定的。Cremer[155]报道的六元环中磷的亲核取代的立体化学和机理强烈暗示了$S_N2$反应机理。

Westheimer 表明磷的所有酶促反应都会进行反转，因此不会发生假旋转[157]。事实上，没有明确的证据表明在任何生物系统中 P 原子的假旋转或邻位进攻是一个重要的过程，偶数反转的多重立体过程使保留合理化。Ruedl 和 Bickelhaupt 通过理论计算已经考虑了在磷上的 $S_N2@P$ 亲核取代，并得出结论，增加中心原子的配位数以及取代基的空间需求会使 $S_N2@P$ 机理从单电位逐步转变（有一个稳定的中心 TC），通过三电位（在中心 TC 之前和之后具有 TS 之前和之后的特征），在第三周期原子上取代是常见的，回到双电位（其中合并为一个中心 TS），这在碳的取代反应中是众所周知的。伴随亲核取代反应的 Walden 反转作为中心原子上的取代基的协同运动通过不稳定的 TS 或稳定的 TC 进行（方案 2.77）。

**方案 2.77** $Cl^- + POR_2Cl$ 反应的 $S_N2@P$ 机理

Jennings 等[51]研究了鏻盐的亲核取代反应，他们提出了通过背面进攻然后解离形成五配位二卤代膦烷的两步机理，导致磷的构型反转（方案 2.78）。实验确定的势垒范围从 $9 kcal \cdot mol^{-1}$ 到接近 $20 kcal \cdot mol^{-1}$，通过 Berry 假旋转排除涉及卤化物的机理，非对映卤代膦盐在低温下的 NMR 光谱中显示两组信号，在室温下显示一组信号。在此发现的基础上，使用变温 NMR 和 EXSY 技术的结合来量化磷中心的差向异构化速率和各自的能垒（方案 2.78）。

**方案 2.78** 五配位中间体使离子对（IPs）相互转化

热力学控制的不对称合成的一个有趣的例子是带有手性配体的烷氧基氟膦烷的脱氟化氢，产生 P-氟叶立德的非对映异构体的混合物，其比例为 1∶1。P-氟

叶立德 **158** 可逆地加入锂盐以形成氟代膦烷中间体，其经历假旋转以提供最热力学稳定的非对映异构体 **159**[160]。手性磷叶立德和手性 P-稳定的碳负离子在磷上具有结构稳定性。这种结构稳定性通过不同的亲电反应持续存在[161,162]（方案 2.79）。

**方案 2.79** P-氟叶立德与手性醇的非对映选择性反应

### 2.4.2.1 手性醇在 P(Ⅳ) 上的亲核取代

四配位五价磷原子上的亲核取代反应通常是高度立体选择性的，基本上完全反转或保留构型。在其他情况下，反应只表现出有限的立体选择性，反应路径的相对重要性导致产物构型反转或保留，这很大程度上取决于亲核试剂、离去基团和反应条件[62,163-173]。此外，在 P(Ⅲ) 化合物（第 2.3.1 节）的情况下，可通过在 P(Ⅳ) 上用手性醇（L-薄荷醇、endo-冰片、呋喃葡萄糖等）进行亲核取代来合成 P-手性磷氧化物（方案 2.80 和表 2.3）。

**表 2.3** 外消旋氯亚膦酸盐与手性仲醇的反应（方案 2.80）

| R | R*OH | 碱 | 溶剂 | 比例 | 参考文献 |
| --- | --- | --- | --- | --- | --- |
| Me | GF1 | 三乙胺 | 甲苯 | 5 | [174] |
| Me | GF2 | 三乙胺 | 甲苯 | 95∶1 | [175] |
| Me | GF1 | 吡啶 | 四氢呋喃 | 97∶3 | [175] |
| Et | GF1 | 三乙胺 | 甲苯 | 96∶4 | [76] |
| Et | GF1 | 吡啶 | 四氢呋喃 | 30∶7 | [76] |
| i-r | GF2 | 三乙胺 | 甲苯 | 86∶1 | [76] |
| i-Pr | GF2 | 吡啶 | 四氢呋喃 | 40∶6 | [76] |
| i-Pr | GF1 | 三乙胺 | 甲苯 | 95∶5 | [174] |
| Bn | GF1 | 三乙胺 | 甲苯 | ~95∶5 | [176] |
| Bn | GF1 | 吡啶 | 四氢呋喃 | 40∶6 | [176] |
| o-An | GF2 | 三乙胺 | 甲苯 | 30∶7 | [76] |
| o-An | GF2 | 吡啶 | 三乙胺 | 55∶4 | [76] |
| Me | (1S)-冰片 | 4-二甲氨基吡啶 | 甲苯 | 4∶1 | [41] |
| Me | (—)-异松蒎醇 | 4-二甲氨基吡啶 | 甲苯 | 1∶1 | [41] |

续表

| R | R*OH | 碱 | 溶剂 | 比例 | 参考文献 |
|---|---|---|---|---|---|
| Me | (+)-异松蒎醇 | 4-二甲氨基吡啶 | 甲苯 | 55:4 | [175] |
| Me | (+)-异冰片 | 4-二甲氨基吡啶 | 甲苯 | 74:2 | [175] |
| Me | (−)-冰片 | 三乙胺 | 甲苯 | 75:2 | [41] |
| Me | (+)-异冰片 | 三乙胺 | 甲苯 | 13:87 | [175] |
| Ph | (−)-薄荷醇 | 三乙胺 | 甲苯 | 4:1 | [177] |

GF1=1,2:5,6-二-O-异丙交酯-α-D-呋喃葡萄糖；
GF2=1,2:5,6-二-O-环己内酯-α-D-呋喃葡萄糖。

**方案 2.80** 对映体 ($R_P$)-和 ($S_P$)-薄荷基亚膦酸盐的合成

不对称取代的薄荷基亚膦酸盐 ($R_P S_P$-162) 可以通过重结晶或柱色谱法很容易地分离为非对映异构体 ($R_P$)-163 和 ($S_P$)-163。外消旋甲基（苯基）氯化膦与 (1S)-冰片反应生成 (1S)-冰片基 ($S_P$)-和 ($R_P$)-亚膦酸盐的非对映体混合物，其比例为 1:4，通过柱色谱分离，并与 (o-溴甲氧基苯基)溴化镁反应生成 (R)-(o-甲氧基苯基)甲基-(苯基)膦氧化物。非对映异构体亚膦酸盐也由外消旋甲基（苯基）氯化膦与萜烯醇 (−)-薄荷醇、(−)-异松蒎醇和 (+)-异冰片形成，其比例分别为 50:50、50:50、74:26。对映纯的 H-薄荷基亚膦酸盐 162 可以制备大量的 P-立体异构仲膦氧化物（方案 2.81）。非对映纯的薄荷基-或冰片基亚膦酸盐 165 与格氏试剂反应，得到叔膦氧化物 166，磷原子上的绝对构型反转（方案 2.81）[97,100]。

这些方法可获得在磷原子上保留构型或构型反转的叔膦。例如，Imamoto 发现随后用 LDBB 和甲基碘处理膦氧化物 ($R,R$)-167 可使二膦氧化物 ($R,R$)-168 保留构型[62]。

该方法与薄荷基的亲核取代互补，其中磷原子上的取代与构型的反转一起发生[178,179]。Imamoto 使用薄荷基膦硼烷配合物合成 DIPAMP 类似物，如方案 2.82 所示。

**($S_P$)-1,2:5,6-二-O-异亚丙基-α-D-呋喃葡萄糖基苄基-苯基次膦酸酯** 将含有 0.02mol 1,2:3,5-二异亚丙基-D-呋喃葡萄糖的 5mL 甲苯溶液逐滴加入到

**方案 2.81** 手性薄荷基亚膦酸盐的合成

含有 0.02mol 苄基-苯基亚膦酸和 3.5mL 三乙胺的 10mL 甲苯冷却溶液中。将溶液在 0℃ 下搅拌 1h，然后在室温下于氩气保护中静置一夜。滤出三甲胺盐酸盐沉淀并用 5mL 乙醚洗涤。减压蒸发溶剂后，将残留物在庚烷中进行结晶纯化［产率 75%，熔点 175℃，无色棱柱体，$[\alpha]_D^{20}=-47.5(c=0.05,丙酮)$］。

**方案 2.82** 从 ($R_P$)-次膦酸盐合成 DIPAMP 的过程

不对称亚膦酸的氯化物和膦酸的氯化物，特别是苄基-苯基次膦酸的氯化物，与 D-呋喃葡萄糖 (R*OH) 衍生物发生立体选择性反应[174,180]。该反应在三乙胺存在下于甲苯溶液中进行，得到左旋 (−)-($S_P$)-次膦酸酯 **169**，在 THF 中存在吡啶下得到右旋 (+)-($R_P$)-次膦酸酯 **169**，(方案 2.83)[176,181,182]。在柱色谱法分离后得到的次膦酸酯 **169**，产率极好，这也可以回收过量的手性助剂 (表 2.3)。次膦酰氯与 D-呋喃葡萄糖的反应是使用等摩尔比的试剂与过量的三乙胺于甲苯中在室温下进行 12~24h。次膦酸酯的产率为 70%~75%，非对映体过量为 80%~100%。随后从正己烷中结晶纯化产物，非对映异构体的比例不依赖于对应于热力学控制的过量的氯代次膦酸盐，不同于三价氯化磷与呋喃葡萄糖在动力学控制下进行的反应。而反应的立体选择性受碱和溶剂性质的影响，在三乙胺作为碱的甲苯中实现了最高的立体选择性。非手性碱的作用已被确定为决定反应立体化学结果的最重要因素[76,175,182]。实际上，在吡啶存在下，选择性被逆转。Hii 等[76] 报道，当反应物以等摩尔量使用时，即使在较低温度下，次膦酸酯 **169** 的非对映异构体比率保持不变。

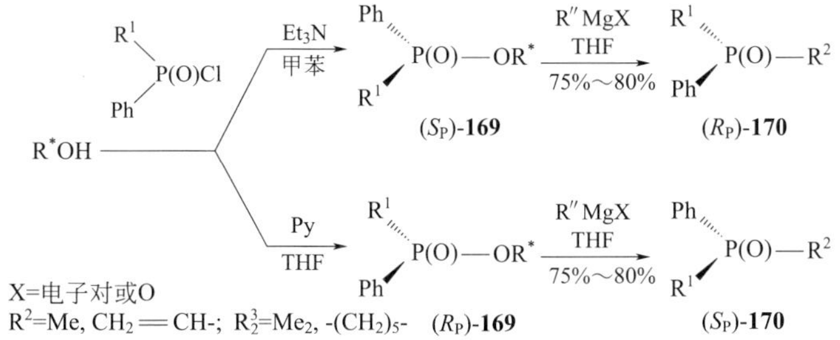

**方案 2.83** 合成手性次膦酸盐的葡糖呋喃糖苷方法

次膦酸盐（$S_P$）-**170** 与乙烯基溴化镁或烷基锂的反应在 $-78 \sim -40℃$ 下进行，并导致在磷原子上的构型反转形成（$R_P$）-同手性叔膦氧化物 **171**，其用于合成膦配体 **172**[76]（方案 2.84）。

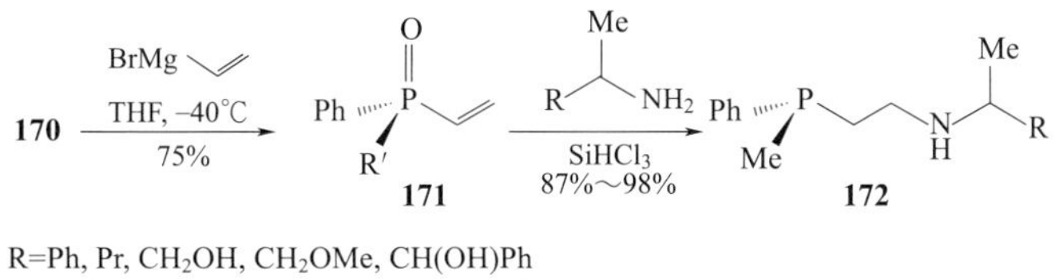

**方案 2.84**

**(+)-($R_P$)-甲基苯基乙烯基氧化膦** 在 $-78℃$ 下，将乙烯基溴化镁（$1mol·L^{-1}$ 的 THF 溶液，2e.q.）滴加到亚膦酸酯（3mmol）的 THF（20mL）溶液中。将混合物逐渐加热至 $-40℃$ 并搅拌直至反应完成（$^{31}P$ NMR）。在 $0℃$ 下，用 $1mol·L^{-1}$ 的 $NH_4Cl$ 水溶液（100mL）淬灭反应混合物。用 $CH_2Cl_2$（$3×20mL$）萃取水层。将有机层干燥（$Na_2SO_4$），过滤并蒸发，得到粗产物，为油状物，将其通过二氧化硅快速色谱纯化，用 $CHCl_3$/丙酮（8∶2）作为洗脱体系。[80%，熔点 $79 \sim 81℃$，$[α]_D^{20} = +82(c=1.0, CHCl_3)$，$δ_P(CDCl_3) = +27.7$][76]。

### 2.4.2.2 手性胺 P(Ⅳ) 上的亲核取代

N-(1-乙基苄基)胺 **174** 的光学活性 P(Ⅲ) 衍生物是用于合成手性有机磷化合物的重要化合物。研究发现，光学活性 1-苄基乙胺与膦酸氯化物反应，形成非对映异构体富集的 P-手性氨基膦氧化物 **174**。再通过外消旋膦硫基和膦硒基氯化物与光学活性的胺反应合成了对映纯的酰胺 **174**（方案 2.85）[80,86,178]。再通过 $BF_3·Et_2O$ 催化醇解拆分膦酰胺基-硫代磷酸酯（R）-**174** 和（S）-**174**，实现了烷基甲基硫代磷酸酯 **175** 的对映选择性合成（方案 2.86）。非对映异构体 **175** 可

**方案 2.85**  手性胺与次膦酰氯的非对映选择性反应

以通过分步结晶从苯-己烷混合物中分离。首先从 1∶5 的苯-己烷混合物中重结晶较难溶解的非对映异构体，然后将较易溶解的非对映异构体从 1∶7 的苯-己烷混合物中重结晶，得到对映纯的酰胺（$S_P,S$）-和（$R_P,S$）-174（100%de）[178]。

**方案 2.86**  膦酰基硫酸和膦酰基硒酸衍生物的合成

L-脯氨醇衍生物与外消旋的氯膦氧化物的亲核反应制备了一系列 P-手性膦氧化物和硫代磷酸盐 176 和 177。膦酰氯与（S）-脯氨酸乙酯的反应得到高立体选择性的非对映体酰胺 176 的混合物。通过柱色谱法纯化非对映异构体，随后经过 177 的水解获得手性有机磷（方案 2.87）。

**方案 2.87**

**光学活性烷基甲基苯基亚膦酸盐 177（R＝Et）**

(a) 将含有 L-脯氨酸乙酯（7g，0.05mol）和三甲胺（5g，0.05mol）的 THF（50mL）溶液滴加到含有甲基苯基氯化膦（8.9g，0.05mol）的无水四氢呋喃（50mL）溶液中，在 0℃下边搅拌边加入。然后将反应混合物在室温下搅拌过夜。然后过滤混合物，真空蒸发溶剂。将残留物溶于氯仿中，并用 $NaHCO_3$ 水溶液和水洗涤溶液。将有机相用 $Na_2SO_4$ 干燥并蒸发，得到 ($S,S_P$)- 和 ($S,R_P$)-**176** 的非对映异构体黄色油状混合物，[产率约 13.8g（约 98%）]。将残留物用 $SiO_2$ 柱（正己烷-MeOH）进行色谱分离，首先得到 150mg 异构体，然后得到 450mg 非对映异构体。另外异构体还通过微量蒸馏进行纯化。

(b) 将其中一种非对映异构体（0.01mol）于室温中在含有 0.02mol 硫酸的乙醇（100mL）溶液中放置过夜。然后将混合物用 $NaHCO_3$ 水溶液中和并真空蒸发。残留物用乙醚（75mL）萃取。萃取液用 $Na_2SO_4$ 干燥并蒸发，得到黄色油状物。将粗产物 **177** 在硅胶上进行色谱分离，用苯/乙醇混合物作为洗脱液 [产率 80%，沸点 70℃(0.01mmHg)，$[\alpha]_D=+50$(MeOH)]。

# 2.5 手性 P(Ⅴ)和 P(Ⅵ)磷化合物

对这种类型膦烷的绝对构型的 X 射线单晶研究的报道非常有限。近年来，振动圆二色（VCD）光谱与最先进的 DFT 模拟相结合，已成为分辨手性有机化合物和生物分子的绝对构型和主要构象的有力工具。

五配位磷化合物作为非酶和酶促磷酰基转移反应的 TS 模型引起了人们的关注[161,177,179,183-192]。通常，四配位磷的化合物与五配位磷的化合物处于平衡状态，其中轴向和顶端键波动的假旋转是特征性的（方案 2.88）。例如，反应物 $ROH/CXCl_3$ 对映选择性氧化外消旋氨基膦的过程是通过形成与烷氧基膦盐平衡存在的烷氧基膦烷进行的，并最终转化为氨基磷酸盐。平衡取决于磷原子上的取代基。含有五元 1,3,2-噁磷烷环的烷氧基卤代磷烷 **178** 有效地稳定了五配位中间体，该中间体以 94:6 的比率形成非对映异构体混合物。磷烷在环境温度下逐渐转化为氨基磷酸盐（方案 2.88）[183]。

Moriarty 等[184]已经分离出在磷原子上含有五个不同取代基的手性单环氧膦烷的稳定假转子。

五配位非对映异构体 **179** 和 **180** 在 $^1H$、$^{13}C$ 和 $^{31}P$ NMR 含有两组相等强度的信号，NMR 光谱属于磷原子绝对构型不同的两种非对映异构体。通过柱色谱法和分步结晶分离非对映异构体 **180**（方案 2.89）[183,184]。

在过去几年中，已经制备了在中心五配位磷原子上具有手性的各种光学活性化合物[177,183-189]。例如，Buono 等[177,185,186]报道了手性三环五配位磷化合物

方案 2.88　P(Ⅳ) ⇌ P(Ⅴ) 平衡和 P(Ⅴ) 化合物的假旋转

"三喹磷烷"。三喹磷烷是由具有 $C_2$-对称轴的手性对映纯二氨基二醇制备的（方案 2.89）。

方案 2.89　手性五元环磷烷的转化

三喹磷烷与硼烷反应得到两个稳定的单加合物 **182A** 和 **182B**，其在磷中心具有相反的绝对构型，它们不进行差向异构化。$^{31}$P 和 $^{13}$C NMR 数据与两种可能的非对映异构三角双锥体结构 TBP($R_P$) 和 TBP($S_P$) 之间的低能量单步 Berry 假旋转过程或与手性方锥体结构（$S_P$）一致（方案 2.90）。

该反应的非对映选择性取决于取代基的性质和位置，用 4,9-二异丙基（90%de）和 4,9-二异丁基（86%de）化合物可获得最高的非对映异构体过量。主要非对映异构体的 X 射线分析显示它接近理想的 TBP，表现出（$S_P$）绝对构型。半经验 AM1 MO 方法计算预测 TBP-($R_P$) 和 TBP-($S_P$) 基态物质通过 $S_P$ TS 处于快速平衡，活化势垒约为 5kcal·mol$^{-1}$。

用 4,9-二异丙基（90%de）和 4,9-二异丁基（86%de）化合物获得最高的非对映异构体过量。主要非对映异构体的 X 射线结构显示出（$S_P$）绝对构型。手性三喹磷烷 **183** 与三氟苯乙酮、酮戊内酯和芳香醛反应，得到非对映异构体羟基磷烷，其非对映选择性高达 90%，这取决于亲电子试剂的性

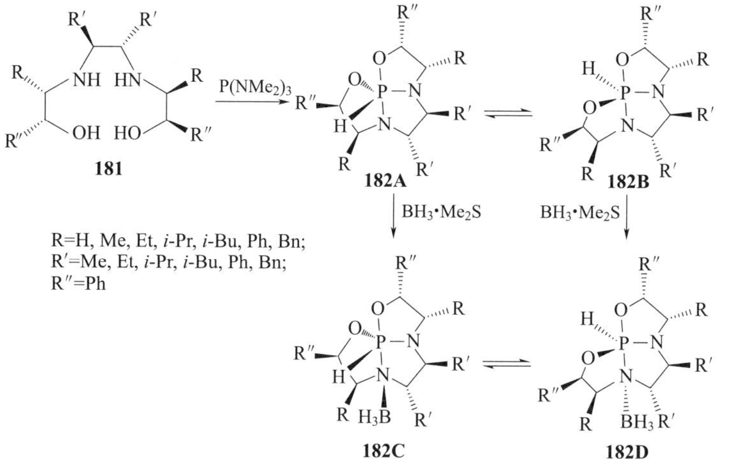

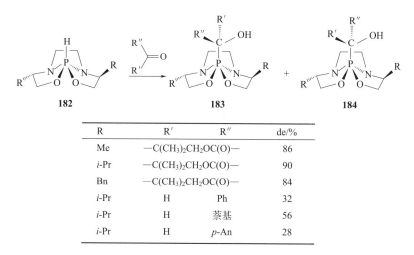

**方案 2.90** 手性螺氧磷烷

质[177]（方案 2.91）。

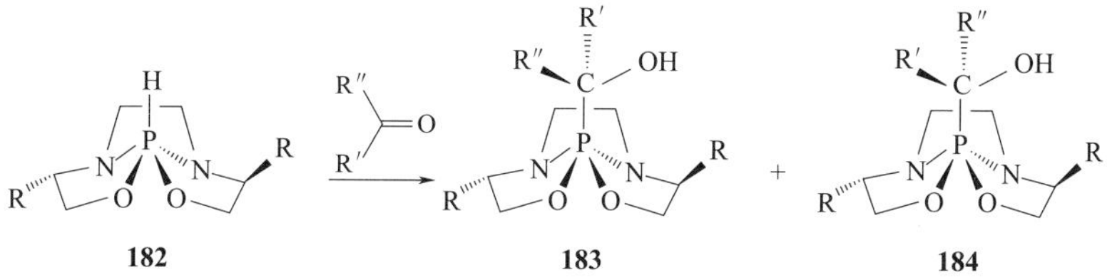

| R | R′ | R″ | de/% |
|---|---|---|---|
| Me | —C(CH$_3$)$_2$CH$_2$OC(O)— | | 86 |
| *i*-Pr | —C(CH$_3$)$_2$CH$_2$OC(O)— | | 90 |
| Bn | —C(CH$_3$)$_2$CH$_2$OC(O)— | | 84 |
| *i*-Pr | H | Ph | 32 |
| *i*-Pr | H | 萘基 | 56 |
| *i*-Pr | H | *p*-An | 28 |

**方案 2.91** 手性三唑磷烷

手性三唑磷烷与甲基和正丁基二硫化物进行烷基硫醇化反应，以高产率（80%～100%）得到相应的手性硫磷烷。与（$t$-BuS)$_2$ 的反应优先得到硫代磷酰胺，当在紫外线照射下进行实验时，观察到反应活性增强（方案 2.92）[186]。

将手性三唑磷烷 **193** 加成到六羰基钼中生成唯一的配合物 **194**，其中噁唑磷烷配体与钼配位并在 P 原子上显示出单一的绝对构型。分离出化合物 **194**，为无色晶体（熔点 140℃），可溶于普通溶剂。通过 X 射线分析证实 **194** 的结构。最突出的结构特征是磷原子采用的具有（$S_P$）绝对构型的近四方结构（方案 2.93）[186]。

**方案 2.92** 手性三喹磷烷的反应

**方案 2.93** 将手性三喹磷烷 **193** 加成到六羰基钼上

在 0℃下，三环氢磷烷与 [Pt(COD)Cl$_2$] 的络合导致形成如方案 2.94 所示的配合物。将反应溶液逐渐加热到 20℃，导致磷烷结构打开并形成配合物。如果在 AgBF$_4$ 存在下进行反应，则分离出相应的 BF$_4$ 盐。该化合物的结构由 X 射线晶体学确定，配合物在磷周围具有轻微扭曲的三角双锥体几何形状，铂碎片处于中心位置。Pt 原子显示出近乎方形的平面配位几何结构（方案 2.94）[187]。

**方案 2.94** 三环氢磷烷与 [Pt(COD)Cl$_2$] 的配位

Kojima 报道了在磷原子处具有不对称性的光学活性五配位磷烷。用 LiAlH$_4$ 处理非对映异构体（$R_P$）-和（$S_P$）-**188**，得到了一对仅在磷原子处不对称的对映异构体（$R_P$）-**189** 和（$S_P$）-**189**。用 MeOH-H$_2$O 重结晶法将非对映异构体拆分成棱柱状和针状，通过 X 射线晶体结构分析，建立了磷中心不对称的手性五配位磷化合物的绝对立体化学。通过还原和酯化反应将磷烷 **188** 转化为光学活性化合物，且不发生差向异构化（方案 2.95）[188-190,193]。

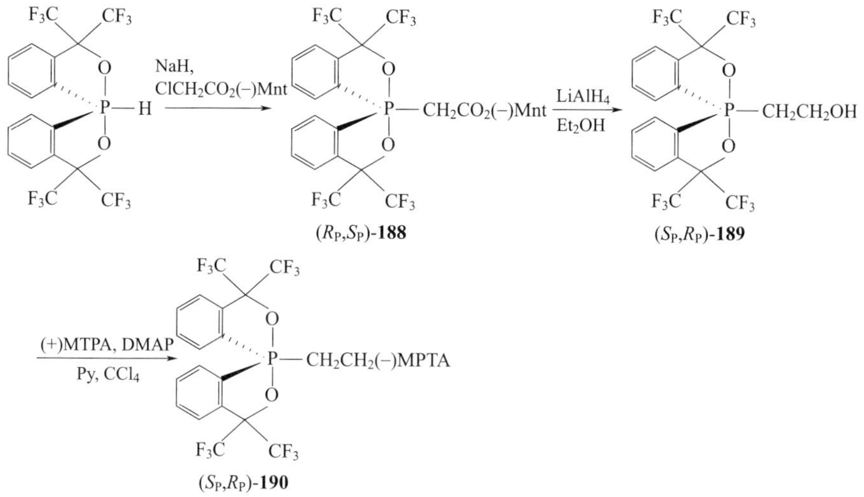

**方案 2.95** 合成具有双环光学活性的五配位磷烷

手性双环磷烷 **188** 取代反应的立体化学依赖于引入的亲核试剂，这意味着六配位中间体的存在，SR 化合物与烷基锂试剂的亲核取代反应导致了构型的反转，而 OR 化合物的取代反应产生了不同比率的构型反转和保留产物。这取决于非对映体反应物磷烷和溶剂的立体化学。然而，使用 $OCH_2CH_2NMe_2$ 作为取代基导致几乎完全形成构型保留产物。构型的保留表明碳原子的背面发生了对五配位磷的进攻，以提供六配位物种，X 从同一面挤出（方案 2.96）。

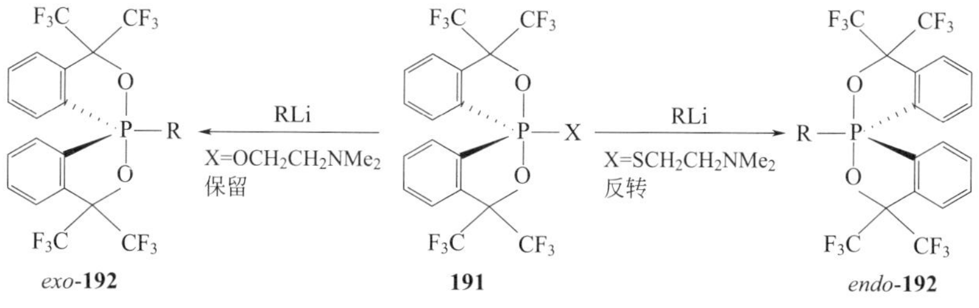

**方案 2.96**

通过 X 射线晶体分析研究了手性五配位磷化合物的绝对构型和立体化学，随后通过 VCD 光谱法结合 DFT 计算确定手性五配位磷烷的非对映异构体的绝对构型和主要构象的分配[194,195]。

五价六配位磷的八面体几何结构可通过与三个相同的对称双齿配体配合形成

手性磷酸盐阴离子[196]。$D_3$-对称的对映纯阴离子可用于涉及手性或阳离子的几个化学领域。对对映体阳离子的拆分、对映体纯度的测定以及阳离子物种的不对称合成进行了描述[198]。已知许多六配位磷的有机化合物，在某些情况下，这些化合物在四面体磷的亲核置换中模拟中间产物或 TS。乙醇离子催化 3-羟丙基三苯基氯化膦分解的动力学研究表明，在乙醇离子进攻五配位中间体的情况下，存在六配位中间体 **197** 或 TS（方案 2.97）。

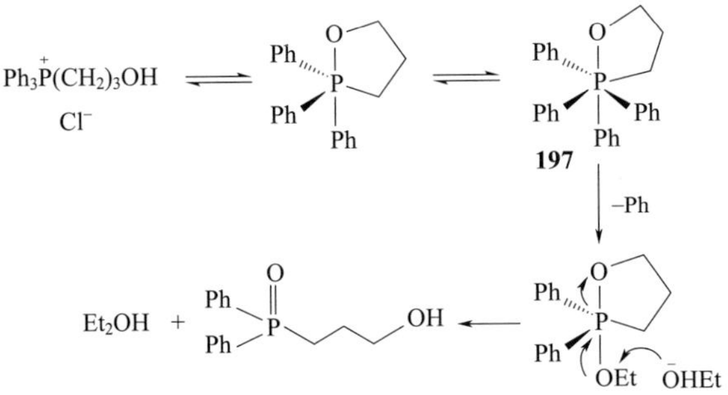

方案 2.97

Hellwinkel 等首次报道了手性六配位磷酸盐阴离子三（联苯-2,2′-二基）磷酸盐（Ⅴ）**198** 的合成和拆分[198,199]。光学活性五芳基膦烷 **198** 具有螺旋状阴离子螺旋磷烷的结构，由两个快速平衡的假旋转异构体组成。六配位磷中心的光学活性磷酸盐（Ⅴ）离子构型不稳定。Koenig 和 Klaebe 表明，在磷酸盐（Ⅴ）离子的外消旋化过程中，**198** 是酸催化的。动力学参数的确定导致了以假旋转为速率控制步骤的建议。Lacour 等从缺电子四氯邻苯二酚中制备了构型稳定的对映纯的三（四氯苯二醇）磷酸盐（Ⅴ）阴离子（方案 2.98）[200]。

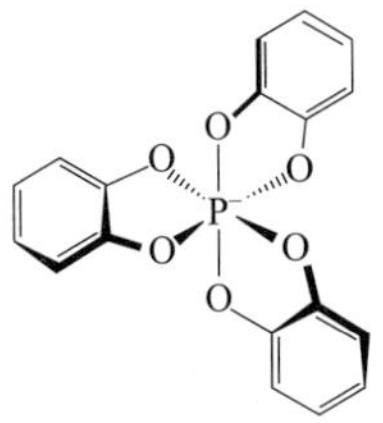

**198**, $\delta_P$-83

方案 2.98 手性六配位磷酸盐阴离子

溶剂（MeOH，CHCl$_3$）的性质对差向异构动力学和平衡位置起着至关重要的作用。对于由（2$R$,3$R$）酒石酸骨架制成的阴离子，在 MeOH 中总始终首选 L 构型；缓慢平衡后获得的选择性与酯烷基链的性质无关（dr＝3∶1）。然而，在氯仿中，如果酯侧链的空间要求高 D 非对映异构体得到迅速，且选择性最好。在儿茶酚酸酯配体的芳香核上引入吸电子氯原子，增加了生成的三（四氯苯并二碘化钾）磷酸盐（Ⅴ）衍生物的构型（和化学）稳定性。这种 $D_3$-对称

TRISPHAT 阴离子通过与手性铵阴离子的结合而被分解[104]。采用一锅法分别制备了 $C_2$-对称阴离子，包括 2,20-二羟基-1,10-联萘（BINOL）、氢化苯偶姻和酒石酸衍生配体 **199**。

以甲基-α-D-甘露吡喃糖苷为原料，经两步反应制备了 $C_1$-对称阴离子。这些阴离子均以二甲基铵盐的形式分离，产率和化学纯度均很高。近几年来，人们已经证明了作为手性阳离子 NMR 手性转移剂的 TRISPHAT 阴离子 **200** 的效率。将 **200** 和 **201** 的 D-或 L-对映体的铵盐添加到外消旋或光学纯的手性阳离子底物的溶液中，导致有效的 NMR 对映体区分[197]。目前已经有报道关于 **199** 或 **200** 的阴离子作为 NMR 手性转移试剂可用作有机和无机阳离子的拆分剂和手性助剂在立体选择性反应中的应用（方案 2.99 和方案 2.100）[197]。

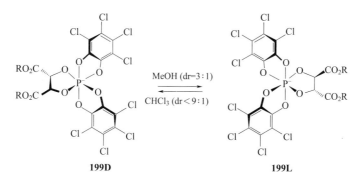

**方案 2.99** 由溶剂引发的 TARPHAT 阴离子的差向异构化

**方案 2.100** 手性 P(Ⅵ) 阴离子

# 2.6 总结

本章介绍了 P-手性磷化合物的合成和性质。值得注意的是，尽管在 P-手性化合物的合成和性质研究方面取得了令人瞩目的进展，但并非所有的问题都得到了解决。仍然存在开发容易获得手性叔膦两个光学对映体的对映选择性方法的问题。制备高效催化剂用于不对称合成 P-手性化合物或手性有机磷合成子，是目前尚待解决的一个重要问题。实际问题是对映体的拆分和手性叔膦和膦氧化物的提纯。只有在有限的情况下才能成功地求解出精确的结构和绝对构型。

## 参 考 文 献

1. Morrison, J. D. and Mosher, H. S. (1976) *Asymmetric Organic Reactions*, American Chemical Society, Washington, DC, pp. 258-262.
2. Le Floch, P. (2006) Phosphaalkene, phospholyl and phosphinine ligands: new tools in coordination chemistry and catalysis. *Coord. Chem. Rev.*, **250**, 627-681.
3. Schoeller, W. W. and Lerch, C. (1986) Dicoordination and tricoordination at phosphorus. Ab initio study of bonding in bis (imino) phosphoranes and related compounds. *Inorg. Chem.*, **25** (4), 576-580.
4. Escudie, J., Ranaivonjatovo, H., and Rigon, L. (2000) Heavy allenes and cumulenes E=C=E′ and E=C=C=E′ (E=P, As, Si, Ge, Sn; E′=C, N, P, As, O, S). *Chem. Rev.*, **100** (10), 3639-3696.
5. Escudie, J. and Ranaivonjatovo, H. (2007) Group 14 and 15 heteroallenes E=C=C and E=C=E′. *Organometallics*, **26** (7), 1542-1559.
6. Gates, D. P. (2005) Expanding the analogy between P=C and C=C bonds to polymer science. *Top. Curr. Chem.*, **250**, 107-126.
7. Markovski, L. N., Romanenko, V. D., and Ruban, A. V. (1987) Synthesis, structures and reactivities of dicoordinated phosphorus compounds. *Phosphorus, Sulfur Silicon Relat. Elem.*, **30** (1-2), 447-450.
8. Mikołajczyk, M., Omelanczuk, J., Perlikovska, W., Markovski, L. I., Romanenko, V. D., Ruban, A. V., and Drapailo, A. B. (1988) A new enantioselective asymmetric synthesis of tri-coordinate phosphorus compounds from di-coordinate $\lambda^3$-aryl (alkyl) iminophosphines. *Phosphorus, Sulfur Silicon Relat. Elem.*, **36** (1-4), 267.
9. de Vaumas, R., Marinetti, A., Ricard, L., and Mathey, F. (1992) Use of prochiral phosphaalkene complexes in the synthesis of optically active phosphines. *J. Am. Chem. Soc.*, **114** (1), 261-266.
10. Ganter, C., Brassat, L., and Ganter, B. (1997) Enantiomerically pure phosphaferrocenes with planar chirality. *Tetrahedron: Asymmetry*, **8** (15), 2607-2611.
11. Marinetti, A., Mathey, F., and Ricard, L. (1992) Phosphirane complexes from oxiranes via the "Phospha-Wittig" reaction. the case of optically active species. *Synthesis*, (1/2), 157-162.
12. Marinetti, A., Ricard, L., and Mathey, F. (1993) Synthesis of optically active phosphiranes and their use as ligands in rhodium (I) complexes. *Organometallics*, **12** (4), 1207-1212.
13. Dugal-Tessier, J., Dake, G. R., and Gates, D. P. (2008) Chiral ligand design: a bidentate ligand incorporating an acyclic phosphaalkene. *Angew. Chem. Int. Ed.*, **47** (42), 8064-8067.
14. Tang, W. and Zhang, X. (2003) New chiral phosphorus ligands for enantioselective. *Chem. Rev.*, **103** (8), 3029-3069.
15. Kolodiazhnyi, O. I. (1982) Premier heteroallene stable comportant un atome de phosphore. *Tetrahedron*

Lett., **23** (47), 4933-4936.

16. Yoshifuji, M., Toyota, K., Niitsu, T., Inamoto, N., and Okamoto, Y. (1986) The first separation of an optically active 1,3-diphospha-allene of axial dissymmetry. *J. Chem. Soc., Chem. Commun.*, (20), 1550-1551.

17. Yoshifuji, M., Toyota, K., Okamoto, Y., and Asakura, T. (1990) Separation of an optically active phosphaallene of pseudo axial dissymmetry. *Tetrahedron Lett.*, **31** (16), 2311-2314.

18. Caminade, A. M., Verrier, M., Ades, C., Paillous, N., and Koenig, M. (1984) Laser irradiation of a diphosphene: evidence for the first *cis-trans* isomerization. *J. Chem. Soc., Chem. Commun.*, (14), 875-876.

19. Qiao, S. and Fu, G. C. (1998) The first application of a planar-chiral phosphorus heterocycle in asymmetric catalysis: enantioselective hydrogenation of dehydroamino acids. *J. Org. Chem.*, **63** (13), 4168-4169.

20. Shintani, R., Lo, M. M.-C., and Fu, G. C. (2000) Synthesis and application of planar-chiral phosphaferrocene-oxazolines, a new class of *P*,*N*-ligands. *Org. Lett.*, **2** (23), 3695-3697.

21. Ganter, C., Kaulen, C., and Englert, U. (1999) Cyclopentadienyl-substituted phosphaferrocenes: synthesis of a bis (phosphaferrocene) *P*,*P*-chelate ligand. *Organometallics*, **18** (26), 5444-5446.

22. Tanaka, K. and Fu, G. (2001) A versatile new catalyst for the enantioselective isomerization of allylic alcohols to aldehydes: scope and mechanistic studies. *J. Org. Chem.*, **66** (24), 8177-8186.

23. Ogasawara, M., Arae, S., Watanabe, S., Subbarayan, V., Sato, H., and Takahashi, T. (2013) Synthesis and characterization of benzo [b] phosphaferrocene derivatives. *Organometallics*, **32** (17), 4997-5000.

24. Muller, C., Pidko, E. A., Totev, D., Lutz, M., Spek, A. L., van Santena, R. A., and Vogta, D. (2007) Developing a new class of axial chiral phosphorus ligands: preparation and characterization of enantiopure atropisomeric phosphinines. *J. Chem. Soc., Dalton Trans.*, (46), 5372-5375.

25. Muller, C., Pidko, E. A., Staring, A. J. P. M., Lutz, M., Spek, A. L., van Santen, R. A., and Vogt, D. (2008) Developing a new class of axial chiral phosphorus ligands: preparation and characterization of enantiopure atropisomeric phosphinines. *Chem. Eur. J.*, **14** (16), 4899-4905.

26. Muller, C., Guarrotxena Lopez, L., Kooijman, H., Spek, A. L., and Vogt, D. (2006) Chiral bidentate phosphabenzene-based ligands: synthesis, coordination chemistry, and application in Rh-catalyzed asymmetric hydrogenations. *Tetrahedron Lett.*, 47 (12), 2017-2020.

27. Harger, M. J. P. (1988) Stereoselectivity, non-stereospecificity, and the lifetime of the thiometaphosphonimidate intermediate formed in the reactions of the diastereoisomers of a phosphonamidothioic chloride with *t*-butylamine. *J. Chem. Soc., Chem. Commun.*, (18), 1256-1257.

28. Freeman, S. and Harger, M. J. P. (1985) Stereohemistry of reaction of a phosphonamidic chloride with *t*-butylamine. *J. Chem. Soc., Chem. Commun.*, (20), 1394-1395.

29. Quin, L. D., Sadani, N. D., and Wu, X. P. (1989) Generation and trapping of *O*-alkyl metathiophosphates. *J. Am. Chem. Soc.*, **111** (17), 6852-6853.

30. Quin, L. D. (1992) Applications of Low-coordination Phosphorus Chemistry in the Chemical Modification of Surfaces, http: www.dtic.mil/dtic/tr/fulltext/u2/a261208.pdf (accessed 17 May 2016).

31. Valentine, D. Jr., (1984) in Asymmetric Synthesis, vol. 4, Chapter 3 (eds J. D. Morrison and J. W. Scott), Academic Press, Orlando, FL, p. 263.

32. Kagan, H. B. (1985) in Asymmetric Synthesis, vol. 5 (ed. J. D. Morrison), Academic Press, Orlan-

33. Horner, L. (1980) Dreibindige, optisch aktive Phosphorverbindungen, ihre Synthese, chemische Eigenschaften und Bedeutung fur die asymmetrische Homogenhydrierung. *Pure Appl. Chem.*, **52** (4), 843-858.

34. Lambert, J. B. (1971) in Topics in Stereochemistry, vol. 6 (eds N. L. Allinger and E. L. Eliel), John Wiley & Sons, Inc., New York, pp. 19-97.

35. Pabel, M., Willis, A. C., and Wild, S. B. (1995) Attempted resolution of free (±)-chlorophenylisopropylphosphine. *Tetrahedron: Asymmetry*, **6** (9), 2369-2379.

36. Schwerdtfeger, P., Laakkonen, L. J., and Pyykkö, P. (1992) Trends in inversion barriers. I. Group-15 hydrides. *J. Chem. Phys.*, **96**, 6807-6819.

37. Harvey, J. S. and Gouverneur, V. (2010) Catalytic enantioselective synthesis of P-stereogenic compounds. *J. Chem. Soc., Chem. Commun.*, **46** (40), 7477-7485.

38. Baechler, R. D. and Mislow, K. (1970) The effect of structure on the rate of pyramidal inversion of acyclic phosphines. *J. Am. Chem. Soc.*, **92** (10), 3090-3093.

39. Omelanchuk, J. (1992) The first stereoselective synthesis of chiral halogenophosphines: optically active *tert*-butyl (phenyl) chlorophosphine. *J. Chem. Soc., Chem. Commun.*, (23), 1718-1719.

40. Montgomery, C. D. (2013) Factors affecting energy barriers for pyramidal inversion in amines and phosphines: a computational chemistry lab exercise. *Chem. Educ.*, **90** (5), 661-664.

41. Kolodiazhnyi, O. I. (1998) Asymmetric synthesis of organophosphorus compounds. *Tetrahedron: Asymmetry*, **9** (11), 1279-1332.

42. Wolf, C. (2008) Dynamic Stereochemistry of Chiral Compounds: Principles and Applications, RSC Publishing, Cambridge, 512 pp.

43. Humbel, S., Bertrand, C., Darcel, C., Bauduin, C., and Jugé, S. (2003) Configurational stability of chlorophosphines. *Inorg. Chem.*, **42** (2), 420-427.

44. Hayakawa, Y., Hyodo, M., Kimura, K., and Kataoka, M. (2003) The first asymmetric synthesis of trialkyl phosphates on the basis of dynamic kinetic resolution in the phosphite method using a chiral source in a catalytic manner. *J. Chem. Soc., Chem. Commun.*, (14), 1704-1705.

45. Reichl, K. D., Ess, D. H., and Radosevich, A. T. (2013) Catalyzing pyramidal inversion: configurational lability of P-stereogenic phosphines via single electron oxidation. *J. Am. Chem. Soc.*, **135** (25), 9354-9357.

46. Rauk, A., Allen, L. C., and Mislow, K. (1970) Pyramidal inversion. *Angew. Chem. Int. Ed. Engl.*, **9** (6), 400-414.

47. De Bruin, K. E., Zon, G., Naumann, K., and Mislow, K. (1969) Stereochemistry of nucleophilic displacement at phosphorus in some phosphetanium salts. *J. Am. Chem. Soc.*, **91** (25), 7027-7030.

48. Kolodiazhnyi, O. I. (2015) in Topics in Current Chemistry, vol. 360 (ed. J.-L. Montchamp), Springer International Publishing, Switzerland, pp. 161-236.

49. Dahl, O. (1983) Mechanism of nucleophilic substitution at tricovalent phosphorus. *Phosphorus Sulfur Rel. Elem.*, **18** (1-3), 201-204.

50. Lewis, R. A. and Mislow, K. (1969) Direct configurational correlation of trialkyl- and triarylphosphine oxides. *J. Am. Chem. Soc.*, **91** (25), 7009-7012.

51. Jennings, E. V., Nikitin, K., Ortin, Y., and Gilheany, D. G. (2014) Degenerate nucleophilic substitution in phosphonium salts. *J. Am. Chem. Soc.*, **136** (46), 16217-16226.

52. van Bochove, M. A., Swart, M., and Bickelhaupt, F. M. (2006) Nucleophilic substitution at phos-

phorus ($S_N2@P$): disappearance and reappearance of reaction barriers. *J. Am. Chem. Soc.*, **128** (33), 10738-10744.

53. Zijlstra, H., León, T., de Cózar, A., Fonseca Guerra, C., Byrom, D., Riera, A., Verdaguer, X., and Bickelhaupt, F. M. (2013) Stereodivergent $S_N2@P$ reactions of borane oxazaphospholidines: experimental and theoretical studies. *J. Am. Chem. Soc.*, **135** (11), 4483-4491.

54. van Bochove, M. A., Swart, M., and Bickelhaupt, F. M. (2007) Nucleophilic substitution at phosphorus centers ($S_N2@P$). *ChemPhysChem*, **8** (17), 2452-2463.

55. Neuffer, J. and Richter, W. J. (1986) Optisch aktive phosphine durch asymmetrische substitution prochiraler, homochiral substituierter phosphonite. *J. Organomet. Chem.*, **301**, 289-297.

56. Darcel, C., Uziel, J., and Juge, S. (2008) in Phosphorus Ligands in Asymmetric Catalysis, vol. 3 (ed. A. Boerner), Wiley-VCH Verlag GmbH, Weinheim, pp. 1211-1233.

57. Cordillo, B., Garduno, C., Guadarrama, G., and Hernandez, J. (1995) Synthesis and conformational analysis of six-membered cyclic phenyl phosphites. *J. Org. Chem.*, **60** (16), 5180-5185.

58. Gatineau, D., Giordano, L., and Buono, G. (2011) Bulky, optically active P-stereogenic phosphineboranes from pure *H*-menthylphosphinates. *J. Am. Chem. Soc.*, **133** (28), 10728-10731.

59. Moraleda, D., Gatineau, D., Martin, D., Giordano, L., and Buono, G. (2008) A simple route to chiral phosphinous acid-boranes. *J. Chem. Soc., Chem. Commun.*, (26), 3031-3033.

60. Cain, M. F., Glueck, D. S., Golen, J. A., and Rheingold, A. L. (2012) Asymmetric synthesis and metal complexes of a $C_3$-symmetric P-stereogenic triphosphine, (*R*)-MeSi($CH_2$PMe(*t*-Bu))$_3$ (MT-Siliphos). *Organometallics*, **31** (3), 775-778.

61. Korpiun, O., Lewis, R. A., Chickos, J., and Mislow, K. (1968) Synthesis and absolute configuration of optically active phosphine oxides and phosphinates. *J. Am. Chem. Soc.*, **90** (18), 4842-4846.

62. Crépy, K. V. L. and Imamoto, T. P. (2003) in Topics in Current Chemistry, vol. 229 (ed. J.-P. Majoral), Springer-Verlag, Berlin, Heidelberg, pp. 1-41.

63. Xu, Q., Zhao, C.-Q., and Han, L.-B. (2008) Stereospecific nucleophilic substitution of optically pure *H*-Phosphinates: a general way for the preparation of chiral P-stereogenic phosphine oxides. *J. Am. Chem. Soc.*, **130** (38), 12648-12655.

64. Leyris, A., Bigeault, J., Nuel, D., Giordano, L., and Buono, G. (2007) Enantioselective synthesis of secondary phosphine oxides from ($R_P$)-(−)-menthyl hydrogenophenylphosphinate. *Tetrahedron Lett.*, **48** (30), 5247-5250.

65. Nemoto, T. (2008) Transition metal-catalyzed asymmetric reactions using P-chirogenic diaminophosphine oxides: DIAPHOXs. *Chem. Pharm. Bull.*, **56** (90), 1213-1228.

66. Kolodiazhnyi, O. I. (2005) (1*R*,2*S*,5*R*)-menthyl phosphinate and its properties. *Russ. J. Gen. Chem.*, **75** (4), 656-657.

67. Kolodiazhna, A. O. (2009) Asymmetric synthesis of hydroxy phosphonates and their derivatives with potential biological activity. PhD thesis. IBONCH, Kiev, 150 pp., http:disser.com.ua/content/351636.html (accessed 17 May 2016).

68. Montchamp, J.-L. (2013) Organophosphorus synthesis without phosphorus trichloride: the case for the hypophosphorous pathway. *Phosphorus, Sulfur Silicon Relat. Elem.*, **188** (1), 66-75.

69. Fisher, H. C., Prost, L., and Montchamp, J.-L. (2013) Organophosphorus chemistry without $PCl_3$: a bridge from hypophosphorous acid to *H*-phosphonate diesters. *Eur. J. Org. Chem.*, **35**, 7973-7978.

70. Bravo-Altamirano, K., Coudray, L., Deal, E. L., and Montchamp, J.-L. (2010) Strategies for the

asymmetric synthesis of *H*-phosphinate esters. *Org. Biomol. Chem.*, **8** (24), 5541-5551.

71. Berger, O. and Montchamp, J. L. (2013) A general strategy for the synthesis of P-stereogenic compounds. *Angew. Chem. Int. Ed.*, **52** (43), 11377-11380.

72. Coudray, L. and Montchamp, J.-L. (2008) Green palladium-catalyzed synthesis of benzylic *H*-phosphinates from hypophosphorous acid and benzylic alcohols. *Eur. J. Org. Chem.*, 2008 (28), 4101-4103.

73. Cardellicchio, C., Naso, F., Annunziata, M., and Capozzi, M. (2004) A convenient route to the phosphorus and sulfur stereoisomers of ethyl menthyl (methylsulfinyl) methylphosphonate. *Tetrahedron: Asymmetry*, **15** (9), 1471-1476.

74. Lemouzy, S., Jean, M., Giordano, L., Hérault, D., and Buono, G. (2016) The hydroxyalkyl moiety as a protecting group for the stereospecific alkylation of masked secondary phosphine-boranes. *Org. Lett.*, **18** (1), 140-143.

75. Kolodiazhnyi, O. I., Sheiko, S., and Grishkun, E. V. (2000) $C_3$-symmetric trialkyl phosphites as starting compounds of asymmetric synthesis. *Heteroat. Chem.*, **11** (2), 138-143.

76. Oliana, M., King, F., Horton, P. N., Hursthouse, M. B., and Hii, K. K. (2006) Practical synthesis of chiral vinylphosphine oxides by direct nucleophilic substitution. Stereodivergent synthesis of aminophosphine ligands. *J. Org. Chem.*, **71** (6), 2472-2479.

77. Kolodiazhnyi, O. I. (2012) Recent developments in the asymmetric synthesis of P-chiral phosphorus compounds. *Tetrahedron: Asymmetry*, **23** (1), 1-46.

78. Cristau, H.-J., Monbrun, J., Schleiss, J., Virieux, D., and Pirat, J.-L. (2005) First synthesis of *P*-aryl-phosphinosugars, organophosphorus analogues of C-arylglycosides. *Tetrahedron Lett.*, **46** (21), 3741-3744.

79. Ferry, A., Malik, G., Retailleau, P., Guinchard, X., and Crich, D. (2013) Alternative synthesis of P-chiral phosphonite-borane complexes: application to the synthesis of phostone-phostone dimers. *J. Org. Chem.*, **78** (14), 6858-6867.

80. Kolodiazhnyi, O. I., Gryshkun, E. V., Andrushko, N. V., Freytag, M., Jones, P. G., and Schmutzler, R. (2003) Asymmetric synthesis of chiral *N*-(1-methylbenzyl) aminophosphines. *Tetrahedron: Asymmetry*, **14** (2), 181-183.

81. Gryshkun, E. V., Andrushko, N. V., and Kolodiazhnyi, O. I. (2004) Stereoselective reactions of chiral amines with racemic chlorophosphines. *Phosphorus, Sulfur Silicon Relat. Elem.*, **179** (6), 1027-1046.

82. Kolodiazhnyi, O. I., Andrushko, N. V., and Gryshkun, E. B. (2004) Stereoselective reactions of optically active derivatives of α-methylbenzylaminophosphine. *Russ. J. Gen. Chem.*, **74** (4), 515-522.

83. Gryshkun, E. V., Kolodiazhna, A. O., and Kolodiazhnyi, O. I. (2003) Synthesis of chiral *tert*-butylphenylphosphine oxide. *Russ. J. Gen. Chem.*, **73** (4), 1823-1824.

84. Reves, M., Ferrer, C., Leon, T., Doran, S., Etayo, P., Vidal-Ferran, A., Riera, A., and Verdaguer, X. (2010) Primary and secondary aminophosphines as novel P-stereogenic building blocks for ligand synthesis. *Angew. Chem. Int. Ed.*, **49** (49), 9452-9455.

85. Len, T., Parera, M., Roglans, A., Riera, A., and Verdaguer, X. (2012) Chiral *N*-phosphino sulfinamide ligands in rhodium (Ⅰ)-catalyzed [2+2+2]-cycloaddition reactions. *Angew. Chem. Int. Ed.*, **51** (28), 6951-6955.

86. Grabulosa, A., Doran, S., Brandariz, G., Muller, G., Benet-Buchholz, J., Riera, A., and Verdaguer, X. (2014) Nickel (Ⅱ) and Palladium (Ⅱ) complexes of the small-bite-angle P-stereogenic

diphosphine ligand MaxPHOS and its monosulfide. *Organometallics*, **33** (3), 692-701.

87. Brun, S., Parera, M., Pla-Quintana, A., Roglans, A., León, T., Achard, T., Solà, J., Verdaguer, X., and Riera, A. (2010) P-stereogenic secondary iminophosphorane ligands and their Rhodium (I) complexes: taking advantage of NH/PH tautomerism. *Tetrahedron*, **66** (46), 9032-9040.

88. Kimura, T. and Murai, T. (2005) Enantiomerically pure P-chiral phosphinoselenoic chlorides: inversion of configuration at the P-chirogenic center in the synthesis and reaction of these substances. *J. Chem. Soc., Chem. Commun.*, (32), 4077-4079.

89. Kimura, T. and Murai, T. (2004) P-Chiral Phosphinoselenoic chlorides and optically active P-Chiral phosphinoselenoic amides: synthesis and stereospecific interconversion with extrusion and addition reactions of the selenium atom. *Chem. Lett.*, **33** (7), 878-879.

90. Casimiro, M., Roces, L., García-Granda, S., Iglesias, M.J., and Ortiz, F.L. (2013) Directed ortho-lithiation of aminophosphazenes: an efficient route to the stereoselective synthesis of P-chiral compounds. *Org. Lett.*, **15** (10), 2378-2381.

91. Adams, H., Collins, R.C., Jones, S., and Warner, C.J.A. (2011) Enantioselective preparation of P-chiral phosphine oxides. *Org. Lett.*, **13** (24), 6576-6579.

92. Han, Z.S., Goyal, N., Herbage, M.A., Sieber, J.D., and Qu, B. (2013) Efficient asymmetric synthesis of P-chiral phosphine oxides via properly designed and activated benzoxazaphosphinine-2-oxide agents. *J. Am. Chem. Soc.*, **135** (7), 2474-2477.

93. Nemoto, T. and Hamada, Y. (2007) Pd-catalyzed asymmetric allylic substitution reactions using P-chirogenic diaminophosphine oxides: DIAPHOXs. *Chem. Rec.*, **7**, 150-158.

94. Jugé, S. (2008) Enantioselective synthesis of P chirogenic phosphorus compounds via the ephedrine-borane complex methodology. *Phosphorus, Sulfur Silicon Relat. Elem.*, **183** (2-3), 233-248.

95. Jugé, S. and Genet, J.P. (1989) Asymmetric synthesis of phosphinates, phosphine oxides and phosphines by Michaelis Arbuzov rearrangement of chiral oxazaphospholidine. *Tetrahedron Lett.*, **30** (21), 2783-2786.

96. Jugé, S., Stephan, M., Laffitte, J.A., and Genet, J.P. (1990) Efficient asymmetric synthesis of optically pure tertiary mono and diphosphine ligands. *Tetrahedron Lett.*, **31** (44), 6357.

97. Rippert, J., Linden, A., and Hansen, H.J. (2000) Formation of diastereoisomerically pure oxazaphospholes and their reaction to chiral phosphane-borane adducts. *Helv. Chim. Acta*, **83** (2), 311-321.

98. Johansson, J.M., Kann, N., and Larsson, K. (2004) (2R,4S,5R)-3,4-dimethyl-5-phenyl-2-[4-(trifluoromethyl)phenyl]-1,3,2-oxazaphospholidine(P-B)borane. *Acta Crystallogr.*, E60, o287-o288.

99. (a) Kaloun, E.B., Merdes, R., Genet, J.P., Uziel, J., and Jugé, S. (1997) Asymmetric synthesis of (S,S)-(+)-1,1'-bis-(methyl-phenyl-phosphino) ferrocene. *J. Organomet. Chem.*, **529**, 455-463; (b) Bayardon, J., Maronnat, M., Langlois, A., Rousselin, Y., Harvey, P.D., and Jugé, S. (2015) Modular P-chirogenic phosphine-sulfide ligands: clear evidence for both electronic effect and P-chirality driving enantioselectivity in palladium-catalyzed allylations. *Organometallics*, **34** (17), 4340-4358.

100. Leon, T., Riera, A., and Verdaguer, X. (2011) Stereoselective synthesis of P-stereogenic aminophosphines: ring opening of bulky oxazaphospholidines. *J. Am. Chem. Soc.*, **133** (15), 5740-5743.

101. Uziel, J., Darcel, C., Moulin, D., Bauduin, C., and Jugé, S. (2001) Synthesis of 3,5-disubstituted-1,2,4-oxadiazoles using tetrabutylammonium fluoride as a mild and efficient catalyst. *Tetrahed-*

*ron*: *Asymmetry*, **12** (9), 1441-1443.

102. Maienza, F., Spindler, F., Thommen, M., Pugin, B., Malan, C., and Mezzetti, A. (2002) Exploring stereogenic phosphorus: synthetic strategies for diphosphines containing bulky, highly symmetric substituents. *J. Org. Chem.*, **67** (15), 5239-5249.

103. Bauduin, C., Moulin, D., Kaloun, E. B., Darcel, C., and Jugé, S. (2003) Highly enantiomerically enriched chlorophosphine boranes: synthesis and applications as P-chirogenic electrophilic blocks. *J. Org. Chem.*, **68** (11), 4293-4301.

104. Salomon, C., Dal Molin, S., Fortin, D., Mugnier, Y., Boere, R. T., Jugé, S., and Harvey, P. D. (2010) The first unpaired electron placed inside a C3-symmetry P-chirogenic cluster. *J. Chem. Soc., Dalton Trans.*, **39** (42), 10068-10075.

105. Khiri, N., Bertrand, E., Ondel-Eymin, M. J., Rousselin, Y., Bayardon, J., Harvey, P. D., and Jugé, S. (2010) Enantioselective hydrogenation catalysis aided by a σ-bonded calix [4] arene to a P-chirogenic aminophosphane phosphinite rhodium complex. *Organometallics*, **29** (16), 3622-3631.

106. Moulin, D., Darcel, C., and Jugé, S. (1999) Versatile synthesis of P-chiral (ephedrine) AMPP ligands via their borane complexes. Structural consequences in Rh-catalyzed hydrogenation of methyl α-acetamidocinnamate. *Tetrahedron: Asymmetry*, **10** (24), 4729-4743.

107. Ewalds, R., Eggeling, E. B., Hewat, A. C., Kamer, P. C. J., van Leeuwen, P. W. N. M., and Vogt, D. (2000) Application of P-stereogenic aminophosphine phosphinite ligands in asymmetric hydroformylation. *Chem. Eur. J.*, **6** (8), 1496-1504.

108. Darcel, C., Moulin, D., Henry, J. C., Lagrelette, M., Richard, P., Harvey, P. D., and Jugé, S. (2007) Modular P-chirogenic aminophosphane-phosphinite ligands for Rh-catalyzed asymmetric hydrogenation: a new model for prediction of enantioselectivity. *Eur. J. Org. Chem.*, (13), 2078-2090.

109. Moulin, D., Bago, S., Bauduin, C., Darcel, C., and Jugé, S. (2000) Asymmetric synthesis of P-stereogenic *o*-hydroxyaryl-phosphine (borane) and phosphine-phosphinite ligands. *Tetrahedron: Asymmetry*, **11** (19), 3939-3956.

110. Imamoto, T., Tamura, K., Zhang, Z., Horiuchi, Y., Sugiya, M., Yoshida, K., Yanagisawa, A., and Gridnev, I. D. (2012) Rigid P-chiral phosphine ligands with *tert*-butylmethylphosphino groups for rhodium-catalyzed asymmetric hydrogenation of functionalized alkenes. *J. Am. Chem. Soc.*, **134** (3), 1754-1769.

111. Grabulos, A., Muller, G., Ordinas, J. I., Mezzetti, A., Maestro, M. A., Font-Bardia, M., and Solans, X. (2005) Allylpalladium complexes with P-stereogenic monodentate phosphines. Application in the asymmetric hydrovinylation of styrene. *Organometallics*, **24** (21), 4961-4963.

112. Stoop, M., Mezzetti, A., and Spindler, F. (1998) Diphosphines containing stereogenic P atoms: synthesis of (S,S)-C,C'-tetramethylsilane-bis-(1-naphthylphenylphosphine) and applications in enantioselective catalysis. *Organometallics*, **17** (4), 668-675.

113. Lam, H., Horton, P. N., Hursthouse, M. B., Aldous, D. J., and Hii, K. K. (2005) The synthesis of potential Neramexane metabolites: *cis*-and *trans*-3-amino-1,3,5,5-tetramethylcyclohexanecarboxylic acids. *Tetrahedron Lett.*, **46** (44), 8145-8147.

114. Colby, E. A. and Jamison, T. F. (2003) P-chiral, monodentate ferrocenyl phosphines, novel ligands for asymmetric catalysis. *J. Org. Chem.*, **68** (1), 156-166.

115. Nettekoven, U., Widhalm, M., Karner, P. C. J., and van Leeuwen, P. W. N. M. (1997) Novel P-chiral bidentate phosphine ligands: synthesis and use in asymmetric catalysis. *Tetrahedron: Asymme-*

*try*, **8** (19), 3185-3188.

116. Nettekoven, U., Widhalm, M., Kalchhauser, H., Kamer, P. C. J., van Leeuwen, P. W. N. M., Lutz, M., and Spek, A. L. (2001) Steric and electronic ligand perturbations in catalysis: asymmetric allylic substitution reactions using $C_2$-symmetrical phosphorus-chiral (Bi) ferrocenyl donors. *J. Org. Chem.*, **66** (3), 759-770.

117. Maienza, F., Worle, M., Steffanut, P., Mezzetti, A., and Spindler, F. (1999) Ferrocenyl diphosphines containing stereogenic phosphorus atoms. Synthesis and application in the rhodium-catalyzed asymmetric hydrogenation. *Organometallics*, **18** (6), 1041-1049.

118. Nettekoven, U., Kamer, P. C. J., Widhalm, M., and van Leeuwen, P. W. N. M. (2000) Phosphorus-chiral diphosphines as ligands in hydroformylation. An investigation on the influence of electronic effects in catalysis. *Organometallics*, **19** (22), 4596-4607.

119. Camus, J. M., Andrieu, J., Richard, P., Poli, R., Darcel, C., and Jugé, S. (2004) A P-chirogenic β-aminophosphine synthesis by diastereoselective reaction of the α-metallated PAMP-borane complex with benzaldimin. *Tetrahedron: Asymmetry*, **15** (13), 2061-2065.

120. Delapierre, G., Brunel, J. M., Constantieux, T., and Buono, G. (2001) Design of a new class of chiral quinoline-phosphine ligands. Synthesis and application in asymmetric catalysis. *Tetrahedron: Asymmetry*, **12** (9), 1345-1352.

121. Toselli, N., Fortrie, R., Martin, D., and Buono, G. (2010) New P-stereogenic triaminophosphines and their derivatives: synthesis, structure, conformational study, and application as chiral ligands. *Tetrahedron: Asymmetry*, **21** (9), 1238-1245.

122. Delapierre, G., Achard, M., and Buono, G. (2002) New P-stereogenic triaminophosphines and their derivatives: synthesis, structure, conformational study, and application as chiral ligands. *Tetrahedron Lett.*, **43** (22), 4025-4028.

123. Brunel, J. M. and Buono, G. (2002) in Topics in Current Chemistry, (ed. J.-P. Majoral), Springer, Berlin, Heidelberg, vol. 220, pp. 79-106.

124. Leyris, A., Nuel, D., Giordano, L., Achard, M., and Buono, G. (2005) Enantioselective synthesis of both enantiomers of *tert*-butylphenylphosphine oxide from (S)-prolinol. *Tetrahedron Lett.*, **46** (50), 8677-8680.

125. Ngono, C. J., Constantieux, T., and Buono, G. (2006) iastereoselective synthesis of new P-Stereogenic (*ortho*-Hydroxyaryl)-diazaphospholidine-Borane complexes by a totally stereoselective P—O to P—C migration rearrangement. *Eur. J. Org. Chem.*, 2006 (6), 1499-1507.

126. Kolodiazhnyi, O. I., Ustenko, S. N., Grishkun, E. V., and Golovatyi, O. R. (1996) Diastereoselective Rearrangements and Epimerisation of Organophosphorus Compounds. *Phosphorus, Sulfur, and Silicon*, 109-110, 485-488.

127. Rajendran, K. V. and Gilheany, D. G. (2012) Identification of a key intermediate in the asymmetric Appel process: one pot stereoselective synthesis of P-stereogenic phosphines and phosphine boranes from racemic phosphine oxides. *J. Chem. Soc., Chem. Commun.*, **48** (80), 10040-10042.

128. Rajendran, K. V., Kennedy, L., and Gilheany, D. G. (2010) P-Stereogenic phosphorus compounds: effect of aryl substituents on the oxidation of arylmethylphenylphosphanes under asymmetric Appel conditions. *Eur. J. Org. Chem.*, (29), 5642-5649.

129. Bergin, E., O'Connor, C. T., Robinson, S. B., McGarrigle, E. M., O'Mahony, C. P., and Gilheany, D. G. (2007) Synthesis of P-stereogenic phosphorus compounds. asymmetric oxidation of phosphines under Appel conditions. *J. Am. Chem. Soc.*, **129** (31), 9566-9567.

130. Rajendran, K. V., Kudavalli, J. S., Dunne, K. S., and Gilheany, D. G. (2012) A U-turn in the asymmetric Appel reaction: stereospecific reduction of diastereomerically enriched alkoxyphosphonium salts allows the asymmetric synthesis of P-stereogenic phosphanes and phosphane boranes. *Eur. J. Org. Chem.*, **2012** (14), 2720-2723.

131. Rajendran, K. V., Kennedy, L., O'Connor, C. T., Bergin, E., and Gilheany, D. G. (2013) Systematic survey of positive chlorine sources in the asymmetric Appel reaction: oxalyl chloride as a new phosphine activator. *Tetrahedron Lett.*, **54** (51), 7009-7012.

132. Rajendran, K. V., Nikitin, K. V., and Gilheany, D. G. (2015) Hammond postulate mirroring enables enantiomeric enrichment of phosphorus compounds via two thermodynamically interconnected sequential stereoselective processes. *J. Am. Chem. Soc.*, **137** (29), 9375-9381.

133. Nikitin, K., Rajendran, K. V., Müller-Bunz, H., and Gilheany, D. G. (2014) Turning regioselectivity into stereoselectivity: efficient dual resolution of P-stereogenic phosphine oxides through bifurcation of the reaction pathway of a common intermediate. *Angew. Chem. Int. Ed.*, **53** (7), 1906-1909.

134. Perlikowska, W., Gouygou, M., Daran, J. C., Balavoine, G., and Mikołajczyk, M. (2001) Kinetic resolution of P-chiral tertiary phosphines and chlorophosphines: a new approach to optically active phosphoryl and thiophosphoryl compounds. *Tetrahedron Lett.*, **42** (44), 7841-7845.

135. Le Maux, P., Bahri, H., Simonneaux, G., and Toupet, L. (1995) Enantioselective oxidation of racemic phosphines with chiral oxoruthenium porphyrins and crystal structure of [5, 10, 15, 20-tetrakis[o-((2-methoxy-2-phenyl-3,3,3-trifluoropropanoyl)amino)phenyl]porphyrinato](carbonyl)(tetrahydrofuran)ruthenium(II) (α,β,α,β Isomer). *Inorg. Chem.*, **34** (18), 4691-4697.

136. Naylor, R. A. and Walker, B. (1975) New routes to optically active phosphorus compounds. Asymmetric alkylation of phosphide anions. *J. Chem. Soc., Chem. Commun.*, (1), 45-50.

137. Valentine, D. Jr., Blount, J. F., and Toth, K. (1980) Synthesis of phosphines having chiral organic groups ligated to chiral phosphorus. *J. Org. Chem.*, **45** (18), 3691-3698.

138. Fisher, C. and Mosher, H. (1977) Asymmetric homogeneous hydrogenation with phosphine-rhodium complexes chiral both at phosphorus and carbon. *Tetrahedron Lett.*, **18** (29), 2487-2490.

139. King, R. B., Bakos, J., Hoff, C. D., and Marco, L. (1979) Poly(tertiary phosphines and arsines). 17. Poly(tertiary phosphines) containing terminal neomenthyl groups as ligands in asymmetric homogeneous hydrogenation catalysts's. *J. Org. Chem.*, **44** (18), 3095-3100.

140. Burgess, K., Ohlmeyer, M. J., and Whitmire, K. H. (1992) Stereochemically matched (and mismatched) bisphosphine ligands: DIOP-DIPAMP hybrids. *Organometallics*, **11** (11), 3588-3600.

141. Nagel, U. and Krink, T. (1993) Neue optisch reine 3,4-Bis(phosphanyl)pyrrolidine mit Phenyl-und Anisylgruppen sowie deren Palladium-und Rhodiumkomplexe. *Chem. Ber.*, **126** (5), 1091-1100.

142. Nagel, U. and Bublewitz, A. (1992) Neue 1,2-Bisphosphanliganden mit vier stereogenen Zentren und zusatzlichen Methoxygruppen fur die asymmetrische katalytische Hydrierung. *Chem. Ber.*, **125**, 1061-1072.

143. Kato, T., Kobayashi, K., Masuda, S., Segi, M., Nakajima, T., and Suga, S. (1987) Asymmetric synthesis of phosphine oxides with the arbuzov reaction. *Chem. Lett.*, (12), 1915-1918.

144. Mikołajczyk, M., Drabowicz, J., Omelanczuk, J., and Fluck, E. (1975) Optically active trivalent phosphorus acids esters: an approach by asymmetric synthesis. *J. Chem. Soc., Chem. Commun.*, (10), 382-383.

145. Jugé, S., Wakselman, M., Stephan, M., and Genet, J. P. (1990) Evidence of the loss of chirality at the phosphonium step in the Arbuzov rearrangement. *Tetrahedron Lett.*, **31** (31), 4443-4446.

146. Kolodiazhnyi, O. I. (1998) in Advances of Asymmetric Synthesis, vol. 3 (ed. A. Hassner), JAI Press Inc., Stamford, CT, London, pp. 273-357.
147. Gordon, N. J. and Evans, S. A. (1993) Synthesis and enantioselective aldol reaction of a chiral 2-oxo-2-propionyl-1, 3, 2-oxazaphosphorinane. *J. Org. Chem.*, **58** (20), 5295-5297.
148. Denmark, S. E., Chatani, N., and Pansare, S. V. T. (1992) Asymmetric electrophilic amination of chiral phosphorus-stabilized anions. *Tetrahedron*, **48** (11), 2191-2208.
149. Bodalski, R., Rutkowska-Olm, E., and Pietrusiewicz, K. M. (1980) Synthesis and absolute configuration of (menthoxycarbonylmethyl) phenylvinyl phosphine oxide. *Tetrahedron*, **36** (16), 2353-2355.
150. Pietrusiewicz, M. (1996) Stereoselective synthesis and resolution of P-chiral phosphine chalcogenides. *Phosphorus, Sulfur Silicon Relat. Elem.*, 109-110 (1-4), 573-576.
151. Pietrusiewicz, K. M., Zablocka, M., and Monkiewicz, J. (1984) Optically active phosphine oxides. 2. Novel approach to enantiomeric dialkylphenylphosphine oxides. *J. Org. Chem.*, **49** (9), 1522-1526.
152. Imamoto, T., Sato, K., and Johnson, C. R. (1985) A new method for the synthesis of optically pure phosphine oxides. *Tetrahedron Lett.*, **26** (6), 783-786.
153. Johnson, C. R. and Imamoto, T. (1987) Synthesis of polydentate ligands with homochiral phosphine centers. *J. Org. Chem.*, **52** (11), 2170-2174.
154. Kolodyazhnyi, O. I., Sheiko, S., Neda, I., and Schmutzler, R. (1998) Asymmetric Induction In Arbuzov Reaction. *Russ. J. Gen. Chem.*, **68**, 1157-1158.
155. Tasz, M. K., Gamliel, A., Rodriguez, O. P., Lane, T. M., Cremer, S. E., and Bennett, D. W. (1995) Preparation, Reactions, and Stereochemistry of 4-*tert*-Butyl-1-chlorophosphorinane-Oxide and Derivatives. *J. Org. Chem.*, **60** (20), 6281-6288.
156. Lewis, R. A., Naumann, K., De Bruin, K., and Mislow, K. (1969) *t*-Butylphosphonium Salts: Nucleophilic Displacement at Phosphorus with Inversion of Configuration. *J. Chem. Soc., Chem. Commun.*, (17), 1010-1011.
157. Westheimer, F. H. (1968) Pseudo-rotation in the hydrolysis of phosphate esters. *Acc. Chem. Res.*, **1** (3), 70-78.
158. Merckling, F. A. and Ruedi, P. (1996) Diastereoselectivity in nucleophilic displacement reactions at phosphorus; isolation and characterization of a pentacoordinated intermediate. *Tetrahedron Lett.*, **37** (13), 2217-2220.
159. van Bochove, M. A., Swart, M., and Bickelhaupt, F. M. (2009) Stepwise walden inversion in nucleophilic substitution at phosphorus. *Phys. Chem. Chem. Phys.*, **11** (2), 259-267.
160. Kolodiazhnyi, O. I., Ustenko, S., and Golovatyi, O. R. (1994) Fluoroalkoxyphosphonium ylids. Epimerization and transformations. *Tetrahedron Lett.*, **35** (11), 1755-1758.
161. Kolodiazhnyi, O. I. (1996) C-element-substituted phosphorus ylids. *Tetrahedron*, **52** (6), 1855-1925.
162. Kolodiazhnyi, O. I. (1997) Methods of Preparation and Application In Organic Synthesis of C-substituted Phosphorus Ylides. *Russ. Chem. Rev.*, **66** (3), 225-254.
163. Pedronia, J. and Cramer, N. (2015) TADDOL-based phosphorus (III)-ligands in enantioselective Pd (0)-catalysed C—H functionalisations. *Chem. Commun.*, **51** (100), 17647-17657.
164. Xu, G., Li, M., Wang, S., and Tang, W. (2015) Efficient synthesis of P-chiral biaryl phosphonates by tereoselective intramolecular cyclization. *Org. Chem. Front.*, **2**, 1342-1345.
165. Gatineau, D., Nguyen, D. H., Hérault, D., Vanthuyne, N., Leclaire, J., Giordano, L., and

Buono, G. (2015) H-adamantylphosphinates as universal precursors of P-stereogenic compounds. *J. Org. Chem.*, **80** (8), 4132-4141.

166. Copey, L., Jean-Gérard, L., Andrioletti, B., and Framery, E. (2016) Synthesis of P-stereogenic secondary phosphine oxides using α-D-glucosamine as a chiral precursor. *Tetrahedron Lett.*, **57** (5), 543-545.

167. Lemouzy, S., Nguyen, D. H., Camy, V., Jean, M., and Gatineau, D. (2015) Stereospecific synthesis of α-and β-hydroxyalkyl P-stereogenic phosphine-boranes and functionalized derivatives: evidence of the P=O activation in the $BH_3$-mediated reduction. *Chem. Eur. J.*, **21**, 15607-15621.

168. Orgué, S., Flores-Gaspar, A., Biosca, M., Pàmies, O., Diéguez, M., Riera, A., and Verdaguer, X. (2015) Stereospecific SN2@P reactions: novel access to bulky P-stereogenic ligands. *Chem. Commun.*, **51** (99), 17548-17551.

169. Chelouan, A., Recio, R., Álvarez, E., Khiar, N., and Fernández, I. (2016) Stereoselective synthesis of P-stereogenic N-phosphinyl compounds. *Eur. J. Org. Chem.*, 2016 (2), 255-259.

170. Kolodiazhnyi, O. I. (2002) Double asymmetric induction as method for the synthesis of chiral organophosphorus compounds. *Phosphorus, Sulfur Silicon Relat. Elem.*, **177** (8-9), 2111-2114.

171. Kolodiazhna, O. O., Kolodiazhna, A. O., and Kolodiazhnyi, O. I. (2011) Highly effective catalyst for the reaction of trialkylphosphites with C=X. *Electrophiles*, **186** (4), 796-798.

172. Nesterov, V. V. and Kolodiazhnyi, O. I. (2008) New method for the asymmetric reduction of ketophosphonates. *Phosphorus, Sulfur Silicon Relat. Elem.*, **183** (2-3), 687-688.

173. Kolodiazhnyi, O. I., Grishkun, E. V., Sheiko, S., Demchuk, O., Thoennessen, H., Jones, P. G., and Schmutzler, R. (1998) Chiral symmetric phosphoric acid esters as sources of optically active organophosphorus compounds. *Tetrahedron: Asymmetry*, **9** (10), 1645-1649.

174. Kolodiazhnyi, O. I., Grishkun, E. V., and Otzaluk, V. M. (1997) Asymmetric induction in reaction of asymmetric substituted phosphinoyl chlorides with 1,2:5,6-diisopropylidenegluco-furanose. *Russ. J. Gen. Chem.*, **67** (7), 1140-1142.

175. (a) Fernandez, I., Khiar, N., Roca, A., Benabra, A., Alcudia, A., Espartero, J. L., and Alcudia, F. (1999) A generalization of the base effect on the diastereoselective synthesis of sulfinic and phosphinic esters. *Tetrahedron Lett.*, **40** (10), 2029-2032; (b) Kolodyazhnyi, O. I., Sheiko, S., Neda, I., and Schmutzler, R. (1998) Asymmetric induction in reaction of thionation of aminophosphine diastereomeres. *Russ. J. Gen. Chem.*, **68** (7), 1212-1213.

176. Kolodiazhnyi, O. I. and Grishkun, E. V. (1996) Asymmetric induction in the reaction of nonsymmetrical phosphinic and phosphinous acid clorides with derivatives of D-glucofuranose. *Phosphorus, Sulfur Silicon Relat. Elem.*, **115** (1-4), 115-124.

177. Marchi, C. and Buono, G. (1999) Asymmetric addition of chiral triquinphosphoranes on activated compounds. *Tetrahedron Lett.*, **40** (52), 9251-9254.

178. Kimura, T. and Murai, T. (2005) Optically active P-chiral phosphinoselenoic amides: stereochemical outcome at the P-stereogenic center in the synthesis of these substances and their characterization. *Tetrahedron: Asymmetry*, **16** (22), 3703-3710.

179. Reddy, P. M. and Kovach, I. M. (2002) Synthesis of chiral 4-nitrophenyl alkyl methylphosphonothioates: $BF_3 \cdot Et_2O$-catalyzed alcoholysis of phosphonamidothioates. *Tetrahedron Lett.*, **43** (22), 4063-4066.

180. Kolodiazhnyi, O. I., Grishkun, E. V., Golovatyi, O. R., and Ustenko, S. N. (1996) Diastereoselective rearrangements and epimerization of organophosphorus compounds. *Phosphorus, Sulfur*

181. Kolodiazhnyi, O. I. (1995) Asymmetric induction in reaction of chlorophosphines with 1,2:5,6-glucofuranose. *Russ. J. Gen. Chem.*, **65** (11), 1926-1927.
182. Kolodiazhnyi, O. I. and Grishkun, E. V. (1996) Simple route to chiral organophosphorus compounds. *Tetrahedron: Asymmetry*, **7** (4), 967-970.
183. Kolodiazhnyi, O. I. (1995) Stereoselective oxidation of N-phosphor (Ⅲ) substituted amino acids. *Tetrahedron Lett.*, **36** (22), 3921-3924.
184. Moriarty, R. M., Hiratake, J., Liu, K., Wendler, A., Awasthi, A. K., and Gilardi, R. (1991) Isolation and characterization of stereoisomers of pentacoordinated phosphorus. *J. Am. Chem. Soc.*, **113** (24), 9374-9376.
185. Marchi, C., Fotiadu, F., and Buono, G. (1999) The first example of coordination of a tricyclic hydrophosphorane to platinum (Ⅱ). X-ray crystal structure of an unusual platinated phosphorane. *Organometallics*, **18** (5), 915-927.
186. Marchi, C. and Buono, G. (2000) Alkylthiylation of triquinphos phoranes by disulfides: an entry to chiral thiatriquin phosphoranes. *Tetrahedron Lett.*, **41** (17), 3073-3076.
187. Marchi, C. and Buono, G. (2000) Total diastereoselective opening of chiral hydridophosphorane "Triquinphosphoranes" by hexacarbonylmolybdenum: an entry to Mo (CO)$_5$: chiral oxazaphospholidine complex. *Inorg. Chem.*, **39** (13), 2951-2953.
188. Mikhel, I. S., Bondarev, O. G., Tsarev, V. N., Grintselev-Knyazev, G. V., Lyssenko, K. A., Davankov, V. A., and Gavrilov, K. N. (2003) The first example of coordination of a tricyclic hydrophosphorane to platinum (II). X-ray crystal structure of an unusual platinated phosphorane. *Organometallics*, **22** (5), 925-930.
189. Kojima, S., Kajiyama, K., and Akiba, K. Y. (1994) Characterization of an optically active pentacourdinate phosphorane with asymmetry only at phosphorus. *Tetrahedron Lett.*, **35** (38), 7037-7040.
190. Bojin, M. L., Barkallah, S., and Evans, S. A. Jr., (1996) Reactivity of carbon anions α to pentacoordinated phosphorus: spirooxyphosphoranyl C-anions as valuable intermediates in olefination chemistry. *J. Am. Chem. Soc.*, **118** (6), 1549-1550.
191. Kojima, S., Takagi, R., and Akiba, K. Y. (1997) Excellent Z-selective olefin formation using pentacoordinate spirophosphoranes and aldehydes. Wittig type reaction via hexacoordinate intermediates. *J. Am. Chem. Soc.*, **119** (25), 5970-5971.
192. Kojima, S., Nakamoto, M., Yamazaki, K., and Akiba, K.-Y. (1997) Reactions of sterically rigid phosphoranes. *Tetrahedron Lett.*, **38** (23), 4107-4110.
193. Kojima, S., Kawaguchi, K., Matsukawa, S., and Akiba, K.-Y. (2003) Stereospecific stilbene formation from β-hydroxy-α,β-diphenylethylphosphoranes. Mechanistic proposals based upon stereochemistry. *Tetrahedron*, **59** (1), 255-265.
194. Yang, G., Xu, Y., Hou, J., Zhang, H., and Zhao, Y. (2010) Diastereomers of the pentacoordinate chiral phosphorus compounds in solution: absolute configurations and predominant conformations. *Dalton Trans.*, **39** (30), 6953-6959.
195. Yang, G., Xu, Y., Hou, J., Zhang, H., and Zhao, Y. (2010) Determination of the absolute configuration of pentacoordinate chiral phosphorus compounds in solution by using vibrational circular dichroism spectroscopy and density functional theory. *Chem. Eur. J.*, **16** (8), 2518-2527.
196. Favarger, F., Goujon-Ginglinger, C., Monchaud, D., and Lacour, J. (2004) Large-scale

synthesis and resolution of TRISPHAT [Tris (tetrachlorobenzenediolato) Phosphate (V)] anion. *J. Org. Chem.*, **69** (24), 8521-8524.

197. Constant, S. and Lacour, J. (2003) New trends in hexacoordinated phosphorus chemistry, in Topics in Current Chemistry, vol. 250 (ed. J.-P. Majoral), Springer-Verlag, Berlin, Heidelberg, pp. 1-42.

198. Hellwinkel, D. (1965) Optisch aktive Tris- (biphenylen)-phosphate. *Angew. Chem.*, **77** (8), 378-379.

199. Hellwinkel, D. (1967) Verfahren zur Herstellung von sechsbindigen Phosphorverbindungen. 256. Patent DE1235913, p. 2, https://www.google.com/patents/DE1235913B?cl=fr (accessed 17 May 2016).

200. Lacour, J., Londez, A., Tran, D.-H., Desvergnes-Breuil, V., Constant, S., and Bernardinelli, G. (2002) Asymmetric synthesis and configurational stability of $C_2$-symmetric hexacoordinated phosphate anions (TARPHATs) with predetermined chirality from tartrate esters. *Helv. Chim. Acta*, **85** (8), 1364-1381.

201. Lacour, J., Ginglinger, C., Grivet, C., and Bernardinelli, G. (1997) Synthesis and resolution of the configurationally stable tris (tetrachlorobenzenediolato) phosphate (V) ion. *Angew. Chem. Int. Ed. Engl.*, **36** (6), 608-610.

# 3 含有侧链手性中心的磷化合物

## 3.1 引言

  侧链中含有手性中心的有机磷化合物，如手性配体、生物活性化合物、药物以及众多类型的手性化合物，在科学技术中发挥着重要作用[1-4]。$C_2$-对称的阻转异构二膦［BINAP：2,20-双(二苯基膦)-1,10-联萘；BINOL：2,20-二羟基-1,10-联萘；BIPHEMP：(6,6'-二甲基苯-2,2'-二酰基)双(二苯基磷)；MeO-BIPHEP：(R)-(+)-2,2'-双(二苯基膦)-6,6'-二甲氧基-1,1'-联苯］在许多不对称转化中是非常有效的。研究发现 $C_2$-对称的阻转异构二膦配体（例如 JOSIPHOS、CATPHOS、PROPRAPHOS、BoPHOS、FerroTANE 等）应用于铑或钌催化的不对称加氢反应中展现了优异的效果。磷酸是自然界中一类重要的具有生物活性的化合物。已在数百种水生和陆生动物及微生物中均发现了多种类型的膦酸[5]。天然羟基膦酸的典型代表是 phosphonothrixin (PTX)、二羟基膦酸（FR-33289）、羟基-2-氨基乙基膦酸（HO-AEP）、1,5-二羟基-2-氧吡咯烷膦酸（SF-2312）等（方案 3.1)[1,2]。(1R,2S)-(−)-1,2-(环氧丙基)膦酸，也称磷霉素，是从一种弗氏链霉菌或者丁香假单胞菌发酵液中分离得到的一种具有细胞壁活性的抗生素，其中许多化合物因其抗菌、抗病毒、杀虫、抗癌和酶抑制剂的特性而受到人们的关注。官能化的磷酸、羟基和氨基磷酸酯具有很高的抗菌、抗病毒、抗癌活性，例如，化合物 **4** 抑制 HIV 蛋白酶的表达。羟基磷酸酯是预防天花的有效药物。一些具有强抗肿瘤活性的磷酸酯被用于治疗癌症，并是治疗艾滋病的潜在药物[4]，羟基烷基-双-磷酸酯在人类几种癌细胞中表现出防止恶性细胞扩散的活性，其 IC50 值在 $1 mol \cdot L^{-1}$ 范围内。

  双磷酸酯也用于治疗骨质疏松、高钙血症和恶性肿瘤。3-叠氮-3-脱氧胸苷（AZT，齐多夫定）的双磷酸酯衍生物已被注册为抗 HIV 药物，并用于治疗艾滋病（AIDS）[5]。近 10 年来报道了手性羟基膦酸酯诸多的不对称合成方法及实际应用，强有力地证明了羟基磷酸酯的理论价值和实际意义。

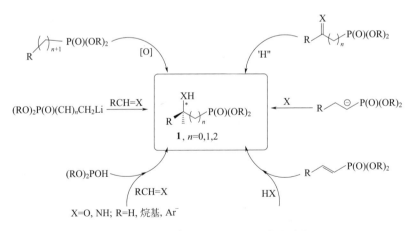

**方案 3.1** 具有生物活性的磷酸酯的示例

## 3.2 侧链中的不对称诱导

手性官能化的磷酸可通过动力学拆分、化学酶法合成、不对称合成等多种方法制备。合成官能化磷酸酯的主要方法是羰基化合物（如醛、酮、亚胺以及具有活化 C═C 键的化合物）的磷酰化反应。已熟知的几种羰基化合物的不对称膦酰化方法有磷-羟醛加成反应（Abramov 反应）、磷-Mannich 反应，以及膦酸酯碳负离子与醛或酮的反应。磷-羟醛加成反应通常会形成羟基磷酸酯，然而磷-Mannich 反应是合成手性 α-氨基烷基膦酸酯最便捷的方法（方案 3.2）[6-10]。

**方案 3.2** 手性官能化磷酸酯的合成路径

金属配合物、有机催化法和化学酶法是合成具有光学活性的官能化侧链磷化合物的方法[9]。这些方法也将在本专著的后续章节中讨论。其他可以用来合成侧链具有手性中心的膦酸酯的方法有酮膦酸酯的对映选择性还原反应、磷酸酯稳定的碳负离子对映选择性羟基化反应以及 [2,3]-σ 迁移 Wittig 反应[5]。

## 3.2.1 手性从磷向其他中心的转移

磷稳定的碳负离子的不对称还原反应，例如 α-锂化膦的碳负离子，膦酸酯的碳负离子或膦氧化物的碳负离子，由于其良好的合成用途而被广泛研究。事实上，α-锂化膦酸酯与羰基化合物的对映选择性反应生成具有轴向手性的烯烃。诱导光学活性的手性磷部分可以很容易地从分子中移除，因此在手性有机化合物的不对称合成中具有相对优势。在光学活性有机磷化合物的基础上，合成了不同的手性有机化合物，其中不对称诱导涉及手性从立体异构磷转移到新形成的立体异构源中心。所有这些反应可分为两组：

（1）反应形成非对映体有机磷化合物，其含有诱导的立体中心及光学活性磷原子。这里有必要考虑新形成的立体中心的数量，即考虑以 1,2-或 1,4-不对称诱导进行的反应。

（2）在反应的过程中新立体中心的形成伴随着一部分磷的消失。

### 3.2.1.1 手性磷稳定阴离子

磷稳定阴离子在结构和反应立体选择性方面的化学性质引起了许多化学家的关注[11-14]。Cramer 等人对手性磷稳定碳负离子进行了理论研究[15]，在 HF/3-21G(*) 水平上研究了 P—C 键的旋转坐标。旋转坐标的局部最小值的位置依赖于超共轭稳定效应。对五、六元杂环化合物中的磷酰基和硫代磷酰基稳定碳负离子的 P—C 键旋转的研究表明，旋转呈现出完全或近似平面的碳负离子结构，其取代基平行于 P=X 轴（X=O，S）。具有强锥形碳负离子过渡态（TS）结构，其中孤对电子（LP）几乎垂直于 Pd—X 键。等键方程、键长比以及轨道相互作用表明了硫代衍生物的基态（GS）极好的稳定性以及氧化物的 TS 良好的稳定性[16]。Leyssens 和 Peeters 发现在磷稳定碳负离子中存在负超共轭效应[17]。采用 NMR 光谱和单晶 X 射线衍射对 1,3,2-二氧膦烷 2-氧化物的锂化环状膦酸酯进行了光谱分析。它们的特征在于自由旋转，并且不存在 $sp^2$ 杂化阴离子中锂-碳之间的接触。这个阴离子很可能是通过氧-锂桥连接的二聚体。Cramer[15] 和 Denmark[18] 研究了 NMR 光谱，并对磷稳定碳负离子 **7** 和 **8** 进行了 X 射线衍射分析。如方案 3.3 所示的磷稳定碳负离子，局部最小值出现在 Cα=90°的结构中，势垒出现在由 Cα=0°结构中。

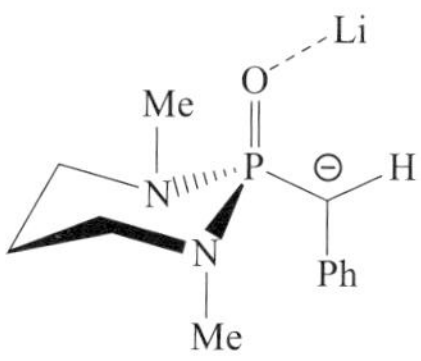

**7** 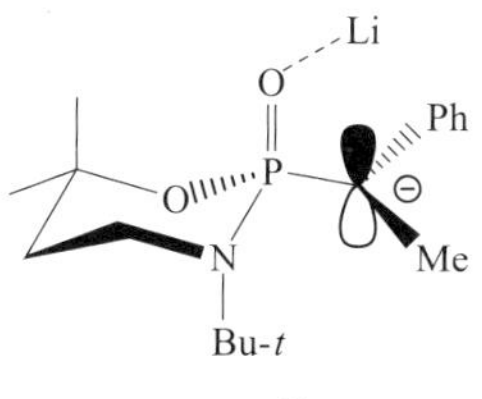         **8**

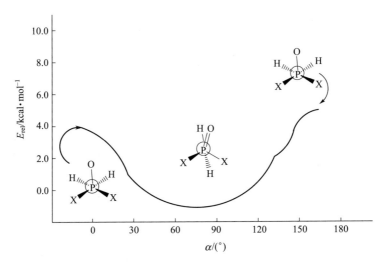

方案 3.3　在 HF/3-21G(*) 水平下，$X_2P(O)CH_2^-$ （X=F）相对能量与碳负离子的旋转角度 $\alpha$ 的关系[15]

X 射线晶体学结果表明，Li—C 距离（3.88Å，1Å=$10^{-10}$m）大于范德华半径之和。碳负离子是平面的并且与 P=O 成近似 0°的角度以最大化 P 型相互作用。另外，碳负离子的最佳构象是平行的[19]。含电子对的氮和碳理想的异头稳定导致了甲基和苄基的"风车"形构象，P=O 基团的轴向椅式构象是可能的。超共轭类型稳定性最主要是由于 n→$\sigma^*_{P=O}$ 的贡献，其最适用于完全正交构象（$\theta$=90°）[20]。围绕 P(1)—C(b) 键旋转的势垒非常低（<8kcal·$mol^{-1}$）。锂盐在四氢呋喃（THF）溶液中一般以二聚体形式存在，在固体中不存在金属-碳接触。阴离子最显著的特征是氮的锥形结构，它能将甲基明确地置于轴向和中心位置。$^{31}$P NMR 的向低场位移表明磷酸化基团的极化稳定了阴离子[19]。P-碳负离子的优选构象是使超共轭稳定化机会达到最大化的构象。在六甲基磷酰胺（HMPA）存在下，膦酸酯碳负离子的外消旋速率减慢，因为 HMPA 增大了围绕 P—C 键旋转的势垒：$G^{\ddagger}_{205}$=9.8kcal·$mol^{-1}$（THF），$G^{\ddagger}_{246}$=11.4kcal·$mol^{-1}$（THF-HMPA 溶液）[21]。Aggarval 分析了磷取代有机锂化合物外消旋化的机理，得出 C—P 键的旋转在外消旋中起主导作用，随着 P 稳定的碳负离子浓度的增大，外消旋作用减弱（方案 3.4 和方案 3.5）。

方案 3.4　杂原子取代的有机锂化合物的外消旋化

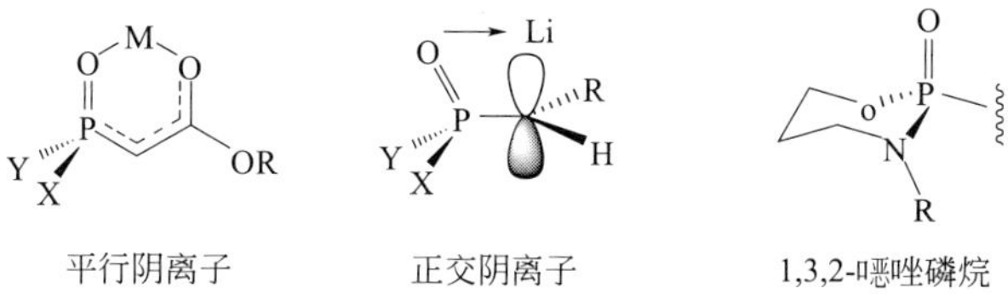

平行阴离子　　　　正交阴离子　　　1,3,2-㗁唑磷烷

**方案 3.5**　手性 P 稳定的碳负离子

手性 P 稳定的碳负离子与轴向不对称性的羰基化合物（对映选择性 Wittig 反应或 Horner-Wittig 反应）反应导致手性烯烃的形成，伴随着一部分磷的消除。手性 P 稳定的碳负离子用于不对称烯化反应[23]、不对称 Michael 加成反应[24]、烷基化和胺化不对称反应[25-28]等。

#### 3.2.1.2　1,2-不对称诱导

手性 P-稳定碳负离子与亲核试剂反应生成有机磷化合物，并在 1,2-或 1,4-不对称诱导下形成新的手性中心。在非循环系统中发现 1,2-和 1,4-不对称诱导的新方法一直引起人们对合成和理论有机化学的浓厚兴趣。1,2-不对称诱导包括烷基化、胺化、羧化和酰化反应。以 (R,R)-或 (S,S)-1,2-二氨基环己烷和㗁唑磷烷衍生的手性环氯甲基膦酰胺 **9~11** 的胺化或烷基化为基础，开发了不对称合成对映纯的或对映体富集的 α-氨基-α-烷基膦酸的一般方法。Denmark 和 Amburgey 研究了 P-碳负离子的对映选择性烷基化（方案 3.6~方案 3.8）[5,29]。通过各种 β-酮基膦酰胺的烷基化作为它们的钾或钠烯醇化物产生季立体中心。立体选择性还原使得 β-羟基膦酰胺 **11** 的非对映异构体比例为 1:14~1:150[11]。反应的高立体选择性可以通过最初形成的 P-碳负离子在亲电试剂上的进攻来解释，优先从面对氮原子孤对电子的一侧而不是 N-甲基的一侧进行攻击[30]。

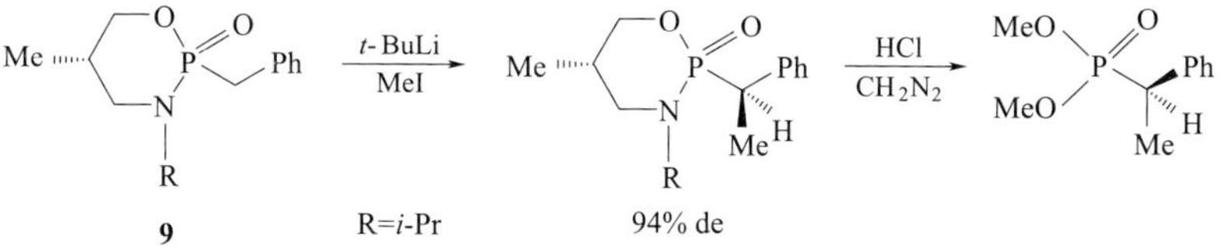

**方案 3.6**　2-苄基-6-甲基-1,3,2-㗁唑磷烷 2-氧化物 **9** 的烷基化

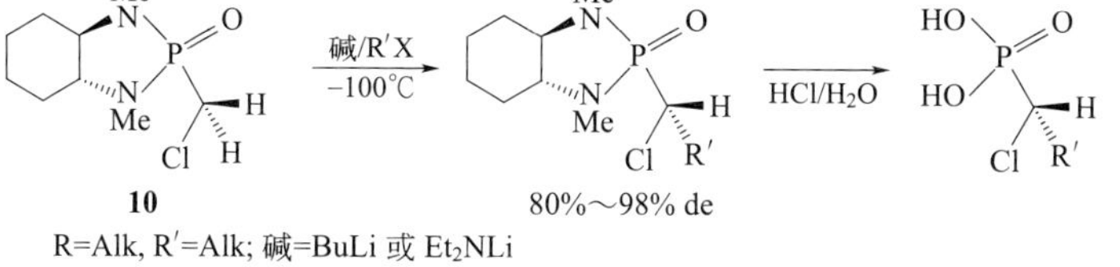

**方案 3.7**　双环 $C_2$-对称磷酰胺 **10** 的烷基化

**11**    77%~98%                                       dr=1:14~1:150

R=Bu-t, R=Me, R′=Et, R=Et, R′=Me

**方案 3.8**　*β*-酮基膦酰胺 **11** 的对映选择性烷基化

衍生自 (*R*,*R*)-二氨基环己烷的碳负离子 **12a** 被三烷基叠氮化物胺化，得到具有良好立体选择性的 *α*-叠氮膦酰胺 [平均约 68%~80% 的对映体过量 (ee)]，并将它们转化为氨基膦酸 **13**，如方案 3.9 所示[13,14]。在最好的情况下，获得具有 92%ee 的 (*S*)-氨基膦酸 **13**。用丁基锂使噁唑磷烷碳负离子 **12b** 去质子化并用 NaN$_3$ 处理和弱酸水解，然后叠氮基团加氢，导致形成相应的 *α*-氨基膦酸 **13**，其具有 78%~98%ee[13,30]。1,3,2-氧杂磷杂环戊烷与偶氮化合物的亲电胺化反应具有 52%~83% 的非对映选择性，与理论计算一致[29]。还描述了基于立体选择性地将手性 *α*-氯甲基膦酰胺 **12a** 的碳负离子加成到亚胺上的 *α*- 和 *β*-氨基膦酸 **13** 的合成[31]，获得的 *α*-氨基膦酰胺具有大于 95:5 的非对映异构体比率 (dr) (方案 3.9)。

**方案 3.9**　手性氨基膦酸的不对称合成

### 3.2.1.3　1,4-不对称诱导

**(1) 1,4-膦酸酯碳负离子的加成**　Hanessian 报道了肉桂酸酯的高度立体选择性不对称 1,4-加成反应，其产生具有三个和四个连续立体中心的产物。将 P-碳负离子不对称加成到肉桂酸叔丁酯中，然后加入碘甲烷，形成了 dr=92:8 的加合物 **14**。臭氧分解和硼氢化钠还原得到的羟基酯 **15** 为单一异构体。用二氯甲烷中的三氟乙酸 (TFA) 处理 **14**，得到含有三个连续碳取代基的内酯，其结构通过单晶 X 射线分析证实[32]。按照与上述相同的方案并用三氟甲磺酸甲酯淬灭烯醇化物，同一作者得到了 dr=9:1 的产物 **16**。臭氧分解、还原和色谱分离

得到羟基酯，其为具有四个连续立体中心的单一异构体 **17**[33]（方案 3.10）。将巴豆基、烯丙基和肉桂基衍生的阴离子与相应的受体（烯酮、内酯、内酰胺和 $\alpha,\beta$-不饱和酯）共轭加成，然后与生成物进行可选择的烷基化形成加合物，获得具有高度立体选择性的不对称碳中心。得到的带有手性助剂的乙烯基膦酰胺产物通过臭氧分解裂解成相应的醛，后者还原成醇。该方法可以合成许多高度官能化的邻位取代化合物，其具有良好至极好的对映体纯度。Denmark[25] 和 Hanessian 等[33,34]报道了使用 P-手性膦酰胺的不对称共轭加成，其具有显著的选择性，这取决于 P-立体中心的构型。因此，P-烷基相对于 N-烷基的顺式或反式取向是从 (R)- 或 (S)-构型的磷中心得到的。将 *trans*-**18** 的锂离子加成到环状烯酮上进行高水平的立体控制，加合物 **19** 具有高达 98% 的 ee（方案 3.11）。

a=(1) PhCH=CHCO$_2$Bu-*t*; (2) MeI, −78 ℃; b=PhCH=CHCO$_2$Bu-*t*, MeOSO$_2$CF$_3$, Py, −78 ℃; c=(1) O$_3$; (2) NaBH$_4$

**方案 3.10** P-碳负离子对肉桂酸叔丁基酯的不对称 1,4-加成

**方案 3.11** P-手性膦酰胺与环烯酮的不对称共轭加成

膦酰胺的不对称 1,4-加成是一种方便的合成方法，该方法应用于许多复杂天然化合物的全合成中（方案 3.12）。例如，该方法用于乙酰氧基大花红天素

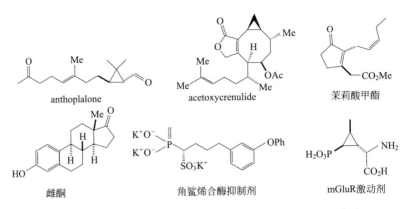

**方案 3.12** 基于膦酰胺化学合成的天然产物和生物活性分子

(acetoxycrenulide)[35,36]、柏克利酸[37]、雌酮[38]、茉莉酸甲酯[39]等的全合成[34]。氯代烯丙基膦酰胺环丙烷化可构建 anthoplalone 的环丙烷片段[40]。Ottelione A 和 B[41]也采用了这种环丙烷化方法[42]。

衍生自手性非外消旋烯丙基和巴豆基双环膦酰胺的阴离子与不饱和烯酮、酯、内酯和内酰胺的反应在试剂的位置发生，并产生非对映纯的或高度富集的共轭加成产物。例如，氯甲基膦酰胺以及氯烯丙基膦酰胺与 α,β-不饱和酯反应形成环丙烷产物，其可转化为氨基环丙基膦酸（方案 3.13）[42]。氯烯丙基膦酰胺 *trans*-**20** 与环状烯酮的共轭 1,4-加成生成了非对映异构体纯的或高度富集的环丙烷衍生物（88%～90%de）。该反应得到环丙烷衍生物 **21** 的结晶内型异构体，产率为 90%。或者，使用具有相同烯酮的氯烯丙基膦酰胺 *cis*-**20** 形成外型异构体，内型产物作为主要异构体（>90∶10）。臭氧分解羰基（NaBH$_4$/MeOH）的立体选择性还原、保护和通过臭氧分解的氧化裂解，得到醛 **22**，其构成通用的环丙烷手性结构（方案 3.14）[32,43,44]。

**方案 3.13** 手性氯甲基膦酰胺的不对称环丙烷化

环丙烷化反应可用于多种底物，例如烯酮、内酯、内酰胺和非环状 α,β-不饱和酯。氧化裂解生成对应于乙醛或丙醛阴离子的共轭加成的产物，其等价于不饱和羰基化合物。加入 HMPA 可增强 1,4-加成的比例，并在 3-甲基环戊酮的情况下改善立体选择性。一取代、二取代和三取代的环戊酮 **23** 作为单一非对映异构体[42-44]（方案 3.15）。

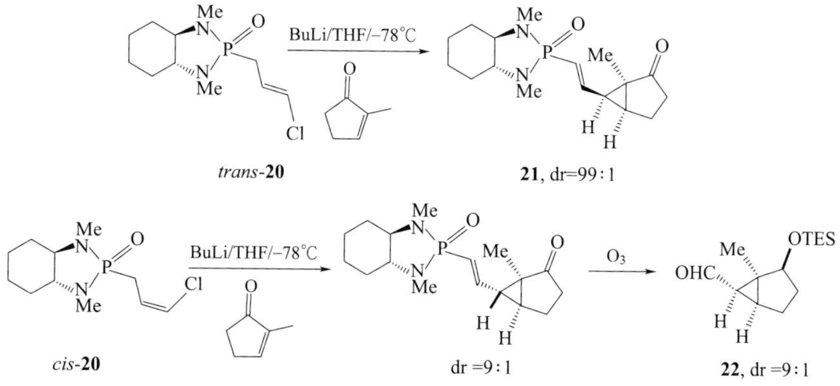

**方案 3.14** 2-烯丙基-1,3,2-噁唑磷烷 2-氧化物与环状烯酮的 1,4-加成

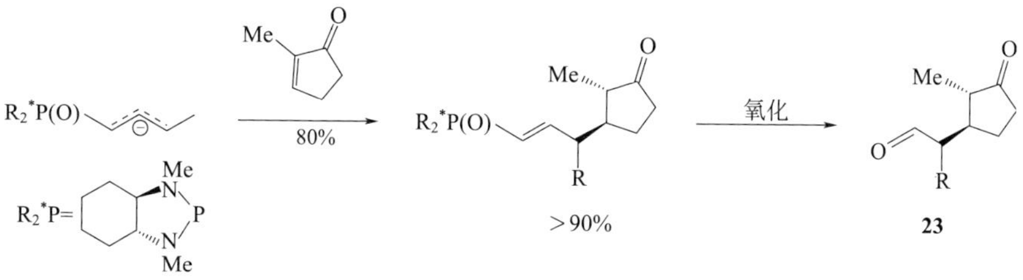

**方案 3.15** 取代环戊酮 23 的合成

将衍生自手性 α-氯膦酰胺 **12** 的阴离子立体控制共轭加成到 α-不饱和酯上，得到相应的环丙烷膦酸酯 **24**（dr=5:1～100:0）。然后将获得的环丙烷转化为 3-取代的环丙烷 2-氨基膦酸 **25**（方案 3.16）。Haynes 后来报道了（E）-2-丁烯基-叔丁基苯基氧化膦的单个对映体与 2-甲基-2-环戊烯酮的对映选择性 1,4-加成，并建立了不对称诱导的模型。用丁基锂与叔丁基（甲基）苯基膦氧化物反应，然后先用环氧丙烷处理，再用三氟化硼乙醚处理，得到 γ-羟基膦氧化物 **26** 的非对映异构体混合物，其比例为 1:2，将其转化为（S）-和（R）-烯丙基-叔丁

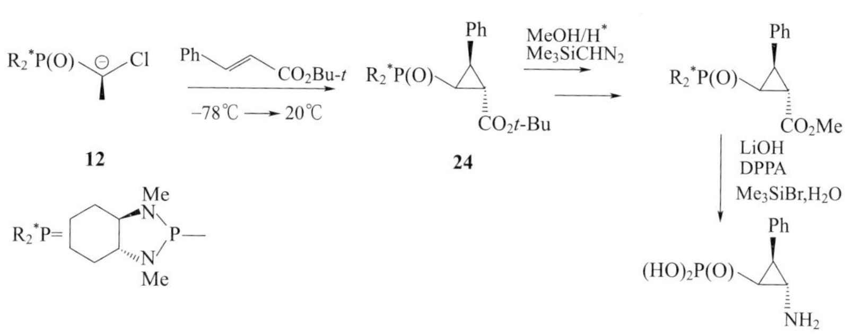

**方案 3.16** 3-取代的环丙烷 2-氨基膦酸 25

3 含有侧链手性中心的磷化合物

基苯基膦氧化物 **27**。化合物 **27** 经锂化再与用 2-甲基环戊-2-烯酮反应得到不饱和二酮 **28**，其被转化成氢化茚酮 **29**，适于转化成维生素 D 类似物及其对映体（方案 3.17）[45,46]。

**方案 3.17** 氢化茚酮 **29** 的合成

**(2) Claisen 重排** 烯丙基乙烯基醚的碳负离子加速 Claisen 重排反应 (CACR) 已被证明是一个极具合成潜力的反应。在 CACR 的背景下研究了各种膦酰胺基团的效用[47,48]。$N,N$-二苄基-1,3,2-二氮杂磷环戊烷基团对于 CACR 前体的构建及其重排的立体选择性是有较好效果的。例如，丁基锂与膦酰胺 **30** 反应重排成 **31**，除具有完全的区域选择性，还具有良好的产率和较高的非对映选择性 (>95%de)（方案 3.18）。带有手性 1,3,2-噁唑磷烷的烯丙基乙烯基醚的 CACR 在非常温和的条件下进行（室温，15min），得到具有高水平的内部和相对非对映选择性的 $\gamma,\delta$-不饱和酮。1,3,2-噁唑磷烷环的相对非对映选择性取决于辅助结构和反应条件（方案 3.19）[47]。用锂作为反离子的阴离子的所有重排都具有优异的非对映选择性。在不存在 LiCl 的情况下，阴离子加速重排中没有观察到不对称诱导。随着 LiCl 的量从 1 增加到 6 倍量，dr 从大约 2:1 提高到 9:1。氮取代基的大小对高的非对映选择性是至关重要的。Yamamoto 描述了烯醇膦酸酯的催化对映选择性 Claisen 重排，用于合成具有连续叔碳和季碳中心的多种 $\alpha$-酮膦酸酯衍生物，产率和选择性较好（70%～90% 的产率，90%～95% ee）。此外还提出了似乎合理的过渡态模型 B 作为定义明确的四面体底物/催化剂配合物，其中双齿螯合控制导致优异的对映体分化[48]（方案 3.20）。

**方案 3.18** 烯丙基乙烯基醚 **30** 碳负离子加速 Claisen 重排

**方案 3.19** 环状 cis-和 trans-膦酰胺 32 Claisen 重排反应

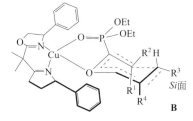

| $R^1$ | $R^2$ | $R^3$ | $R^4$ | 产率/% | ee/% |
|---|---|---|---|---|---|
| Me | Me | Ph | CH=CH₂ | 90 | 97 |
| —(CH₂)₄— | | Ph | CH=CH₂ | 92 | 97 |
| Me | Me | Me | CH=CH₂ | 90 | 90 |
| Me | Me | 1-萘基 | CH=CH₂ | 94 | 93 |
| Me | Me | PhCH=CH | CH=CH₂ | 97 | 90 |
| Me | Me | 4-C₆H₄Br | CH=CH₂ | 94 | 96 |

**方案 3.20** 催化对映选择性 Claisen 重排和过渡态 **B**

**(3) [2,3]-Wittig 重排**　[2,3]-Wittig 重排是一类特殊的 [2,3]-σ 迁移重排，其涉及氧碳负离子作为迁移末端以提供各种类型的高烯丙醇。[2,3]-Wittig 重排的最重要特征是其能够通过选择合适的取代基和底物几何结构，有效地非立体控制新产生的立体中心。手性改性膦酸酯的 [2,3]-Wittig 重排对烯丙氧基甲基和 (Z)-2-丁烯氧基甲基衍生物具有良好的非对映选择性和对映选择性。因此，在 −70℃ 下用丁基锂在 THF 中使 1,3,2-噁唑磷酸酯脱质子化生成磷稳定阴离子 **34**，该阴离子通过 [2,3]-Wittig 重排以得到了羟基 3-丁烯基-1,3,2-噁唑磷烷 **35** 的单一非对映异构体，产率良好。化合物 (S)-(+)- 和 (R)-(−)-**35** 的含羟基立体中心的构型是通过与独立合成的化合物比旋度符号的比较来确定（方案3.21）[49]。磷的构型控制了新形成的重排产物侧链中立体中心的产生。Collignon描述了[2,3]-Wittig重排的另一个例子，即烯丙氧基甲基膦酸酯**34b**（方案3.25）。在使用手性二薄荷基膦酸酯基团作为立体定向助剂的情况下，在膦酸酯**34b**的锂化衍生物（R* = MntO）的重排中观察到高达90%的非对映选择性。在−78℃下用过量的丁基锂在THF中反应后，二薄荷基烯丙基氧基甲基膦酸酯**34b**进行完全的[2,3]-Wittig重排，在反应混合物的低温酸解和随后的后处理后得到（1-羟基-3-丁烯）-1-基膦酸酯**35b**，为96∶4比率的两种非对映异构体混合物，产率为95%[50]（方案3.21）。

| $R_2^*$ | $R^1$ | $R^2$ | 产率/% | dr | 参考文献 |
|---|---|---|---|---|---|
| —OC(Me)$_2$(CH$_2$)$_2$N(Bu-t)— | H | H | 87 | >100:1 | [49] |
| —OC(Me)$_2$(CH$_2$)$_2$N(Bu-t)— | Me | H | 73 | >100:1 | [49] |
| —OC(Me)$_2$(CH$_2$)$_2$N(Bu-t)— | H | Me | 81 | 1.6:1 | [49] |
| (MntO)$_2$ | Me | Me | 95 | 96:4 | [50] |

**方案3.21** [2,3]-Wittig重排

## 3.3 对映选择性烯化

对映选择性烯化是P-稳定碳负离子化学性质的一个代表例子。P-叶立德或P稳定的碳负离子与醛或酮之间的Horner-Wittig以及Wittig反应是构建碳-碳双键的重要且实用的方法[51,52]。不同的手性改性亚膦酸盐、膦酸酯、膦酰胺、膦基硫离子酰胺、膦氧化物、噁唑磷烷、氧硫杂磷杂环戊烷和磷烷成功地被用于不对称烯化反应。其中第一项是由Bestmann完成的，他使用手性P-叶立德来合成光学活性丙二烯[51]。由于Wittig-Horner烯化不会产生新的sp$^3$碳中心，因此开发不对称形式的反应主要集中点在具有轴向手性的亚烷基环烷烃上。不对称羰基烯化可以通过对映异构羰基化合物的分化或前手性羰基化合物的去对称化来实现，这高度依赖于羰基化合物的结构[52]。对映异构体羰基化合物的分化基于对称分子（例如内消旋化合物）中对映体羰基的分化，因此被称为对称有机分子的

去对称化（方案 3.22）。

**方案 3.22** 不对称羰基烯化的一般方法

Fuji 等将去对称化概念扩展到分子间反应[52]。例如，手性膦酸酯 37 用于 *meso*-二酮 36 的去对称化。反应的选择性取决于阴离子、温度、溶剂和取代基（方案 3.23）。

**方案 3.23** *meso*-二酮 36 中对映异构羰基化合物的分化

当对称取代的单酮用作底物时，不对称羰基烯化引起去对称化，得到具有轴向手性的烯烃产物 40。因此，光学活性（邻甲氧基苯基）苯基丁基膦氧化物用于产生碳骨架的新立体异构碳原子，其通过立体选择性反应构建，导致形成手性环状膦氧化物 38。在 Horner-Wittig 反应中消除手性助剂得到化合物 39。将光学活性的膦氧化物 39 转化为光学活性的 (S)-(+)-醇 40[53]（方案 3.24）。

*trans*-1,2-二氨基环己烷膦酸酯 41 成功地用于制备轴向手性不对称烯烃（方案 3.25）。由于 $C_2$-对称性，相应的稳定 α-碳负离子在与羰基亲电试剂的反应中表现出非对映体偏差[54]。用 (R,R)- 或 (S,S)-手性 P-碳负离子 41 处理烷基环己酮得到对映纯的烯丙基、亚苄基和亚丙基烷基环己烷 42，它们适合掺入基于液晶的光学开关中[55]。试剂 41 可以分离中间体 2-羟基膦酸酯，并将它们转化为烯烃 42[55,56]（方案 3.25）。在不对称烯化反应中检测到了另一种手性氨基磷酸

**方案 3.24** 光学活性（S)-(＋)-醇 **40** 的合成

**方案 3.25** 轴向手性不对称烯烃 **42** 的制备

酯 **44**，其在磷和碳原子上具有立体中心[57]。与膦酸双（酰胺）**41** 一样，需要另外的消除步骤以从相当稳定的中间体中获得烯烃 **44**[11]。这种转化最好通过三苯甲基三氟甲磺酸酯的作用实现。总之，使用这种类型试剂组合的不对称烯化方法提供了具有高对映选择性和良好化学产率的不对称烯烃[58-63]（方案 3.26）。具有光学活性 BINOL 助剂的手性 P-稳定的膦酸酯 **37** 在羰基化合物的去对称化中作为不对称诱导剂是有效的。结果发现，氯化锌的加入提高了对映选择性和化学产率[58]（方案 3.27）。手性 BINOL 膦酸酯 **37** 也用于双环［3.3.0］辛烷衍生物 **45a**、**b** 的去对称化。通过考虑亲核试剂初始接近双环［3.3.0］辛酮 **45b** 的 W 形构象来解释观察到的烯烃 **44** 的立体化学，其中试剂和底物之间的空间相互作用被最小化[55,56]（方案 3.27）。基于 P-稳定碳负离子的烯化反应用于聚酮酸[58]、多氧菌酸[58]、氧化甘油酯 A[59] 和安布替星[60] 的合成中以构建二取代和三取代双键。

**方案 3.26** 手性磷酰胺 **44** 的不对称烯烃化

**方案 3.27** BINOL 膦酸酯 37 作为烯化反应物

Headley 报道了 P-立体异构膦作为手性试剂在不对称氮杂-Wittig 反应中的应用[61]（方案 3.28～方案 3.30）。

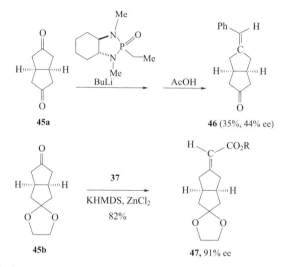

**方案 3.28** 双环 [3.3.0] 辛烷衍生物 45a、b 的去对称化

**方案 3.29** 手性脂环族环己烯的构建

Hannessianl 利用这些反应物来合成海洋毒素（＋）-乙酰氧基大花红天素，它是从网地藻科（*Dictyotaceae*）中的小型棕色海藻和海兔中分离出来的（方案 3.30）[64,65]。

**方案 3.30** 海洋毒素 (+)-乙酰氧基大花红天素的合成

Pellicciari 等报道了 L-谷氨酸 DCG-IV 的限制性生物电子等排体的合成。用膦酸部分取代羧酸,将膦酰基环丙基氨基酸 DCG-IV 设计为 PCCG-4 的类似物。而化合物 **48** 的阴离子共轭加成到 (E)-叔丁基-肉桂酸的过程具有良好的立体选择性,并且加合物 **49** 仅作为单一非对映异构体而被分离(方案 3.31)[42,66,67]。

**方案 3.31** L-谷氨酸 **45** 限制性生物电子等排体的合成

应用 P-碳负离子技术合成天然产物和生物活性化合物的许多其他实例已在文献中描述[35,68-71],例如,六氢吡咯并 [2,3-b] 吲哚生物碱[63]、各种海洋生物碱[64]以及前列环素类似物[65]。

# 3.4 磷亲核试剂与 C=X 键的立体选择性加成

在过去十年中,膦酸衍生物的化学和生物学的快速发展已经通过开发高效的制备方法来确定。手性膦酸可通过各种途径制备。合成膦酸酯的主要方法是羰基化合物的磷酸化,主要是通过磷-羟醛反应、磷-Mannich 反应或磷-Michael 反应[72-79]。

**(1) 磷-羟醛反应** 几种类型的磷-羟醛反应是可能的(方案 3.32):a. 二烷基亚磷酸盐与羰基试剂在碱催化剂存在下反应,使 P(O)H ⇌ P—OH 互变异

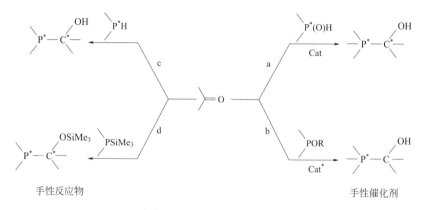

**方案 3.32** 磷-羟醛反应流程

构平衡向 H(O)—形式移动；b. 在质子供体试剂或 Lewis 酸存在下，磷酸酯与羰基化合物发生加成反应；c. 加入仲膦；d. 向羰基化合物中加入仲甲硅烷基膦也代表了磷-羟醛反应的形式。

在碱性条件下将亚磷酸二乙酯加入到羰基化合物中首先由 Vasily Abramov 在 1950 年报道[73]。由于 α-羟基磷酸酯是酶抑制剂的重要组分，因此对不对称的磷-羟醛反应进行了深入研究。羟基膦酸酯的制备也使用催化方法，包括金属配合物催化（第 4 章）、有机催化（第 5 章）和生物催化（第 6 章），可以形成具有高对映纯的官能化分子，因此在合成化学中具有很高的潜力[72-75]。

**(2) 磷-Mannich 反应** 通过亚胺的不对称催化膦酰化合成对映体富集的 α-氨基磷酸酯和氨基膦酸引起了研究者的持续关注。磷-Mannich 反应的一个特例是 Kabachnik-Fields 反应，代表一锅三组分反应，包括羰基化合物、胺和亚磷酸二烷基酯。包括伯胺或仲胺、含氧化合物（醛或酮）和 〉P(O)H 物质缩合的三组分 Kabachnik-Fields（磷-Mannich）反应是 α-氨基膦酸酯合成的良好选择[76,77]。几种类型的磷-Mannich 反应是可能的（方案 3.33）：a. 二烷基亚磷酸与亚氨基化合物的反应；b. 在质子供体试剂或 Lewis 酸存在下，磷酸酯与胺的加成反应；c. 加入仲膦；d. 向亚胺中加入仲甲硅烷基膦。

**(3) 磷-Michael 反应** P(Ⅲ)-磷酸阴离子与活化的多重键的磷-Michael 亲电加成反应是形成 P—C 键最有用的方法之一[78,79]，因为 P(Ⅲ)-亲核物可以用作 $R_2P(O)$ 或 $R_2PH$ 化合物阴离子。特定形式的磷酸-Michael 反应是 Pudovik 反应，其包括将 $R_2P(O)H$ 与活化的 C═C 键反应，该反应由 Brønsted 碱或 Lewis 酸催化。这个反应由 Pudovik 和 Arbuzov[81,82] 报道。不对称的磷酸-Michael 反应可以通过两种主要途径实现：a, b 使用手性起始原料和手性助剂的底物控制的非对映选择性加成；c, d 手性催化对映选择性加成（方案 3.34）。

磷-Michael 反应的催化形式可以是有机金属催化的也可以是有机分子催化的。

3　含有侧链手性中心的磷化合物　113

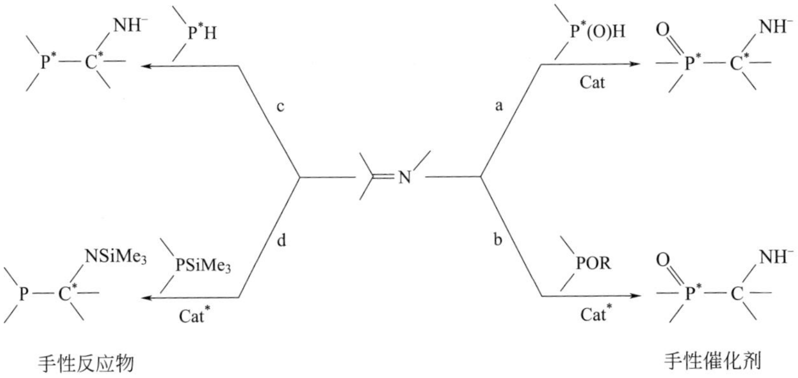

**方案 3.33** 磷-Mannich 反应流程

**方案 3.34** 磷-Michael 反应流程

有机金属催化容易将伯和仲膦加成到活化 C=C 键上最方便，形成手性叔膦[78,79]。

### 3.4.1 磷-羟醛反应

合成羟基膦酸酯的主要方法是羰基化合物的膦酰化，主要是通过磷-羟醛反应（Abramov 反应）实现[72-75]。磷酸酯与羰基化合物的加成反应包括两个步骤：首先，形成 P—C 键；其次，酯官能团的裂解形成膦酰基。加成反应的第一步是可逆的[83-85]（方案 3.35）。

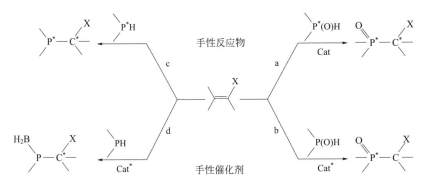

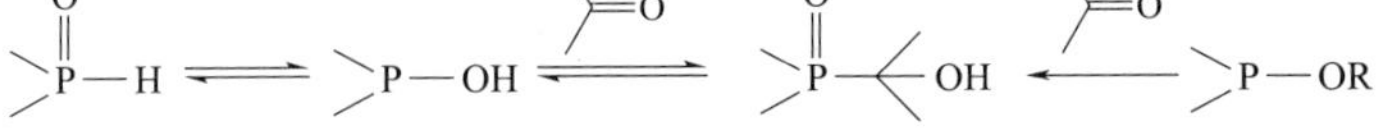

**方案 3.35** 膦酸酯与羰基化合物的加成反应

在强碱存在下，羟烷基膦酸酯解离形成二烷基亚磷酸和羰基化合物。这种转化被称为逆磷-羟醛反应（或逆 Abramov 反应）[83]。在甲醇中甲醇钠的作用下，非对映异构纯的羟基膦酸酯发生外消旋化。据推测，反应机理包括 P—C 键的裂解和手性 P-阴离子的差向异构化，这导致在随后的环化反应中形成非对映异构体的混合物。例如，在含有甲醇钠的甲醇溶液中，非对映异构纯的 3,4-二甲基-2-甲氧基-2-氧代-1,2-氧磷杂环戊烷-3-醇得到非对映异构体混合物 A 和 B (方案 3.36)[86-88]。

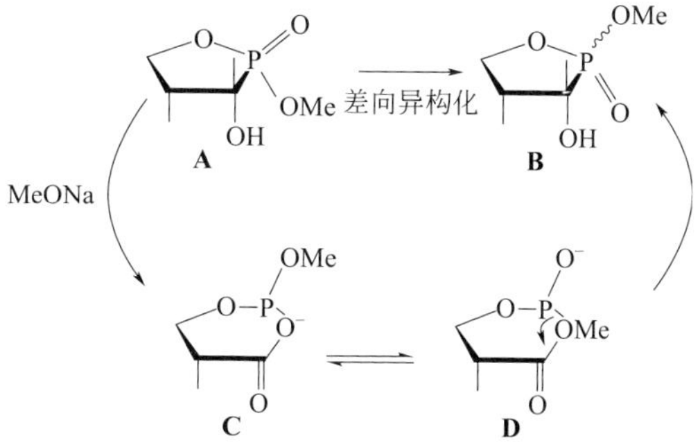

**方案 3.36** 逆 Abramov 反应

不对称磷酸-羟醛反应中，手性底物可以是具有立体异构磷原子的手性亚膦酸酯，或衍生自手性醇、氨基醇或胺的亚磷酸酯。向手性三烷基亚磷酸酯或手性二烷基亚磷酸酯中加入非手性醛得到 α-羟基膦酸酯，产率高且立体选择性良好[80,89-98]。将二氨基亚磷酸酯 **50** 的手性锂衍生物加入醛中形成 α-羟烷基膦酰胺 **51**，其具有良好的产率和适度的立体选择性。然而，氨基亚磷酸酯和醛分子中烷基的空间体积的增大提高了反应的立体选择性（方案 3.37）[10,87]。磷原子上手性烷氧基的性质对磷-羟醛缩合的立体选择性具有显著影响。例如，使用容易获得的 TADDOL 助剂获得高的不对称诱导，随后无外消旋除去手性助剂，得到所需的 α-羟基膦酸，其产率及对映体非常高，为 (R)-对映体[85]。在氯代三甲基硅烷存在下，三(呋喃葡萄糖基)亚磷酸酯与苯甲醛的反应以良好的立体选择性进行，得到非对映体过量（de）为 84% 的羟基膦酸酯。同时，三甲基和三冰片基

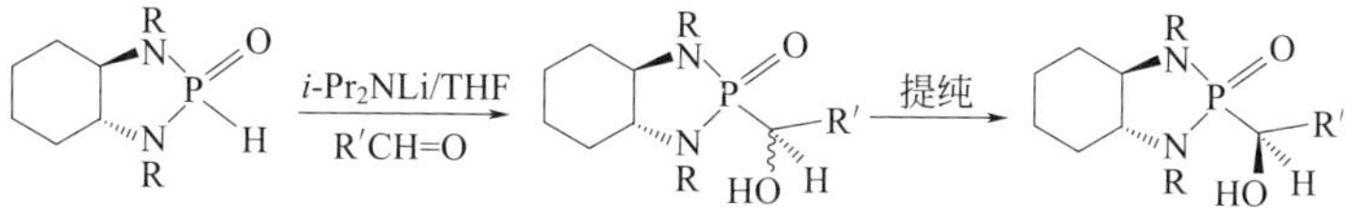

| 化合物 | R′ | R | dr | 参考文献 |
|---|---|---|---|---|
| **51a** | PhCH=CH | 2-MeC$_6$H$_4$ | 1:1 | [89] |
| **51b** | CH$_2$=CH | Bn | 1.4:1 | [10,89] |
| **51c** | PhCH=CH | 1-萘-CH$_2$ | 1.5:1 | [10,89] |
| **51d** | (S)-PhMeCH | Ph | 1.8:1 | [90] |
| **51e** | PhCH=CH | Ph | 4.0:1 | [10,89] |
| **51f** | PhCH=CH | t-BuCH$_2$ | 7.9:1 | [80] |
| **51g** | Ph | t-BuCH$_2$ | 25:1 | [80,89,90] |

**方案 3.37** 手性二氨基亚磷酸锂加到醛中

亚磷酸酯与醛反应具有较低的立体选择性的,产生羟基膦酸酯非对映异构体 **52** 的混合物。在 1,8-二氮杂双环 [5.4.0]-十一碳-7-烯(DBU) 作为催化剂存在下,二薄荷基亚磷酸酯与芳香醛、脂肪醛的反应具有适度的立体选择性。分离非对映异构体 **52**,水解后,将其转化为对映体纯度为 96%～98%ee 的酸(方案 3.38)。

$$(R^*O)_3P + ArCHO \xrightarrow[H_2O]{Me_3SiCl} \quad (R^*O)_2POH + ArCHO \xrightarrow{R_3N} \quad \underset{OH}{\overset{O^*R}{\underset{O^*R}{P}}}\overset{\|}{\underset{H}{C}}Ar \xrightarrow[HCl/H_2O]{结晶} H\overset{OH}{\underset{Ar}{C}}P(O)(OH)_2$$

**52**

$R^*O = GF = (-)-1:2;5:6-$二异亚丙基-D-呋喃葡萄糖基, Mnt = (1*S*,2*R*,5*S*)-薄荷基, Brn=*endo*-冰片基

**方案 3.38  手性仲亚磷酸酯与醛的反应**

**磷-羟醛反应的示例 (方案 3.37)**[80]  将含有二异丙胺(1.5mmol) 的 THF (6mL) 溶液冷却至 −60℃,加入正丁基锂(1.2mmol)。30min 后,将二酰胺 **50**(R=Ph)(1.2mmol) 和苯甲醛(1.29mmol) 的溶液缓慢加入到反应混合物中。在 −60℃下搅拌 4.5h 后,将反应混合物用氯化铵水溶液(1mL)淬灭并用三氯甲烷(50～60mL)稀释。将溶液用水(2×25mL)洗涤,无水 $Na_2SO_4$ 干燥,并真空浓缩,得到粗产物(产率 90%,dr=25:1)。用乙酸乙酯重结晶产物 **51d**,产率 49%,94%de,熔点 186～187℃,$\delta_P=39$。

**(S)-(−)-1-羟基苄基膦酸**  将 4mol·$L^{-1}$ 的 HCl 水溶液(1mL)加入到含有膦酰胺 **51d**(1mmol) 的二噁烷(2mL)溶液中。将溶液在室温下搅拌,通过 $^{31}$P NMR 光谱监测反应直至反应完成。真空蒸发溶剂,将残留物溶于水中,并通过离子交换柱 [Amberlite IR-120(+)-I] 用水洗脱。蒸发第一个 50mL 馏分,得到膦酸($^{31}$P NMR ($D_2O$) $\delta_P=21,6$)。将膦酸溶解在乙醇中,加入环己胺 (0.1mL)。通过过滤收集沉淀的盐 [熔点≥200℃(MeOH,$Et_2O$);$[\alpha]_D≈13.8(c=0.1$,甲醇水溶液);$^{31}$P NMR ($D_2O$) $\delta_P=15.9$]。

**二[(1R,2S,5R)-薄荷-2-基]1-羟基苄基膦酸酯 52**

a) 在 0℃下,将苯甲醛(0.05mol) 和 1.5mL 三甲基氯硅烷加入到三薄荷基亚磷酸盐(0.05mol)中。将混合物在 0℃下搅拌 1h,然后升温至环境温度并放置 1～2h[92]。$^{31}$P NMR 谱显示在 $\delta_P$ 为 20.36 和 20.08 处仅存在两个峰信号,比例为 3:1。减压除去溶剂。将残留物与硅胶混合,然后用 1:1 的乙酸乙酯-己烷混合物洗涤。真空除去溶剂,将残留物溶于己烷中,并将溶液置于冰箱中。2 天后,得到结晶产物 [产率 60%,熔点 139℃,$[\alpha]_D^{20}=188.9(c=1$,甲苯),$\delta_P=23.71$]。

b) 将含有二薄荷基-1-苯基羟甲基膦酸酯(1g)的 50mL 二噁烷溶液放入烧瓶中,加入 25mL 6mol·$L^{-1}$ 的盐酸。然后将反应混合物在 80℃下放置 3～4 天,并通过 $^{31}$P NMR 光谱监测水解过程。当反应完成后,蒸发溶剂,并将残留物溶解在醇中并加入过量的环己胺(约 1.5mL)。滤出(R)-(−)-1-苯基(羟甲基)膦

酸的二环己铵盐的沉淀。(1)-(S)-羟基苄基膦酸的二环己铵盐的产率为 70%，熔点 226℃，$[\alpha]_D^{20}=-14.0$(甲醇水溶液)。

**2-三硅氧基-1,3,2-噁唑磷烷** 在室温下与苯甲醛进行 Abramov 反应，得到新的酯，产率高，立体选择性好。从戊烷中重结晶非对映异构体混合物得到硅氧基膦酸酯 **53～55**，为白色结晶固体，分离产率高达 88%，异构体纯度为 95%[95,96]。反应通过动力学控制，并且甲硅烷基向氧的转移是分子内的，这导致在磷原子上保留相对构型（方案 3.39）。

**方案 3.39** 手性甲硅烷基亚磷酸酯与醛的磷-羟醛反应

非手性亚磷酸酯与手性醛的反应通常也具有适度的立体选择性[92-94]。例如，二烷基亚磷酸酯与 2,3-O-取代的-D-甘油醛在氟化锂、氟化铯或三乙胺等催化剂存在下反应，以 45∶55～35∶55 的比例生成羟基膦酸酯 ($R,R$)-和 ($S,R$)-**56** 的非对映异构体混合物（方案 3.40）。二乙基膦酸锂的应用可以提高反应的立体选择性[98]并且在重结晶后获得纯态的膦酸酯 ($1R,2R$)-和 ($1S,2R$)-**56**。在三乙胺存在下，二烷基亚磷酸盐与 Garner 醛反应，得到 80%de 的 ($1R,2S$)-2-氨

**方案 3.40** 二烷基亚磷酸酯与手性醛的反应

基-1,3-二羟基丙基膦酸酯 **57**。同时,在作为催化剂的异丙氧基钛(Ⅳ)存在下,反应产生非对映异构体混合物 (1S,2S)-**57**/(1R,2S)-**57**,比例为 1∶1,其通过柱色谱法分离(方案 3.40)[99-101]。在三乙胺催化下向 (S)-N,N-二苄基苯基甘氨酸中加入二烷基亚磷酸酯,得到 (1S,2S)-1-羟基-2-氨基膦酸酯 **59**,而二烷基亚磷酸酯与 (S)-N-Boc-苯基甘氨酸反应,在相同的条件下,获得 (1S,2R)-非对映异构体 **58**(方案 3.41)[102]。将二烷基亚磷酸酯加成到醛中的过渡态模型,可以使这些结果合理化。在 (S)-N-Boc-衍生物中,分子内氢键稳定构象 A,二烷基亚磷酸酯进攻羰基的 Si 面,从而导致形成顺式加合物(模型 A)。在三乙胺存在下,螯合作用是不可能的,因此二烷基亚磷酸酯优先攻击 (S)-醛中羰基的 Re 面(模型 B)。由于涉及螯合构象 C,向 (S)-醛中加入金属化亚磷酸酯 (Li、Mg 或 Ti) 导致顺式非对映异构体增加(图 3.1)。(S)-N,N-二苄基苯基甘氨酸与二薄荷基和二冰片基亚磷酸酯反应,然后水解,得到光学纯的 2-氨基-1-羟烷基膦酸 (1S,2S)-**60**,而向三(三甲基硅烷基)亚磷酸盐中加入相同的醛,产生 (1R,2S)-**60**,其以结晶状态分离(方案 3.42)[106]。天然抗癌物质,紫杉烷类和紫杉烷片段的膦酸酯类似物已经使用这种方法合成[107]。紫杉醇侧链的手性膦酸酯类似物可以通过二乙基亚磷酸酯与手性 α-氨基醛的反应获得(方案 3.42)[102-106,108,109]。

| R′ | R | X | 催化剂 | 产率/% | dr[a] | 参考文献 |
|---|---|---|---|---|---|---|
| Me | Ph | H | Et₃N | 62 | 56 | [102] |
| Me | Ph | Li | — | 100 | 14 | [102] |
| Et | Bn | SiMe₃ | TiCl₄ | 63 | 20 | [103,104] |
| Et | Bn | SiMe₂Bu-t | TiCl₄ | 86 | 96 | [103] |
| Et | Bn | SiMe₃ | SnCl | 51 | 48 | [104] |
| Et | t-BuOC₆H₄CH₂ | H | KF | 82 | 60 | [104] |
| Et | Bu-i | H | CsF | 92 | 42 | [104,107] |

**方案 3.41**　手性 α-氨基醛的磷酸化

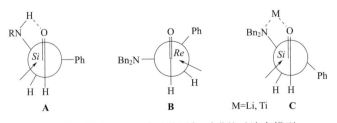

**图 3.1**　将二烷基亚磷酸酯添加到醛的过渡态模型

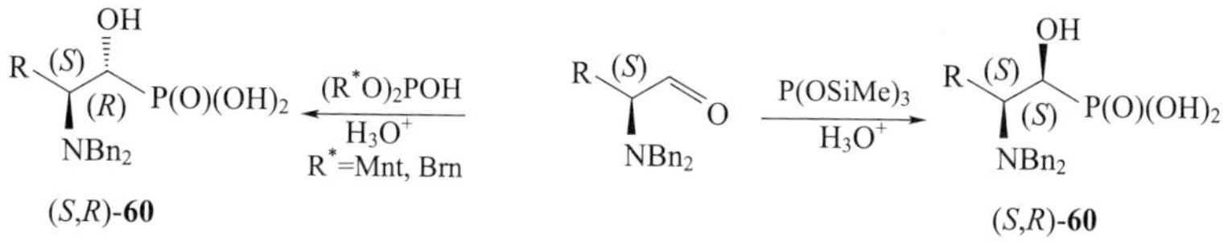

方案 3.42

**双[(1R,2S,5R)-薄荷基](S)-[羟基[(4R)-2,2-二甲基-1,3-二氧戊环-4-基]甲基]膦酸酯(1S,2R)-56** 在 0℃下，将催化剂 [1～2 滴 DBU 或 25mol% 的铝-锂双(联萘酚)(ALB)] 加入到含有 0.01mol 二薄荷基氢亚磷酸酯和 0.01mol 甘油醛缩丙酮的 5mL THF 中。将得到的混合物在该温度下静置 12h。反应混合物的 $^{31}$P NMR 光谱显示存在两种非对映异构体（$\delta_P=19.98$ 和 20.9）[比例为 45:55～35:55(方案 3.40)]。从乙腈中结晶分离出光学纯的 (S,R) 非对映异构体 [产率 50%，熔点 98～100℃，$[\alpha]_D^{20}=-65$（$c=2$，$CHCl_3$）；$^{31}$P NMR ($CDCl_3$)：$\delta_P=20.9$]。

**(1S,2R)-(1,2,3-三羟丙基)膦酸** 将含有 0.005mol 化合物 (1S,2R)-56 的 40% 盐酸和二噁烷（比例为 1:1）的混合溶液在 80℃下放置 48h，然后在真空中彻底蒸发。将残留物溶于 4mL 乙醇中，并加入 0.01mol 环己胺。滤出沉淀的环己基铵盐，产率 65%，熔点大于 200℃（分解），$^{31}$P NMR 光谱（$CD_3OD$），$\delta_P=18.1$。

手性醛与二烷基亚磷酸酯的磷-羟醛反应用于各种生物活性化合物的立体选择性合成。例如，Patel 等[110]制备了三肽基 $\alpha$-羟基膦酸酯 **61**，它们是高效的肾素抑制剂（方案 3.43）。由于在偶联条件下手性醛的快速外消旋化，HIV-蛋白酶 **4**[111,112]的抑制剂是三种非对映异构体的混合物以 3.4:1.7:1 的比例制备的（方案 3.44）。光学活性的 $\alpha$-羟基和 $\alpha$-氟代膦酸酯 **63** 和 **64**，它们作为合成生物活性化合物和天然化合物的磷类似物手性合成嵌段而受到关注[113]。基于受保护的

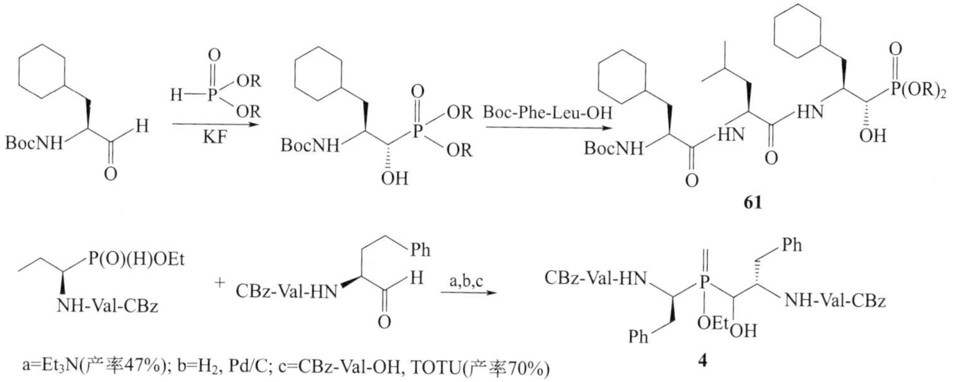

a=Et₃N(产率47%); b=H₂, Pd/C; c=CBz-Val-OH, TOTU(产率70%)

方案 3.43 对映纯的三肽膦酸酯类似物的制备

**方案 3.44** 生物活性化合物的手性合成嵌段的制备

4-甲酰基-L-苯丙氨酸的手性戊烷-2,4-二醇缩醛与三乙基亚磷酸酯在四氯化钛存在下反应合成酪氨酸 **64** 的羟基膦酸酯类似物的立体选择性方法，在手性异双金属催化剂 ALB 存在下，开发了二乙基亚磷酸酯与 N-苄氧基羰基-4-甲酰基-L-苯丙氨酸甲酯的反应方法（方案 3.43）[113]。

**羟甲基膦酸酯 62**[110]　向 3mmol(1R,2S,5R)-二甲基亚磷酸盐和 3mmol p-(二乙氧基甲基)苯甲醛的混合物中加入 2~3 滴 DBU，将混合物在室温下放置过夜。反应混合物的 $^{31}$P NMR 光谱显示两个信号峰在 $\delta_P$ 为 19.2 和 20.2 处，分别属于 (S)-和 (R)-非对映异构体，其比例为 35:65。然后除去溶剂，残留物用乙腈重结晶，得到 (S)-立体异构体［产率 50%，熔点 137~138℃，$[\alpha]_D^{20} = -68.7(c=9,\text{CHCl}_3)$]。

**二氟甲基膦酸酯 63**　在剧烈搅拌下，在 -85~-80℃ 下，将 4.5mmol（二乙氨基）三氟硫烷滴加到含有 3mmol 羟甲基膦酸酯 (S)-**64** 的二氯甲烷溶液中。将反应混合物在该温度下保持 1h，然后冷却至室温，用碳酸氢钠溶液洗涤，并用乙酸乙酯萃取。蒸发萃取物，残留物用柱色谱法［硅胶 60，Merck），$R_f = 0.33$（乙酸乙酯-己烷，1:7）］纯化。$^{31}$P NMR 光谱（CDCl$_3$），$\delta_P = 13.09$（$J_{PF} = 88.34$Hz）。$^{19}$F NMR 光谱（CDCl$_3$），$\delta_P = 198.45$d.d（$J_{HF} = 44.4$Hz，$J_{PF} = 88.4$Hz）。

2-三甲基甲硅烷基-2-烯醇的不对称 Sharpless 环氧化反应获得手性环氧醛 **65**，并通过与二烷基亚磷酸酯反应得到 γ-羟基-β-氧代膦酸酯 **66**，具有 96%~97%ee[114]（方案 3.45）。β-取代的 α-羟基亚磷酸盐 syn-和 anti-**67** 通过锂苯氧化物催化受保护的 α-羟基和 α-氨基醛与乙基烯丙基亚磷酸酯的反应制备[115]（方案 3.46）。Bongini 等完成了 α-甲硅烷氧基醛与甲硅烷基亚磷酸酯的膦酸化反应[116,117]。随着亚磷酸酯和醛分子中三烷基甲硅烷基取代基的体积增大，反应的立体选择性增加（dr=33:67~92:8）（方案 3.47）。

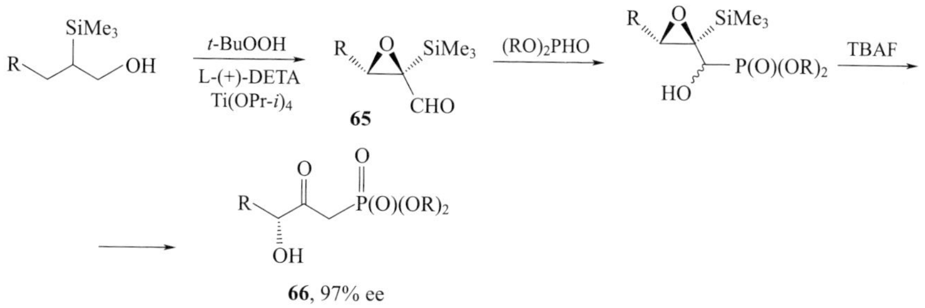

**方案 3.45** 通过不对称 Sharpless 环氧化合成手性环氧醛

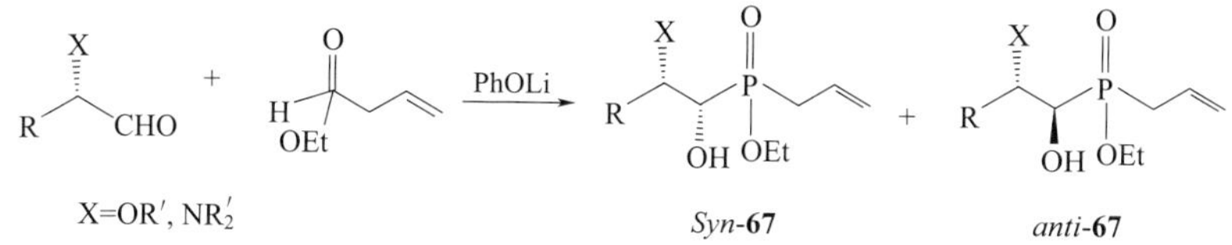

**方案 3.46** β-取代的 α-羟基亚膦酸酯的合成

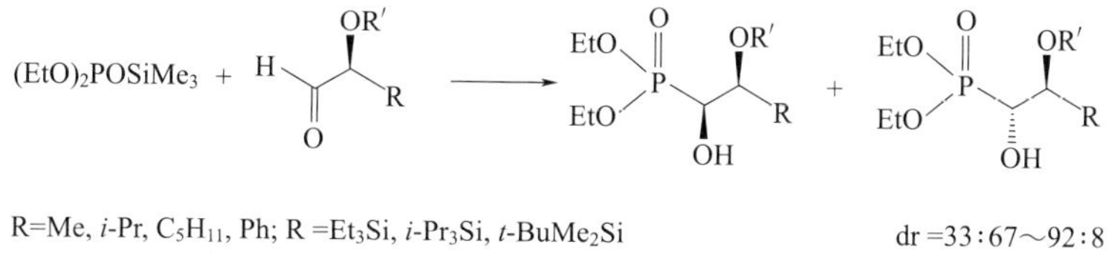

R=Me, i-Pr, C$_5$H$_{11}$, Ph; R'=Et$_3$Si, i-Pr$_3$Si, t-BuMe$_2$Si    dr =33:67~92:8

**方案 3.47**

磷-羟醛反应用于合成许多天然化合物的磷类似物。例如,对于磷霉素 **5** 的合成,通过立体选择性地将二苄基三甲基甲硅烷基亚磷酸盐加成到 *O*-三异丙基甲硅烷基-(*S*)-乳醛中,得到天然来源的有效抗生素[118](方案 3.48 和方案 3.49)。通过二乙基三甲基甲硅烷基亚磷酸盐与甲硅烷基化的 *N*-三甲基甲硅烷基亚氨基-(*S*)-乳醛的反应,以类似的方式合成具有良好非对映异构体纯度的(1*S*,2*S*)-磷酸苏氨酸 **68**[119]。通过将二乙基三甲基甲硅烷基亚磷酸盐加入到乳

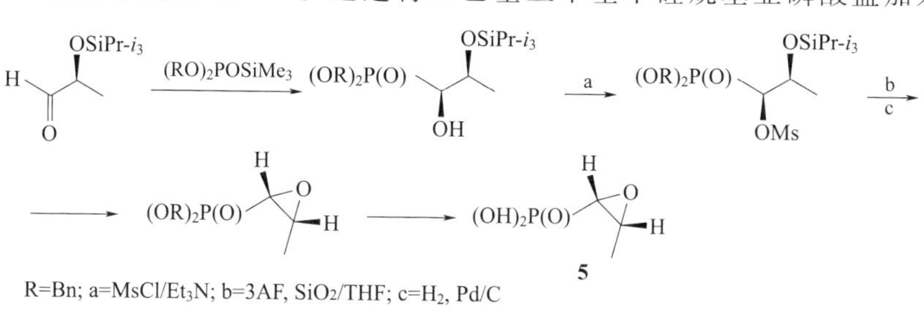

R=Bn; a=MsCl/Et$_3$N; b=3AF, SiO$_2$/THF; c=H$_2$, Pd/C

**方案 3.48** 磷霉素 **5** 的合成

**方案 3.49** (1S,2S)-磷酸苏氨酸 **68** 的合成

**方案 3.50** 非对映纯的 3-氨基-1,2-二羟基丙基膦酸酯

**方案 3.51** α-苄氧基醛的立体选择性氢膦酸化

醛中，然后通过 Mitsunobu 转化制备相应的 α-羟基-β-甲硅烷氧基膦酸酯，从而合成其他磷酸苏氨酸立体异构体 **68**。通过多步合成法制备非对映纯的 (1R,2S)-和 (1S,2S)-3-氨基-1,2-二羟基丙基-膦酸酯，其包括 (S)-3-叠氮基-2-苄氧基丙醛与二烷基亚磷酸酯的反应，用硅胶色谱柱分离立体异构体，并在 H₂Pd/C 存在下用氢脱去苄基[120]（方案 3.50）。由四氯化钛催化的 α-苄氧基醛的立体选择性磷酸化用于合成氨基羟基酸的膦酸类似物。Shibuya 等[121,122]使用磷-羟醛反应制备 β-苄氧基-α-羟基膦酸酯，用叠氮酸反应，然后经过还原和保护，得到取代的 α-氨基 β-羟基膦酸酯 **69**（方案 3.51）。在四氯化钛存在下，亚磷酸三乙酯与纯手性 (2S,4S)-戊二醇缩醛的反应非对映选择性的生成醇 **70**（dr=93:7）。Swern 氧化然后用对甲苯磺酸处理得到羟基膦酸酯 **71**（95%ee）[123]（方案 3.52）。Yamamoto 等[122]使用这种方法来制备手性 (2R)-1-氨基-1-脱氧-1-膦基甘油。

磷-羟醛反应用于制备各种膦酸酯糖类：含磷的 D-呋喃核糖、D-吡喃葡萄糖及 5-脱氧-5-C-膦基-D-木糖的类似物[124-134]。将这些化合物转化为具有生物活性

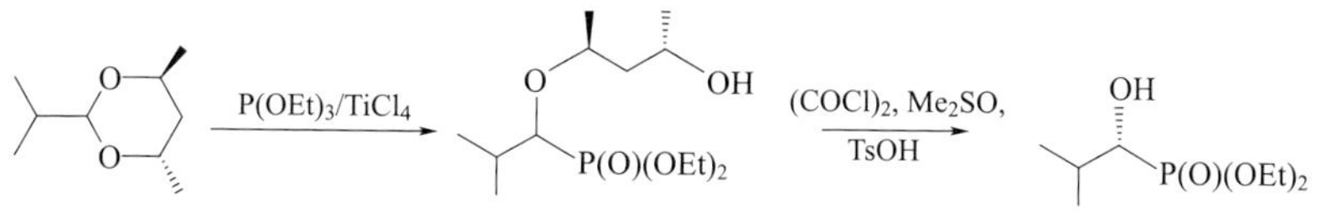

**方案 3.52** 亚磷酸三乙酯与纯手性（2S,4S）-戊二醇缩醛的反应

的假糖类核苷衍生物（方案 3.53）[124-126]。Thiem 和 Guenter 使用磷-羟醛反应制备 δ-phoston **72**，其被分离为立体化学纯化合物（方案 3.54）[130,131]。Wroblewski[124-132]在异头位置合成了 D-赤藻酮糖、D-核糖和一些其他含磷的糖类的类似物（方案 3.55）[133]。由于双重不对称诱导，二薄荷基亚磷酸酯与半乳-己二醛的反应以高立体选择性进行，得到具有 100% de 的 C(6)-磷酸化半乳糖衍生物 **73**。加合物 **73** 可以作为光学纯的结晶化合物分离（方案 3.56）。

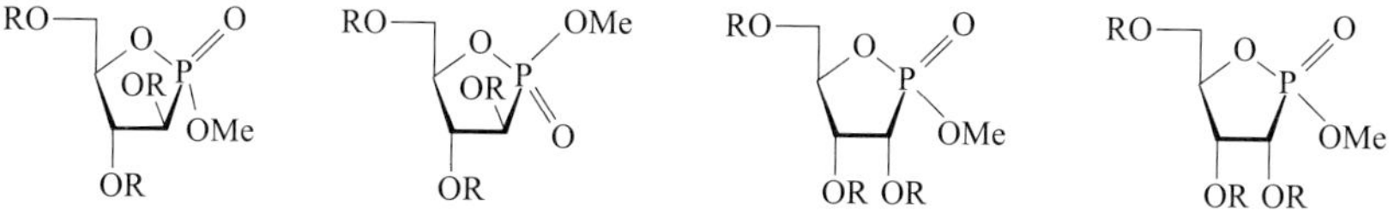

**方案 3.53** 糖类的膦酸酯类似物

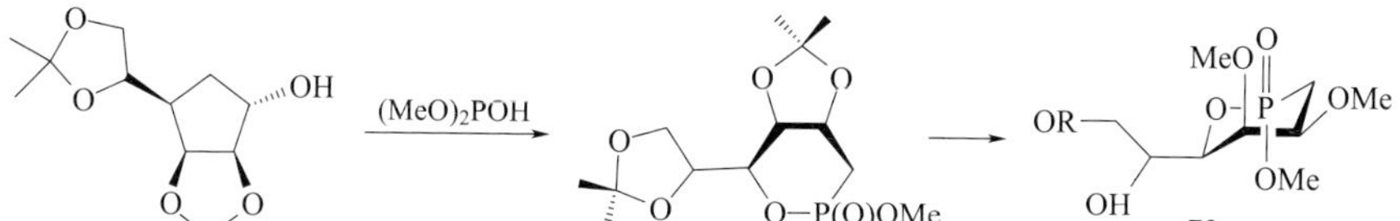

**方案 3.54** δ-phoston **72** 的合成

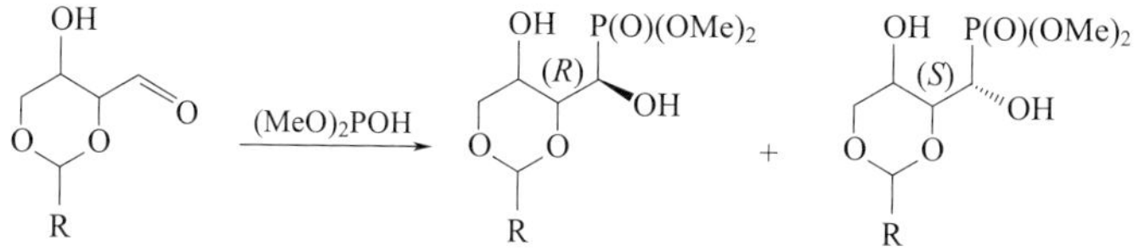

**方案 3.55** D-赤藓糖醇和 D-苏糖醇衍生物的合成

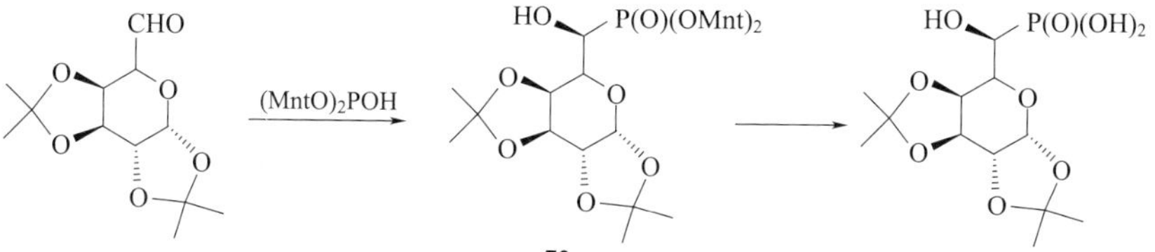

**方案 3.56** C(6)-磷酸化半乳糖衍生物的合成

3　含有侧链手性中心的磷化合物

向手性醛中加入甲硅烷基膦以高非对映选择性进行，得到光学纯的叔 α-三甲基甲硅烷氧基烷基膦。加成产物的非对映异构体纯度为 90%～100%de（方案 3.57，表 3.1）[134-137]。双(三甲基甲硅烷基)苯基膦与醛的反应以非常好的立体选择性进行，得到双羟烷基膦。随后用硼烷处理该化合物得到光学纯的硼烷配合物，其对空气氧化和水解稳定，并可通过硅胶柱色谱法纯化。

R*CHO=(S)-亮氨酸缩醛，(S)-苯丙氨醛，半乳糖，甘油醛等；X=O,NR；R=Ph, Me₃Si

**方案 3.57** 将甲硅烷基膦加成到手性醛上

**表 3.1** PhPSiMe₃ 和 R*CHO 之间的立体选择性反应

| 化合物 | 溶剂 | 温度/℃ | 产率/% | dr |
|---|---|---|---|---|
|  | 甲苯 | −20～+20 | 60 | 90∶10 |
|  | 四氢呋喃 | −20 | 85 | 95∶5 |
|  | 甲苯 | −20～0 | 90 | 约 100∶0 |

**双[2,2-二甲基-1,3-二氧戊环-4-基(三甲基甲硅烷氧基)-甲基]苯基膦（表 3.1）**[136] 在冷却的同时将含有甘油醛（2.2mmol）的 5mL 甲苯溶液缓慢加入到 PhP(SiMe₃)₂（1.0mmol）中。将溶液在此温度下放置过夜。将温度升至 20℃，并在 1h 内蒸发溶剂，得到叔膦，$^{31}$P NMR（CDCl₃）：$\delta=10.68$。然后在 −20℃搅拌下将含有硼烷（1.1mmol）的 THF 溶液滴加到反应溶液（3mL）中。将反应混合物在室温下静置。6h 后，真空除去溶剂，得到叔膦，残留物在硅胶柱上进行色谱分离，用己烷-乙酸乙酯（6∶1）的混合物作洗脱液［产率 70%，$R_f=0.37$（己烷∶乙酸乙酯=6∶1），$[\alpha]_D^{20}=+23.6(c=3, CHCl_3)$，$^{31}$P NMR(CDCl₃)：$\delta=27.4$］。

## 3.4.2 磷-Mannich 反应

不对称的磷-Mannich 反应是使用手性原料和手性助剂使亚胺进行氢磷化反应。该反应提供了立体选择性制备氨基膦酸的方便方法[138-142]。磷-Mannich 反应的一个特例是 Kabachnik-Fields 反应，是一锅三组分反应，包括羰基化合物、胺和二烷基亚磷酸盐。该反应的第一步是形成亚胺，然后将膦酸酯 P—H 键加成为 C＝N 双键，形成 α-氨基膦酸酯（方案 3.58）。

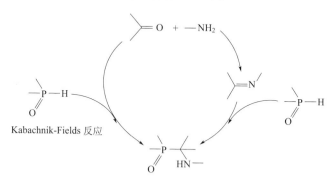

**方案 3.58**　磷-Mannich 反应和 Kabachnic-Fields 反应

Gilmore 和 McBride[143]首次报道了将二烷基或二芳基亚磷酸酯加成到手性 Schiff 碱［如 (R)-或 (S)-N-α-甲基苄基亚胺］的 C＝N 键上的立体化学行为[143]，随后许多科学家[144-146]对此类反应进行了报道。反应的非对映选择性在非对映异构体比例在 2∶1～9∶1 之间变化。得到的非对映异构体氨基膦酸酯通过色谱法或结晶法分离，再进行水解，得到对映纯的游离氨基膦酸。向 Schiff 碱中加入亚磷酸二烷基酯可在不加催化剂的情况下加热至 130～140℃进行。然而，高的反应温度不利于制备手性化合物。

因此，各种类型的催化剂和反应条件被科研工作者研究。例如，Keglevich 提出了在 Kabachnik-Fields 反应条件下，在适度加热至 60～80℃的微波辅助无溶剂和无催化剂的方法，以合成 α-氨基膦酸酯[76]。而 Lewis 酸和质子酸（对甲苯磺酸）等酸性催化剂的存在有利于该反应的进行（表 3.2）。在这种情况下，亚磷酸二烷基酯更亲核的钠盐也在中等温度下与醛亚胺反应。例如，在 130～140℃下将亚磷酸二乙酯加入到 (S)-N-芳基-α-甲基苄基胺中，得到 (S,S)-和 (R,S)-α-氨基膦酸酯的非对映异构体混合物（产率 70%，dr＝9∶1）[145]。然而，在环境温度和在无水醚中，(R)-N-芳基-α-甲基苄基胺可以与亚磷酸二乙酯的钠盐以高产率和非常好的非对映选择性得到 α-氨基膦酸酯[147]。在另一个实例中，于室温下在甲苯中三氟乙酸的催化作用下，亚磷酸三乙酯与手性 (S)-或 (R)-醛亚胺的反应后得到的产物再进行重结晶得到非对映异构体富集的 (S,S)-

表 3.2　H-亚磷酸盐加成到 N-α-甲基苄基亚胺中

$$Ph\overset{*}{\underset{Me}{C}}-N=R \xrightarrow{(R'O)_2P(O)H/Cat} Ph\overset{*}{\underset{Me}{C}}-\overset{H}{\underset{R}{N}}-\overset{*}{C}P(O)(OR')_2$$

| 起始反应物 | | | 产物 | | | | 参考文献 |
|---|---|---|---|---|---|---|---|
| R | R' | 反应条件 | 构型 | 产率/% | de/% | 构型 | |
| Ph | Et | 140℃,1h | (R) | 64 | 50 | (R,S) | [146] |
| Ph | Mnt | 130~140℃ | (S) | 60 | 92 | (S,R) | [146] |
| Ph | Mnt | 130~140℃ | (R) | 64 | 50 | (R,S) | [146] |
| Ph | Brn | 130~140℃ | (S) | 60 | 86 | (R) | [146] |
| Ph | Brn | 130~140℃ | (R) | 60 | 60 | (S) | [146] |
| Ph | Et | [PyH]$^+$ClO$_4^-$ 130℃ | (R) | 65 | 50 | (S) | [84] |
| Ph | Me | BF$_3$·OEt$_2$,CH$_2$Cl$_2$ | (S) | 80 | 43 | (R,S)+(S,S) | [144] |
| Ph | Et | BF$_3$·OEt$_2$,CH$_2$Cl$_2$ | (S) | 80 | 61 | (R,S)+(S,S) | [144] |
| Ph | Et | AlCl$_3$,CH$_2$Cl$_2$ | (S) | 77 | 70 | (R,S)+(S,S) | [144] |
| 2-C$_6$H$_4$OH | Et | NaH/Et$_2$O | (R) | 63 | 25:2 | (R,S) | [147] |
| 2-C$_6$H$_4$OH | i-Pr | NaH/Et$_2$O | (R) | 71 | 25:4 | (R,S) | [148] |
| Ph | TMS | CH$_2$Cl$_2$,回流 | (R) | 59 | 67 | — | [149] [150] |
| Fer | TMS | CH$_2$Cl$_2$,回流 | (R) | 32 | 80 | — | [149] [150] |
| Fer | TMS | CH$_2$Cl$_2$,回流 | (S) | 32 | 100 | — | [149] [150] |
| 2-噻吩基 | TMS | CH$_2$Cl$_2$,回流 | (R) | 51 | 67 | — | [149] |
| 4-吡啶基 | TMS | CH$_2$Cl$_2$,回流 | (R) | 58 | 5:6 | — | [149] |
| c-己基 | TMS | CH$_2$Cl$_2$,回流 | (R) | 68 | 60 | — | [149] |
| 2-呋喃基 | Bn | TFA-Me$_3$CN | (R) | 70 | 2:1 | (R,R) | [151] |

α-氨基膦酸酯，产率为 44%~57%，约 98%de[142]（方案 3.59）。

X=H, Me, Br; Ar=β-羟基环烷　　　　73, 98% de

方案 3.59　从亚磷酸三乙酯开始的磷-Mannich 反应

**[(1R,2S,5R)-薄荷-2-基]-1-苯基(苄基胺)甲基膦酸酯**　在0℃下将三薄荷基亚磷酸盐（3.5g，0.1mol）加入到苄基苯二胺（1.8g，0.10mol）中，并将反应混合物在60～80℃下放置12h。$^{31}$P NMR光谱显示在$\delta_P$为21.91和21.67处存在两个信号峰，比率为3∶1。通过快速色谱法[SiO$_2$，己烷-乙酸乙酯为2∶1（300mL）和1∶1（300mL）的混合物作为洗脱液]分离反应混合物。真空除去溶剂，在残留物中得到结晶产物，用乙腈或己烷重结晶，得到立体化学纯的加合物[产率60%，熔点86～87℃，$[\alpha]_D^{20}=-57.9$（$c=1$，甲苯），NMR光谱（CDCl$_3$）：$\delta_P=21.95$]。

**(R)-1-氨基苄基膦酸**　将盐酸（25mL，6mol·L$^{-1}$）加入到含有二薄荷基1-苯基-1-(N-苄基氨基)-甲基膦酸酯（1g）的60mL二噁烷溶液中，并将反应混合物在80℃下放置2～3天。通过$^{31}$P NMR光谱监测水解过程。反应完成后，在减压下除去溶剂，得到1-苯基-1-(N-苄基氨基)甲基膦酸，将其从水和乙醇的混合物中重结晶[熔点219℃，$[\alpha]_D^{20}=29.9$（$c=1$，DMSO）]。随后将1-苯基-1-(N-苄基氨基)-甲基膦酸（156mg）的盐酸盐溶于7mL水中，加入Pd/C催化剂。在20℃下通入氢气直至反应结束。滤出催化剂并蒸发溶剂。得到(R)-(−)1-苯基-1-氨基甲基膦酸[产率70%；熔点226℃；$[\alpha]_D^{20}=15.5$（$c=0.32$，1mol·L$^{-1}$的NaOH溶液）]。

Smith等[152]报道了一系列具有高光学纯度的$\alpha$-氨基膦酸酯的合成。发现二乙基膦酸锂（LiPO$_3$Et$_2$）与衍生自对映纯胺和醛的手性亚胺快速反应（方案3.60）。当使用衍生自脂肪醛的亚胺时，观察到36%～81%的产率和高的非对映体活性（95%～98%de）。然而，苯基醛亚胺仅产生76%de的加合物。除去辅助基团，得到$\alpha$-氨基膦酸酯**74**，而不损失对映体纯度。作者提出过渡态A来解释反应的立体过程。亚磷酸盐阴离子从Re面攻击产生(R,R)-非对映异构体。

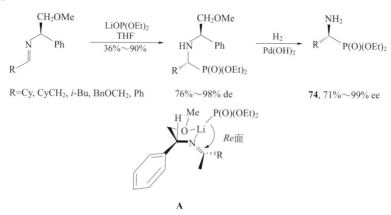

方案3.60　一系列具有高光学纯度的$\alpha$-氨基膦酸酯的Smith合成

Palacios 等[153]报道了使用手性酒石酸衍生的膦酸酯非对映选择性合成季 α-氨基膦酸酯。使用 TADDOL 亚磷酸酯通过磷-Mannich 型甲苯磺酰亚胺的氢磷化来获得 TADDOL 衍生的 α-氨基膦酸酯。N-甲苯磺酰基 α-氨基膦酸酯在二氯甲烷中与二氯异氰尿酸可以进行选择性 N-氯化反应,然后与聚(4-乙烯基吡啶)反应,得到 α-酮基膦酸酯 **75**,产率良好 (82%)。获得的 α-氨基膦酸酯 **76**,为非对映异构体的混合物,产率为 93% 和 dr 为 77∶23,在乙醚中结晶分离。用 HCl 水溶液在 100℃ 下水解 (R,R)-TADDOL 膦酸酯 **76**,得到光学纯的 (R)-α-(R)-氨基膦酸(方案 3.61)。

**方案 3.61** 非对映选择性合成季 α-氨基膦酸酯

在 90℃ 的甲苯中,将亚磷酸二乙酯亲核加成到由 (9S)-氨基-脱氧奎宁和 4-氯苯甲醛制得的 (S)-醛亚胺 **77** 中,得到 (S,S)-α-氨基膦酸酯 **78**,产率适中且具有优异的非对映选择性。然而,(9R)-构型的亚胺以低产率和低立体选择性反应。立体化学模型解释了一种情况下观察到的氢磷化高的非对映选择性而另一种情况下缺乏的现象。该转化的高非对映选择性归因于奎宁环氮的直接作用。得到 (9R)-构型的可分离产物,其产率较低且无非对映选择性,可以通过 NMR 光谱和密度泛函理论(DFT)计算建立产物的构型[154](方案 3.62)。

**方案 3.62** 由 (9S)-氨基-脱氧奎宁助剂控制的磷-Mannich 加成

在氢化钠存在下,向 N,N'-二亚水杨基-1,2-二氨基环己烷亚胺中加入二烷基亚磷酸盐,得到的双氨基膦酸酯 **79**,具有高的非对映选择性[147]。N,N'-二亚水杨基-(R,R)-1,2-二氨基环己烷亚胺的非对映选择性可以通过酚氧对钠阳离子的分子内配位和甲亚胺氮稳定其钠盐来解释。这种稳定化使得主要形成氨基膦酸酯 **79** 的 (RR,RR)-异构体(方案 3.63)。

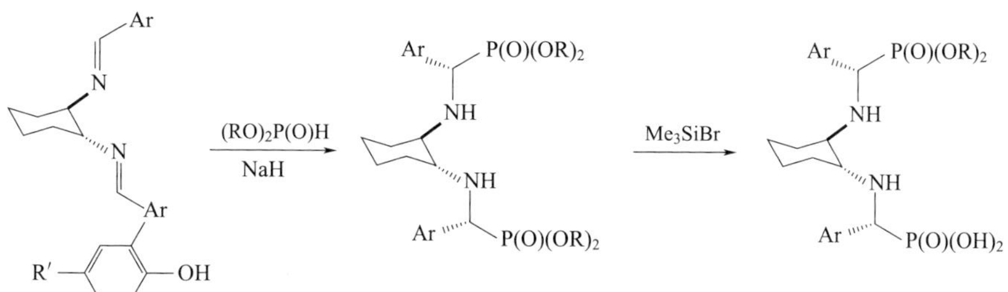

**79**, 高达93% de　　**80**

R=Me, Et, *i*-Pr; R′=H,MeO

| R | R′ | 产率/% | dr |
|---|---|---|---|
| H | Me | 74 | 94:1:5 |
| H | Et | 95 | 92:1:7 |
| H | *i*-Pr | 72 | 95:4:1 |
| OMe | Et | 80 | 2:96:2 |
| OMe | *i*-Pr | 74 | 2:95:3 |

**方案 3.63**　二（氨基膦酸酯）**79** 和氨基膦酸 **80** 的制备

氢化钠存在下，在无水醚中向水杨醛亚胺中加入二乙基和二异丙基亚磷酸盐，形成二乙基和二异丙基(*R*)-*α*-甲基苄基氨基-(2-羟基苯基)-甲基膦酸酯 **81**[147]（方案 3.64）。二烷基亚磷酸钠可能通过酚氧和甲亚胺氮的钠阳离子的分子内配位来稳定。*N*-亚水杨基-(*R*) *α*-甲基苄基胺的钠盐采用双构象 A。亚磷酸酯分子的攻击最容易从苯环相反的一侧进行，并导致主要形成化合物（*S*,*R*)-**81** 的（*RS*)-非对映异构体[147]。

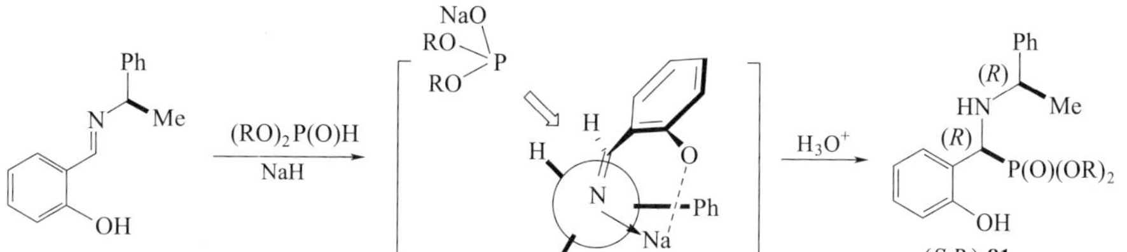

R=Et, *i*-Pr　　**A**　　(*S*,*R*)-**81**

**方案 3.64**　氨基膦酸酯 **81** 的制备

易于获得的手性亚磺酰亚胺代表了不对称磷-Mannich 反应的易得的手性反应物。利用手性亚磺酰亚胺可以获得许多高光学纯度的 *α*-氨基膦酸[155-162]。手性亚磺酰基不仅活化亚胺的 C＝N 键用于亲核进攻，而且是极好的手性诱导剂。在亲核加成后，用三氟乙酸处理可以容易地除去亚磺酰基。在此情况下，Evans 等[155]设计了 *α*-氨基膦酸的合成方法，向亚磺酸盐衍生的对映体富集的亚磺酸亚胺中加入金属亚磷酸酯，产率（93%）和对映选择性（高达 93%～97%ee）较高（方案 3.66）。Davis 等[156]报道了向对映纯（$S$）-酮亚胺 **82** 中加入二乙基亚磷酸锂盐，得到（$S_S,R_C$）-和（$S_S,S_C$）-α-氨基膦酸酯，具有产率高和约 98% de。仅在源自 2-己酮的酮亚胺存在的情况下，获得具有 64%de 的（$S_S,R_C$）-和（$S_S,S_C$）-α-氨基膦酸酯 **83**。在回流下用 10mol·L$^{-1}$ 的 HCl 裂解非对映异构纯（$S_S,R_C$）-**83** 中的 $N$-亚磺酰基助剂，然后用环氧丙烷处理，得到对映纯的（$R$）-α-氨基膦酸（方案 3.65）。Mikołajczyk 等[163]报道了将锂化的双（二乙基氨基）膦硼烷配合物加入到对映纯的亚磺酰亚胺中制备（$S$）-和（$R$）-α-氨基膦酸的有效方法（方案 3.66）。在 $-78$℃下，在无水 THF 中将二乙基亚磷酸锂盐加入到（$S$）-亚磺酰基醛亚胺中，得到 α-氨基膦酸酯（$R_S,R_C$）-和（$S_S,R_C$）-**84**，具有 16∶1 的非对映异构体比率。在加热下用 10mol·L$^{-1}$ 的 HCl 水解（$R_C,S_S$）-和（$S_C,S_S$）-**84**，得到光学纯的 α-氨基膦酸（$R$）-**85**，产率为 71%，光学纯的 α-氨基膦酸（$S$）-**85**，产率为 75%。Mikołajczyk 和 Łyzwa 还开发了一种使用对映纯的对甲苯亚磺酰亚胺作为关键试剂的 α-、β-和 γ-氨基膦酸的不对称合成方法[157,164]。在方案 3.67 中，向对映纯的亚磺酰亚胺中加入二乙基亚磷酸锂盐，具有良好的对映选择性，得到具有高非对映选择性的 α-烷基氨基膦酸酯。

| R | R' | 产率/% | 选择性/% |
|---|---|---|---|
| Me | 4-An | 73 | 95 |
| Me | 4-Tol | 91 | >95 |
| Me | Ph | 92 | >95 |
| Et | Ph | 93 | >95 |
| Me | 4-O$_2$NC$_6$H$_4$ | 93 | >95 |
| Me | $t$-Bu | 97 | >95 |
| Me | $n$-Bu | 71 | 64 |

**方案 3.65**　二乙基亚磷酸锂盐与对映纯的（$S$）-酮亚胺的加成

该方法用于合成各种结构的对映体 α-和 β-氨基膦酸。其中最有趣的是（$S$）-2-氨基-4-膦酰基丁酸和草丁膦。低温下，在 THF 中向（$S$）-亚磺酰基醛亚胺中加入二乙基亚磷酸锂盐得到 α-氨基膦酸酯（$R_C,S_S$）-和（$S_C,S_S$）-**86**，其具有 16∶1 的非对映异构体比率，快速色谱法和结晶，得到非对映异构纯的（$R_C,S_S$）-**86**，其产率为 62%。在加热下用 10mol·L$^{-1}$ 的 HCl 水解（$R_S,S_S$）-**86**，得到光学纯的（$R$）-α-氨基膦酸，其产率为 71%。另一方面，向（$S$）-亚磺酰基醛亚胺中加入二-(二乙基氨基)膦硼烷锂配合物，得到 α-氨基膦硼烷（$S_C,S_S$）-**87**，为单一非对映异构体，产率为 72%。用 HCl 水解（$S_C,S_S$）-**87**，得到光学纯的

Ar=Ph, 2-噻吩基, 4-C$_6$H$_4$F, 4-C$_6$H$_4$Br, 4-C$_6$H$_4$NMe$_2$  a=HCl/AcOH

**方案 3.66** 将锂化的双（二乙基氨基）膦硼烷配合物与对映纯的亚磺酰亚胺的加成反应

| R$_2$POH | 加合物 | dr |
|---|---|---|
| (EtO)$_2$P(O)H | R=(EtO)$_2$P(O) | 9:1 |
| (Et$_2$N)$_2$P(O)H | R=(Et$_2$N)$_2$P(O) | 6:1 |
| (Et$_2$N)$_2$P(O)H | R=(EtO)$_2$P(O)CH$_2$ | 3:1 |

**方案 3.67** α-、β-和γ-氨基膦酸的不对称合成

(S)-α-氨基膦酸，产率为 75%[157]。亚磷酸二烷基酯锂的亲核磷原子可能从亚磺酰基氧原子占据的非对映异构体π面接近 C═N 基团的 (S)-trans-构象，以允许亚磺酰基氧原子螯合锂阳离子（路径 A），并将以这种方式形成的环状七元过渡态稳定化。在由 (S)-trans-A 和 (S)-cis-B 形成的四个非对映异构体π面中，在更稳定的 (S)-cis-B 中被硫孤对电子占据的是受阻最小的一个。因此，氨基磷酸钾-硼烷的接近发生在 (S)-cis-B 的π面（方案 3.68 和图 3.2）[159]。

类似地，对映纯的(2-氨基-4-苯基丁烯-3-基)膦酸 **88** 被合成（方案 3.69）。

3 含有侧链手性中心的磷化合物

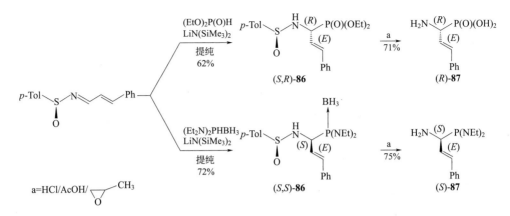

方案 3.68　将亚磷酸二乙酯锂和二（二乙基氨基）膦硼烷锂
配合物加成到（S）-亚磺酰基醛亚胺中

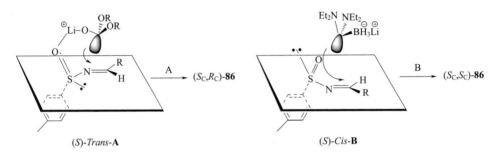

图 3.2　优先将 P-和 C-亲核试剂加成到（+）-（S）-亚磺酰亚胺的过渡态模型

（+）-（S）-亚磺酰基醛亚胺与甲基膦酸二乙酯的锂盐反应，得到 9∶1 比例的非对映异构体加合物 **87** 的混合物，从中分离出纯的主要非对映异构体（−）-（R）-**87**，产率 65%。（−）-（$S_S,R_C$）-**87** 的酸水解得到相应的 β-氨基膦酸（+）-（R）-**88**，产率为 63%。从（−）-（R）-亚磺酰亚胺开始，类似地制备酸 **88** 的相反对映体[159]。对映纯的(2-氨基-4-苯基-丁烯-3-基)膦酸用于合成（+）-（R）-2-氨基-3-膦酰基丙酸（膦酰基天冬氨酸）**89** 和（−）-（R）-3-氨基-3-膦酰基丙酸 **90**。膦酰基天冬氨酸 **89** 是代谢型兴奋性氨基酸受体亚型的选择性有效调节剂。还制备了 emeriamine 的膦酸类似物，P-Emeriamine，也称为氨基肉碱，表现出有趣的药理学特性。

Chen 和 Yuan[161,165]报道，在室温下以碳酸钾作为碱，亚磷酸二烷基酯亲核加成到 N-叔丁基亚磺酰基醛亚胺或酮亚胺中，产生 α-氨基-和 α-烷基-α-氨基-N-（叔丁基亚磺酰基）膦酸酯，具有良好至极好的化学产率（73%～95%）和良好的非对映选择性（72%～95%de）。分离出主要的非对映异构体，并平稳地转化为 α-氨基-和 α-烷基-α-氨基膦酸的对映体[162]（方案 3.70）。与 N-对甲苯基亚

**方案 3.69** 对映纯的(2-氨基-4-苯基-丁烯-3-基)膦酸的合成

**方案 3.70**

磺酰亚胺相比，$N$-叔丁基亚磺酰亚胺对硫原子上竞争性亲核进攻被最小化，由于叔丁基相对于对甲苯基部分具有更大的空间位阻和更低的电负性。显然，取代基 R 和 R′ 对反应速率和非对映选择性具有至关重要的影响。

Roschenthaler 等使用亚磺酰亚胺方法开发了氟化氨基膦酸的不对称合成[166,167]。向对映纯的芳香族、杂芳香族和脂肪族醛衍生的亚磺酰亚胺中加入二乙基二氟甲基膦酸锂，得到的 $N$-亚磺酰基 $α,α$-二氟-$β$-氨基膦酸酯 **91**，具有良好的对映选择性和产率。与苯乙酮衍生的亚磺酰亚胺的反应生成具有高非对映选择性且仅中等产率的加成产物。两步脱保护包括用乙醇中的三氟乙酸与非对映异构纯的 $N$-亚磺酰基 $α,α$-二氟-$β$-氨基膦酸酯反应后，再经 HCl 回流，然后用环氧丙烷和乙醇处理，得到对映纯的 $α,α$-二氟-$β$-氨基膦酸酯和 $α,α$-二氟-$β$-氨基膦酸 **92**（方案 3.71）。在温和条件下，将亚磷酸二烷基酯加入到衍生化的 ($S$)-$N$-叔丁基亚磺酰亚胺中，以中等至高产率和非对映选择性得到相应的 $N$-叔丁基亚磺酰基 $α$-氨基膦酸酯。分离出 ($S,S,S$)-构型的 $N$-叔丁基亚磺酰基 $α$-氨基膦酸酯 **93** 的主要非对映异构体，并且在部分或完全脱保护后，转化成对映纯的膦酰基三氟丙氨酸及其二烷基酯[160]（方案 3.72）。

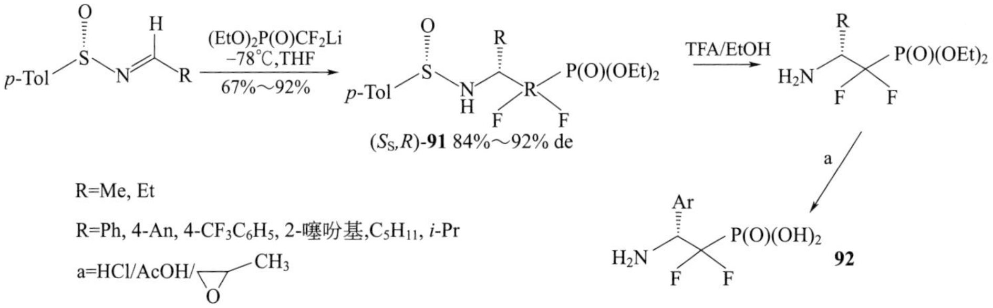

方案 3.71

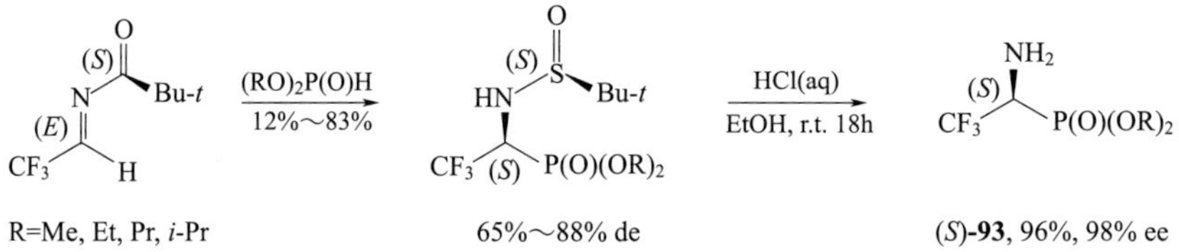

方案 3.72 氟化氨基膦酸的不对称合成

**N-亚磺酰基 α,α-二氟-β-氨基膦酸酯 91**[167]  在 −78℃下，将 LDA（1.30mmol）加入到含有二乙基二氟甲基膦酸酯（1.30mmol）的 THF（3mL）溶液中。0.5h 后，滴加含有（S）-亚磺酰亚胺（1.00mmol）的 THF（1mL）溶液，将溶液在 −78℃下搅拌 1h。然后通过加入饱和 $NH_4Cl$ 水溶液（5mL）淬灭反应，并将溶液温热至室温。用水（2mL）稀释后，用 EtOAc（25mL）萃取溶液。将合并的有机层用盐水（5mL）洗涤并干燥（$MgSO_4$），减压浓缩得到粗品膦酸酯（90% de）。用乙醚结晶，得到（$S_S$,R）-91 [产率 74%，白色固体；熔点 95~97℃；$[\alpha]_D^{20}$ = +53.7($c$=1.08，$CHCl_3$）；$^{31}$P NMR(121MHz, $CDCl_3$)：$\delta$=5.9 (dd, $J$=103.6)]。

三组分 Kabachnik-Fields 反应是 α-氨基膦酸酯合成的较好选择[168-170]。苯甲醛与苯基膦酸催化的（S）-α-甲基苄胺和二乙基或亚磷酸二甲酯的 Kabachnik-Fields 反应一般在 80℃下无溶剂条件下进行，得到 α-氨基膦酸酯（R,S）-94 和（S,S）-94 （dr=80∶20）。用（S）-3,3-二甲基-2-丁胺作为手性催化剂获得（R,S）-α-氨基膦酸酯的最佳产率和最高的非对映选择性（方案 3.73）[171]。手性二羧酸酯 95 与芳香醛和氨基膦酸二乙酯在 −20℃下、$CCl_4$ 中的反应得到 α-氨基膦酸酯 96，为两种非对映异构体的混合物，产率良好。用苯乙酮，反应得到季 α-氨基膦酸酯 96，产率 62%，dr 为 67∶33（方案 3.74）。以类似的方式，在无溶剂

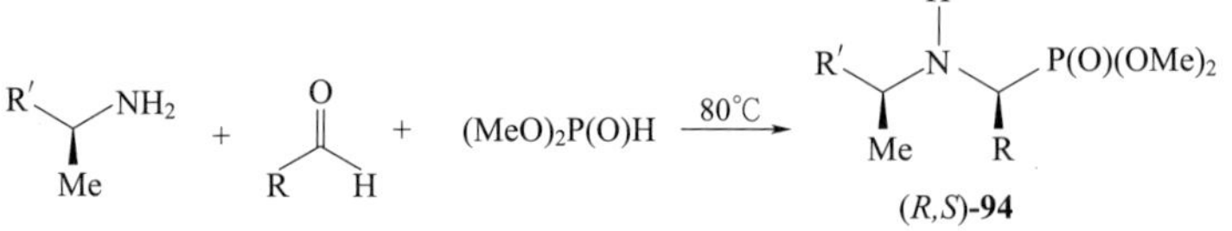

方案 3.73

**方案 3.74** α-氨基膦酸酯 **96** 的不对称合成

和无催化剂的条件下，丙酮与氨基磷酸二乙酯和 2-氯苯并 [$d$][1,3,2]二氧杂磷杂环戊烯的三组分反应，然后经盐酸水解，得到 N-二乙氧基磷酰基-α-氨基-α-甲基乙基膦酸酯衍生物，产率 80%[169]。Miao 等[170]开发了一种在温和条件下非对映选择性合成二烷基膦酰基-D-呋喃核糖苷 **98** 的简便方法。二烷基氨基磷酸酯与二烷基亚磷酸酯和 1,4-呋喃糖苷 **97** 在乙酰氯中的一锅反应生成 D-呋喃核糖苷 **98**，产率适中且 dr 为 69：31[170]（方案 3.75）。

**方案 3.75** 二烷基膦酰基-D-呋喃核糖苷 **98** 的合成

Palacios 等[172]描述了使用固定在聚合物上的手性胺从易于获得的肟中可以不对称合成 2H-氮丙啶-2-膦氧化物 **99**。这些杂环是用于合成 α-酮酰胺和磷酸化噁唑的有用中间体。关键步骤是固相结合的非手性或手性胺介导的源自膦氧化物的酮肟甲苯磺酸酯的 Neber 反应。2H-氮丙啶与羧酸的反应产生磷酸化的酮酰胺。在三乙胺存在下，用三苯基膦和六氯乙烷使酮酰胺闭环反应合成了磷酸化的噁唑（方案 3.76）[60,61]。生物碱和固相结合的手性胺用作催化剂。用奎宁丁获得最佳结果（产率 69%～95%，ee 高达 72%）。在其他情况下，立体选择性低或中等。随后用硼氢化钠在乙醇中还原 2H-氮丙啶 **99**，得到具有中等 ee（最多 65%ee）的 cis-氮丙啶-膦酸酯 **100**（方案 3.77）。通过用甲酸铵和钯碳催化转移

**方案 3.76** 非对映选择性磷-Mannich 加成的实例

**方案 3.77** 2H-氮丙啶-膦酸酯的不对称合成

氢化，对映体富集的 N-未取代的氮丙啶 **99** 的开环形成对应体富集的 β-氨基膦酸酯 **101**。随后通过化学相关性确定 β-氨基膦酸酯 **116** 的绝对构型。

## 3.4.3 磷-Michael 反应

磷-Michael 是形成 P-C 化合物的最佳方法之一[173]。不对称的磷-Michael 反应可以通过内部或外部不对称诱导剂控制下的几种方法完成。内部不对称诱导剂代表通过共价键与反应中心结合的手性中心。外部不对称诱导剂代表手性有机金属催化剂或有机催化剂，并且反应在这些催化剂的控制下进行。

Haynes 和 Yeung[174] 在加成饱和和不饱和羰基化合物时使用锂化叔丁基（苯基）膦氧化物。亲核锂化的 P-手性叔丁基苯基膦氧化物与醛和 α,β-不饱和羰基化合物反应，形成手性叔膦，产率良好且非对映选择性从低到高（33%～98% de）。在大多数情况下，反应继续进行，保留了磷中心的构型。考虑涉及 OLi 接触的非对映五元过渡态 TS1 和 TS2 的相对能量来合理化反应的非对映选择性，并且分别提供 ul 和 lk 产物，如锂化(S)-叔丁基苯基膦氧化物（方案 3.78）。

**方案 3.78** P-手性叔丁基（苯基）膦氧化物的 Haynes 共轭加成

磷-Michael 反应的不对称形式主要涉及底物控制的非对映选择性加成。例如，将 TADDOL 衍生的手性亚磷酸酯加入到具有良好立体选择性的芳族亚烷基丙二酸酯中[175]。用 KOH 作为碱负载在固体 $Fe_2O_3$ 上进行反应。获得的膦酸酯 **104** 具有良好的产率和非常好的非对映选择性。然后使用 $Me_3SiCl/NaI$ 除去助剂，得到酸 **105**，不发生任何差向异构化或外消旋化（方案 3.79）。

**方案 3.79**

Stankevic 报道了磷亲核试剂与不对称取代的叔丁基（1,4-环己二烯基）膦氧化物及其衍生物的立体选择性 Michael 加成[176]。Yamamoto 等[177]对膦酸二甲酯与（E）-构型硝基烯烃立体选择性加成进行了系统研究。测试了两种反应条件，发现立体化学结果相反。第一反应条件（使用 $Et_3N$）主要产生立体异构体 (R)-**106**，而当不存在碱时将反应混合物加热至 100℃ 时可获得立体异构体 (S)-**106**。然而，产品的产率中等至良好（55%~94%）（方案 3.80）。

**方案 3.80** 硝基烯烃的 Enders 不对称磷-Michael 反应

β-氨基醇是二烷基亚磷酸盐亲核加成不饱和酰胺、酰亚胺和噁唑啉的有效手性助剂。向亚磷酸二乙酯中加入不饱和酰胺可以以中等产率生成相应的 1,4-加成产物 **107**。在脂肪族丙烯酰胺部分（90% de）存在的情况下，非对映选择性是优异的，但在芳香族取代基（45% de）存在的情况下，非对映选择性明显下降。使用 $8mol·L^{-1}$ 的 HCl[178]（方案 3.81）除去手性助剂。类似于他们对二烷基亚磷酸盐的研究，Quirion 等[179]也研究了使用 $Ph_2P(BH_3)Li$ 对不饱和酰胺的 1,4-加成。在这种情况下，反应的优化表明必须使用伯胺作为手性助剂（与使用仲胺的亚磷酸酯相反）。有趣的是，锂化亚磷酸盐对双键的亲核进攻现在从相反的面发生，得到中等产率和 de 的叔膦-硼烷 **108**（方案 3.81）。

Ebetino 等开发了一种次膦酸和氨基次膦酸的不对称 Michael 加成反应[180]。

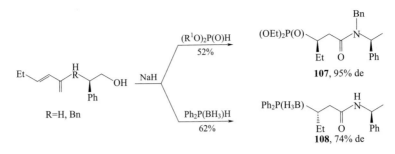

**方案 3.81** 亚磷酸二烷基酯亲核加成到不饱和酰胺中

双(三甲基甲硅烷基)亚膦酸酯与光学纯的丙烯酰亚胺 **109** 反应,得到加成产物 (*R*)-**110**。使用 EtOH 处理甲硅烷基酯以非常好的产率得到次膦酸。二苯甲基取代的噁唑烷酮比它们的苄基类似物具有更好的非对映选择性。LiOH 可以成功地裂解保护基(方案 3.82)。

**方案 3.82** 次膦酸和氨基次膦酸的 Ebetino 不对称 Michael 加成

Michael 加成产物用于合成过渡金属的膦配体。在各种亲核试剂中,最常使用苯基膦 $Ph_2PH$ 和 $PhPH_2$,可以是其锂盐形式(参见下文)或在 KO*t*-Bu 作为催化剂的情况下[181]。Helmchen 等[182]将 $Ph_2PLi$ 用于与 **102** 的加成反应(方案 3.83)。反应平稳且非对映选择性地进行,得到 **111**,其分四步反应转化为实际的膦配体 **112**。然后在与环烯烃的烯丙基取代反应中测试该配体。在六元和七元环的情况下,容易实现取代产物的良好至非常好的产率以及良好至优异的对映选择性。

**方案 3.83**

Feringa 和 Jansen[183] 报道了将锂-二苯基膦 Michael 加成到 γ-丁烯内酯(方案 3.84)。与甲氧基-2(5*H*)-呋喃酮的反应以高产率和高非对映选择性生成了内

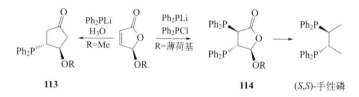

**方案 3.84** 将锂-二苯基膦 Michael 加成到 γ-丁烯内酯

酯 **113**,有利于形成反式异构体。此外,将对映纯的丁烯酸内酯合成子(5R)-甲氧基-2(5H)-呋喃酮与锂-二苯基磷不对称 Michael 加成后,用氯二苯基膦捕获中间体,得到内酯 **114**,为单一的非对映异构体。从内酯 **114** 获得对映体纯的(S,S)-手性磷,总产率为 35%。

与相应的仲膦类似,膦硼烷也可以作为亲核试剂。LeCorre 等[184]通过向二烯 **115** 中加入二苯基膦硼烷制备了双叔膦硼烷 **116**。尽管 **115** 作为(E)/(Z)异构体的混合物进行反应,但是由 $Ph_2P(BH_3)$ 和化合物 **115** 在 THF 中的反应获得单一的非对映异构体 **116**。然而,使用化学计算量的 KOH 得到 **116** 的两种非对映异构体,混合物可以通过结晶进行分离(方案 3.85)。

**方案 3.85** 膦硼烷配合物与双亲电试剂的 Corre 立体选择性加成

在大多数情况下,磷-Michael 反应的不对称形式是受底物控制的非对映选择性加成。例如,磷亲核试剂与衍生自糖的不饱和(Z)-硝基烯烃的底物控制的非对映选择性加成,生成化合物 **118**,在加热到 70℃时具有中等的立体选择性[185]。该反应显示了合成糖类似物 **117** 一条有趣且易实现的途径,其中磷原子代替半缩醛环中的氧(方案 3.86)。Yamashita 等[186]报道了在 90℃且在 $Et_3N$ 催化下,磷亲核试剂与糖的衍生物的非对映选择性加成(方案 3.87)。由于糖的 3-O-烷基以及磷化合物的 $R_2$ 和 $R_3$ 基团引起的空间位阻,所以主要产物是 L-艾杜糖衍生物 **118**。随着 $R_1 \sim R_3$ 的空间尺寸不同,L-艾杜糖和 D-葡萄糖衍生物的

**方案 3.86** P-亲核试剂与不饱和硝基糖的 Yamamoto 底物控制的非对映选择性加成

**方案 3.87** 磷亲核试剂与硝基烯烃的非对映选择性加成

**方案 3.88** P，C-立体异构的 1,3-双-氧膦基丙烷的制备

比例从 2∶1 增加到 11∶1。当 $R^1$ = Me，$R^2$ = $R^3$ = Ph 且 X = O 时，获得最高 dr = 11∶1（方案 3.88）。在室温下且在 KOH 催化下，($R_P$)-薄荷基苯基膦氧化物与 $\alpha,\beta$-不饱和醛的一步反应生成 P，C-立体异构的 1,3-双-氧膦基丙烷 **122**，其为含有五个立体中心的单一立体异构体[186]。

# 3.5 不对称还原

酮膦酸酯的不对称还原是合成手性羟基膦酸酯最方便的方法之一[187-199]。不对称还原满足以下条件可以发生：①在不对称还原剂的控制下，②在不对称催化（有机金属或有机催化剂）的控制下，③通过从手性磷转移手性，④通过侧链手性中心转移手性。例如，将酰基膦酸酯直接用硼氢化钠还原成相应的羟基膦酸酯和二羟基烷烃二膦酸酯（方案 3.89）。

用不同的硼氢化物还原 [(N-对甲苯磺酰基)氨基]-$\beta$-酮膦酸酯 **123**，得到 [(N-对甲苯磺酰基)氨基]-$\beta$-羟基膦酸酯 **124** 和 **125**，具有良好的化学产率和中等的非对映选择性（表 3.3）。用硼氢化锌还原 **123** 得到最好的立体选择性，形成具有良好非对映选择性的抗 $\beta$-羟基-$\alpha$-氨基膦酸酯 **124**[188]。该方法用于制备 1,5-二羟基-2-氧代吡咯烷-3-膦酸 **125**（SF-2312），其对革兰氏阳性和革兰氏阴性细菌具有活性（方案 3.90 和方案 3.91）[187,188]。用儿茶酚硼烷实现了由易得的（S）-

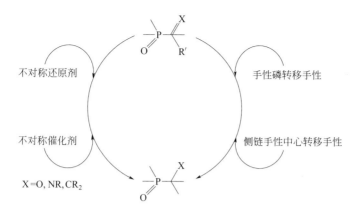

X=O,NR,CR₂

**方案 3.89** 不对称还原反应

**表 3.3** 用不同的硼氢化物还原 **β**-酮膦酸酯

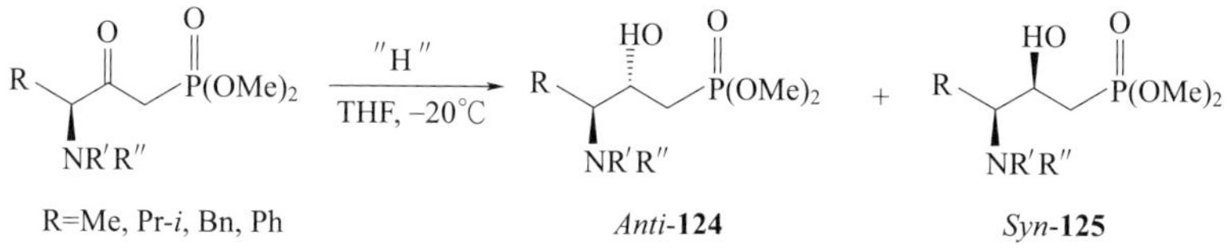

R=Me, Pr-i, Bn, Ph     *Anti*-124     *Syn*-125

| R | R′ | R″ | "H"=氢化物 | 产率/% | dr | 参考文献 |
|---|---|---|---|---|---|---|
| *i*-Pr | H | *p*-Ts | LiBH₄/THF | 98 | 53∶47 | [200] |
| *i*-Pr | H | *p*-Ts | NaBH₄/MeOH | 99 | 81∶19 | [200] |
| *i*-Bu | H | *p*-Ts | NaBH₄/MeOH | 98 | 29∶71 | [200] |
| Ph | H | *p*-Ts | NaBH₄/MeOH | 97 | 63∶37 | [200] |
| Ph | H | Bn | NaBH₄/MeOH | 75 | 63∶37 | [187] |
| *i*-Pr | Bn | Bn | NaBH₄/THF | 44 | 85∶15 | [188] |
| *i*-Pr | H | *p*-Ts | Zn(BH₄)₂/THF | 91 | 77∶23 | [200] |
| Ph | H | Bn | Zn(BH₄)₂/THF | 80 | 88∶12 | [187] |
| *i*-Pr | H | Bn | Zn(BH₄)₂/THF | 85 | 96∶4 | [187] |

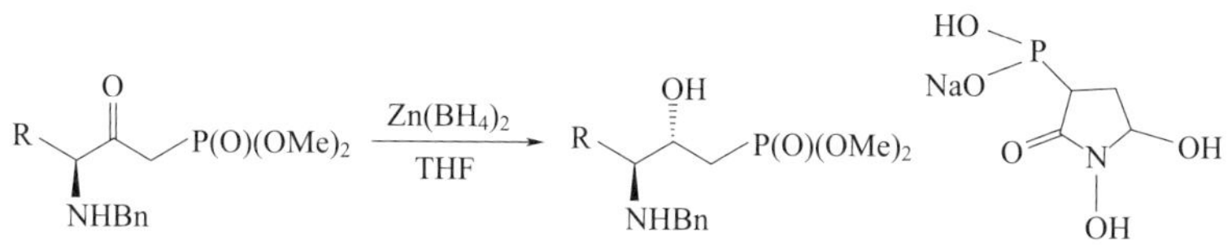

**方案 3.90** 用硼氢化锌还原 γ-N-苄氨基 β-酮膦酸酯

| A | 产率/% | dr |
| --- | --- | --- |
| DIBAL-H | 50 | 82∶18 |
| NaBH$_4$ | 44 | 85∶15 |
| CB | 69 | >98∶2 |
| CB | 85 | >98∶2 |
| CB | 89 | >98∶2 |
| CB | 82 | 90∶10 |

注：CB=儿茶酚硼烷。

**方案 3.91**　酮膦酸酯的还原

三苄基化氨基酸衍生的 $\gamma$-N-苄氨基-$\beta$-酮膦酸酯的还原，得到高非对映选择性的 $\gamma$-氨基-$\beta$-羟基膦酸酯[200]。用儿茶酚硼烷还原 $\beta$-酮基-$\gamma$-N,N-二苄基氨基膦酸酯 **123** 生成 $\beta$-羟基-$\gamma$-氨基膦酸酯的 syn-和 anti-**126**，产率高且非对映选择性高[189,190]。表 3.3 中总结的结果表明 N,N-二苄基氨基-$\beta$-酮膦 **4** 和化合物 **126** 还原的非对映选择性，并且它们的构型通过 X 射线分析和 NMR 光谱证实（方案 3.91）[191]。

在 LiClO$_4$ 存在下，在 −78℃ 下用儿茶酚硼烷还原 3-N,N-二($\alpha$-甲基苄基)氨基-2-酮膦酸酯 **127**，得到 $\gamma$-氨基-$\beta$-羟基膦酸酯 **128**，产率良好且具有优异的非对映选择性。**128** 再经水解和氢化得到 (R)-$\alpha$-氨基-$\beta$-羟丙基膦酸 **129**（GABOBP）。带有两个手性 $\alpha$-甲基苄基助剂的 $\beta$-酮膦酸酯的还原比带有一个 $\alpha$-甲基苄基的 $\beta$-酮基膦酸酯的还原具有更高的非对映选择性[191]（方案 3.92）。

由 L-脯氨酸制备的 $\gamma$-N-苄氨基-$\beta$-酮膦酸酯 **130** 的还原可以在 −78℃ 下与儿茶酚硼烷（CB）在四氢呋喃（THF）中以高非对映选择性进行，产生的 $\gamma$-N-苄氨基-$\beta$-羟基膦酸酯 syn-**131** 和 anti-**131** 的比例为 96∶4（方案 3.93）[192]。用 NaBH$_4$ 还原相应的 $\beta$-亚氨基膦酸酯，高立体选择性地获得脯氨酸样 2,4-二烷基-5-膦酰基吡咯烷 **132**（方案 3.94）[193]。

在用儿茶酚硼烷还原 $\beta$-酮膦酸酯 **130** 时，$\gamma$-氨基-$\beta$-羟基膦酸酯 syn-**131** 作为主要的非对映异构体的形成，表明反应在非螯合或 Felkin-Anh 模型控制下进行还原，并且体积庞大。$\beta$-酮膦酸盐中的 N-苄基氨基-和 N,N-二苄基氨基足以限制旋转异构体种群阻断羰基的 Re 面，导致从 Si 面加入氢化物（图 3.3）[191]。

Palacios 报道了制备季 $\alpha$-氨基膦酸衍生物 **135** 的有效方法。将有机金属试剂与 $\alpha$-酮基膦酸酯 **134** 亲核加成形成季 $\alpha$-氨基膦酸酯。还描述了使用手性酒石酸衍生的膦酸酯非对映选择性合成季铵 $\alpha$-氨基膦酸酯[153]（方案 3.95）。

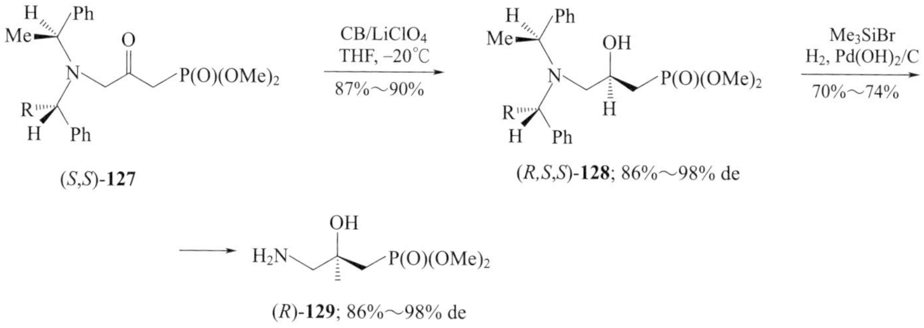

| 序号 | R | 127 | 氢化物 | 条件 | 产率/% | de/% |
|---|---|---|---|---|---|---|
| 1 | Me | (S) | NaBH$_4$ | MeOH, 0℃ | 96 | 70 |
| 2 | Me | (S) | NaBH$_4$ | THF, 0℃ | 95 | 60 |
| 3 | Me | (S) | LiBH$_4$ | THF, 78℃ | 93 | 62 |
| 4 | Me | (S) | Zn(BH$_4$)$_2$ | THF, 78℃ | 95 | 54 |
| 5 | Me | (S) | DIBAL-H | THF, 78℃ | 98 | 14 |
| 6 | Me | (S) | CB | THF, 78℃ | 91 | 86 |
| 7 | Me | (S) | CB/LiClO$_4$ | THF, 78℃ | 89 | >98 |
| 8 | Me | (R) | CB | THF, 78℃ | 91 | 86 |
| 9 | Me | (R) | CB/LiClO$_4$ | THF, 78℃ | 87 | >98 |
| 10 | H | (R) | CB THF | 78℃ | 95 | 16 |
| 11 | H | (R) | CB/LiClO$_4$, THF | 78℃ | 91 | 24 |

方案 3.92 用不同的还原剂还原 127

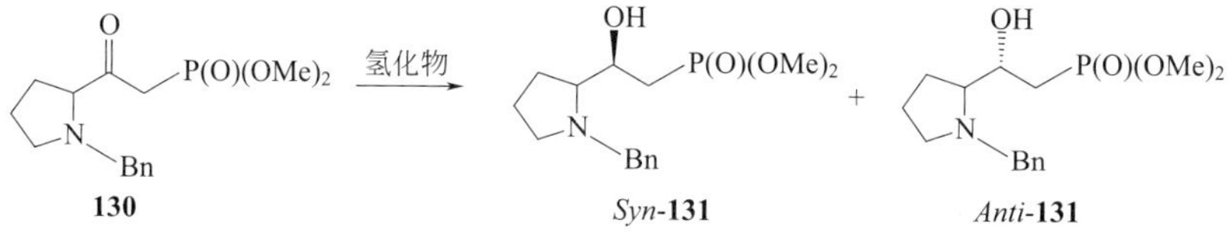

| 氢化物 | 条件 | 产率/% | Syn:Anti |
|---|---|---|---|
| NaBH$_4$ | MeOH, 25℃ | 70 | 69:31 |
| LiBH$_4$ | THF, −78℃ | 69 | 75:25 |
| DIBAL-H | THF, −78℃ | 69 | 79:21 |
| CB | THF, −78℃ | 78 | >96:4 |

方案 3.93

Barco 等[190]报道了用硼烷-二甲基硫醚配合物和噁唑硼烷作为催化剂还原 β-邻苯二甲酰亚氨基-α-酮膦酸酯 136 来合成 β-氨基-α-羟基膦酸酯 138，具有良好的产率和高的非对映选择性。用肼将膦酸酯 137 脱保护，得到定量产率的二乙基-2-氨基-1-羟基膦酸酯 138。Oshikawa 和 Yamashita[194]报道，用氰基硼氢化钠还原 β-邻苯二甲酰亚氨基-α-酮膦酸酯 136（R=Me，i-Bu），以几乎定量的产率

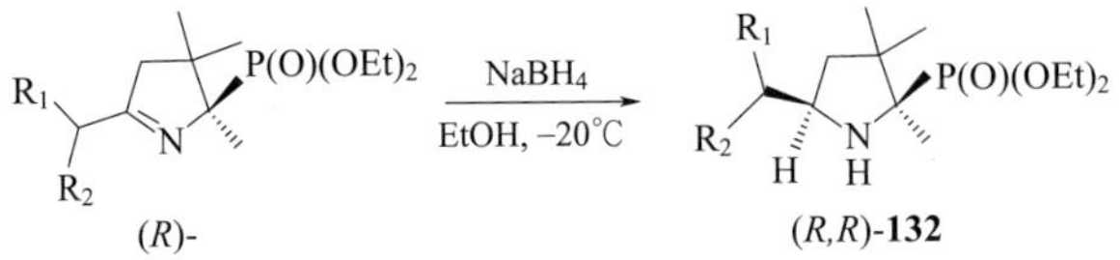

方案 3.94　2,4-二烷基-5-膦酰基吡咯烷的合成

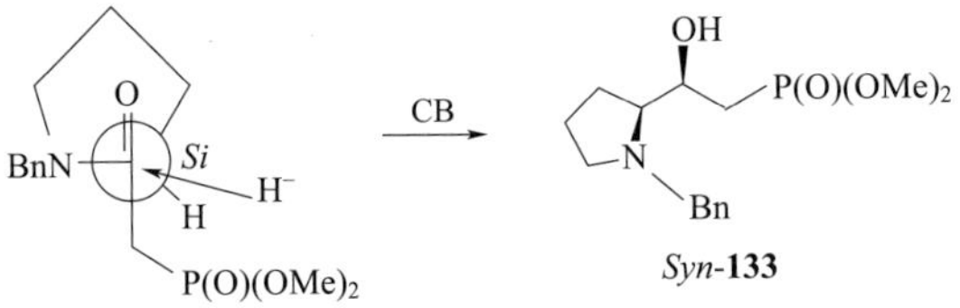

图 3.3　γ-氨基-β-羟基膦酸酯 131 的制备

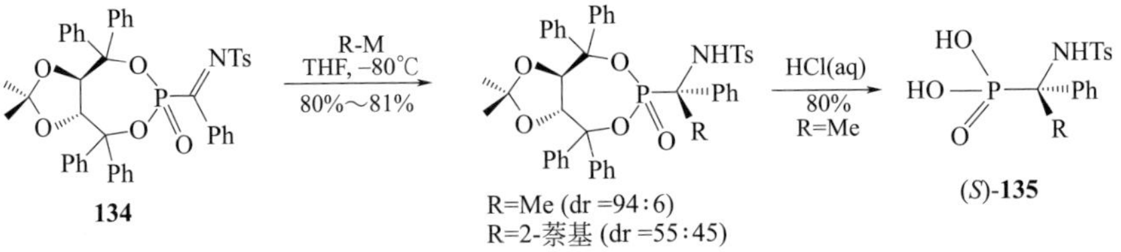

方案 3.95

形成 β-氨基-α-羟基膦酸酯 **137**，但具有低的非对映选择性（比率为 2∶1～3∶1）（方案 3.96）。

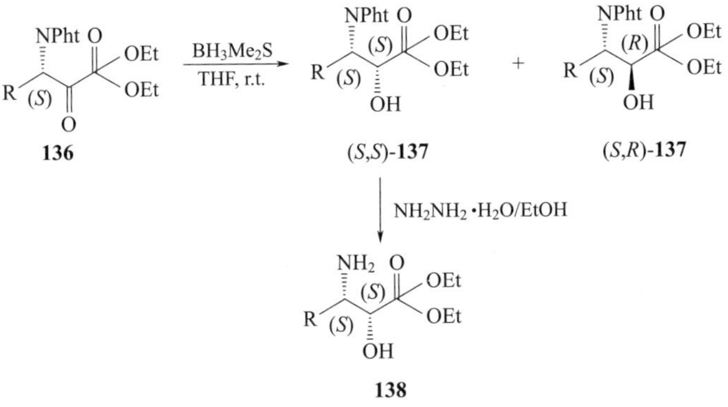

| R | 产率/% | 比率 |
| --- | --- | --- |
| Bn | 66 | 8∶1 |
| $p$-BnOC$_6$H$_4$CH$_2$ | 60 | 8∶1 |
| $i$-Bu | 66 | 9∶1 |
| Me | 62 | 10∶1 |

方案 3.96　用硼烷-二甲硫醚配合物还原酮膦酸酯 **136**

用（一）-二异松蒎基氯硼烷（Ipc$_2$BCl）还原 α-酮膦酸酯 139 得到具有 65% ee 的（S）-α-羟基膦酸酯[195]。该方法可以得到 α-羟基-β-氨基膦酸酯和 β-羟基-γ-亚氨基膦酸酯（方案 3.97）。Maier 使用儿茶酚硼烷和噁唑硼烷作为酮膦酸酯不对称还原的催化剂[196,197]。

**方案 3.97** 用（一）-Ipc$_2$BCl 不对称还原酮膦酸酯 139

用硼氢化钠在 THF 中还原酮膦酸酯 140 的立体选择性低（30%～35% de）[187]，其通过形成硼氢化钠与天然（R,R）-酒石酸的手性配合物而增加[198]。用该手性配合物还原酮膦酸酯 140，得到具有 60%～85%ee 的二乙基（1S）-α-和 β-羟基膦酸酯和具有 80%～93%的非对映纯度的二薄荷基（1S）-α-羟基膦酸酯。该方法用于合成（S）-和（R）-磷酸肉碱 142 和 143，两种对映体均使用（R,R）-和（S,S）-酒石酸制备（方案 3.98）[198]，分离出磷酸肉碱 142 和 143，为无色纯固体。

a=NaBH$_4$/(R,R)-TA; b=NaBH$_4$/(S,S)-TA; c=H$_3$O$^+$; d=Me$_3$N/H$_2$O; e=Me$_3$NH$^+$Cl$^-$

**方案 3.98** （S）-和（R）-磷酸肉碱的合成

**（R）-（D）-2-羟基-3-氯丙基膦酸二乙酯**　将（R,R）-（+）-酒石酸（1.5g, 10mmol）加入到含有硼氢化钠（0.36g, 10mmol）的 50mL THF 悬浮液中，然后将反应混合物回流 4h。之后，在 30℃下加入酮膦酸酯（2.5mmol）的 10mL THF 溶液，并将反应混合物在该温度下搅拌 24h。向反应混合物中滴加 20mL 乙酸乙酯和 30mL 1mol·L$^{-1}$的盐酸。分离有机层，水相用氯化钠饱和，用乙酸乙酯（15mL）萃取两次。用饱和 Na$_2$CO$_3$ 溶液（320mL）洗涤有机萃取物并用 Na$_2$SO$_4$ 干燥。真空除去溶剂，残留物用乙腈结晶[产率 85%，黄色油，$[\alpha]_D^{20}$=

+12.4($c$=3.2,CHCl$_3$),$\delta_{\rm P}$(121.4MHz,CDCl$_3$)=29.4]。

## 3.6 不对称氧化

碳-碳键或碳负离子的不对称氧化是制备各种羟基和二羟基膦酸酯的有效途径。例如，通过立体选择性氧杂吖丙啶介导的二烷基苄基膦酸酯 **143** 的羟基化制备高 ee（96%～98%ee）的手性 α-羟基膦酸酯 **144**。将 α-羟基膦酸酯转化成相应的游离膦酸并保持高度立体化学纯度（90%～98%ee）（方案 3.99）[199,201]。

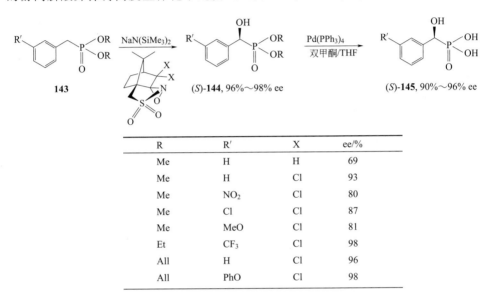

| R | R′ | X | ee/% |
|---|---|---|---|
| Me | H | H | 69 |
| Me | H | Cl | 93 |
| Me | NO$_2$ | Cl | 80 |
| Me | Cl | Cl | 87 |
| Me | MeO | Cl | 81 |
| Et | CF$_3$ | Cl | 98 |
| All | H | Cl | 96 |
| All | PhO | Cl | 98 |

方案 3.99

Sharpless 不对称二羟基化是烯烃与手性锇催化剂（具有奎宁配体的 Os$_2$O$_3$）形成邻位二醇化学反应。Sharpless 二羟基化用于由烯基膦酸酯对映选择性制备 1,2-二羟基膦酸酯。该步骤用锇催化剂[(DHQD)$_2$PHAL、(DHQ)$_2$PHAL 或它们的衍生物]和化学计量的氧化剂[例如 K$_3$Fe(CN)$_6$ 或 N-甲基吗啉氧化物（NMO）]进行；它是在缓冲溶液中进行的，以确保稳定的 pH，因为反应在碱性条件下进行得太快[202-206]。通过烯基膦酸酯 **146** 的不对称二羟基化制备二羟烷基膦酸酯 **147**，随后经过叠氮衍生物的形成和叠氮基团的催化还原反应，二羟衍生物 **147** 转化为 2-氨基-1-羟基- 和 3-氨基-2-羟基烷基膦酸酯[202]（方案 3.100）。

($E$)-烯基膦酸二乙酯 **146** 与二水合锇(Ⅵ)酸钾、甲苯氯磺酰胺 T 和 (DHQD)$_2$PHAL 作为手性配体的不对称氨基羟基化产生了良好产率（55%～

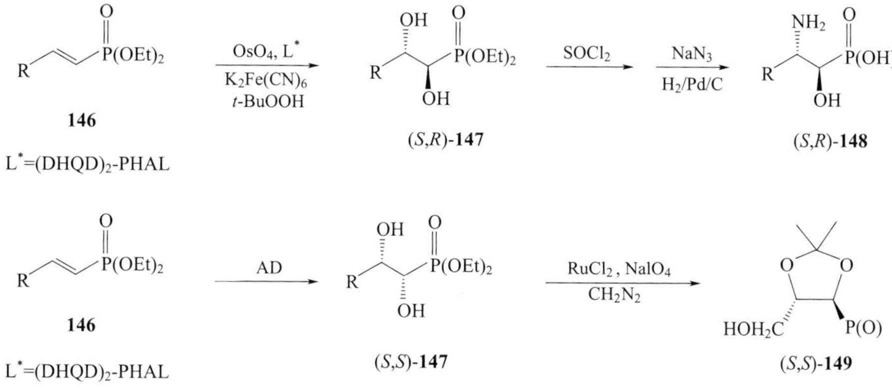

| AD | R | 产率/% | ee/% |
|---|---|---|---|
| AD-混合物-$\beta$ | Ph | 42 | 91 |
| AD-混合物-$\alpha$ | 4-MeOC$_6$H$_4$ | 71 | 95 |
| AD-混合物-$\beta$ | 4-MeOC$_6$H$_4$ | 69 | 98 |
| AD-混合物-$\alpha$ | 4-ClC$_6$H$_4$ | 65 | 98 |
| AD-混合物-$\alpha$ | 1-萘基 | 80 | 93 |
| AD-混合物-$\beta$ | $n$-C$_7$H$_{13}$ | 63 | 84 |
| AD-混合物-$\alpha$ | 3-MeOC$_6$H$_4$ | 67 | 96 |
| AD-混合物-$\alpha$ | 2-呋喃基 | 17 | 88 |

方案 3.100

75%)的苏式-1-羟基-2-氨基膦酸 **148**，其对映选择性从 45%ee 到 92%ee[203,204]（方案 3.101）。($E$)-烯基膦酸酯 **146** 与 AD-混合物-$\alpha$ 或 AD-混合物-$\beta$ 试剂的不对称二羟基化形成光学活性的苏式-$\alpha$,$\beta$-二氢-二羟基膦酸酯 **151**（方案 3.102）[206-208]。

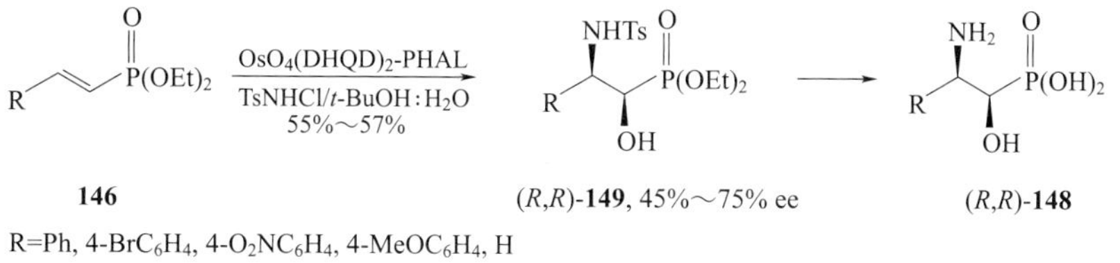

方案 3.101

在具有共轭芳香族取代基的($E$)-烯基膦酸酯的氧化反应中观察到最高水平的对映选择性（>88%ee）。当用二甲基膦酸酯代替二乙基膦酸酯进行二羟基化反应时，对映选择性和产率显著提高。$\alpha$,$\beta$-二羟基膦酸酯 **147**（R=$p$-An）通过两步合成（用 RuCl$_3$/NaIO$_4$ 氧化并用 NaBH$_4$ 还原）转化为二氧戊环 **149**，用于$\alpha$-杂原子取代的膦酸酯的不对称合成[197]。($S/R$)-1-乙酰氧基-2-($E$)-烯基膦酸酯 **150** 的外消旋混合物通过用 AD-混合物-$\alpha$ 或 AD-混合物-$\beta$ 进行动力学控制的

**方案 3.102**

二羟基化来拆分[205]。二羟基化的立体化学取决于 α-碳原子的构型和双键上取代基的性质。例如，AD-混合物-β 主要氧化烯基膦酸酯 **150** 的 (R)-对映体；因此，除了形成的光学活性的 (1R,2S,3R)-1-乙酰氧基-2,3-二羟基膦酸酯 **151** 外，反应混合物还含有未消耗的 (S)-酰氧基膦酸酯 **150**，其以良好的光学纯度被分离 (方案 3.102)[207]。

Cristau 和 Kafarski 等已经开发了一种非对映选择性合成 2-氨基-1-羟基-2-芳基乙基膦酸酯 **153** 的方法，该方法是用 trans-1,2-环氧-2-芳基乙基膦酸酯与含有 28% $NH_3$ (aq) 的甲醇溶液[209,210]反应。通过以下反应顺序从 2,3-O-亚环己基-1-羟基丙基膦酸酯获得非对映二乙基 (1R,2R)- 和 (1S,2R)-2,3-环氧-1-苄氧基丙基膦酸酯 **152**：苄基化、缩醛水解及通过 Sharpless 环氧化反应将末端二醇转化为环氧化物。用二苄胺区域选择性地打开这些环氧化物，再经过乙酰化和氢解后得到化合物 **153**[211] (方案 3.103)。

(a) BnBr, $Ag_2O$, HCl, 二噁烷, $MeC(OMe)_3$, PPTS, AcBr, $K_2CO_3$, MeOH;
(b) $HNBn_2$, $Ag_2O$, $NEt_3$, $H_2$-Pd(I)$_2$/C

**方案 3.103**

烯丙基膦酸酯的不对称环氧化被广泛用于天然存在的羟基膦酸酯的不对称合成中。特别是 Nakamura 等开发了几种合成 PTX **1** 的方法。第一种方法是从溴甲基烯丙酮开始，通过 Michaelis-Becker 反应，转化为烯丙基亚膦酸酯 **154**，再用四氧化锇二羟基化氧化得到二羟基膦酸酯 **155**，然后将其转化得到 PTX **1** (方案 3.104)[211]。

同一作者第二次合成 PTX **1** 使用二烯基醇作为起始反应物。使用 D-DETA 催化不对称环氧化二烯基醇，得到手性 (R)-环氧醇 **157** (92% ee，产率 57%)。添加二苄基亚磷酸盐的氯镁形成 C—P 键。臭氧分解和脱苄基化得到 (S)-PTX，产率为 79%，ee 为 92%。还使用该方法制备 PTX **1** 的 (R)-对映体。根据比旋度和生物活性，确定天然产物具有 (S)-构型 (方案 3.105)[211,212]。

PTX **1** 的第三次合成分六步完成，总产率为 24%，来自商品化的 3-羟基-2-

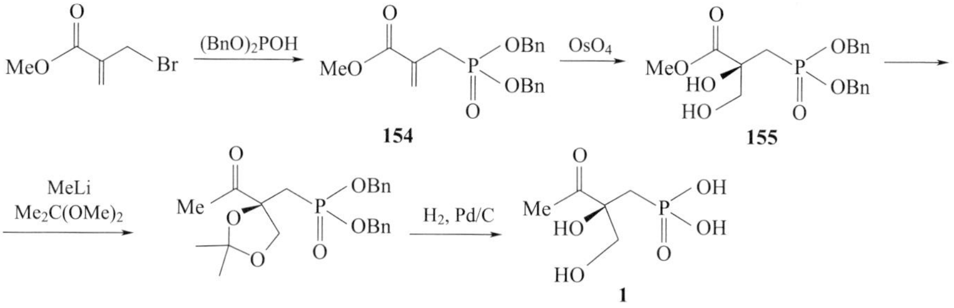

方案 3.104　首次合成 PTX **1**

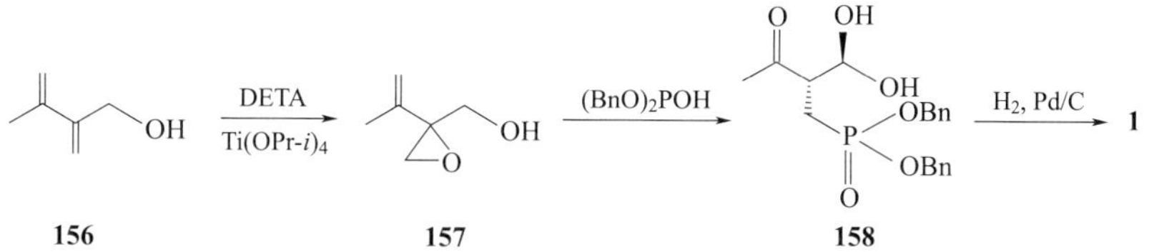

方案 3.105　第二次合成 PTX **1**

亚甲基丁酸酯 **159**，在三乙胺存在下用氯代亚磷酸盐二乙酯磷酸化，得到（$E$）-烯丙基膦酸酯 **160**（产率 60%），分子内 Arbusov 重排形成关键的 C—P 键。二醇 **161** 的邻位二羟基化然后氧化导致形成受保护的 PTX，产率为 80%，其通过 $CH_2Cl_2$ 中的过量 TMSI 和 MeCN 中的 HF 水溶液脱保护（方案 3.106）[212]。

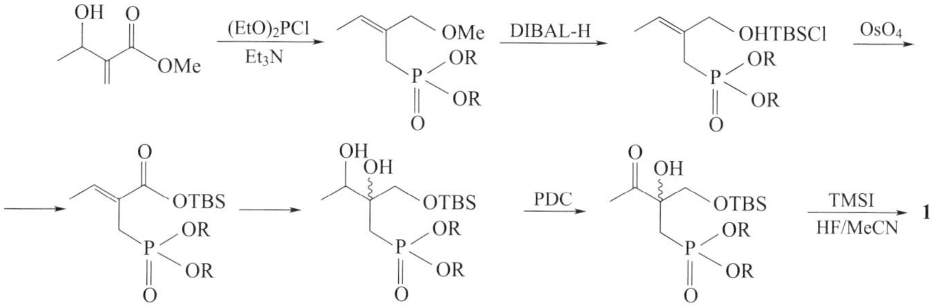

方案 3.106　第三次合成 PTX **1**

天然 1-HO-AEP **162** 是从土壤变形虫（*Acanthamoeba castellanii*）膜中分离出的。合成方法包括向 $N$-(2-氧代乙基) 邻苯二甲酰亚胺中加入二甲基亚磷酸钠盐，然后用水合肼除去邻苯二甲酰基，再用酸水解掉酯基[213,214]（方案 3.107）。

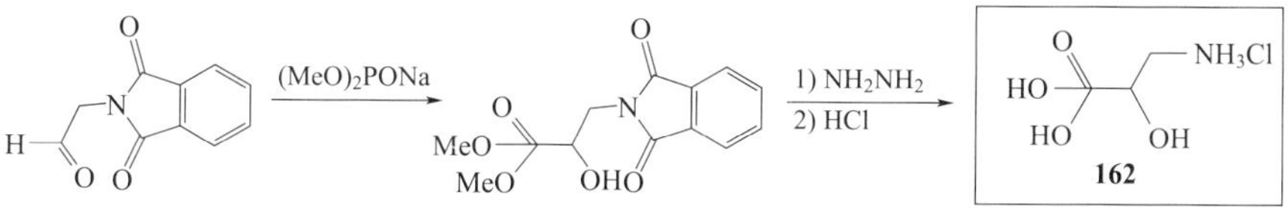

方案 3.107　1-羟基-2-氨基乙基膦酸的合成

3　含有侧链手性中心的磷化合物

## 3.7 C-修饰

将（$S$,$S$)-2-($\alpha$-羟基丙烯基)-2-氧代-1,3,2-噁唑磷烷的锂衍生物加入苯甲醛中得到$\alpha$-羟基-2-氧代-1，3,2-噁唑磷烷 **163** 的非对映异构体混合物其比率为3∶1（方案 3.108)[215,216]。$\beta$-羟基膦酸酯 **164** 通过金属膦酸酯与羰基化合物在 THF 或 DME-TMEDA 中反应得到（方案 3.109)[217]。膦酸酯碳负离子与羰基化合物在 THF 中反应，以中等非对映选择性制备$\beta$-羟烷基膦酸酯。异硫氰酸甲基膦酸二乙酯的锂衍生物与醛反应，得到 *cis*-和 *trans*-(2-硫代-噁唑烷-4-基)-膦酸酯 **165** 的混合物，通过柱色谱分离并转化成 $N$-Boc-1-氨基-2-羟烷基膦酸酯 **166**（方案 3.110)[217,218]。

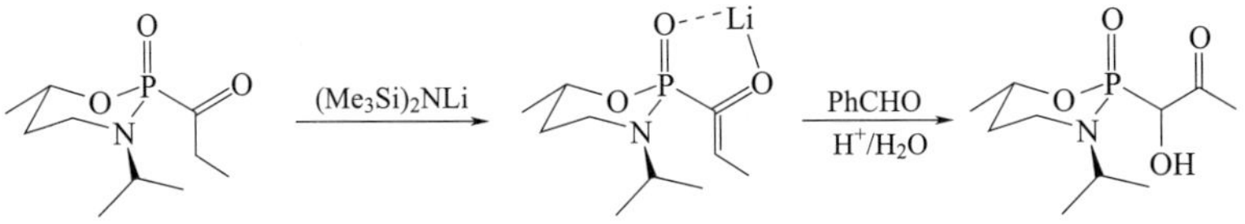


**方案 3.108**

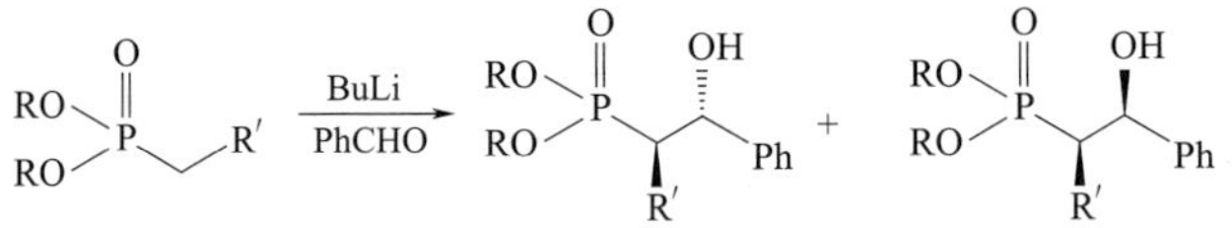


($R$,$R$)-**164** ($R$,$S$)-**164**

| R | R′ | 溶剂 | 温度/℃ | de/% |
|---|---|---|---|---|
| Me | Me | THF | –95 | 85 |
| Me | Me | THF-TMEDA | –95 | 81 |
| Me | Me | $Et_2O$ | –78 | 42 |
| Me | Me | DME-TMEDA | –78 | 61 |

**方案 3.109**

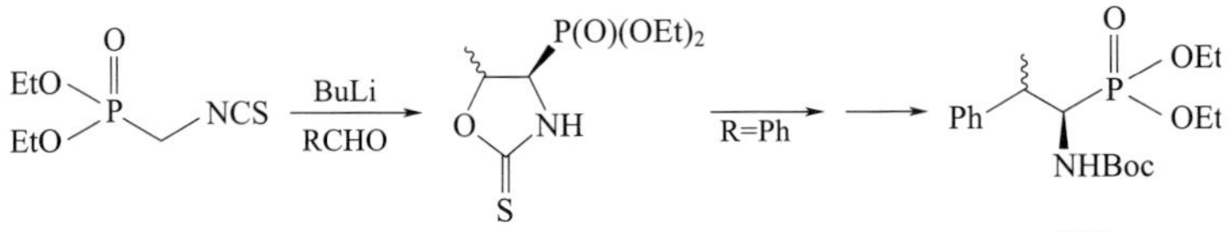


**165** **166**

**方案 3.110**

在 $TiCl_4$ 存在下，非手性 $N$,$O$-缩醛与三苯基亚磷酸酯的反应形成低非对映选择性的 N-乙酰化的 α-氨基膦酸酯 **167**。通过分级重结晶获得纯的非对映异构体 **167**。通过磷-羟醛反应制备的非对映体富集的羟基膦酸酯可以通过制备柱色谱法纯化（方案 3.111）[219]。

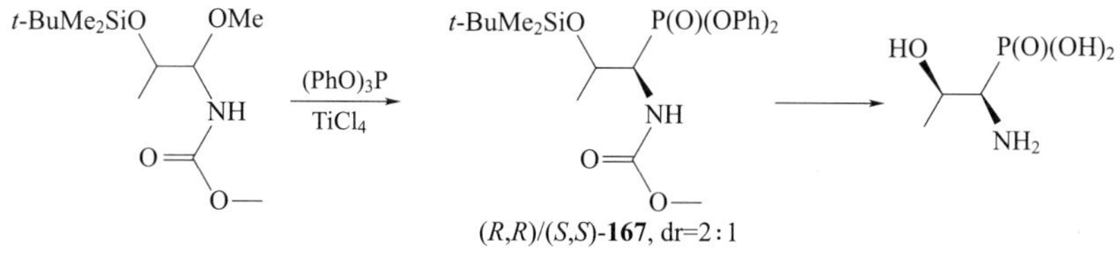

方案 3.111

## 3.8 不对称环加成

环加成是两种或多种反应物结合形成稳定的环状分子的过程，在此过程中不会消除小的碎片并形成键但不会破坏。环加成可通过每个组分对新环贡献的环原子数或每个组分中涉及的电子数（通常为 π 电子）进行分类。在本节中，讨论了 Diels-Alder 反应中的不对称诱导和立体选择性 1,3-偶极环加成反应。例如，烯烃-膦氧化物与硝酮的 [3+2]-环加成反应由 1,3-偶极环加成表示。在向硝酮中添加烯烃时，任何一方可能是手性的。在方案 3.112 中所示的实例中，叔链烯基膦或硝酮是手性的。

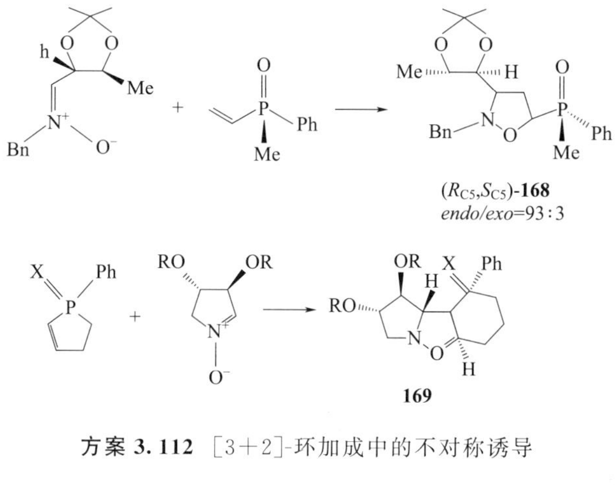

方案 3.112 [3+2]-环加成中的不对称诱导

Brandi 和 Pietrusiewicz 展示了前手性二乙烯基膦衍生物与五元分子 **168**、**169** 的 1,3-偶极环加成反应实例，磷的立体化学具有可预测性[220-222]。由 L-酒石酸经 $C_2$ 对称 $O,O'$-保护的 3,4-二羟基吡咯烷衍生的对应纯五元环硝酮与外消旋的 2,3-二氢-1-苯基-1H-磷烯 1-氧化物和 1-硫化物发生高度区域和立体选择性环

3 含有侧链手性中心的磷化合物　151

加成反应。在所有情况下，仅观察到形成两种非对映异构体环加成物，它们的比例（高达 10∶1）取决于硝酮上保护基团的大小和转化程度（方案 3.112）。硝酮对二苯基乙烯基膦氧化物、硫化物和硒化物的 1,3-偶极环加成反应在避免开环的反应条件下选择性地形成环加成物 **170**。根据以下顺序，选择性随着取代基吸电子能力的增强而降低：$Ph_2P > PhMeP(O) > Ph_2P(S) \geqslant PhP(O) > (EtO)_2P(O)$[222]（方案 3.113）。

方案 3.113

P-立体异构的亲偶极子 **171** 与 $C,N$-二苯基硝酮的不对称 1,3-偶极环加成反应生成 P-立体异构的异噁唑啉二膦二氧化物 $(R_P,S_P)$-和 $(R_P,S_P)$-**172**（dr=1.5∶1），其可以用柱色谱法分离。通过微波辐射将反应时间从 48h 缩短至 40min。用 $Ti(OPr\text{-}i)_4$/PMHS 立体定向还原异噁唑啉二膦二氧化物以高产率产生对映和非对映纯的二膦 $(R_P,S_P)$-**173**，并保留磷原子上的构型。用 $BH_3$/THF 处理粗还原混合物导致形成非对映纯的二膦二硼烷 $(S_P,R_P)$-**173**，产率为 81%~84%（方案 3.114）[223,224]。二-P-立体异构亲二烯体 $(S_P,R_P)$-**171** 与环戊二烯的 Diels-Alder 环加成生成二-P-立体异构降冰片烯衍生物 **174**，并且在不存在催化剂的情况下以中等非对映选择性进行。然而，在 $TiCl_4$ 存在下，非对映选择性提高到 9∶1。在 (−)-$O,O$-二苯甲酰基酒石酸一水合物存在下通过分级结晶进行非对映体环加成物的分离。对结构进行 X 射线分析证实 $(S_P)$-甲基（苯基）膦酰基在 *exo*- 和 *endo*-位置，彼此相反，并且 $C_2$、$C_3$ 碳原子的绝对构型是 $(R)$[224]（方案 3.115）。

方案 3.114　二-P-立体异构亲二烯体的 Diels-Alder 环加成反应

**方案 3.115** 二-P-立体异性亲二烯体 ($S_P,S_P$)-171 的 Diels-Alder 环加成反应

# 3.9 多重立体选择性

当立体化学过程在一种以上手性助剂的控制下进行时，增加反应立体选择性的方法之一是多重立体选择性（多重立体分化和多重不对称诱导）[225]。为了获得最高的立体选择性，有必要将两种或几种手性不对称中心引入反应体系。在这种情况下，如果有几个参与不对称合成的手性不对称中心，我们将获得双立体选择性或多重立体选择性。显然，反应体系中每增加一种手性助剂都会影响不对称诱导并改变活化的非对映体形式之间的差异。存在于反应体系中的手性助剂的各种立体化学性质通常可以相互增强（匹配的不对称合成），或者相反地相互抵消（不匹配的不对称合成）[225,226]。通过选择 (R)-或 (S)-手性试剂以及它们的立体选择性来实现所形成的合成化合物的立体中心的立体化学控制。令人感兴趣的协同催化包括将多种手性中心引入配体中。或两种不同的催化剂在一个反应过程中协同作用。手性二烷基亚磷酸酯和三烷基亚磷酸酯，(1R,2S,5R)-薄荷醇、endo-冰片或二-O-异亚丙基-1,2:5,6-α-D-吡喃葡萄糖的衍生物与醛在反应条件下的磷-羟醛反应发生时，在手性从磷转移到烷基膦酸酯中的 α-碳原子上。反应的立体选择性取决于反应条件及初始试剂的结构。如方案 3.116 所示，(S)-脯氨酸与低立体选择性的亚磷酸二乙酯反应，得到 (S,R)- 和 (S,S)-羟基膦酸酯的非对映异构体混合物，比例为 2:1（单一不对称诱导）；然而，当手性 (S)-脯氨酸与手性三甲基亚磷酸盐或二甲基亚磷酸盐反应时（双重不对称诱导），反应的立体选择性提高[227]。手性 $(R^*O)_2POH$ 和 $(R^*O)_3P$ 基本可以提高奎宁或辛可尼丁催化的磷-羟醛反应的立体选择性。例如，奎宁催化二烷基亚磷酸盐与邻硝基苯甲醛的对映选择性磷-羟醛反应，导致形成具有中等对映选择性的 α-羟基膦酸酯 **175**[228]。然而，由于双重不对称诱导，当二薄荷基亚磷酸酯或二冰片基亚磷酸二丁酯在奎宁或辛可尼丁存在下与醛反应时，反应的立体选择性增加[229]。应用双重和三重不对称诱导来增加磷-羟醛反应的立体选择性[230-232]。双立体选择性是在手性二 (1R,2S,5R)-薄荷基亚磷酸酯和手性 2,3-O-异亚丙基-D-甘油醛之间的反应中获得。由手性 (S)-ALB 催化的手性亚磷酸盐与手性醛

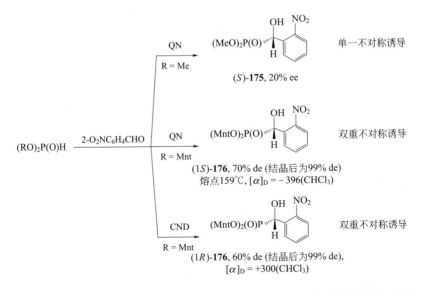

**方案 3.116** 磷-羟醛反应的单一和双重不对称诱导的实例

的反应涉及三种手性助剂，其具有最高的立体选择性（85%de）（方案 3.117）。

**方案 3.117** 金鸡纳生物碱催化的磷-羟醛反应的单一和双重不对称诱导（AI）

同时，(R)-ALB 催化剂没有增加立体选择性（55%de）。因此，在涉及三种手性助剂的反应中实现了磷-羟醛反应最高的立体选择性，这三种手性助剂在匹配时相互增强。如在 (R)-甘油醛/(1R,2S,5R)-薄荷基/(S)-BINOL 的存在下的不对称诱导。如果手性助剂的绝对构型不匹配，则立体选择性不会增加，如 (R)-甘油醛/(1R,2S,5R)-薄荷基/(S)-BINOL 的情况[233]。在反应中引入两个或三个不对称诱导剂，如果初始化合物［例如，(R)-甘油醛/(1R,2S,5R)-薄荷基/(S)-BINOL］中手性基团的绝对构型在一个方向上起作用以增加试剂的非对映选择性，则系统还增加了(R)-甘油醛丙酮磷二酯的立体选择性（方案3.118）[99]。

| R | 催化剂 | (1R,2R)-177/(1S,2R)-178 | 立体选择性 |
|---|---|---|---|
| Et | DBU[b] | 45:55 | 单一 |
| Mnt | DBU[a] | 20:80 | 双重 |
| Mnt | DBU | 28:72 | 双重 |
| Mnt | (S,S)-ALB[c] | 5:95 | 三重匹配 |
| Mnt | (R,R)-ALB[c] | 22:78 | 三重不匹配 |

注：a.无溶剂；b. DBU, c. ALB = Al-Li-bis(联萘酚)。

**方案3.118** 磷-羟醛反应的双重、三重不对称诱导

Feng等提出了双功能手性 Al(Ⅲ)-BINOL 配合物，其带有两个手性中心，用于醛的有效对映选择性氢磷化[234]。BINOL **179e** 和 BINOL 衍生物 **179a~d** 的 Al(Ⅲ) 配合物在 BINOL 上含有两个叔胺部分，显示出高反应活性，(R,S)-**179a** 的铝配合物得到的产物具有最佳结果（产率85%，70%de）。相反，具有 (S)-BINOL 片段的配体 (S,S)-**179b** 显示出低的对映选择性，并且倾向于产生与 (R,S)-**179** 构型相反的手性 α-羟基膦酸酯。这些结果表明 BINOL 部分的轴向手性对确定氢磷化产物的绝对构型具有更大的影响，并且匹配的立体异构元素是 (R)-BINOL 和 (S)-1-苯基乙胺组分。如方案3.119所示，催化剂的 Al(Ⅲ) 中心作为 Lewis 酸起作用并活化醛。醛被固定在催化剂上并通过两种相互作用活化：强的一个涉及 Al(Ⅲ) 和羰基氧之间的配位，而弱的一个是醛的质子和氯原子之间的氢键效应。羰基倾向于沿着与氧相反的方向接近催化剂（受阻较少的方式，如方案3.119所示）。

有机金属BINOL催化剂和金鸡纳有机催化剂与 Ti(OPr-i)₄ 组合用于醛的不对称氢磷化可以提高磷-羟醛反应的立体选择性。这些自组装双功能催化剂中的手性 Lewis 碱部分（金鸡纳生物碱）自发地与手性 Lewis 酸性部分（BINOL-Ti 配合物）的中心金属配位，形成金属-有机组件。双功能催化剂由取代的 BINOL **180a~e** 和 **181** 的金属-有机自组装产生，用于醛的高效不对称氢磷化[235]。双功能催化剂的手性 Lewis 碱（金鸡纳生物碱）与手性 Lewis 酸（BINOL-Ti 配合物）的中心金属配位，形成有机金属配合物 **B**。与普通的双功能催化剂相比，Lewis 酸/Lewis 碱通过共价键存在于一个分子中，在这种情况下，手性配体、金属离子和提供高效催化剂的底物之间存在不对称诱导配位（方案3.120）

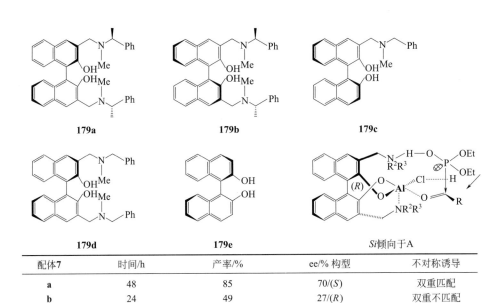

| 配体7 | 时间/h | 产率/% | ee/% 构型 | 不对称诱导 |
|---|---|---|---|---|
| a | 48 | 85 | 70/(S) | 双重匹配 |
| b | 24 | 49 | 27/(R) | 双重不匹配 |
| c | 24 | <19 | 0 | 双重不匹配 |
| d | 48 | 81 | 65/(S) | 单一 |
| e | 48 | — | 7/(S) | 单一 |

方案 3.119 醛的不对称氢磷化催化循环中反应的中间体

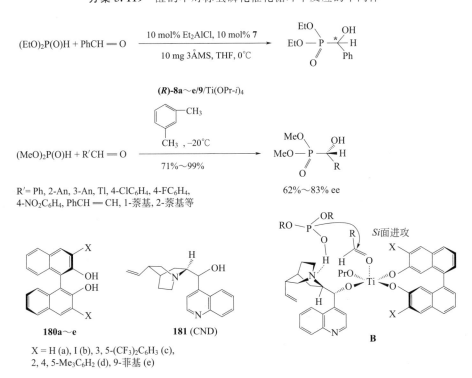

方案 3.120 磷-羟醛反应催化剂（表 3.4）和过渡配合物

（表 3.4）。

表 3.4　磷-羟醛反应的双重不对称催化，催化剂＝(R)-180c/181/Ti (OPr-i)₄

$$(MeO)_2P(O)H + RCH=O \xrightarrow{催化剂} (MeO)_2P(O)CH(OH)R$$

| 序号 | R' | 产率/% | ee/% |
| --- | --- | --- | --- |
| 1 | Ph | 92 | 94 |
| 2 | 3-MeC$_6$H$_4$ | 90 | 95 |
| 3 | 4-MeC$_6$H$_4$ | 92 | 94 |
| 4 | 2-MeOC$_6$H$_4$ | 95 | 96 |
| 5 | 2-ClC$_6$H$_4$ | 99 | 90 |
| 6 | 4-ClC$_6$H$_4$ | 87 | 90 |
| 7 | 4-NO$_2$C$_6$H$_4$ | 99 | 90 |
| 8 | 1-萘基 | 97 | >99 |
| 9 | 2-萘基 | 97 | >99 |
| 10 | PhCH$_2$CH$_2$ | 96 | 92 |
| 11 | 环己基 | 93 | 92 |
| 12 | n-Oct | 98 | 94 |
| 13 | i-Pr | 90 | 94 |

　　进行了紫杉烷类 C-13 侧链的有机磷类似物的合成。方案 3.121 展示了从光学纯天然氨基酸开始的这些化合物的两种立体异构体的完全合成。非手性二乙基亚磷酸酯与氨基醛的反应以低立体选择性进行，得到立体异构体的混合物。同时，在双重不对称诱导条件下，手性二薄荷基亚磷酸盐和二冰片基亚磷酸盐分别与亮氨酸和苯丙氨酸反应得到具有良好立体选择性的手性氨基羟基膦酸酯 **180**、**183**。醛与二冰片基亚磷酸酯反应得到 (1S,2R)-立体异构体，而与二薄荷基亚磷酸酯反应得到 (1R,2R)-立体异构体。经柱色谱和结晶纯化后，得到立体化学纯的氨基羟基膦酸酯 **182**、**183**（方案 3.121）。

　　二苄基苯丙氨酸与三（三甲基甲硅烷基）亚磷酸酯的反应得到 (1R,2S)-1-羟基-2-氨基烷基膦酸 **184**，其通过重结晶纯化。反应的立体选择性取决于溶剂、碱的性质和温度。手性 1-羟基-2-氨基膦酸用于在新的紫杉烷类潜在抗癌药物的合成中修饰浆果赤霉素Ⅲ **185**（方案 3.122）。

　　手性 $\beta$-氨基-$\alpha$-羟基-$H$-亚膦酸盐 **187** 是通过 (S)- 或 (R)-ALB 配合物[238-240]催化的 N,N-二苄基-$\alpha$-氨基醛 **186** 的氢磷化获得的。使用二乙基亚膦酸盐的氢磷化反应调整 ALB 的手性，得到具有高非对映选择性的 syn-和 anti-$\beta$-氨基-$\alpha$-羟基-$H$-亚膦酸盐 **187**、**188**。在这些情况下，非对映选择性主要通过不对称催化剂的手性而不是 $\alpha$-氨基醛的手性来控制。此外，(S)-ALB 的氢磷化反应的非对映选择性通常高于 (R)-ALB 的非对映选择性（方案 3.123）。

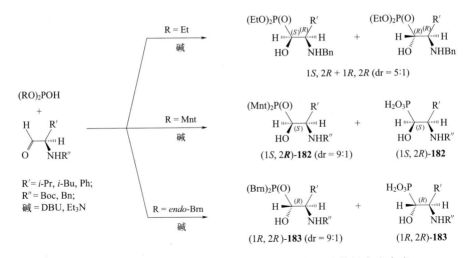

方案 3.121　紫杉烷类 C-13 侧链的膦酸酯类似物对映体的完全合成

方案 3.122　紫杉烷类 C-13 侧链的膦酸酯类似物的不对称合成

非手性二烷基亚磷酸酯与手性醛亚胺的反应以及手性二-(1R,2S,5R)-薄荷基亚磷酸酯与非手性醛亚胺的反应生成的加成产物的非对映体富集度低[145,146,241-244]。因此，手性二-(1R,2S,5R)-薄荷基亚磷酸酯与非手性苄基苯甲醛亚胺以及非手性二乙基亚磷酸酯与手性 (S)-α-甲基苄基苯甲醛亚胺通过一个不对称诱导剂进行立体化学控制的反应产生 30%～45% 非对映异构体富集的氨基膦酸二酯 189、190。然而，当将另外的手性诱导剂引入反应体系时，反应的立体选择性增加。例如，手性二-(1R,2S,5R)-薄荷基亚磷酸酯与手性 (S)-α-甲基苄基苯甲醛亚胺反应，加热至 80℃，形成 N-取代氨基膦酸二酯 189 的单一 (1R,2S)-非对映异构体。反应的立体选择性取决于 Schiff 碱芳环中取代基的性质。从表 3.5 中给出的结果可以看出，芳香环中的电子受体取代基降低了反应的

| 序号 | R | ALB | Syn/anti | 不对称合成 |
|---|---|---|---|---|
| 1 | Bn | (S) | 6:94 | 匹配 |
| 2 | Bn | (R) | 87:13 | 不匹配 |
| 3 | i-Bu | (S) | 2:98 | 匹配 |
| 4 | i-Bu | (R) | 94:6 | 不匹配 |

**方案 3.123** 由 (S)-或 (R)-ALB 配合物催化的 N,N-二苄基-α-氨基醛的氢磷化

立体选择性，而电子供体提高了立体选择性。例如，在芳环中含有取代基 4-MeO、4-Me$_2$N 和 H 的化合物中观察到最高的非对映选择性。然而，芳香环中含有 F、Br 和 NO$_2$ 的化合物 189 以低立体选择性获得[146]（表 3.5）。

**表 3.5** 二烷基亚磷酸酯与 Schiff 碱的立体选择性加成

| R$_2$ | 构型 R* | X | 产物构型 | dr | 非对映选择性 | 参考文献 |
|---|---|---|---|---|---|---|
| (MntO)$_2$ | (R) | H | (SR) | 75:25 | 不匹配 | [242] |
| (MntO)$_2$ | (S) | 4-MeO | (RS) | 94:6 | 匹配 | [242] |
| (MntO)$_2$ | (R) | 4-MeO | (SR) | 78:22 | 不匹配 | [242] |
| (MntO)$_2$ | (S) | 4-NMe$_2$ | (RS) | 93:7 | 匹配 | [242] |
| (MntO)$_2$ | (R) | 4-NMe$_2$ | (SR) | 75:25 | 不匹配 | [242] |
| (MntO)$_2$ | (S) | 4-NO$_2$ | (RS) | 85:15 | 匹配 | [242] |
| (MntO)$_2$ | (R) | 4-NO$_2$ | (SR) | 70:30 | 不匹配 | [242] |
| (MntO)$_2$ | (S) | 4-F | (RS) | 88:12 | 匹配 | [242] |
| (MntO)$_2$ | (R) | 4-F | (SR) | 75:25 | 不匹配 | [242] |
| (MntO)$_2$ | (S) | 4-Br | (RS) | 86:14 | 匹配 | [242] |
| (MntO)$_2$ | (R) | 4-Br | (SR) | 74:26 | 不匹配 | [242] |
| (MntO)$_2$ | (S) | Ph | — | 93:7 | 匹配 | [242] |
| (MntO)$_2$ | (R) | Ph | — | 80:20 | 不匹配 | [242] |
| (R)-Ph(Mnt) | (S) | Ph | (S) | 72:28 | 匹配 | [243] |
| (R)-Ph(Mnt) | (R) | Ph | (R) | 91:9 | 不匹配 | [244] |

Lyzwa[245] 报道了在对映体二薄荷基亚磷酸锂盐与 N（对甲苯基亚磺酰基）

苯甲醛亚胺 **191** 的两个对映体加成反应中观察到的双重不对称诱导的有趣结果，其形成了 α-氨基膦酸酯 **192**。它将对映异构的二薄荷基亚磷酸盐的阴离子亲核加成到 N-(对甲苯基亚磺酰基)苯甲醛亚胺的 (+)-(S)-**191** 和 (−)-(R)-**191** 对映异构体中，随后加合物酸性水解形成 (−)-**193** 和 (+)-**193** 的对映异构体 (序号 1~4，异构体配对)。加合物 **192** 的单一非对映异构体在新形成的 α-碳原子的立体异构中心具有相反的绝对构型。另一方面，立体异构体 **192** 和 **193** 由不配对的起始手性反应物形成，主要加合物的 dr 高于 10∶1 (方案 3.124)。

| 序号 | R | 191 | 192 | dr | 产率/% | 193的构型 |
|---|---|---|---|---|---|---|
| 1 | (1R, 2S, 5R)-Mnt | (+)(S) | ($S_SR_C$)-:($S_SS_C$)- | 100:0 | 88 | (+)(R) |
| 2 | (1R, 2S, 5R)-Mnt | (−)(R) | ($R_SS_C$)-:($R_SR_C$)- | 92:8 | 77 | (−)(S) |
| 3 | (1S, 2R, 5S)-Mnt | (+)(S) | ($S_SS_C$)-:($S_SR_C$)- | 91:9 | 75 | (+)(R) |
| 4 | (1S, 2R, 5S)-Mnt | (−)(R) | ($R_SS_C$)-:($R_SR_C$)- | 100:0 | 86 | (−)(S) |

**方案 3.124** 二薄荷基亚磷酸盐与 N-(对甲苯基亚磺酰基)苯甲醛亚胺的不对称加成

在三氟化硼醚化物存在下，三(1R,2S,5R)-薄荷基亚磷酸盐与 C=N 化合物反应形成氨基膦酸衍生物，其绝对构型与具有相同 C=N 化合物的二(1R,2S,5R)-薄荷亚磷酸酯反应中出现的绝对构型相反 (方案 3.126)。当两个手性诱导剂参与三烷基亚磷酸酯与 C=N 化合物的反应时，立体选择性增加。而[三(1R,2S,5R)-薄荷基]亚磷酸酯与 (S)-α-甲基苄基苯甲醛亚胺的反应主要生成 (N-1-苯基乙基)-氨基苄基膦酸酯 (1S,2S)-**194**，二薄荷基亚磷酸酯与 (S)-α-甲基苄基苯甲醛亚胺反应形成 N-(1-苯基乙基)氨基苄基膦酸酯 (1R,2S)-**195** (方案 3.125)[146]。

**方案 3.125** 手性醛亚胺与二烷基和三烷基亚磷酸酯的立体化学反应过程

亚氨基化合物与手性磷二酯和三酯反应的立体结果的差异可以通过这些化合

物与三氟化硼形成配合物 **196** 来解释（方案 3.126）。通过理论计算，亚氨基化合物与亚磷酸酯反应的立体化学分析表明，在非对映-零平面上（图 3.4），带有苯基的亚氨基化合物的构象对应于能量最小值。因此，C═N 中的碳原子在非对映体侧 *Re* 被攻击，同时非对映体中心具有氢原子，取代基尺寸较小，使得氨基膦酸酯具有（1*R*，2*S*）-构型。在亚氨基化合物与三氟化硼的配合物中，亚氨基碳原子上带电 BF$_3$ 基团的存在优先在非对映-零平面中具有甲基的构型，导致试剂对 C═N 碳原子在非对映体 *Si* 间进行进攻。这导致形成（1*S*，2*S*）-氨基膦酸酯 **194**（图 3.4）[246]。

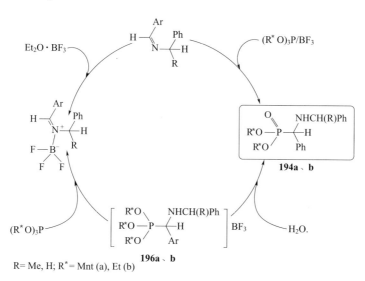

**方案 3.126** 三烷基亚磷酸盐与 Schiff 碱的反应机理

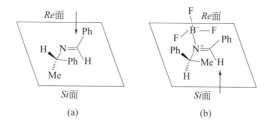

**图 3.4** 反应的立体化学模型

（a）二薄荷基亚磷酸盐与（S）-甲基苄基苯甲醛亚胺；
（b）三薄荷基亚磷酸盐与三氟化硼（S）-甲基苄基苯甲醛亚胺配合物

用 NaBH$_4$/(*R*)-酒石酸的手性配合物还原酮膦酸酯 **197a**、**b**，具有较好的立体选择性而得到具有 60%ee 的二乙基（1*S*）-α-羟基苄基膦酸酯 **198a** 和二薄荷基（1*S*）-α-羟基芳基甲基膦酸酯 **198b**，其 de 为 80%～93%。双重作用解释了二薄荷基芳基酮膦酸酯还原的更高立体选择性不对称诱导[247-252]。显然，在这种情况下，手性（1R,2S,5R）-薄荷基和（R,R）-酒石酸的不对称诱导作用在一个方向，增加了试剂的非对映体选择性，而（1R,2S,5R）-薄荷基和（S,S）-酒石酸的不对称诱导是不匹配的，并且在相反的方向上起作用，从而降低了立体选择性（方案3.127）[249]。

TA = 酒石酸，$n = 0, 1$

(R)-198a、b  197a、b  (S)-198a、b

(R)-199a、b
熔点76.5℃，$[\alpha]_D = -64.3(CHCl_3)$

(S)-199a、b
熔点86.2℃，$[\alpha]_D = -97.2(CHCl_3)$

| R | R' | TA的构型 | ee/% | 199的构型 | 立体选择 |
|---|----|---------|------|-----------|---------|
| Et | Ph | (R, R) | 60 | (S) | 单一 |
| Et | Ph | (S, S) | 60 | (R) | 单一 |
| Mnt | Ph | (R, R) | 92.5 | (S) | 双重匹配 |
| Mnt | Ph | (S, S) | 46 | (R) | 双重不匹配 |

**方案3.127** β-酮膦酸酯197的双重立体选择性还原

# 3.10 总结

本章介绍了磷酸亲核试剂立体选择性加成C═X键：磷-羟醛、磷-Mannich和磷-Michael反应。本章讨论的磷-羟醛反应和相关反应是有机磷化学中非常重要的反应，因为这些反应产物构成了许多重要的抗生素、抗癌药物和其他生物活性分子的骨架。实际上，为了改善反应条件，增强立体选择性和扩大这种反应的适用范围，进行了大量关于磷-羟醛、磷-Mannich和磷-Michael反应的研究。多重立体选择性可在一个步骤中产生两个或更多个手性中心，并且被认为是有机合成中最有效的合成策略之一。该方法的进一步发展应涉及手性多功能催化的立体化学研究，例如，在协同催化反应中。

## 参 考 文 献

1. Hildebrand, R. L. (1983) *The Role of Phosphonates in Living System*, CRC Press, Boca Raton, FL.
2. Kafarski, P. and Lejczak, B. (1991) Biological activity of aminophosphonic acids. *Phosphorus, Sulfur*

*Silicon Relat. Elem.*, **63** (1), 193-215.

3. Horiguchi, M. and Kandatsu, M. (1959) Isolation of 2-aminoethane. Phosphonic acid from rumen protozoa. *Nature*, **184**, 901-902.

4. Kolodiazhnyi, O. I. (2015) in *Topics in Current Chemistry*, vol. 361 (ed. J.-L. Montchamp), Springer International Publishing, Switzerland, pp. 161-236.

5. Hughes, A. B. (ed.) (2009) *Amino Acids, Peptides and Proteins in Organic Chemistry*, Modified Amino Acids, Organocatalysis and Enzymes, vol. 2, Wiley-VCH Verlag GmbH, Weinheim, 705 pp.

6. Kudzin, Z. H., Kudzin, M. H., Drabowicz, J., and Stevens, C. V. (2011) Aminophosphonic acids-phosphorus analogues of natural amino acids. Part 1: syntheses of α-aminophosphonic acids. *Curr. Org. Chem.*, **15** (12), 2015-2071.

7. Guin, J., Wang, Q., van Gemmeren, M., and List, B. (2015) The catalytic asymmetri-C Abramov reaction. *Angew. Chem. Int. Ed.*, **54** (1), 355-358.

8. Orsini, F., Sello, G., and Sisti, M. (2010) Aminophosphonic acids and derivatives. Synthesis and biological applications. *Curr. Med. Chem.*, **17** (3), 264-289.

9. Kolodiazhnyi, O. I. (2011) Enzymatic synthesis of organophosphorus compounds. *Russ. Chem. Rev.*, **80** (9), 883-910.

10. Blazis, V. J., Koeller, K. J., and Spilling, S. D. (1995) Reactions of chiral phosphorous acid diamides: the asymmetric synthesis of chiral alpha, -hydroxy phosphonamides, phosphonates, and phosphonic acids. *J. Org. Chem.*, **60** (4), 931-940.

11. Denmark, S. E. and Amburgey, J. (1993) A new, general, and stereoselective method for the synthesis of trisubstituted alkenes. *J. Am. Chem. Soc.*, **115** (22), 10386-10387.

12. le Bec, C. and Wickstrom, E. (1994) Stereospecific grignard activated coupling of a deoxynucleoside: methylphosphonate on a polyethylene glycol support. *Tetrahedron Lett.*, **35** (51), 9525-9528.

13. Bennani, Y. L. and Hanessian, S. (1990) A versatile asymmetric synthesis of α-amino α-alkyl-phosphonic acids of high enantiomeric purity. *Tetrahedron Lett.*, **31** (45), 6465-6468.

14. Hanessian, S., Bennani, Y. L., and Delorme, D. (1990) The asymmetric synthesis of α-chloro α-alkyl and α-methyl α-alkyl phosphonic acids of high enantiomeric purity. *Tetrahedron Lett.*, **31** (45), 6461-6464.

15. Cramer, C. J., Denmark, S. E., Miller, P. C., Dorow, R. L., Swiss, K. A., and Wilson, S. R. (1994) Structure and dynamics of phosphorus (Ⅴ)-stabilized carbanions: a comparison of theoretical, crystallographic, and solution structures. *J. Am. Chem. Soc.*, **116** (6), 2437-2447.

16. Kranz, M., Denmark, S. E., Swiss, K. A., and Wilson, S. R. (1996) An ab initio study of the P—C bond rotation in phosphoryl-and thiophosphoryl-stabilized carbanions: five-and six-membered heterocycles. *J. Org. Chem.*, **61** (24), 8551-8563.

17. Leyssens, T. and Peeters, D. (2008) Negative hyperconjugation in phosphorus stabilized carbanions. *J. Org. Chem.*, **73** (7), 2725-2730.

18. Denmark, S. E. and Cramer, C. (1990) The theoretical structures of neutral, anionic, and lithiated P-allylphosphonic diamide. *J. Org. Chem.*, **55** (6), 1806-1813.

19. Denmark, S. E., Miller, P. C., and Wilson, S. R. (1991) Configuration, conformation, and colligative properties of a phosphorus-stabilized anion. *J. Am. Chem. Soc.*, **113** (4), 1468-1470.

20. Denmark, S. E., Swiss, K. A., and Wilson, S. R. (1996) Solution and solid-state structure of a lithiated phosphine oxide. *Angew. Chem. Int. Ed. Engl.*, **35**, 2515-2517.

21. Denmark, E. S., Swiss, K. A., and Wilson, S. R. (1993) Solution-and solid-state structure and dy-

namics of thiophosphonamide anions: electronic tuning of rotational barriers. *J. Am. Chem. Soc.*, **115** (9), 3826-3827.

22. Aggarval, V. K. (1994) Enantioselective transformations and racemization studies of heteroatom substituted organolithium compounds. *Angew. Chem. Int. Ed. Engl.*, **33** (2), 175-177.

23. Rein, T. and Pedersen, T. M. (2002) Asymmetric Wittig type reactions. *Synthesis*, 2002 (5), 579-594.

24. Hanessian, S., Gomtsyan, A., and Malek, N. (2000) Asymmetric conjugate additions of chiral phosphonamide anions to α,β-unsaturated carbonyl compounds. A versatile method for vicinally substituted chirons. *J. Org. Chem.*, **65** (18), 5623-5631.

25. Denmark, S. E. and Kim, J. H. (2000) Diastereoselective alkylations of chiral, phosphorus-stabilized carbanions: N-alkyl substituent effects in P-alkyl-1,3,2-diazaphosphorinane 2-oxides. *Can. J. Chem.*, **78** (6), 673-688.

26. Toru, T. and Nakamura, S. (2003) Enantioselective synthesis by lithiation adjacent to sulfur, selenium or phosphorus, or without an adjacent activating heteroatom. *Top. Organomet. Chem.*, **5**, 177-216.

27. Denmark, S. E., Chatani, N., and Pansare, S. V. T. (1992) Asymmetric electrophilic amination of chiral phosphorus-stabilized anions. *Tetrahedron*, **48** (11), 2191-2208.

28. Denmark, S. E. and Chen, C. T. (1994) Alkylation of chiral, phosphorus-stabilized carbanions: substituent effects on the alkylation selectivity. *J. Org. Chem.*, **59** (11), 2922-2924.

29. Pagliarin, R., Papeo, G., Sello, G., Sisti, M., and Paleari, I. (1996) Design of β-amino alcohols as chiral auxiliaries in the electrophilic amination of 1,3,2-oxazaphospholanes. *Tetrahedron*, **52** (43), 13783-13794.

30. Baumgartner, T. (2014) Insights on the design and electron-acceptor properties of conjugated organophosphorus materials. *Acc. Chem. Res.*, **47** (5), 1613-1622.

31. Hanessian, S., Bennani, Y. L., and Herve, Y. (1993) A novel asymmetric synthesis of α-and β-amino aryl phosphonic acids. *Synlett*, 1993 (1), 35-36.

32. Hanessian, S., Gomtsyan, A., Payne, A., Herve, Y., and Beaudoin, S. (1993) Asymmetric conjugate additions of chiral allyl-and crotylphosphonamide anions to. alpha, beta, unsaturated carbonyl compounds: highly stereocontrolled access to vicinally substituted carbon centers and chemically asymmetrized chirons. *J. Org. Chem.*, **58** (19), 5032-5034.

33. Hanessian, S. and Gomstyan, A. (1994) Highly stereocontrolled sequential asym-metric Michael addition reactions with cinnamate esters-generation of three and four contiguous stereogenic centers on seven-carbon acyclic motifs. *Tetrahedron Lett.*, **35** (41), 7509-7512.

34. Focken, T. and Hanessian, S. (2014) Application of cyclic phosphonamide reagents in the total synthesis of natural products and biologically active molecules. *Beilstein J. Org. Chem.*, **10** (8), 1848-1877.

35. Paquette, L. A., Wang, T. Z., and Pinard, E. (1995) Total synthesis of natural (+)-acetoxycrenulide. *J. Am. Chem. Soc.*, **117** (4), 1455-1456.

36. Wang, T. Z., Pinard, E., and Paquette, L. A. (1996) Asymmetric synthesis of the diterpenoid marine toxin (+)-acetoxycrenulide. *J. Am. Chem. Soc.*, **118** (6), 1309-1318.

37. Wu, X., Zhou, J., and Snider, B. B. (2009) Synthesis of (−)-berkelic acid. *Angew. Chem. Int. Ed.*, **48** (7), 1283-1286.

38. Foucher, V., Guizzardi, B., Groen, M. B., Light, M., and Linclau, B. (2010) A novel, versatile

D→BCD steroid construction strategy, illustrated by the enantioselective total synthesis of estrone. *Org. Lett.*, **12** (4), 680-683.

39. Hailes, H.C., Isaac, B., and Javaid, M.H.T. (2001) 1,4-addition of chiral 2-propenylphosphonamide anions to substituted cyclopentenones: use in enantioselective syntheses of methyl dihydrojasmonates and methyl jasmonates. *Tetrahedron Lett.*, **42** (41), 7325-7328.

40. Marinozzi, M. and Pellicciari, R. (2000) Novel enantioselective synthesis (2S,2′R,3′R)-2-(2′,3′-dicarboxycyclopropyl) glycine (DCG-Ⅳ). *Tetrahedron Lett.*, **41** (47), 9125-9128.

41. Clive, D.L.J. and Liu, D. (2008) Synthesis of the potent anticancer agents ottelione A and ottelione B in both racemic and natural optically pure forms. *J. Org. Chem.*, **73**, 3078-3087.

42. Hanessian, S., Cantin, L.D., Roy, S., Andreotti, D., and Gomstyan, A. (1997) The synthesis of enantiomerically pure, symmetrically substituted cyclopropane phosphonic acids. A constrained analog of the GABA antagonist Phaclophen. *Tetrahedron Lett.*, **38** (7), 1103-1106.

43. Reissig, H.-U. (1996) Recent developments in the enantioselective syntheses of cyclopropanes. *Angew. Chem. Int. Ed. Engl.*, **35** (9), 971-973.

44. Hanessian, S., Andreotti, D., and Gomstyan, A. (1995) Asymmetric synthesis of enantiomerically pure and diversely functionalized cyclopropanes. *J. Am. Chem. Soc.*, **117** (41), 10393-10394.

45. Haynes, R.K., Stokes, J.P., and Hambley, T.W. (1991) The preparation of (R)-and (S)-(E)-but-2-enyl-t-butylphenylphosphine oxides and their enantiospecific conversion into enantiomeric hydrindenones related to vitamin D. *J. Chem. Soc., Chem. Commun.*, (1), 58-60.

46. Haynes, R.K., Freeman, R.N., Mitchell, C.R., and Vonwiller, S.C. (1994) Preparation of enantiomerically pure tertiary phosphine oxides from, and assay of enantiomeric purity with, ($R_P$)-and ($S_P$)-*tert*-butylphenylphosphinothioic acids. *J. Org. Chem.*, **59** (11), 2919-2921.

47. Denmark, S.E., Marlin, J.E., and Rajendra, G. (2013) Carbanion-accelerated claisen rearrangements: asymmetric induction with chiral phosphorus-stabilized anions. *J. Org. Chem.*, **78** (1), 66-82.

48. Tan, J., Cheon, C.-H., and Yamamoto, H. (2012) Catalytic asymmetric Claisen rearrangement of enolphosphonates: construction of vicinal tertiary and all-carbon quaternary centers. *Angew. Chem. Int. Ed.*, **51** (33), 8264-8267.

49. Denmark, S.E. and Miller, P.C. (1995) Asymmetric [2,3]-wittig rearrangements with chiral, phosphorus anion-stabilizing groups. *Tetrahedron Lett.*, **36** (37), 6631-6634.

50. Gulea-Purcarescu, M., About-Jaudet, E., and Collignon, N. (1995) Sigmatropic(2,3)-Wittig rearrangement of α-allylic-heterosubstituted methylphosphonates. Part 31: high diastereoselectivity in the rearrangement of anion of dimenthyl allyloxymethylphosphonate. *Tetrahedron Lett.*, **36** (37), 6635-6638. References 173.

51. Bestmann, H.J., Heid, E., Ryschka, W., and Lienert, J. (1974) Bestimmung der abso-luten Konfiguration des (＋)-4-Benzylidencyclohexancarbonsaure-athylesters. *Liebigs Ann. Chem.*, 1974 (10), 1684-1687.

52. Tanaka, K., Furuta, T., and Fuji, K. (2004) in Modern Carbonyl Olefination: Methods and Applications, Chapter 7 (ed. T. Takeda), Wiley-VCH Verlag GmbH, Weinheim, 365 pp.

53. Harmat, N.J.S. and Warren, S. (1990) Chiral synthesis of (Z)-2-butylidenecyclohexan-1-OL and-1-YL phenylsulphide from optically active phosphine oxides. *Tetrahedron Lett.*, **31**, 2743-2746.

54. Hanessian, S., Giroux, S., and Merner, B.L. (2013) Design and Strategy in Organic Synthesis: From the Chiron Approach to Catalysis, Wiley-VCH Verlag GmbH, Weinheim, 848 pp.

55. Zhang, Y. and Schuster, G. B. (1994) A search for photoresolvable *meso*-gens: synthesis and properties of a series of liquid crystalline, axially chiral 1-benzylidene-4-[4'-[(*p*-alkylphenyl) ethynyl] phenyl]cyclohexanes. *J. Org. Chem.*, **59** (7), 1855-1862.
56. Suarez, M. and Schuster, G. B. (1995) Photoresolution of an axially chiral bicyclo [3.3.0] octan-3-one: phototriggers for a liquid-crystal-based optical switch. *J. Am. Chem. Soc.*, **117** (25), 6732-6738.
57. Denmark, S. E. and Chen, C. T. (1992) Electrophilic activation of the Horner-Wadsworth-Emmons-Wittig reaction: highly selective synthesis of dissymmetric olefins. *J. Am. Chem. Soc.*, **114** (26), 10674-10676.
58. Hanessian, S. and Fu, J.-m. (2001) Total synthesis of polyoximic acid. *Can. J. Chem.*, **79** (11), 1812-1826.
59. Hanessian, S., Focken, T., and Oza, R. (2010) Total synthesis of Jerangolid. *Org. Lett.*, **12** (14), 3172-3175.
60. Hanessian, S., Focken, T., Mi, X., Oza, R., Chen, B., Ritson, D., and Beaudegnies, R. (2010) Total synthesis of (+)-ambruticin S: probing the pharmacophoric subunit. *J. Org. Chem.*, **75** (16), 5601-5618.
61. Headley, C. E. and Marsden, S. P. (2007) Synthesis and application of P-stereogenic phosphines as superior reagents in the asymmetric Aza-Wittig reaction. *J. Org. Chem.*, **72** (19), 7185.
62. Bennani, Y. L. and Hanessian, S. (1997) *trans*-1,2-Diaminocyclohexane derivatives as chiral reagents, scaffolds, and ligands for catalysis: applications in asymmetric synthesis. *Chem. Rev.*, **97** (8), 3161-3196.
63. Kawasaki, T., Ogawa, A., Takashima, Y., and Sakamoto, M. (2003) Enantioselective total synthesis of (−)-pseudophrynaminol through tandem olefination, isomerization and asymmetric Claisen rearrangement. *Tetrahedron Lett.*, **44** (8), 1591-1593.
64. Kawasaki, T., Shinada, M., Kamimura, D., Ohzono, M., and Ogawa, A. (2006) Enantioselective total synthesis of (−)-flustramines A, B and (−)-flustramides A, B via domino olefination/isomerization/Claisen rearrangement sequence. *J. Chem. Soc., Chem. Commun.*, (4), 420-422.
65. Kramp, G. J., Kim, M., Gais, H. J., and Vermeeren, C. (2005) Fully stereocontrolled total syntheses of the prostacyclin analogues 16S-iloprost and 16S-3-oxa-iloprost by a common route, using alkenylcopper-azoalkene conjugate addition, asymmetric olefination, and allylic alkylation. *J. Am. Chem. Soc.*, **27** (50), 17910-17920.
66. Marinozzi, M., Serpi, M., and Amori, L. (2007) Synthesis and preliminary pharmacological evaluation of the four stereoisomers of (2S)-2-(20-phosphono-30-phenylcyclopropyl) glycine. *Bioorg. Med. Chem.*, **15**, 3161-3170.
67. Amori, L., Serpi, M., Marinozzi, M., Costantino, G., Diaz, M. G., Hermit, M. B., Thomsen, C., and Pellicciari, R. (2006) Synthesis and preliminary biological evaluation of (2S,1'R, 2'S)-and (2S, 1'S, 2'R)-2-(2'-phosphonocyclopropyl) glycines, two novel conformationally constrained l-AP4 analogues. *Bioorg. Med. Chem. Lett.*, **16** (1), 196-199.
68. Hanessian, S. (1984) Total Synthesis of Natural Products: The "Chiron Approach", Pergamon, Oxford, 310 pp.
69. Hanessian, S. and Beaudoin, S. (1992) Studies in asymmetric olefinations-the synthesis of enantiomerically pure allylidene, alkylidene, and benzylidene cyclohexanes. *Tetrahedron Lett.*, **33** (50), 7655-7658.

70. Kolodiazhnyi, O. (1999) Phosphorus Ylides. Chemistry and Application in OrganicSynthesis, Wiley-VCH Verlag GmbH, Weinheim, New York, Chichester, pp. 1-565.

71. Li, C.-Y., Zhu, B.-H., Ye, L.-W., Jing, Q., Sun, X.-L., Tang, Y., and Shen, Q. (2007) Olefination of ketenes for the enantioselective synthesis of allenes via an ylide route. *Tetrahedron*, **63** (33), 8046-8053.

72. Kolodiazhnyi, O. I. (2005) Asymmetric synthesis of hydroxyphosphonates. *Tetrahedron: Asymmetry*, **16** (20), 3295-3340.

73. Abramov, V. S. (1950) Dokl. Akad. Nauk SSSR, 73, 487-489; Chem. Abstr., 45 (1951) 2855.

74. Mahrwald, R. (ed.)(2004) Modern Aldol Reactions, Wiley-VCH Verlag GmbH, Weinheim, p. 679.

75. Nixon, T. D., Dalgarno, S., Ward, C. V., Jiang, M., Halcrow, M. A., Kilner, C., Thornton-Pett, M., and Kee, T. P. (2004) Stereocontrol in asymmetric phosphoaldol catalysis. *Chirality relaying in action. C. R. Chim.*, **7** (8), 809-821.

76. Keglevich, G. and Bálint, E. (2012) The Kabachnik-fields reaction: mechanism and synthetic use. *Molecules*, **17**, 12821-12835.

77. Fu, X., Loh, W.-T., Zhang, Y., Chen, T., Ma, T., Liu, H., Wang, J., and Tan, C.-H. (2009) Chiral guanidinium salt catalyzed enantioselective phospha-Mannich reactions. *Angew. Chem. Int. Ed.*, **121** (40), 7523-7526.

78. Enders, D., Saint-Dizier, A., Lannou, M.-I., and Lenzen, A. (2006) The phospha-Michael addition in organic synthesis. *Eur. J. Org. Chem.*, 2006 (1), 29-49.

79. Lenker, H. K., Richard, M. E., Reese, K. P., Carter, A. F., Zawisky, J. D., Winter, E. F., Bergeron, T. W., Guydon, K. S., and Stockland, R. A. Jr. (2012) Phospha-Michael additions to activated internal alkenes: steric and electronic effects. *J. Org. Chem.*, **77** (3), 1378-1385.

80. Blazis, V. J., Koeller, K. J., and Spilling, S. D. (1994) Asymmetric synthesis of α-hydroxyphosphonamides, phosphonates and phosphonic acids. *Tetrahedron: Asymmetry*, **5** (3), 499-502.

81. Pudovik, A. and Arbuzov, A. (1950) Addition of dialkyl phosphites to unsaturated ketones, nitriles and esters. *Dokl. Akad. Nauk SSSR, Ser. Khim.*, **73**, 327-355.

82. Pudovik, A. N. (1954) Thiophosphinic and phosphinic acids, new method for the synthesis of their esters. *Usp. Khim.(Russ. Chem. Rev.)*, **23** (5), 547-580.

83. Sum, V. and Kee, T. P. (1993) Synthetic, stereochemical and mechanistic studies on the asymmetric phosphonylation of aldehydes via 2-triorganosiloxy-1,3,2-oxazaphospholidines. *J. Chem. Soc., Perkin Trans. 1*, (22), 2701-2712.

84. Kolodiazhnyi, O. I. and Kolodiazhna, O. O. (2012) New catalyst for phosphonylation of C=X electrophiles. *Synth. Commun.*, **42** (11), 1637-1649.

85. Olszewski, T. K. (2015) Asymmetric synthesis of α-hydroxymethylphosphonates and phosphonic acids via hydrophosphonylation of aldehydes with chiral H-phosphonate. *Tetrahedron: Asymmetry*, **26** (7), 393-399.

86. Gancarz, R. (1995) Nucleophilic addition to carbonyl compounds. Competition between hard (amine) and soft (phosphite) nucleophile. *Tetrahedron*, **51** (38), 10627-10632.

87. Wroblewski, A. E. and Konieczko, V. T. (1984) Stereochemistry of 1,2-oxaphospholanes. III. Evidence for the retro-Abramov pathway in methoxide-catalysed equilibration of substituted 2-methoxy-2-oxo-1,2-oxapholan-3-ols. *Monatsh. Chem.*, **115** (6-7), 785-791.

88. Wroblewski, A. E. (1986) Synthesis, stereochemistry, and ring opening reactions of diastereomeric 3-hydroxy-2-methoxy-5-methyl-1,2-oxaphospholan-2-ones. *Liebigs Ann. Chem.*, (8), 1448-1455.

89. Kolodiazhnyi, O. I., Gryshkun, E. V., Kachkovskyi, G. O., Kolodiazhna, A. O., Kolodiazhna, O. O., and Sheiko, S. Y. (2011) New methods for the synthesis of phosphonic analogues of natural compounds. *Phosphorus, Sulfur Silicon Relat. Elem.*, **186** (4), 644-651.

90. Kolodyazhnaya, O. O. and Kolodyazhnyi, O. I. (2011) Chiral N-Moc-pyrrolidine bisphosphonate. *Russ. J. Gen. Chem.*, **81** (1), 145-146.

91. Moreno, G. E., Quintero, L., Berne's, S., and Anaya de Parrodi, C. (2004) Diastereoselective carbonyl phosphonylation using chiral N, N'-bis-[(S)-a-phenylethyl]-bicyclic phosphorous acid diamides. *Tetrahedron Lett.*, **45** (22), 4245-4248.

92. Kolodiazhnyi, O. I., Grishkun, E. V., Sheiko, S., Demchuk, O., Thoennessen, H., Jones, P. G., and Schmutzler, R. (1998) Chiral symmetric phosphoric acid esters as sources of optically active organophosphorus compounds. *Tetrahedron: Asymmetry*, **9** (9), 1645-1649.

93. Kolodiazhnyi, O. I., Grishkun, E. V., Sheiko, S., Demchuk, O., Thoennessen, H., Jones, P. G., and Schmutzler, R. (1999) Asymmetric synthesis of α-substituted alkylphosphonates on the base of symmetric dialkylphosphites. *Russ. Chem. Bull. (Izvestia AN)*, **48** (8), 1588-1593.

94. Kolodiazhnyi, O. I., Sheiko, S. Y., and Grishkun, E. V. (2000) $C_3$-symmetric trialkyl phosphites as starting compounds of asymmetric synthesis. *Heteroat. Chem.*, **11** (2), 138-143.

95. Cain, M. J., Cawley, A., Sum, V., Brown, D., Thornton-Pett, M., and Kee, T. P. (2002) Stereoselective redox transformations of phosphorus heterocycles: stereocontrol in the asymmetric phospho-Mukaiyama aldol reaction. *Inorg. Chim. Acta*, **345**, 154-172.

96. Devitt, P. G. and Kee, T. P. (1995) Diastereoselective phosphonylation of aldehydes using chiral diazaphospholidine reagents. *Tetrahedron*, **51** (40), 10987-10996.

97. Wroblewski, A. E. and Piotrowska, D. G. (2001) Stereochemistry of the addition of dialkyl phosphites to (S)-N,N-dibenzylphenylglycinal. *Tetrahedron: Asymmetry*, **12** (21), 2977-2984.

98. Wroblewski, A. E. and Balcerzak, K. B. (1998) Synthesis of enantiomeric diethyl ($1R,2R$)-and ($1S,2R$)-1,2,3-trihydroxypropylphosphonates. *Tetrahedron*, **54** (24), 6833-6840.

99. Kolodiazhnaia, A. O., Kukhar, V. P., Chernega, A. N., and Kolodiazhnyi, O. I. (2004) Double and triple stereoselectivity in phosphaaldol reaction. *Tetrahedron: Asymmetry*, **15** (13), 1961-1963.

100. Kolodiazhnaia, A. O., Kukhar, V. P., and Kolodiazhnyi, O. I. (2004) Asymmetric synthesis of phosphathreoninic acid. *Russ. J. Gen. Chem.*, **74** (12), 1945-1946.

101. Kolodiazhnaia, A. O., Kukhar, V. P., and Kolodiazhnyi, O. I. (2004) Asymmetric synthesis of ($1S,2R$)-(1,2,3-trihydroxypropyl) diphenylphosphine oxide. *Russ. J. Gen. Chem.*, **74** (6), 965-966.

102. Wroblewski, A. E. and Piotrowska, D. G. (1999) Enantiomeric phosphonate analogs of the paclitaxel C-13 side chain. *Tetrahedron: Asymmetry*, **10** (10), 2037-2043.

103. Wroblewski, A. E. and Piotrowska, D. G. (2002) Enantiomerically pure N-Boc-and N-benzoyl-(S)-phenylglycinals. *Tetrahedron: Asymmetry*, **13** (22), 2509-2512.

104. Yokomatsu, T., Yamagishi, T., and Shibuya, S. (1993) Stereodivergent synthesis of β-amino-α-hydroxyphosphonic acid derivatives by lewis acid mediated stereoselective hydrophosphonylation of α-amino aldehydes. *Tetrahedron: Asymmetry*, **4** (7), 1401-1404.

105. Pousset, C. and Larcheveque, M. (2002) An efficient synthesis of α-and β-aminophosphonic esters from α-amino acids. *Tetrahedron Lett.*, **43** (30), 5257-5260.

106. Wroblewski, A. E. and Balcerzak, K. B. (2001) Synthesis of 2-amino-1,3-dihydroxypropyl-phosphonates from Garner aldehyde. *Tetrahedron: Asymmetry*, **12** (3), 427-432.

107. Wroblewski, A. E. and Piotrowska, D. G. (2000) Enantiomeric phosphonate analogs of the docetaxel C-13 side chain. *Tetrahedron: Asymmetry*, **11** (12), 2615-2624.

108. Piotrowska, D. G., Halajewska-Wosik, A., and Wroblewski, A. E. (2000) Racemization-free recovery of α-hydroxyphosphonates from their carboxylic esters. *Synth. Commun.*, **30** (21), 3935-3940.

109. Wroblewski, A. E. and Piotrowska, D. G. (1998) Phosphonate analogs of N-benzoyl-and N-Boc-3-phenylisoserine, the taxol C-13 side chain. *Tetrahedron*, **54** (28), 8123-8132.

110. Patel, D. V., Rielly-Gauvin, K., Ryono, D. E., Free, C. A., Rogers, W. L., Smith, S. A., DeForrest, J., Oehl, R. S., and Petrillo, E. W. Jr., (1995) α-hydroxy phosphinyl-based inhibitors of human renin. *J. Med. Chem.*, **38** (22), 4557-4569.

111. Stowasser, B., Budt, K. H., Jian-Qi, L., Peyman, A., and Ruppert, D. (1992) New hybrid transition state analog inhibitors of HIV protease with peripheric $C_2$-symmetry. *Tetrahedron Lett.*, **33** (44), 6625-6628.

112. Peyman, A., Budt, K. H., Spanig, J., Stowasser, B., and Ruppert, D. C. (1992) 2-symmetric phosphinic acid inhibitors of HIV protease. *Tetrahedron Lett.*, **33** (32), 4549-4552.

113. (a) Gulyaiko, I. V. and Kolodyazhnyi, O. I. (2009) Chiral fluorophosphono-methylbenzaldehydes. *Russ. J. Gen. Chem.*, **79** (1), 146-147; (b) Yokomatsu, T., Yamagishi, T., Matsumoto, K., and Shibuya, S. (1996) Reconfirmation of high enantiomeric excesses in the enantioselective transformation of *meso*-epoxides. *Tetrahedron*, **52** (43), 11725-11738.

114. Kabat, M. M. (1993) A novel method of highly enantioselective synthesis of γ-hydroxy-β-keto phosphonates via allene oxides. *Tetrahedron Lett.*, **34** (52), 8543-8544.

115. Yamagishi, T., Kusano, T., Kaboudin, B., Yokomatsu, T., Sakuma, C., and Shibuya, S. (2003) Diastereoselective synthesis of β-substituted α-hydroxyphosphinates through hydrophosphinylation of α-heteroatom-substituted aldehydes. *Tetrahedron*, **59** (6), 767-772.

116. Bongini, A., Panunzio, M., Bandini, E., Martelli, G., and Spunta, G. (1995) Stereoselective synthesis of α,β-disilyloxy phosphonates by stereoselective phosphonylation of α-silyloxyaldehydes. *Synlett*, 1995 (5), 461-462.

117. Bongini, A., Camerini, R., Panunzio, M., Bandini, E., Martelli, G., and Spunta, G. (1996) Stereochemical aspects of the asymmetric synthesis of chiral α,β-dihydroxy phosphonates. Synthesis of α,β-dihydroxy phosphonic acids. *Tetrahedron: Asymmetry*, **7** (12), 3485-3504.

118. Bandini, E., Martelli, G., Spunta, G., and Panunzio, M. (1995) Silicon directed asymmetric synthesis of (1R,2S)-(−)-(1,2-Epoxypropyl) phosphonic acid (fosfomycin) from (S)-lactaldehyde. *Tetrahedron: Asymmetry*, **6** (9), 2127-2130.

119. Bongini, A., Camerini, R., and Panunzio, M. (1996) Efficient synthesis of the four diastereomers of phosphothreonine from lactalhehyde. *Tetrahedron: Asymmetry*, **7** (5), 1467-1476.

120. Wroblewski, A. E. and Glowacka, I. E. (2002) Synthesis of (1R,2S)-and (1S,2S)-3-azido-1, 2-dihydroxypropylphosphonates. *Tetrahedron: Asymmetry*, **13** (9), 989-994.

121. Yokomatsu, T., Yoshida, Y., and Shibuya, S. (1994) Stereoselective synthesis of β-oxygenated α-hydroxyphosphonates by Lewis acid-mediated stereoselective hydrophosphonylation of α-benzyloxy aldehydes. An application to the synthesis of phosphonic acid analogs of oxyamino acids. *J. Org. Chem.*, **59** (25), 7930-7933.

122. Hanaya, T., Miyoshi, A., Noguchi, A., Kawamoto, H., Armour, M. A., Hogg, A. M., and Yamamoto, H. (1990) A convenient synthesis of (2R)-1-amino-1-deoxy-l-phosphinylglycerols. *Bull. Chem. Soc. Jpn.*, **63** (12), 3590-3594.

123. Yokomatsu, T. and Shibuya, S. (1992) Enantioselective synthesis of α-amino phosphonic acids by an application of stereoselective opening of homochiral dioxane acetals with triethyl phosphite. *Tetrahedron: Asymmetry*, **3** (3), 377-378.
124. Wroblewski, A. E. (1984) Synthesis of carbohydrates having phosphorus in the anomeric position. *Carbohydr. Res.*, **125** (1), C1-C4.
125. Wroblewski, A. E. (1984) Synthesis of 1,3-di-O-benzyl-D-glycero-tetrulose. *Carbohydr. Res.*, **131** (2), 325-330.
126. Wroblewski, A. E. (1986) Notizen analogues of methyl D-ribo and D-arabino-furanosides having phosphorus in the anomeric position. *Z. Naturforsch.*, *B*, **41** (6), 791-792.
127. Hanaya, T. and Yamamoto, H. (1989) Synthesis and structural analysis of 4-deoxy-4-(hydroxyphosphinyl and phenylphosphinyl)-D-ribofuranoses. *Bull. Chem. Soc. Jpn.*, **62** (7), 2320-2327.
128. Harvey, T. C., Simiand, C., Weiler, L., and Withers, S. G. (1997) Synthesis of cyclic phosphonate analogs of ribose and arabinose. *J. Org. Chem.*, **62** (20), 6722-6725.
129. Yamamoto, H., Hanaya, T., Kawamoto, H., Inokawa, S., Yamashita, M., Armour, M. A., and Nakashima, T. T. (1985) Synthesis and structural analysis of 5-deoxy-5-C-(hydroxyphosphinyl)-D-xylo-and-glucopyranoses. *J. Org. Chem.*, **50** (19), 3516-3521.
130. Thiem, J. and Guenter, M. (1984) Abramow-reaktion von kohlenhydratderivaten mit freien anomeren. *Phosphorus, Sulfur Silicon Relat. Elem.*, **20** (1), 67-79.
131. Thiem, J., Guenter, M., Paulsen, H., and Kopf, J. (1977) Phosphorhaltige Kohlenhy-drate, XVI. Ringerweiterung von Furanose-Ringen zu 1, 2, 5-Oxaphosphorinanen. *Chem. Ber.*, **110** (9), 3190-3200.
132. Wroblewski, A. E. (1986) Analogues of branched-chain tetrafuranosides having phosphorus in the anomeric position. *Tetrahedron*, **42** (13), 3595-3606.
133. Wroblewski, A. E. (1986) Synthesis of enantiomeric dimethyl (1, 2, 3, 4-tetrahydroxybutyl) phosphonates. *Liebigs Ann. Chem.*, 1986 (11), 1854-1862.
134. Kachkovskyi, G. O. and Kolodiazhnyi, O. I. (2010) Synthesis of the phosphonoanalog of benzo [c] pyroglutamic acid. *Phosphorus, Sulfur Silicon Relat. Elem.*, **185** (11), 2238-2242.
135. Guliaiko, I. V. and Kolodiazhnyi, O. I. (2004) Highly stereoselective addition of diphenyl (trimethylsilyl) phosphine to a chiral aldehyde. *Russ. J. Gen. Chem.*, **74** (10), 1623-1624.
136. Kolodiazhna, A. O., Guliaiko, I. V., and Kolodiazhnyi, O. I. (2005) Diasteroselective addition of mono and bis-silylphosphines to chiral aldehydes. *Phosphorus, Sulfur Silicon Relat. Elem.*, **180** (10), 2335-2346.
137. Kolodiazhnyi, O. I., Guliaiko, I. V., and Kolodiazhna, A. O. (2004) Highly stereoselective addition of silylphosphines to chiral aldehydes. *Tetrahedron Lett.*, **45** (37), 6955-6957.
138. Gordon, N. J. and Evans, S. A. Jr., (1993) Diastereoselective condensation of oxazaphosphites with aliphatic and aromatic aldehydes. *J. Org. Chem.*, **58** (20), 5293-5294.
139. Merino, P., Marqués-López, E., and Herrera, R. P. (2008) Catalytic enantioselective hydrophosphonylation of aldehydes and imines. *Adv. Synth. Catal.*, **350**, 1195-1208.
140. Zefirov, N. S. and Matveeva, E. D. (2008) Catalytic Kabachnik-Fields reaction: new horizons for old reaction. ARKIVOC, (i), 1-17.
141. Gröger, H. and Hammer, B. (2000) Catalytic concepts for the enantioselective synthesis of α-amino and α-hydroxy phosphonates. *Chem. Eur. J.*, **6**, 943-948.
142. Bera, K., Nadkarni, D., and Namboothiri, I. N. N. (2013) Asymmetric synthesis of γ-aminophos-

phonates: the bio-isosteric analogs of γ-aminobutyric acid. *J. Chem. Sci.*, **125** (3), 443-465.

143. Gilmore, W. F. and McBride, H. A. (1972) Synthesis of an optically active α-aminophosphonic acid. *J. Am. Chem. Soc.*, **94** (12), 4361.

144. Yuan, C. and Cui, S. (1991) Studies on organophosphorus compounds XL VIII structural effect on the induced asymmetric addition of dialkyl phosphite to chiral aldimine derivatives. *Phosphorus, Sulfur Silicon Relat. Elem.*, **55** (1-4), 159-164.

145. Sheiko, S., Guliaiko, I., Grishkun, E., and Kolodiazhnyi, O. I. (2002) Double asym-metric induction during addition of chiral phosphites to C=N bond. *Phosphorus, Sulfur Silicon Relat. Elem.*, **177** (8-9), 2269-2270.

146. Kachkovskii, G. A., Andrushko, N. V., Sheiko, S. Y., and Kolodiazhnyi, O. I. (2005) Dual stereochemical control in reaction of diand trialkyl phosphites with aldimines. *Russ. J. Gen. Chem.*, **75** (11), 1735-1743.

147. Lewkowski, J., Tokarz, P., Lis, T., and Slepokura, K. (2014) Stereoselective addition of dialkyl phosphites to di-salicylaldimines bearing the (R,R)-1,2-diaminocyclohexane moiety. *Tetrahedron*, **70** (4), 810-816.

148. Gowiak, T., Sawka-Dobrowolska, W., Kowalik, J., Mastalerz, P., Soroka, M., and Zon, J. (1977) Palladium catalyzed thienylation of allylic alcohols with 3-bromothiophene. *Tetrahedron Lett.*, **45** (18), 3965-3968.

149. Lewkowski, J. and Karpowicz, R. (2010) Diastereoselective addition of Di-(trimethylsilyl) phosphite to chiral N-(R)-α-methylbenzyl and N-(1-methoxycarbonyl-iso-pentyl) Schiff bases of various aldehydes. *Heteroat. Chem*, **21** (5), 326-331.

150. Lewkowski, J., Karpowicz, R., and Skowronski, R. (2009) First synthesis of ferrocenyl-N-alkyl-aminophosphonic acids. *Phosphorus, Sulfur Silicon Relat. Elem.*, **184** (4), 815-819.

151. Cottier, L., Descotes, G., Lewkowski, J., and Skowronski, R. (1996) Synthesis and its stereochemistry of aminophosphonic acids derived from 5-hydroxymethylfurfural. *Phosphorus, Sulfur Silicon Relat. Elem.*, **116** (1), 93-100.

152. Yager, K. M., Taylor, C. M., and Smith, A. B. (1994) Asymmetric synthesis of α-aminophosphonates via diastereoselective addition of lithium diethyl phosphite to chelating imines. *J. Am. Chem. Soc.*, **116** (20), 9377-9378.

153. Vicario, J., Ortiz, P., and Palacios, F. (2013) Synthesis of tetrasubstituted α-aminophosphonic acid derivatives from trisubstituted α-aminophosphonates. *Eur. J. Org. Chem.*, 2013 (31), 7095-7100.

154. Boratynski, P. J., Skarzewski, J., and Sidorowicz, L. (2012) Stereochemistry of hydrophosphonylation of 9-aminoquinine Schiff bases. *Arkivoc*, (Ⅳ), 204-215.

155. Lefebvre, I. M. and Evans, S. A. (1997) Studies toward the asymmetric synthesis of α-amino phosphonic acids via the addition of phosphites to enantiopure sulfinimines. *J. Org. Chem.*, **62** (22), 7532-7533.

156. Davis, F. A., Lee, S., Yan, H., and Titus, D. D. (2001) Asymmetric synthesis of quaternary amino phosphonates using sulfinimines. *Org. Lett.*, **3** (11), 1757-1760.

157. Lyzwa, P. and Mikołajczyk, M. (2010) Asymmetric synthesis of aminophosphonic acids mediated by chiral sulfinyl auxiliary: recent advances. *Pure Appl. Chem.*, **82** (3), 577-582.

158. Chen, Q., Li, J., and Yuan, C. (2008) Sulfinimine-mediated asymmetric synthesis of acyclic and cyclic α-aminophosphonates. *Synthesis*, 2008 (18), 2986-2990.

159. Lyzwa, P., Blaszczyk, J., Sieron, L., and Mikołajczyk, M. (2013) Asymmetric synthesis of

structurally diverse aminophosphonic acids by using enantiopure N-(p-tolylsulfinyl) cinnamaldimines as reagents. *Eur. J. Org. Chem.*, 2013 (11), 2106-2115.

160. Roschenthaler, G.-V., Kukhar, V. P., Kulik, I. B., Belik, M. Y., Sorochinsky, A. E., Rusanov, E. B., and Soloshonok, V. A. (2012) Asymmetric synthesis of phosphonotrifluoroalanine and its derivatives using N-tert-butanesulfinyl imine derived from fluoral. *Tetrahedron Lett.*, **53** (5), 539-542.

161. Yao, Q. and Yuan, C. (2013) Enantioselective synthesis of H-phosphinic acids bearing natural amino acid residues. *J. Org. Chem.*, **78** (14), 6962-6974.

162. Khan, H. A. and Elmman, J. (2013) Asymmetric synthesis of α-aminophosphonate esters by the addition of dialkyl phosphites to tert-butanesulfinyl imines. *Synthesis*, **45** (22), 3147-3150.

163. Mikołajczyk, M., Łyzwa, P., and Drabowicz, J. (2002) A new efficient procedure for asymmetric synthesis of α-aminophosphonic acids via addition of lithiated bis (diethylamino) phosphine borane complex to enantiopure sulfinimines. *Tetrahedron: Asymmetry*, **13** (23), 2571-2576.

164. Mikołajczyk, M., Łyzwa, P., and Drabowicz, J. (1997) Asymmetric addition of dialkyl phosphite and diamido phosphite anions to chiral, enantiopure sulfinimines: a new, convenient route to enantiomeric α-aminophosphonic acids. *Tetrahedron: Asymmetry*, **8** (24), 3991-3994.

165. Chen, Q. and Yuan, C. (2007) A new and convenient asymmetric synthesis of α-amino-and α-alkylaaminophosphonic acids using N-tert-butylsulfinyl imines as chiral auxiliaries. *Synthesis*, (24), 3779-3786.

166. Roschenthaler, G. V., Kukhar, V., Barten, J., Gvozdovsk, N., Belik, M., and Sorochinsky, A. (2004) Asymmetric synthesis of α,α-difluoro-β-amino phosphonic acids using sulfinimines. *Tetrahedron Lett.*, **45** (35), 6665-6667.

167. Roschenthaler, G.-V., Kukhar, V. P., Belik, M. Y., Mazurenko, K. A. I., and Sorochinsky, A. E. (2006) Diastereoselective addition of diethyl difluoromethylphosphonate to enantiopure sulfinimines: synthesis of α,α-difluoro-β-aminophosphonates, phosphonic acids, and phosphonamidic acids. *Tetrahedron*, **62** (42), 9902-9910.

168. Cherkasov, R. A. and Galkin, V. I. (1998) The Kabachnik-Fields reaction: synthetic potential and the problem of the mechanism. *Russ. Chem. Rev.*, **67** (10), 857-882.

169. Fang, Z., Yang, H., Miao, Z., and Chen, R. (2011) Asymmetric Mannich-type synthesis of N-phosphinyl α-aminophosphonic acid monoesters. *Helv. Chim. Acta*, **94** (9), 1586-1593.

170. Cui, Z., Zhang, J., Wang, F., Wang, Y., Miao, Z., and Chen, R. (2008) The diastereoselective synthesis of methyl 5-deoxy-5-(dialkylphosphono)-5-(dialkylphosphoryla mido)-2,3-O-isopropylidene-β-D-ribofuranosides. *Carbohydr. Res.*, **343** (15), 2530-2534.

171. Tibhe, G. D., Reyes-González, M. A., Cativiela, C., and Ordóñez, M. (2012) Microwave-assisted high diastereoselective synthesis of α-aminophosphonates under solvent and catalyst free-conditions. *J. Mex. Chem. Soc.*, **56** (2), 183-187.

172. Palacios, F., Aparicio, D., de Retana, O. M. A., de los Santos, J. M., Gil, J. I., and Lopez de Munain, R. (2003) Asymmetric synthesis of 2H-aziridine phosphonates, and α-or β-aminophosphonates from enantiomerically enriched 2H-azirines. *Tetrahedron: Asymmetry*, **14** (6), 689-700.

173. Kolodiazhnyi, O. I., Kukhar, V. P., and Kolodiazhna, A. O. (2014) Asymmetric catalysis as a method for the synthesis of chiral organophosphorus compounds. *Tetrahedron: Asymmetry*, **25** (12), 865-922.

174. Haynes, R. K., Lam, W. W. L., and Yeung, L. L. (1996) Stereoselective preparation of functionalized tertiary P-chiral phosphine oxides by nucleophilic addition of litbiated *tert*-butylpbenylphospbine oxide to carbonyl compounds. *Tetrahedron Lett.*, **37** (29), 4729-4732.

175. Tedeschi, L. and Enders, D. (2001) Asymmetric synthesis f α-phosphono malonates via $Fe_2O_3$-mediated phospha-Michael addition to Knoevenagel acceptors. *Org. Lett.*, **3** (22), 3515-3517.

176. Jaklińska, M., Cordier, M., and Stankevič, M. (2016) Enantioselective organocatalytic phospha-Michael reaction of α,β-unsaturated aldehydes. *J. Org. Chem.*, **81** (4), 1378-1390.

177. Hanaya, T., Yamamoto, H., and Yamamoto, H. (1992) Orientation of the addition of dimethyl phosphonate to 5,6-dideoxy-6-nitro-*n*-hex-5-enofuranoses. *Bull. Chem. Soc. Jpn.*, **65** (4), 1154-1156.

178. Castelot-Deliencourt, G., Pannecoucke, X., and Quirion, J. C. (2001) Diastereoselective synthesis of α-substituted β-amidophosphonates. *Tetrahedron Lett.*, **42** (6), 1025-1028.

179. Castelot-Deliencourt, G., Roger, E., Pannecoucke, X., and Quirion, J. C. (2001) Diastereoselective synthesis of chiral amidophosphonates by 1,5-asymmetric induction. *Eur. J. Org. Chem.*, 2001 (16), 3031-3038.

180. Liu, X., Hu, X. E., Tian, X., Mazur, A., and Ebetino, F. H. (2002) Enantioselective synthesis of phosphinyl peptidomimetics via an asymmetric Michael reaction of phosphinic acids with acrylate derivatives. J. Organomet. Chem., 646 (1-2), 212-222.

181. Brunner, H. and Net, G. (1995) Enantioselective catalysis, part 93: 1 optically active expanded phosphanes derived from 1,2-bisphosphanobenzene and amides and esters of acrylic acid. *Synthesis*, 1995 (4), 423-426.

182. Knühl, G., Sennhenn, P., and Helmchen, G. (1995) New chiral β-phosphinocarboxylic acids and their application in palladium-catalysed asymmetric allylic alkylations. *J. Chem. Soc., Chem. Commun.*, (18), 1845-1846.

183. Jansen, J. F. G. A. and Feringa, B. L. (1990) Michael addition of lithiodiphenylphos-phine to menthyloxy-2[5*H*]-furanone: enantioselective synthesis of (SS)-CHIRAPOS. *Tetrahedron: Asymmetry*, **1** (10), 719-720.

184. Gourdel, Y., Pellon, P., Toupet, L., and LeCorre, M. (1994) Stereoselective synthesis of new functionalized bisphosphines. *Tetrahedron Lett.*, **35** (8), 1197-1200.

185. Hanaya, T., Ohmori, K., Yamamoto, H., Armour, M. A., and Hogg, A. M. (1990) Synthesis and structural analysis of 5-deoxy-5-[(*R*)-and(*S*)-methylphosphinyl]-α,β-D-manno-and -L-gulopyranoses. *Bull. Chem. Soc. Jpn.*, **63** (4), 1174-1179.

186. (a) Yamashita, M., Sugiura, M., Tamada, Y., Oshikawa, T., and Clardy, J. (1987) First X-ray study on orientation of addition of phosphorus compounds to 3-*O*-alkyl-5,6-dideoxy-1,2-*O*-isopropylidene-6-*C*-nitro-α-D-xylohexo-5-(*Z*)-enofuranoses. *Chem. Lett.*, (7), 1407-1408; (b) Zhang, H., Sun, Y. M., Zhao, Y., Zhou, Z.-Y., Wang, J.-P., Xin, N., Nie, S.-Z., Zhao, C.-Q., and Han, L.-B. (2015) One-pot process that efficiently generates single stereoisomers of 1,3-bisphosphinylpropanes having five chiral centers. *Org. Lett.*, **17** (1), 142-145.

187. Ordonez, M., de la Cruz-Cordero, R., Quinones, C., and Gonzalez-Morales, A. (2004) Highly diastereoselective synthesis of anti-γ-*N*-benzylamino-β-hydroxyphosphonates. *J. Chem. Soc., Chem. Commun.*, (06), 672-673.

188. Ordonez, M., de la Cruz, R., Fernandez-Zertuche, M. M., and Munoz-Hernandez, M. A. (2002) Diastereoselective reduction of α-ketophosphonates derived from amino acids. A new entry to enantio-

pure-hydroxy-aminophosphonate derivatives. *Tetrahedron: Asymmetry*, **13** (02), 559-562.

189. Burke, T. R. Jr., Smyth, M. S., Nomizu, M., Otaka, A., and Roller, P. P. (1993) Preparation of fluoro-and hydroxy-4-(phosphonomethyl)-D,L-phenylalanin suitably protected for solid-phase synthesis of peptides containing hydrolytically stable analogues of *O*-phosphotyrosinel. *J. Org. Chem.*, **58** (06), 1336-1340.

190. Barco, A., Benetti, S., Bergamini, P., De Risi, C., Marchetti, P., Pollini, G. P., and Zanirato, V. (1999) Diastereoselective synthesis of β-amino-α-hydroxy phosphonates via oxazaborolidine catalyzed reduction of β-phthalimido-α-ketophosphonates. *Tetrahedron Lett.*, **40** (43), 7705-7708.

191. Ordonez, M., Gonzalez-Morales, A., and Salazar-Fernandez, H. (2004) Highly diastereoselective reduction of β-ketophosphonates bearing homochiral bis (α-methylbenzyl) amine: preparation of both enantiomers of phosphogabob (GABOBP). *Tetrahedron: Asymmetry*, **15** (17), 2719-2725.

192. Ordóñez, M., Lagunas-Rivera, S., Hernández-Núñez, E., and Labastida-Galván, V. (2010) Synthesis of syn-γ-amino-β-hydroxyphosphonates by reduction of β-ketophosphonates derived from L-proline and L-serine. *Molecules*, **15** (3), 1291-1301.

193. Amedjkouh, M. and Grimaldi, J. (2002) Stereoselective reduction and reductive dephosphonylation of β-iminophosphonates. *Tetrahedron Lett.*, **43** (20), 3761-3764.

194. Oshikawa, T. and Yamashita, M. (1990) Preparation of optically active (S)-2-aminoalkylphosphonic acids from (S)-amino acids without racemization. *Bull. Chem. Soc. Jpn.*, **63** (9), 2728-2730.

195. Meier, C. and Laux, W. H. G. (1996) Asymmetric synthesis of chiral, nonracemic dialkyi-hydroxyalkylphosphonates via a(−)-chlorodiisopinocampheylborane (Ipc$_2$B-CI) reduction. *Tetrahedron: Asymmetry*, **7** (1), 89-94.

196. Meier, C. and Laux, W. H. G. (1995) Asymmetric synthesis of chiral, nonracemic dialkyl-α-, β-, and γ-hydroxyalkylphosphonates via a catalyzed enantioselective catecholborane reduction. *Tetrahedron: Asymmetry*, **6** (5), 1089-1092.

197. Meier, C. and Laux, W. H. G. (1996) Enantioselective synthesis of diisopropyl α-, β-, and γ-hydroxyarylalkylphdosphonates from ketophosphonates: a study on the effect of the phosphonyl group. *Tetrahedron*, **52** (02), 589-598.

198. Nesterov, V. and Kolodiazhnyi, O. I. (2005) Enantioselective synthesis of α-hydroxyalkyl-phosphonates. *Russ. J. Gen. Chem.*, **75** (7), 1161-1162.

199. Pogatchnik, D. M. and Wiemer, D. F. (1997) Enantioselective synthesis of α-hydroxy phosphonates via oxidation with (Camphorsulfonyl) oxaziridines. *Tetrahedron Lett.*, **38** (20), 3495-3498.

200. Ordonez, M., De la Cruz-Cordero, R., Fernandez-Zertuche, M., Munoz-Hernandez, M. A., and Garcıa-Barradas, O. (2004) Diastereoselective reduction of dimethyl c-[(*N*-*p*-toluenesulfonyl)amino. β-ketophosphonates derived from amino acids. *Tetrahedron: Asymmetry*, **15** (19), 3035-3043.

201. Skropeta, D. and Schmidt, R. R. (2003) Chiral, non-racemic α-hydroxyphosphonates and phosphonic acids via stereoselective hydroxylation of diallyl benzylphosphonates. *Tetrahedron: Asymmetry*, 14 (2), 265-273.

202. Yamagishi, T., Fujii, K., Shibuya, S., and Yokomatsu, T. (2004) Synthesis of chiral γ-amino-β-hydroxyphosphonate derivatives from unsaturated phosphonates. *Synlett*, 2004 (14), 2505-2508.

203. Cravotto, G., Giovenzana, G. B., Pagliarin, R., Palmisano, G., and Sisti, M. (1998) A straightforward entry into enantiomerically enriched β-amino-α-hydroxyphosphonic acid derivatives. *Tetrahedron: Asymmetry*, **9** (5), 745-748.

204. Li, G., Chang, H. T., and Sharpless, K. B. (1966) Katalytische asymmetrische Aminohydroxy-

lierung (AA) von Olefinen. *Angew. Chem.*, **108** (4), 449-452.

205. Yokomatsu, T., Yamagishi, T., Sada, T., Suemune, K., and Shibuya, S. (1998) Asymmetric dihydroxylation of 1-acyloxy-2(E)-alkenylphosphonates with AD-mix reagents. Effects of 1-acyloxy functional groups on the asymmetric dihydroxylation. *Tetrahedron*, **54** (5-6), 781-790.

206. Yokomatsu, T., Suemune, K., Yamagishi, T., and Shibuya, S. (1995) Highly regioselective silylation of α,β-dihydroxyphosphonates: an application to stereoselective synthesis of α-amino-β-hydroxyphosphonic acid derivatives. *Synlett*, 1995 (8), 847-849.

207. Yokomatsu, T., Yamagishi, T., Suemune, K., Yoshida, Y., and Shibuya, S. (1998) Enantioselective synthesis of threo-α,β-dihydroxyphosphonates by asymmetric dihydroxylation of 1(E)-alkenylphosphonates with AD-mix reagents. *Tetrahedron*, **54** (5-6), 767-780.

208. Yokomatsu, T., Yoshida, Y., Suemune, K., Yamagishi, T., and Shibuya, S. (1995) Enantioselective synthesis of threo-α,β-dihydroxyphosphonates by asymmetric dihydroxylation of vinylphosphonates. An application to the stereocontrolled synthesis of (4S,5S)-4-diethylphosphono-5-hydroxymethyl-2,2-dimethyl-1,3-dioxolane. *Tetrahedron: Asymmetry*, **6** (2), 365-368.

209. Drag, M., Latajka, R., Gancarz, R., Kafarski, P., Pirat, J. L., and Cristau, H. J. (2002) Regio- and stereoselective synthesis, solution conformations of 2-amino-1-hydroxy-2-arylethylphosphonic esters and acids. *Phosphorus, Sulfur Silicon Relat. Elem.*, **177**, 2191-2192.

210. Cristau, H. J., Pirat, J. L., Drag, M., and Kafarski, P. (2000) Regio-and stereoselective synthesis of 2-amino-1-hydroxy-2-aryl ethylphosphonic esters. *Tetrahedron Lett.*, **41** (50), 9781-9785.

211. Nakamura, K., Kimura, T., Kanno, H., and Takagashi, E. (1995) Total synthesis of (+/-)-phosphonothrixin, a novel herbicidal antibiotic containing C—P bond. *J. Antibiot.*, **48** (10), 1134-1137.

212. Nakamura, K. and Yamamura, S. T. (1997) Enantioselective synthesis of phosphonothrixin and its absolute stereochemistry. *Tetrahedron Lett.*, **38** (3), 437-438.

213. Field, S. C. (1998) Total synthesis of (±)-phosphonothrixin. *Tetrahedron Lett.*, **39** (37), 6621-6624.

214. Tone, T., Okamoto, Y., and Sakurai, H. (1978) Preparation of 1-hydroxy-2-aminoethylphosphonic acid. *Chem. Lett.*, (12), 1349-1350.

215. Gordon, N. J. and Evans, S. A. Jr., (1993) Synthesis and enantioselective aldol reaction of a chiral 2-oxo-2-propionyl-1,3,2-oxazaphosphorinane. *J. Org. Chem.*, **58** (20), 5295-5297.

216. Hammerschmidt, F. and Wuggenig, F. (1998) Enzymes in organic chemistry, 8. [11] resolution of in a biphasic system protease-catalyzed kinetic α-chloroacetoxyphosphonates. *Phosphorus, Sulfur Silicon Relat. Elem.*, **141** (1), 231-238.

217. Kawashima, T., Ishii, T., Inamoto, N., Tokitoh, N., and Okazaki, R. (1998) The olefin synthesis from P-hydroxyalkylphosphonates induced by fluorides or relatively weak bases. *Bull. Chem. Soc. Jpn.*, **71** (1), 209-219.

218. Blazewska, K., Sikora, D., and Gajda, T. (2003) Con synthesis of protected diethyl 1-amino-2-hydroxyalkylphosphonates. *Tetrahedron Lett.*, **44** (25), 4747.

219. Wroblewski, A. E. and Halajewska-Wosik, A. (2003) An efficient synthesis of an enantiomerically pure phosphonate analogue of l-GABOB. *Tetrahedron: Asymmetry*, **14** (21), 3359-3363.

220. Goti, A., Cichi, S., Brandi, A., and Pietruchiewicz, K. M. (1991) Nitrone cycloadditions to 2,3-dihydro-1-phenyl-1H-phosphole 1-oxide. Double asymmetric induction and kinetic resolution by a chiral nitrone. *Tetrahedron: Asymmetry*, **2** (12), 1371-1378.

221. Brandi, A., Cichi, S., Goti, A., Koprowski, M., and Pietrusiewicz, K. M. (1994) Kinetic resolution in 1,3-dipolar cycloaddition of tartaric acid-derived nitrones to 2,3-dihydro-1-phenyl-1*H*-phospholes. An enantioselective approach to the 2,2'-coupled pyrrolidine-phospholane ring system. *J. Org. Chem.*, **59** (6), 1315-1318.

222. Brandi, A., Cichi, S., Goti, A., Pietrusiewicz, K. M., and Wisniewski, W. (1990) The regioselectivity of nitrone cycloadditions to vinyl phosphorus compounds. *Tetrahedron*, **46** (20), 7093-7104.

223. Vinokurov, N., Pietrusiewicz, K. M., Frynas, S., Wiebckec, M., and Butenschoen, H. (2008) Asymmetric 1,3-dipolar cycloaddition with a P-stereogenic dipolarophile: an efficient approach to novel P-stereogenic 1,2-diphosphine systems. *Chem. Commun.*, (8), 5408-5410.

224. Vinokurov, N., Pietrusiewicz, K. M., and Butenschoen, H. (2009) Asymmetric Diels-Alder cycloaddition of a Di-P-stereogenic dienophile with cyclopentadiene. *Tetrahedron: Asymmetry*, **20** (9), 1081-1085.

225. Izumi, A. and Tai, S. (1977) Stereodifferentiating Reactions, Kodansha Ltd., Tokyo, Academic Press, New York, 334 pp.

226. Kolodiazhnyi, O. I. (2003) Multiple stereoselectivity and its application in organic synthesis. *Tetrahedron*, **59** (32), 5953-6018.

227. Kolodiazhnyi, O. I. (2002) Double asymmetric induction as method for the synthesis of chiral organophosphorus compounds. *Phosphorus, Sulfur Silicon Relat. Elem.*, **177** (8-9), 2111-2115.

228. Wynberg, H. and Smaardijk, A. A. (1983) Asymmetric catalysis in carbon-phosphorus bond formation. *Tetrahedron Lett.*, **24** (52), 5899-5900.

229. Kolodyazhna, A. O., Kukhar, V. P., and Kolodyazhnyi, O. I. (2008) Organic catalysis of phospha-aldol condensation. *Russ. J. Gen. Chem.*, **78** (11), 2043-2051.

230. Kolodyazhnaya, O. O., Kolodyazhnaya, A. O., and Kolodyazhnyi, O. I. (2014) Synthesis of phosphonic analog of (S)-homoproline. *Russ. J. Gen. Chem.*, **84** (1), 169-170.

231. Guliaiko, I. V. and Kolodiazhnyi, O. I. (2008) Asymmetric syntheses of new phosphonotaxoids. *Phosphorus, Sulfur Silicon Relat. Elem.*, **183** (2-3), 677-678.

232. Kolodiazhnyi, O. I., Guliayko, I. V., Gryshkun, E. V., Kolodiazhna, A. O., Nesterov, V. V., and Kachkovskyi, G. O. (2008) New methods, and strategies for asymmetric synthesis of organophosphorus compounds. *Phosphorus, Sulfur Silicon Relat. Elem.*, **183** (2-3), 393-398.

233. Matsunaga, S. and Shibasaki, M. (2014) Recent advances in cooperative bimetallic asymmetric catalysis: dinuclear Schiff base complexes. *Chem. Commun.*, **50** (9), 1044-1057.

234. Gou, S., Zhou, X., Wang, J., Liu, X., and Feng, X. (2008) Asymmetric hydrophosphonylation of aldehydes catalyzed by bifunctional chiral Al(III) complexes. *Tetrahedron*, **64** (12), 2864-2870.

235. Yang, F., Zhao, D., Lan, J., Xi, P., Yang, L., Xiang, S., and You, J. (2008) Self-assembled bifunctional catalysis induced by metal coordination interactions: an exceptionally efficient approach to enantioselective hydrophosphonylation. *Angew. Chem. Int. Ed.*, **47** (20), 5646-5649.

236. Gulyaiko, I. V. and Kolodyazhnyi, O. I. (2005) Asymmetric synthesis of 1-hydroxy-2-alkylphosphonic acids. *Russ. J. Gen. Chem.*, **75** (11), 1848-1849.

237. Gulyaiko, I. V. and Kolodyazhnyi, O. I. (2008) Synthesis of a phosphorus analog of iso-statine. *Russ. J. Gen. Chem.*, **78** (8), 1626-1627.

238. Yamagishi, T., Suemune, K., Yokomatsu, T., and Shibuya, S. (2001) Diastereoselective synthesis of chiral 3-amino-α-hydroxy-*H*-phosphinates through hydrophos-phinylation of α-amino alde-

hydes. *Tetrahedron Lett.*, **42** (30), 5033-5036.

239. Yamagishi, T., Suemune, K., Yokomatsu, T., and Shibuya, S. (2002) Asymmetric synthesis of P-amino-α-hydroxyphosphinic acid derivatives through hydrophosphinylation of α-amino aldehydes. *Tetrahedron*, 58 (13), 2577-2583.

240. Yamagishi, T., Suemune, K., Yokomatsu, T., and Shibuya, S. (2002) Stereoselective synthesis of [3]-Amino-α-hydroxy (allyl) phosphinates and an application to the synthesis of a building block for phosphinyl peptides. *Synlett*, 2002 (9), 1471-1474.

241. Kolodyazhnii, O. I. and Kolodyazhnaya, A. O. (2015) A new approach towards synthesis of phosphorylated alkenes. *Russ. J. Gen. Chem.*, **85** (2), 359-365.

242. Kolodyazhnyi, O. I. and Sheiko, S. Y. (2001) Double asymmetric induction in the addition reaction of chiral phosphites to C=N compounds. *Russ. J. Gen. Chem.*, **71** (6), 977-978.

243. Zhou, Z.-Y., Zhang, H., Yao, L., Wen, J.-H., Nie, S.-Z., and Zhao, C.-Q. (2016) Double asymmetric induction during the addition of ($R_P$)-menthyl phenyl phosphine oxide to chiral aldimines. *Chirality*, **28** (2), 132-135.

244. Kolodyazhnyi, O. I. and Sheiko, S. (2001) Enantioselective addition of dimenthyl and dibornyl phosphites to schiff bases. *Russ. J. Gen. Chem.*, **71** (7), 1155-1156.

245. Lyzwa, P. (2014) Double asymmetric induction in the synthesis of enantiomeric α-aminophosphonic acids mediated by sulfinimines. *Heteroat. Chem.*, **25** (1), 15-19.

246. Matsumoto, K., Sawayama, J., Hirao, S., Nishiwaki, N. i., Sugimoto, R., and Saigo, K. (2014) Enantiopure O-ethyl phenylphosphonothioic acid: a solvating agent for the determination of enantiomeric excesses. *Chirality*, **26** (10), 614-619.

247. Nesterov, V. V. and Kolodyazhnyi, O. I. (2006) Enantioselective reduction of ketophosphonates using chiral acid adducts with sodium borohydride. *Russ. J. Gen. Chem.*, **76** (7), 1022-1030.

248. Nesterov, V. V. and Kolodiazhnyi, O. I. (2007) Efficient method for the asymmetric reduction of α- and β-ketophosphonates. *Tetrahedron*, **63** (29), 6720-6731.

249. Nesterov, V. V. and Kolodiazhnyi, O. I. (2007) Di(1R,2S,5R)-menthyl 2-hydroxy-3-chloropropylphosphonate as useful chiron for the synthesis of α- and β- hydroxyphosphonates. *Synlett*, 2007 (15), 2400-2404.

250. Gryshkun, E. V., Nesterov, V. V., and Kolodyazhnyi, O. I. (2012) Enantioselective reduction of ketophosphonates using adducts of chiral natural acids with sodium borohydride. *Arkivoc*, IV, 100-117.

251. Guliaiko, I., Nesterov, V., Sheiko, S., Kolodiazhnyi, O. I., Freytag, M., Jones, P. G., and Schmutzler, R. (2008) Synthesis of optically active hydroxyphosphonates. *Heteroat. Chem*, **19** (2), 133-139.

252. Kolodiazhnyi, O. I. and Kolodiazhna, A. O. (2016) Multiple stereoselectivity in organophosphorus chemistry. *Phosphorus, Sulfur Silicon Relat. Elem.*, **191** (3), 444-458.

# 4 金属配合物的不对称催化

第4~6章专门讨论现代有机化学中最常用和研究较多的不对称催化方法。首先讨论了不对称金属配合物催化、有机催化和酶生物催化的方法。这些方法不仅吸引了对基础有机和理论化学发展感兴趣的学术化学家的关注，也吸引了精细有机合成、药物化学和农业化学等领域专家的关注[1-10]。

## 4.1 引言

手性磷化合物在许多科学领域都发挥着重要作用，包括具有生物活性的药物农用化学品以及过渡金属配合物的配体[1,2]。许多方法用于制备光学纯的有机磷化合物，包括通过非对映异构体的经典拆分、化学动力学拆分、酶促拆分、色谱拆分和不对称催化。在过去的几年里，不对称催化合成有机磷化合物和不对称催化加氢反应领域取得了巨大的成功，并发表了许多手性有机磷化合物合成的文章。生产（S）-异丙甲草胺作为除草剂被广泛使用是不对称选择性催化反应在大规模商业化（每年＞1万吨）中应用的重要案例。异丙甲草胺是一种具有4个立体异构体的阻转异构体化合物，其中2个（S）-非对映构体具有生物活性。异丙甲草胺由2-乙基-6-甲基苯胺（MEA）与甲氧基丙酮缩合生成。生成的亚胺经氢化主要生成（S）-立体异构体胺。异丙甲草胺生产的关键步骤是手性磷配体Josiphos与亚胺的不对称加氢，该过程伴随着（S）-N-取代苯胺的氯乙酰化[10-11]（方案4.1）。

**方案4.1** 一种由Josiphos催化生产（S）-异丙甲草胺的工业方法

## 4.2 不对称催化加氢及其他还原反应

不饱和膦酸酯的不对称催化加氢反应广泛应用于合成具有生物意义的氨基膦酸酯和氨基膦酸。手性过渡金属配合物均相不对称加氢是制备光学纯的有机分子的重要工业方法之一。前手性氨基膦酸酯、酮膦酸酯和酮亚氨基膦酸酯的不对称加氢是制备手性有机磷化合物的有效、实用且经济的合成方法。含手性膦配体的各种过渡金属配合物被用作不饱和磷化合物不对称加氢的催化剂（方案4.2）[1-3]。最常用的不饱和膦酸酯加氢配体实例见方案4.3。

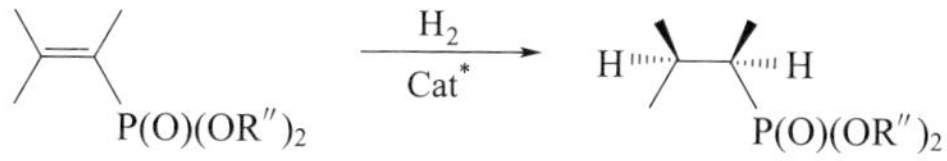

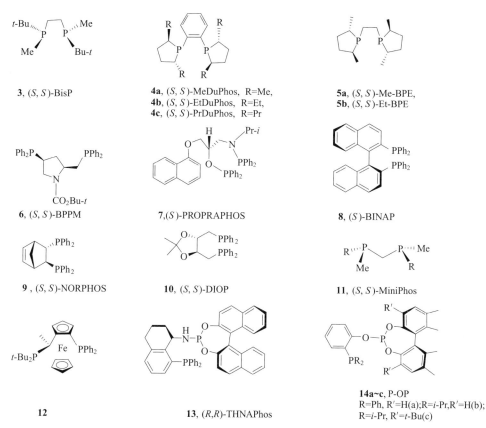

Cat* = 手性催化剂

方案4.2 乙烯基膦酸酯的不对称催化加氢

3, (S,S)-BisP

4a, (S,S)-MeDuPhos, R=Me,
4b, (S,S)-EtDuPhos, R=Et,
4c, (S,S)-PrDuPhos, R=Pr

5a, (S,S)-Me-BPE,
5b, (S,S)-Et-BPE

6, (S,S)-BPPM

7, (S)-PROPRAPHOS

8, (S)-BINAP

9, (S,S)-NORPHOS

10, (S,S)-DIOP

11, (S,S)-MiniPhos

12

13, (R,R)-THNAPhos

14a~c, P-OP
R=Ph, R'=H(a); R=i-Pr, R'=H(b);
R=i-Pr, R'=t-Bu(c)

方案4.3 应用于不对称催化的手性配体示例

4 金属配合物的不对称催化

## 4.2.1 C=C 磷化合物的加氢

大约 30 年前，第一篇关于不饱和膦酸酯催化加氢不对称合成氨基膦酸酯的论文被发表。1985 年，Schollkopf 等[12]报道了不对称加氢 N-[1-(二甲氧基磷酰基)-乙烯基]甲酰胺，利用具有（+）-DIOP 10 手性配体的铑催化剂，得到 (1-氨基乙基)膦酸酯 **L-15**（产率高，76%ee）。最初生成的甲酰胺 **L-15** 用浓盐酸水解，得到氨基膦酸 **L-16**。从水/甲醇中结晶，**L-16** 的对映体纯度增加至 93%ee（方案 4.4）。α-烯胺膦酸酯的加氢反应作为手性氨基膦酸酯一种合成方法，引起了许多学者的兴趣，并发表了许多相关文章。Oehme 等[13]报道了手性 Rh(I) 配合物与 BPPM 配体的配合物 **6** 或者 PROPRAPHOS **7** 是用于 (E)-苯胺基膦酸酯不对称加氢反应的活性催化剂，显示出较高的反应速率和相对较高的立体选择性。例如，苯甲酰胺基乙烯基膦酸酯 **17a**、**b** 在 BPPM(**6**)/Rh 催化剂催化下加氢得到 α-氨基膦酸酯 **18a**、**b**（96%ee），由于 PROPRAPHOS **7** 具有两种构型，因此可以得到 (R)-和(S)-氨基膦酸酯 **18c**（88%～96%ee）（方案 4.5）。

方案 4.4　在手性铑（+）-DIOP 催化剂存在下 N-1-(二甲氧基膦酰基)乙烯基甲酰胺的加氢反应

R″=Me (a), Et (b); Lig=**6,9**

Lig/ee/Conf=(2S,4S)-BPPM, ee=96%; (S),(R)-PROPRAPHOS, ee=89%; (R),(S)-PROPRAPHOS, 92%; (S),(R)-Ph-β-GlupOH, 91%; (4R,5R)-NORPHOS, ee=63%; (S),(2S,3S)-DIOP, 83%; (S),(S)-PP Cyclopent, ee=91% (S)

方案 4.5　铑催化剂参与的乙烯基膦酸酯 **17** 的不对称加氢（25℃，0.1MPa $H_2$，1mmol 底物，0.01mmol 催化剂，15mL 甲醇；催化剂用 [Rh(COD)$_2$]BF$_4$ 原位合成的）

Burk 等[15]报道了 $C_2$-对称 DuPHOS **4a**、**b** 和 BPE **5a**、**b** 配体的阳离子铑配合物可作为 N-芳基和 N-苄氧基羰基胺基膦酸酯 **17** 不对称加氢反应的有效催化剂（方案 4.5）。催化剂 Et-DuPHOS/Rh(COD) 催化两种类型的底物 **17** 均具有良好的对映选择性（分别为 94%ee 和 95%ee）。在室温和 $H_2$（4 个标准大气压）的反应条件下，在甲醇中反应 12h 后，得到对映体选择性高达 95%ee 氨基膦酸酯 18[14]。Beletskaya 和 Gridnev 等使用 Rh/(R,R)-t-Bu-BisP 和 Rh(P-OP) 催化剂也获得了类似的结果（表 4.1）。

表 4.1 基于 DuPhos 4a、b，BPE 5a、b 和 BisP 3 配体的 Rh 配合物催化烯胺膦酸酯的对映选择性加氢

| R | 配体 | 转化率/% | ee/% | 构型 |
| --- | --- | --- | --- | --- |
| Ac | (R,R)-3 | 100 | 90 | (R)-(−) |
| Ac | (S,S)-4a | 100 | 93 | (R)-(−) |
| Ac | (S,S)-4b | 100 | 95 | (R)-(−) |
| Ac | (S,S)-4c | 90 | 68 | (R)-(−) |
| Cbz | (S,S)-5a | 88 | 88 | (R)-(−) |
| Cbz | (S,S)-4a | 72 | 90 | (R)-(−) |
| Cbz | (S,S)-4b | 100 | 94 | (R)-(−) |
| Cbz | (S,S)-5b | 100 | 81 | (R)-(−) |

Wang 等[19]应用商品化且廉价的手性膦-氨基膦配体 20 对各种 α-烯醇酯膦酸酯和 α-烯胺膦酸酯进行对映选择性加氢反应。相比于 BoPhos 类似物 21，手性膦-氨基膦配体 20 表现出更好的对映选择性。在 (S)-20/[Rh(COD)]BF$_4$ 配合物催化下，不同底物的加氢反应均获得了非常好的对映选择性（93%~97%ee），因此表明这些配体 20 在制备光学活性的 α-氨基膦酸酯 19 中具有较高的潜力（方案 4.6）。

在铱配合物催化下，β-烯胺膦酸酯先经过不对称加氢反应，脱硫生成 2-氨基-1-膦基烷烃 24，表明手性 N,P-配体可应用于不对称反应中。Oshima 等开发了一种合成手性硫化膦的简便方法 23[20]。含有手性二茂铁配体 12 的手性铱配合物可以催化氨基-1-硫代膦酰基-1-烯烃的对映选择性加氢反应，得到具有光学活性的 (E)-2-氨基-1-硫代膦酰基烷烃 23，收率高，对应选择性也高；但所得化合物的绝对构型不能确定。随后的膦硫化物 23 脱硫生成 2-氨基-1-膦烷烃 24，包括光学活性膦 25 和 26（方案 4.7）。

Boeer 等研究发现 Rh 催化的前手性 β-N-乙酰氨基-乙烯基膦酸酯的不对称加氢得到了手性 β-N-乙酰氨基膦酸酯，产率优良（高达 100%），并具有较高的对映体选择性（89%~92%ee）[21]。手性双齿磷配体和所用溶剂是影响反应的主要因素。在一些情况下，使用相应的 (E)- 或 (Z)-异构底物可诱导手性的反转。

**方案 4.6** Rh/(S)-26 配合物催化的 α-烯胺膦酸酯加氢反应

**方案 4.7** 铱配合物对乙烯基膦酸酯 22 的对映选择性加氢反应

将 [Rh(COD)₂]BF₄ 与等摩尔的双齿磷配体混合，原位得到催化剂。在 240 个手性配体中，膦配体 2、29～30 是最有效的。室温和 H₂（4 个标准大气压）下，在二氯甲烷或 THF 中，对映选择性最高。同时可以通过 HPLC 测定加氢产物的对映体纯度；然而，所得化合物的绝对构型未被确定（方案 4.8）。

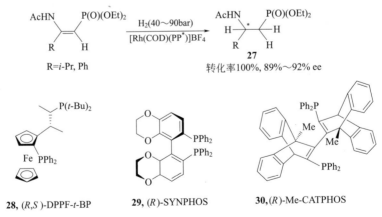

**方案 4.8** Rh 配合物对 β-N,N-乙烯基膦酸酯的不对称加氢

Doherty 等[22]已经报道了 (R,S)-JOSIPHOS **2** 或 (R)-Me-CATPHOS **30** 配体的铑配合物是 (E)- 和 (Z)-β-芳基-β-(烯胺) 膦酸酯不对称加氢反应的有效催化剂，但众所周知的配体如 TangPhos **22**、PHANEPHOS 和 DuPhos **4** 在此类反应中催化效果不佳。配合物 Rh/JOSIPHOS **2** 和 Rh/Me-CATPHOS **30** 形成一对互补的催化剂，能够有效地分别用于 (E)- 和 (Z)-β-芳基-β-(酰胺) 膦酸酯的不对称加氢。在大多数情况下，这些催化剂以良好的产率 (72%～97%) 和非常好的对映选择性 (99%ee) 得到膦酸酯。作者报道了产物的比旋度，但未测定其绝对构型 (表 4.2)。

表 4.2 (E)-/(Z)-β-芳基-β-(烯胺) 膦酸酯与含配体 (R,S)-JOSIPHOS **2** 和 (R)-Me-CATPHOS **30** 的铑复合物的对映选择性加氢

| 序号 | 配体 | (E)/(Z) | R | 产率/% | ee/% |
|---|---|---|---|---|---|
| 1 | (R,S)-JOSIPHOS | (Z) | 4-Me | 77 | 99(+) |
| 2 | (R,S)-JOSIPHOS | (Z) | H | 72 | 97(+) |
| 3 | (R,S)-JOSIPHOS | (Z) | 4-F | 66 | 96(+) |
| 4 | (R,S)-JOSIPHOS | (Z) | 4-Cl | 81 | 94(+) |
| 5 | (R,S)-JOSIPHOS | (Z) | 4-Br | 79 | >99(+) |
| 6 | (R,S)-JOSIPHOS | (Z) | 4-MeO | 82 | >99(+) |
| 7 | (R)-Me-CATPHOS | (E) | 4-Me | 94 | >99(+) |
| 8 | (R)-Me-CATPHOS | (E) | H | 97 | 99(+) |
| 9 | (R)-Me-CATPHOS | (E) | 4-F | 78 | >99(+) |
| 10 | (R)-Me-CATPHOS | (E) | 4-Cl | 80 | 99(+) |
| 11 | (R)-Me-CATPHOS | (E) | 4-Br | 87 | 99(+) |
| 12 | (R)-Me-CATPHOS | (E) | 4-MeO | 79 | 99(+) |

膦-亚膦酸盐和膦-亚膦酸酯同样作为不对称配体的区别在于它们各自结合基团的电子和空间性质不同[18]。应用于不对称加氢中的 P-OP 配体包含了两个磷官能团之间的多种碳骨架和立体元素，在铑金属催化中心周围提供了高度立体分化的环境。即使在低负载的催化剂下，利用 Rh/P-OP 配合物催化各种官能化烯烃的加氢反应也能得到对映选择性高的产物。例如，Pizzano 等[18]研究了用 Rh/P-OP 催化剂 **14** 参与的 β-(酰氨基) 乙烯基膦酸酯 **31** 的不对称加氢反应，得到对映选择性高达 99%ee 的 β-酰亚胺膦酸酯 **32** (方案 4.9)。

对这些结果的分析表明，含给电子基团如 $P(i-Pr)_2$ 的催化剂比 $PPh_2$ 取代的

**方案 4.9** β-(酰氨基)乙烯基膦酸酯 **31** 的催化加氢

催化剂具有更高的活性和对映选择性。

利用 NMR 研究乙烯基膦酸酯与催化剂相互作用,结果表明烯烃顺式加成到 Rh(P-OP)$^+$ 片段的亚磷酸盐基团上形成螯合物。在所有情况下,含有 (S)-P-OP 配体的催化剂均得到 (R)-对映体,而含有 (R)-P-OP 配体的催化剂则得到 (S)-氢化产物。

α-和 β-烯醇膦酸酯的不对称加氢反应作为一种合成手性羟基膦酸酯的方法受到广泛关注,而手性羟基膦酸酯与氨基膦酸酯一样具有多种有趣的生物和生化性质。在铑配合物催化的二乙基苯甲氧基乙烯基膦酸酯 **33** 的加氢反应中,手性次膦配体 1,2-双(烷基甲基膦)乙烷(BisP) **3** 和双(烷基甲基膦)甲烷(MiniPHOS) **11** 显示出很高的对映选择性[16,18,23,24]。这些配体的重要特征是每个磷原子上均结合有大的烷基和小的烷基(甲基)。这些配体形成五元或四元的 $C_2$ 对称螯合物,因此,强加不对称环境能够确保在催化不对称反应中得到较高的对映选择性。化合物 **33** 的不对称催化加氢反应是在 4bar 的氢气压力下进行,在溶剂甲醇中得到 (S)-α-苯甲氧基乙基膦酸酯 **34** (93%ee)(方案 4.10)[23]。

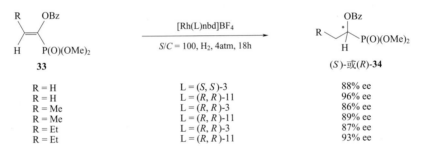

**方案 4.10** α-苯甲氧基乙烯基膦酸酯的不对称加氢

在具有手性 P-OP 配体 **14** 的铑配合物催化下,烯醇膦酸酯 **33** 的加氢反应也具有良好的对映选择性。配合物 [Rh(COD)(**14**)]BF$_4$ 在溶液中呈现出与配位面周围骨架振动一致的流变行为(图 4.1)。

根据配体和底物的空间特性,利用这些配合物催化加氢可以得到对映选择性大于 90%ee 的产物 **34**,如方案 4.11 所示。对膦-亚磷酸盐配体 **14a~c**(方案 4.3)的详细研究表明,空间特性会影响对映选择性。因此,烷基取代 β 位的底物可获得 98%ee,而对于其芳基取代物,ee 值可达到 92%。因此,Rh/P-OP 配

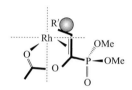

**图 4.1** 35 的不对称加氢的立体化学意义上中间体 Rh-烯烃配合物的优选结构

$$33 + H_2 \xrightarrow{[Rh(COD)(L=14a、b)]BF_4} (R)\text{-}34$$

| | | | |
|---|---|---|---|
| R = H | L = **14a** | 100% | 85% ee |
| R = H | L = **14b** | 100% | 91% ee |
| R = Et | L = **14a** | 100% | 89% ee |
| R = Et | L = **14b** | 100% | 95% ee |
| R = Et | L = **14b** | 100% | 96% ee |
| R = iPr | L = **14b** | 100% | 98% ee |
| R = Bu | L = **14a** | 100% | 91% ee |
| R = Bu | L = **14b** | 100% | 96% ee |
| R = Ph | L = **14a** | 100% | 82% ee |
| R = Ph | L = **14b** | 100% | 92% ee |
| R = p-Tl | L = **14a** | 100% | 87% ee |
| R = p-Tl | L = **14b** | 80% | 83% ee |
| R = 3,4-(MeO)$_2$C$_6$H$_3$ | L = **14a** | 100% | 82% ee |
| R = 3,4-(MeO)$_2$C$_6$H$_3$ | L = **14b** | 60% | 86% ee |

**方案 4.11** [Rh(COD)(14)]BF$_4$ 配合物催化 β-芳基烷基膦酸酯加氢

合物是 β-(酰氧基)乙烯基膦酸酯对映选择性加氢的优良催化剂。

例如，底物 **35** 在 [Rh(COD)(S)-**14a、b**]BF$_4$ 的催化作用下发生加氢反应，生成了手性膦酸酯 **36**，具有良好的产率和 95%~99% ee 的对映选择性[18]。研究发现，β-烷基底物比 β-芳基底物更具反应性，可在短时间内反应并完成转化。膦酸酯 **36** 在未消旋化的情况下转化为相应的醇。例如，膦酸酯 **36** 的脱保护使其易于得到 β-羟基-γ-氨基膦酸 **37**，后者是具有生物活性的膦酰基-GABOB 的前体。NMR 数据和 P-OP 配体的 $^{31}$P 核的耦合常数 $^1J_{Rh,P}$ 的大小表明顺式烯烃与亚膦酸盐配位：$\delta = 13.6$（dd，$J_{P,Rh} = 140$ Hz，$J_{P,P} = 63$ Hz，PC），14.9 [s, P(O)(OMe)$_2$]，132.0（dd，$J_{P,Rh} = 262$ Hz，$J_{P,P} = 62$ Hz，PO）（方案 4.12 和方案 4.13）[18]。

$$\underset{\textbf{35a~h}}{\overset{R'C(O)O\quad P(O)(OMe)_2}{\underset{R\quad\quad H}{\diagdown C=C \diagup}}} \xrightarrow[{[Rh(COD)(S)\text{-}14]BF_4}]{H_2} \underset{(R)\text{-}\textbf{36a~i},\ 高达99\%\ ee}{\overset{(MeO)_2P(O)}{R'O(O)C\text{-}\underset{H}{\overset{}{C}}\text{-}R}} \quad \underset{\textbf{37}}{H_2N\text{-}\underset{H}{\overset{OH}{\underset{}{C}}}\text{-}PO_3H_2}$$

R = Me(a), i-Pr(b), Bu(c), 4-Tl(d), 4-An(e), 4-BrC$_6$H$_4$(f), 2-萘基(g), CH$_2$NHBoc(h); R' = Ph

**方案 4.12** 手性 P-OP 配体铑配合物催化的 β-(酰氧基)乙烯基膦酸酯 **35** 的对映选择性加氢

β-芳基-、β-烷氧基-和 β-烷基-取代的烯醇膦酸酯的对映选择性催化加氢合成

$$X = O, NH$$
**38**

**方案 4.13** 配合物 [Rh(**35**)(S)-**14b**]BF$_4$ 的乙烯基膦酸酯的配位模式

羟基膦酸酯的方法受到广泛关注。因此，Wang 等[23] 开发了一种通过烯醇膦酸酯 **35**（包括 $\beta$-芳基、$\beta$-烷氧基-和 $\beta$-烷基取代的底物）加氢合成 $\alpha$-苄氧基膦酸酯的对映选择性方法，该方法在含有不对称膦-亚膦酰胺配体 THNAPhos **13** 的铑配合物存在下进行。

**(R)-2-羟基-1-二甲氧基磷酰丙烷**  在 100mL 反应器中，加入烯醇膦酸酯 **35a**（0.22mmol）和含有催化剂前体 [Rh(COD)(S)-**14**]BF$_4$（0.002mmol）的 CH$_2$Cl$_2$ 溶液（5mL）。用氢气将容器加压至 4atm，随后将反应混合液连续搅拌 20~24h，然后将反应器减压，将混合物蒸干，残留物用 $^{31}$P NMR 光谱分析。通过柱色谱法对残留物进行纯化，并通过手性 HPLC 测定 (R)-2-苯甲酰氧基-1-二甲氧基磷酰基丙烷的对映体含量 [产率 88%，$[\alpha]_D^{20} = -3.5$（$c = 1.0$，THF），$\delta_P = 28.5$]。向含有 (R)-2-苯甲酰氧基-1-二甲氧基磷酰基丙烷（0.34mmol）的 MeOH 溶液（5mL）中加入碳酸钠（1.4mmol），将反应液搅拌 14~16h 后，溶剂蒸干。向所得混合物中加入 EtOAc（10mL），然后用饱和 NaHCO$_3$（10mL）和 NaCl（10mL）溶液洗涤。用硫酸镁干燥有机相，过滤、溶剂蒸干。然后利用柱色谱法（硅胶，EtOAc/MeoH 9:1）纯化残留物，得到羟基膦酸酯，为无色油状物 [产率 60%，99%ee，$[\alpha]_D^{20} = 11.8$（$c = 1.2$，THF）]。当奎宁作为 CSA 存在时，用 $^{31}$P NMR 分析光学纯度[18]。

经过不对称氢化后，得到了具有高达 99.9%ee 的膦酸酯 **39**。在含有 $\alpha$-芳基、$\alpha$-烷基和 $\alpha$-烷氧基取代的二甲基 $\alpha$-苯甲酰基乙烯基膦酸酯 **40** 的不对称加氢反应中，铑与膦-氨基膦配体 (R,R)-**4b** 的配合物也表现出 97%ee 的对映选择性。膦-氨基膦配体 **24a** 的对映选择性高于已知的 BoPhoz 和 DuPhos 配体[23,25]（方案 4.14）。在含 C$_2$-对称配体（Lig）BPE **5a**、**b** 或 DuPHOS **4a~d** 的阳离子铑催化剂 Lig/Rh(COD)OTf 存在下，烯醇膦酸酯 **35** 发生加氢反应，在室温和低压力氢气下具有良好的 ee 值。Et-DuPhos-Rh 催化剂对未取代的烯醇式膦酸酯 **35** 的立体选择性最高。用体积较小的 Me-DuPhos-Rh 以最佳对映选择性还原烷基取代的烯醇苯甲酸酯底物 **35**，如方案 4.14 所示[15]。以 1-萘胺和 2,20-二羟基-1,10-联萘基(BINOL)-亚磷酸盐为原料，通过简单的两步法合成了手性膦-亚磷酰胺配体 (S)-HYPhos，并成功地应用于 Rh 催化官能化烯烃的不对称加氢反应，包括 $\alpha$-(乙酰氨基) 肉桂酸酯、酰胺和烯醇膦酸酯，具有 98%~99%ee（方案4.15）。用含吲哚（吲哚膦配体）的铑配合物催化乙烯基膦酸酯 **35** 的不对称加氢反应，得到了32%～87%ee的对映体富集的（*S*）-膦酸酯 **39**。

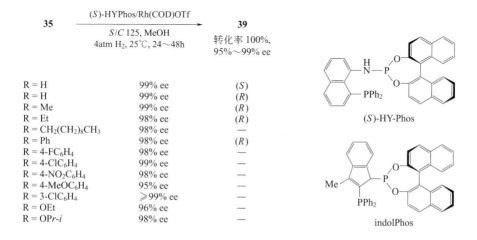

**方案4.14** β-烷氧基和β-芳基底物的不对称加氢

**方案4.15** 阳离子铑催化剂存在下烯醇膦酸酯的加氢反应

含 ClickFerrophos Ⅱ 和（*R*）-单膦配体的铑配合物被用作多种不饱和膦酸酯加氢反应的催化剂。α,β-不饱和膦酸酯（包括β-烷基、β-芳基和β-二烷基膦酸酯、(*Z*)-β-烯醇膦酸酯和α-苯基乙基膦酸酯）的加氢反应可以制备相应的手性膦酸酯，具有产率高和对映选择性好（高达96%ee）的特点[24,26-29]（方案4.16）。Zhang 等[27]报道了带有伯胺（DpenPhos）**42** 的单齿膦酰胺的 Rh(Ⅰ) 配合物催化 α- 或 β-酰氧基 α,β-不饱和膦酸酯的不对称加氢，生成了具有重要生物学意义的手性 α- 或 β-羟基膦酸酯 **40**，且具有较好的对映选择性（93%～96%ee）。烯烃膦酸酯的不对称加氢是合成手性烷基膦酸酯和手性叔膦氧化物的一种有效方法，可用于新药或新的手性配体。Genet 和 Beletzskaya 报道了乙烯基膦酸酯 **43** 的对映选择性加氢反应，所述对映选择性加氢反应是由含有苯基噁唑啉配体 **44**～**46** 的铱配合物催化的[16,17]。在许多底物反应中都证实了手性铱催化剂（70%～94%ee）的有效性。例如，在室温或缓慢加热及5～60bar的 $H_2$ 压力下，乙烯基膦酸酯在二氯甲烷中发生加氢反应，以92%～95%ee生成了萘普生［Ar＝2-(6-甲氧基-萘基)］的光学活性膦衍生物（方案4.17）。

**方案4.16** 铑配合物催化不饱和膦酸酯的加氢反应

**方案4.17** 乙烯基膦酸酯 43 的对映选择性催化加氢

**方案4.18** Rh/($R_C$,$S_C$)-FAPhos 催化的 α,β-不饱和膦酸酯的加氢反应

用铑配合物与二茂铁单膦酰胺配体 **48** 催化相应的 $\beta$-取代的 $\alpha,\beta$-不饱和膦酸酯的加氢反应，合成了含 $\beta$-立体中心的手性烷基膦酸酯 **47**（方案 4.18）。在温和条件下，加氢反应以 100% 的转化率进行，得到具有较高的对映体选择性的产物：对于 ($E$)-底物为 99.5%ee，对于 ($Z$)-底物为 98.0%ee。用 Rh($R_C$,$S_C$)-FAPhos 催化剂加氢生成 ($R$)-构型的化合物 **49**，但产物的绝对构型未确定。Rh/($R_C$,$S_C$)-FAPhos-Bn 配合物催化 $\beta,\gamma$-不饱和膦酸酯的不对称加氢，形成 98%ee 的手性 $\beta$-取代的烷烃膦酸酯 **49**（表 4.3）[26,28,30]。

表 4.3 铑催化的烯醇膦酸酯的不对称加氢

| 序号 | 配体 | 底物(R) | 产率/% | ee/%(构型) |
|---|---|---|---|---|
| 1 | Me-BoPhos | Ph | 98 | 5 |
| 2 | H-BoPhos | Ph | 99 | 89 |
| 3 | L-1 | Ph | 98 | 96(S) |
| 4 | Me-DuPhos | Ph | 96 | 92 |
| 5 | L-1 | $p$-FC$_6$H$_4$ | 99 | 96(+) |
| 6 | L-1 | $p$-ClC$_6$H$_4$ | 98 | 94(+) |
| 7 | L-1 | $p$-BrC$_6$H$_4$ | 95 | 97(+) |
| 8 | L-1 | $p$-NO$_2$C$_6$H$_4$ | 99 | 95(+) |
| 9 | L-1 | $p$-MeOC$_6$H$_4$ | 99 | 95(S) |
| 10 | L-1 | $m$-MeOC$_6$H$_4$ | 98 | 96(+) |
| 11 | L-1 | $o$-ClC$_6$H$_4$ | 98 | 94(+) |
| 12 | L-1 | 1-萘基 | 98 | 95(+) |
| 13 | L-1 | 2-噻吩基 | 98 | 95(+) |
| 14 | L-1 | H | 94 | 93(S) |
| 15 | L-1 | Me | 99 | 96(S) |
| 16 | L-1 | Et | 99 | 96(S) |
| 17 | L-1 | (CH$_2$)$_9$CH$_3$ | 97 | 96(S) |
| 18 | L-1 | OMe | 99 | 94(S) |
| 19 | L-1 | OEt | 99 | 93(+) |

手性 1-芳基或 1-烷基取代的乙基膦酸酯 **51** 是在含有 P-手性氨基膦-膦 BoPhoz 型配体 **52** 的铑配合物存在下，通过相应的 1-芳基或 1-烷基乙烯基膦酸酯 **50** 的不对称加氢反应合成得到的，对映选择性为 92%～98%ee，产率较高。有

报道称，这种催化剂对 1-芳基乙烯基膦酸的不对称加氢反应特别有效。用这种催化剂对许多底物进行了加氢反应，其对映体选择性高达 98%ee。在温和条件（室温，10atm $H_2$，0.2mol% 催化剂）下进行加氢反应，得到手性 1-芳基或 1-烷基取代的乙基膦酸酯 **52**（方案 4.19）[23,28]。

R = Me, Et, i-Pr, R′ = Et, Ph, p-Tl, o-、m-、p-An, p-XC$_6$H$_4$,
X = F, Cl, Br, 1-萘基，6-甲氧基-2-萘基

**52**, Ar = 4-CF$_3$C$_6$H$_4$

**方案 4.19** Rh/($S_C$,$R_{FC}$,$R_P$)-**52** 催化烯基膦酸酯 **50** 的不对称加氢

二苯基乙烯基膦氧化物和二取代、三取代乙烯基膦酸酯可作为铱配合物 **54** 催化的不对称加氢反应的底物。在前手性碳原子上同时具有芳香族和脂肪族基团的一系列底物可以完全转化并且具有优良的对映选择性（高达 99%ee）。大量具有高对映选择性的化合物 **53** 被报道，缺电子羧乙基乙烯基膦酸酯的加氢反应可样可以达到 99%ee 的立体选择性（方案 4.20 和方案 4.21）[31]。

**54**, 转化率99%, >99% ee

**方案 4.20** 羧乙基乙烯基膦酸酯的不对称加氢

$R^1$ = Me, $R^2$ = H(a); $R^1$ = Me, $R^2$ = Et(b); $R^1$ = $R^2$ = Me(c); $R^1$ = C$_5$H$_{11}$, $R^2$ = Me(d); $R^1$ = i-Pr, $R^2$ = Me(e); $R^1$ = C$_5$H$_5$, $R^2$ = Me(f); $R^1$ = Me, $R^2$ = Br(g)

| | | | |
|---|---|---|---|
| (R)-**55a** | 99%(转化率) | 98% ee | (R)-**56a** |
| (R)-**55a** | 97% | 91% ee | (R)-**56a** |
| (R)-**55a** | 96% | 98% ee | (R)-**56a** |
| (R)-**55d** | 98% | 96% ee | (R)-**56b** |
| (R)-**55c** | 97% | 98% ee | (R)-**56c** |
| (S)-**55d** | 98% | 94% ee | (S)-**56d** |
| (S)-**55e** | 96% | 96% ee | (S)-**56e** |
| (R)-**55f** | 96% | 95% ee | (R)-**56f** |
| (S)-**55g** | 95% | 98% ee | (1R, 2S)-**56g** |

**方案 4.21** 酮磷酸酯 **55** 的催化不对称加氢

## 4.2.2 C=O 磷化合物的加氢

过渡金属的手性配合物能够催化前手性酮的加氢和羟基化。从实用的角度来看，酮膦酸酯的催化不对称加氢和羟基化是合成手性羟基膦酸酯的简便方法之一。所述的合成方法是基于使用各种催化剂的不对称加氢，特别是 Ru(Ⅱ)-2,20-双(二苯基膦基)-1,10-联萘（BINAP）配合物。1995—1996 年，Noyori 等[32,33]报道了 Ru(Ⅱ)-BINAP{1mol%[RuCl$_2$(R)-BINAP](dmf)$_n$} 配合物在低压氢气和 30℃下催化甲醇中 β-酮膦酸酯的对映选择性加氢反应，生成 β-羟基膦酸酯，具有很高的产率和 97%ee。用 (S)-BINAP-Ru(Ⅱ) 催化剂加氢的产物主要是 (R)-产物，而 (R)-BINAP 配合物形成 (S)-富集的化合物。因此用该方法得到了光学纯度较高的磷丙氨酸、磷乙基甘氨酸和磷苯基丙氨酸。我们注意到 (E)-烯烃比其 (Z)-异构体具有更强的反应活性（方案 4.20）。外消旋 α-乙酰氨基-β-酮膦酸酯 **57** 在 (R)-BINAP-Ru 催化剂存在下加氢生成 (1R,2R)-羟基膦酸酯 **58**，具有高的非对映选择性 (syn∶anti=97∶3) 和 98%ee 的对映选择性（方案 4.22）。然后将产物 (1R,2R)-**58** 成功地转化为对映体纯的 (1R,2R)-磷酸苏氨酸 **59**，产率为 92%（方案 4.22）。构型不稳定的 rac-**57** 的外消旋加氢反应可以得到四种非对映体 (1R,2R)-、(1R,2S)-、(1S,2R)- 和 (1S,2S)-**58**。以 (R)-BINAP 为催化剂反应条件下，通过优化反应条件及立体选择性，主要生成 (1R,2R)-α-氨基羟基膦酸酯，具有较高的对映选择性和非对映选择性 (dr=98∶2，95%ee 的 syn-异构体）。Noyori 开发了一种在 BINAP-Ru 配合物催化下从外消旋 β-酮-α-溴膦酸酯 rac-**60** 为原料不对称加氢合成抗生素磷霉素 **62** 的方法，具有 98%ee 和 84% 的产率，并且 syn∶anti 为 90∶10（方案 4.23）[31,32]。在手性膦-膦酰胺配体的 Rh 配合物催化下，α-酮膦酸酯的不对称加氢反应在 30atm H$_2$ 压力下进行，得到的 α-羟基膦酸酯产物[34]。

rac-**57a**、**b**
R = Me(a), Ph(b)

(1R,2R)-**58a**、**b**
>98% ee, (syn)产率>99%

(1R,2R)-**59a**，磷酸苏氨酸
产率>92%

**方案 4.22** 磷酸苏氨酸 **59a** 的对映选择性合成

Genet 报道了手性 (R)-、(S)-BINAP-Ru 配合物 **63** 和 (R)-MeO-BIPHEP **65c** 配合物催化的酮膦酸酯的不对称加氢反应，得到了对映选择性高达 99%ee 的羟基膦酸酯 **64**（方案 4.24）[34,35]。由手性 Ru(Ⅱ) 配合物催化氢化大量的 β-酮膦酸酯和 β-酮硫代膦酸酯，包括杂环化合物，产物均具有很高的对映选择性。例如，在 1atm 和 50℃下，2-氧代丙基磷酸二乙酯与 (S)-BINAP-Ru(Ⅱ) 的不

**方案 4.23** 磷霉素 **62** 的对映选择性合成

**方案 4.24** BINAP-Ru(Ⅱ) 催化 β-酮膦酸酯的不对称加氢

对称加氢反应,得到 99%ee 的 β-羟基膦酸酯 **64**[35]。

α-氨基-β-酮膦酸酯 **57** 的不对称加氢,在阻转异构钌配合物 **65** 和 **66** 与 SunPhos 配体的催化下,通过动态动力学拆分(DKR)得到了相应的 β-羟基-α-氨基膦酸酯 **58**,具有较高的非对映选择性(高达 99∶1 dr)和对映体选择性(高达 99∶1 ee)。用阻转异构 (S)-SunPhos 配体和 [RuCl$_2$(benzol)]$_2$ 制备催化剂。在 10atm H$_2$ 下和 50℃ 条件下,在甲醇中加氢,得到 98.0%ee 的手性膦酸酯 **58**,其 syn∶anti 为 97∶3(方案 4.25)[36,37]。

Ru-(S)-SunPhos 催化的 β-酮膦酸酯 **67** 加氢制备了相应的 β-羟基-α-氨基膦酸酯 **68**,对映选择性大于 98%。甲基、乙基和异丙基(2-氧代-2-苯基乙基)膦酸酯的加氢反应生成了相应的乙醇 **68**,分别具有 99.7%ee、95.5%ee 和 90.0%ee。结果表明,添加剂提高了反应的非对映选择性和对映选择性。例如,加入催化量的 CeCl$_3$·7H$_2$O 使反应的立体选择性提高到 99.8%ee,且 dr=99∶1[37]。酮膦酸酯苯基对位上的给电子基团提高了产率和 ee 值,而吸电子基团降低了产率。用一种新的手性膦-膦酰胺配体对一系列 α-酮膦酸酯进行加氢,得到了具有良好对映选择性(高达 87%ee)的 (R)-α-羟基膦酸酯(方案 4.26)[37]。

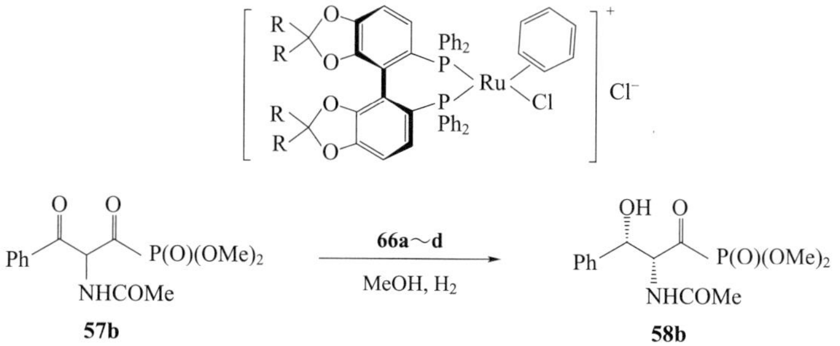

**a**, Ar = Ph, R = Me, (S)-SunPhos; **b**, Ar = 4-MeC₆H₄, R = Me(R)-Tol-SunPhos;
**c**, Ar = Ph, R = H; d, **65c**, (S)-MeOBIPHEP

| L = **65a** | dr = 97:3 | 98.0% ee |
| L = **66b** | dr = 94:6 | 99.9% ee |
| L = **65c** | dr = 89:11 | 95.7% ee |
| L = **65d** | dr = 89:11 | 96.7% ee |

方案 4.25 在钌配合物 **65** 和 **66** 催化下，通过不对称加氢对 α-氨基-β-酮膦酸酯 **57** 进行动态动力学拆分

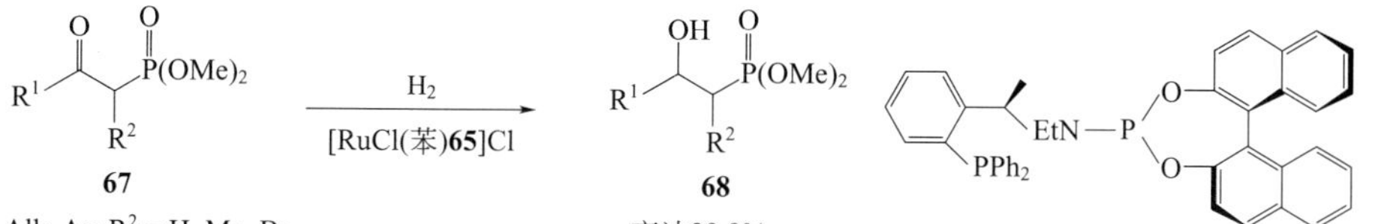

R¹ = Alk, Ar; R² = H, Me, Br

高达 99.9% ee

方案 4.26  Ru-(S)-SunPhos 催化 β-酮膦酸酯加氢反应

## 4.3 不对称还原和氧化

前手性酮膦酸酯的对映选择性还原是制备对映体富集的羟基膦酸酯的重要方法之一，羟基膦酸酯是合成许多对映体纯产物（包括天然化合物）的重要生物活性化合物和原料。本节研究了酮基膦酸酯和亚胺基膦酸酯对映选择性还原的多种方法，包括手性修饰硼烷还原法、复合金属氢化物还原法、生物催化还原法等。生物催化还原是近年来发展起来的一种特别方便的方法，用该方法制备了一些对映体富集的羟基膦酸酯和氨基膦酸酯。面包酵母和其他微生物被有效地用于酮膦酸酯的还原，有望成为实用的试剂（见第 6 章）。手性改性的硼氢化物还原酮膦酸酯是不对称催化还原的最佳方法之一。除了可以用手性抗衡离子修饰的硼氢化物阴离子（$BH_4^-$）外，氢化物也可以被手性醇、羧酸、乙醇酸和羟基胺取代。手性改性的硼氢化物固载在聚合物上也可重复使用。不对称 CBS（Cory Bakshi-

Shibata）催化还原（以硼烷和手性噁唑硼烷为 CBS 催化剂的对映选择性还原）是制备多种手性醇的有效方法[38,39]。

## 4.3.1 C═O、C═N 和 C═C 键的还原

以儿茶酚硼烷（CB）为还原剂，噁唑硼烷 **71** 为催化剂，还原 α-酮膦酸酯 **69**，得到对映体选择性较高的对映体富集的羟基膦酸酯 **72**（方案 4.27）[40-43]。对映选择性还原 α-酮磷膦酯形成 α-羟基芳基甲基膦酸酯 **73～75**，对映选择性从中等到良好（最高为 80%ee）。通过分子轨道从头计算方法研究了还原催化的机理（图 4.2）[40]。根据 Corey 的模型，α-酮膦酸酯 **69** 的羰基基团与（S)-2-n-丁基噁唑硼烷 **71c** 的硼原子络合，使得硼烷络合氢化物的氮原子从背面攻击碳原子，这导致羰基两侧两个残基的不同：膦酰基是“大”取代基，而芳香环是“小”取代基。硼氢化物与噁唑硼烷氮原子的配合增强了环内硼原子的酸度，以促进酮 **69** 的还原（方案 4.27）。

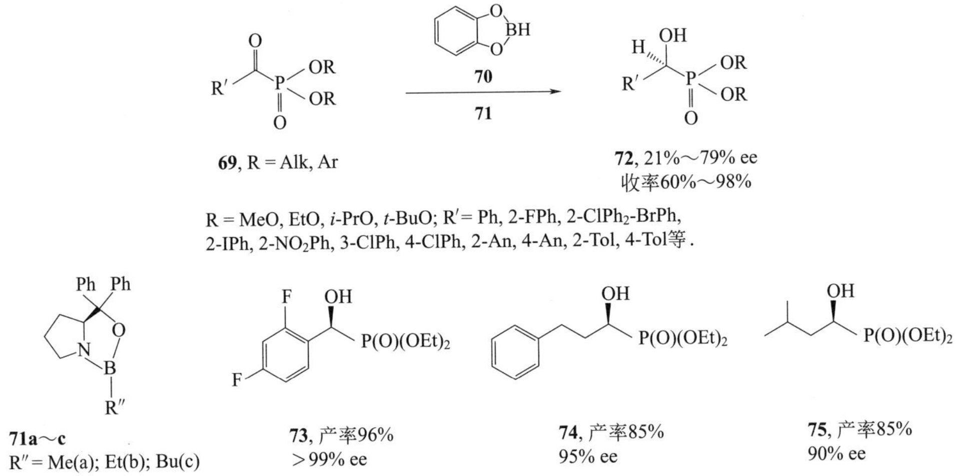

O
R′
P
OR
OR
O
BH
70
71
H
OH
69, R = Alk, Ar
72, 21%～79% ee
收率60%～98%
R = MeO, EtO, i-PrO, t-BuO; R′= Ph, 2-FPh, 2-ClPh2-BrPh,
2-IPh, 2-NO2Ph, 3-ClPh, 4-ClPh, 2-An, 4-An, 2-Tol, 4-Tol等.
Ph
N
B
R″
F
P(O)(OEt)2
71a～c
R″= Me(a); Et(b); Bu(c)
73, 产率96%
>99% ee
74, 产率85%
95% ee
75, 产率85%
90% ee


**方案 4.27** 儿茶酚硼烷 **70** 对酮膦酸酯 **69** 的对映选择性还原

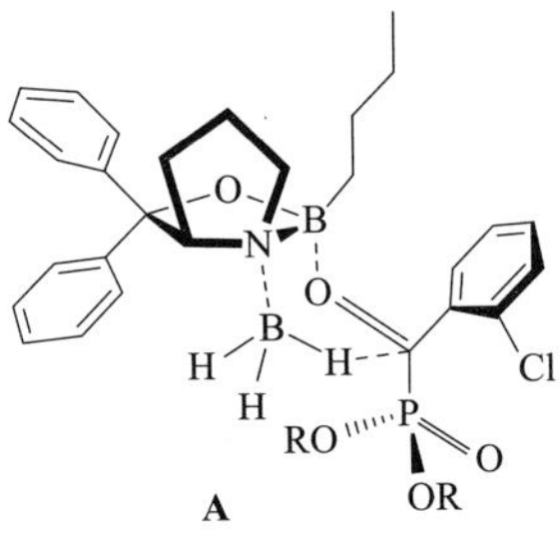

O
N
B
H
Cl
RO
P
O
OR
A


**图 4.2** **69**、(S)-**71C** 和硼烷配合物的反应模型

天然来源的对映纯羧酸可以用于硼氢化物的手性修饰[44-55]。特别是，从 $NaBH_4$ 和（S）-脯氨酸中获得的手性还原剂 $NaBH_4$-Pro，可以还原酮膦酸 **69**（50%~70%ee）。该还原剂可用于合成一系列羟基膦酸酯 **72**（方案 4.28）[44]。

**方案 4.28** 用 $NaBH_4$-Pro 还原酮磷酸酯

**(S)-二异丙基羟基苯基甲基膦酸酯 72** 在 80℃下，将含有 1.1mL 的催化剂 catBH **70**（1mol·$L^{-1}$；1.1e.q.）的 THF 溶液加到含有 1.00mmol 的酮膦酸酯 **69** 和（S）-5,5-二苯基-2-丁基-3,4-1.3.2-噁唑硼烷 **71a**（0.12mmol，0.12e.q.）的 3.0mL 甲苯中。将混合物在 -20℃下反应 5h。然后，实温下加入 20mL $Et_2O$ 稀释混合物，用 4×5mL 的饱和 $NaHCO_3$ 溶液萃取，用无水 $Na_2SO_4$ 干燥，浓缩。用柱色谱法（洗脱液为 $CH_3OH+CH_2Cl_2$）纯化残留物，得到产物（S）-**72**［产率为 65%，90%ee，$[\alpha]_D = -18.5 (c=1, CHCl_3)$］[40]。

在酒石酸存在下，硼氢化物不对称还原酮膦酸酯是另一种有意义的方法[45-47]。天然（R,R）-(+)-酒石酸和硼氢化物形成手性配合物，是一种用于还原酮膦酸酯的立体选择性试剂[45,46]。30℃下在 THF 中，用这种配合物还原酮膦酸酯 **78**。用 $NaBH_4$/(R,R)-TA 手性配合物还原二乙基 α-酮膦酸酯 **78b** 得到光学纯度为 60% 的二乙基(1S)-α-羟基苄基膦盐 **79b**，而还原二薄荷基酮磷酸酯 **78c** 则得到 (1S)-α-羟基苄基膦酸酯 **77**，纯度高达 80%~93%de（见第 3.7 节）。用 $NaBH_4$/(R,R)-TA 还原在磷原子上含手性薄荷基的酮膦酸酯 **78** 的立体选择性高于还原在磷原子上含非手性甲基或乙基的酮膦酸酯（表 4.4 和方案 4.29）。

**表 4.4** 酮膦酸酯不对称还原为羟基膦酸酯（方案 4.29）

| 序号 | R | R' | n | 产率/% | A | 构型 | ee/% |
|---|---|---|---|---|---|---|---|
| 1 | Ph | Mnt | 0 | 90 | L-Pro | (S) | 52.6 |
| 2 | 2-F-$C_6H_4$ | Mnt | 0 | 90 | L-Pro | (S) | 79.2 |
| 3 | 2-An | Mnt | 0 | 90 | L-Pro | (S) | 60.6 |
| 4 | Ph | Mnt | 0 | 95 | L-TA | (R) | 92.4 |
| 5 | Ph | Mnt | 0 | 98 | D-TA | (S) | 46 |

续表

| 序号 | R | R' | n | 产率/% | A | 构型 | ee/% |
|---|---|---|---|---|---|---|---|
| 6 | 2-F-$C_6H_4$ | Mnt | 0 | 97 | L-TA | (S) | 80.5 |
| 7 | 2-An | Mnt | 0 | 96 | L-TA | (S) | 74 |
| 8 | Piperonyl | Mnt | 0 | 97 | L-TA | (S) | 96 |
| 9 | $i$-Pr | Mnt | 0 | 97.6 | L-TA | (S) | 68 |
| 10 | Ph | Et | 0 | 95 | L-TA | (S) | 60 |
| 11 | Ph | Et | 0 | 94 | D-TA | (R) | 60 |
| 12 | $CH_2Cl_2$ | Et | 1 | 86 | L-TA | (S) | 80 |
| 13 | $CH_2Cl_2$ | Et | 1 | 82 | D-TA | (R) | 80 |
| 14 | $CH_2Cl_2$ | Mnt | 1 | 94 | L-TA | (S) | 96 |
| 15 | $CH_2Cl_2$ | Mnt | 1 | 80 | D-TA | (R) | 82 |
| 16 | Ph | Et | 1 | 95 | D-TA | (S) | 44 |

TA-酒石酸, $n = 0, 1$
R = Me (a); Et (b); (1S, 2R, 5R)-Mnt (c); R' = Alk, Ar, $CH_2Cl$, Pyperonyl

**方案 4.29** 用 $NaBH_4/(R,R)$- 或 $(S,S)$-TA 还原酮膦酸酯 **78**

制备二薄荷基 2-羟基-3-氯丙基膦酸酯 (S)-和 (R)-点的立体异构体,光学纯度可达到96%ee[50],这些化合物是合成对映纯 $\beta$-羟基膦酸酯的有用手性合成物。通过这些方法可以大量获得具有生物学重要性的手性 $\beta$-羟基膦酸,如磷酸肉碱和磷酸-GABOB[54]。

**二(1R,2S,5R)-薄荷基(R)-羟基(苯基)甲基膦酸酯** $(R,R)$-$(+)$-酒石酸 (10mmol) 加入到含有硼氢化钠 (10mmol) 的 50mL THF 悬浮液中,并将反应混合物回流 4h。随后在 $-30$℃下加入含有 2.5mmol 酮膦酸酯的 10mL THF 溶液,并且在此温度下混合物搅拌反应 24h。向反应液中逐滴添加 20mL 乙酸乙酯和 30mL 1mol·$L^{-1}$ 的盐酸。分离有机层,用氯化钠饱和水相,并用乙酸乙酯 (15mL) 萃取两次,随后用 $Na_2CO_3$ 饱和溶液 $(3 \times 20mL)$ 洗涤有机萃取物,并用 $Na_2SO_4$ 干燥。在真空下去除溶剂,在乙腈中结晶得到产品 [产率95%,白色固体,熔点139℃ (己烷), $[\alpha]_D^{20} = -70$ ($c=1.0$, $CHCl_3$)][45]。

Corbett 和 Johnson[55] 最近报道一种关于 $\alpha$-芳基酰基膦酸酯 **80** 的选择性动态动力学拆分方法,得到 $\beta$-立体-$\alpha$-羟基膦酸衍生物。利用含有手性氨基磺胺配

体 **81** 的 RuCl[(S,S)-TsDPEN](对伞花烃) 配合物催化甲酸和三乙胺还原酰基膦酸盐，得到 (R)-羟基膦酸酯 **82**，非对映选择性较高，对映选择性高达 99%。通过 X 射线晶体学分析确定了产品的绝对构型为 (1R,2R)，确定了 OH 和 Ar 基团位于相反方向（方案 4.30）。Son 和 Lee[56]将动态动力学拆分的不对称转移应用于 2-取代 α-烷氧基-β-酮膦酸酯 **83** 的加氢反应，得到了相应的 2-取代 α-烷氧基-β-羟基膦酸酯 **85**，具有良好的非对映选择性和对映选择性（方案 4.31）。

**方案 4.31**　在 Ru 配合物催化下，用甲酸和三乙胺还原酰基膦酸酯

Barco 等[57]描述了手性噁唑硼烷催化 β-邻苯二甲酰亚胺-α-酮膦酸酯 **86a～d** 的非对映选择性硼氢化物还原，从而形成 β-氨基-α-羟基膦酸酯 **87**[57]。在 THF 中用硼氢化二甲基硫醚配合物还原 **86**，生成 (S,S)-和 (S,R)-非对映体混合物 (S,S)-**87** 和 (S,R)-**88**（dr=8∶1～10∶1）；同时，在 -60℃ 下用 CB **70** 和噁唑硼烷 **71a**（12mol%）在甲苯中还原酮膦酸酯 **86** 只得到单一的 (S,S)-非对映体 **87a～d**，产率良好（方案 4.32）。

目前仅有几个带有 C=N 或 C=C 键的磷化合物的对映选择性还原的例子被报道[58]。Onys′ko 和 Mikołajczyk[59]报道了一个有趣的亚氨基膦酸酯 **90** 对映选择性还原的例子。利用 CBS 催化还原 1-亚氨基-2,2,2-三氟乙基膦酸酯 **91** 成功得到氨基膦酸酯 **92**（产率 65%～98%，30%～72%ee）。在甲基噁唑硼烷 **71a** 催化下，用 CatBH **71a** 点还原 **91**，得到氨基膦酸酯 **92** 和氨基膦酸 **93**，产率 98%，ee 为 72%。同时发现，被吸电子 CF$_3$ 基团活化的起始原料亚氨基膦酸酯 **91** 能够结合试剂和催化剂（方案 4.33）。

**二薄荷基 α-三氟甲基-α-氨基甲基膦酸酯 95**　将 (R)-1-甲基-3,3-二苯基吡咯烷噁唑硼烷 **71a**（0.045mL 的 1mol·L$^{-1}$ 的甲苯溶液，0.045mmol）溶解于

方案 4.32　用儿茶酚硼烷和噁唑硼烷还原酮膦酸酯

方案 4.33　1-亚氨基-2,2,2-三氟乙基膦酸酯的对映选择性催化还原

THF（2mL）中，冷却至 $-15℃$ 并添加 CatBH **70**（1.35mL 的 $1mol·L^{-1}$ 的溶液于 THF 中，1.35mmol）。在 3h 内逐滴加入含有 α-氨基膦酸酯 **93**（0.9mmol）的 3mL THF 溶液。滴加完成后，反应液在 $-15℃$ 下搅拌 2h。用 $1mol·L^{-1}$ HCl 水溶液（3mL）淬灭反应液，随后升至室温。用乙醚（3×5mL）萃取混合物，分离各层。用饱和 $NaHCO_3$ 水溶液（2mL）中和，用乙酸乙酯（3×10mL）萃取。用无水硫酸镁干燥合并的萃取液，并减压蒸发，得到无色油状物，用乙醚作洗脱液在硅胶柱上纯化，得到纯度较高无色油状的氨基膦酸酯（-）-**95**（98%，72%ee）$[[α]_D^{25}=-2.26(c=2，CHCl_3)]$。

在 $Lig/Cu(OAc)_2·H_2O$ 催化剂存在下，用 PMHS（聚甲基氢硅氧烷）在叔丁醇中还原大量取代的 3-芳基-4-膦酸丁酯 **96**，其中 Lig＝（S）-SegPhos **98**、（S,R）-t-Bu-JosiPhos **99**、（S,R）-XyliPhos 和（S）-TolBINAP（1~5mol%），对映选择性高达 94%ee，如方案 4.34 所示[60]。对不同种类的硅烷（PMHS、$PhSiH_3$、1,1,3,3-四甲基二硅氧烷）进行筛选，结果基本相似，但是 PMHS 在

对映选择性方面稍优于其他的硅烷。底物的空间和电子效应影响了还原结果。在苯环的对位有一个吸电子基团的底物，其产物的 ee 值比只有一个给电子基团底物的结果低得多。烯胺膦酸酯的类似还原也被报道了。

**96** **97**

| | | | |
|---|---|---|---|
| R = Ph | 95% | 94% ee | — |
| R = 2-An | 77% | 68% ee | — |
| R = 3-An | 90% | 93% ee | — |
| R = 4-An | 95% | 83% ee | — |
| R = 4-$BrC_6H_4$ | 93% | 92% ee | — |
| R = 4-$ClC_6H_4$ | 94% | 92% ee | (*S*) |
| R = 4-$FC_6H_4$ | 86% | 91% ee | — |
| R = 4-$NO_2C_6H_4$ | 95% | 90% ee | — |
| R = 3-$ClC_6H_4$ | 95% | 72% ee | — |
| R = 2-萘基 | 94% | 90% ee | — |
| R = 2-噻吩基 | 85% | 91% ee | — |

**98**, (*S*)-SegPhos
72%～94% ee

**99**

R = *t*-Bu, *t*-Bu-JosiPhos, 90% ee
R = Mes, XyliPhos, 50% ee

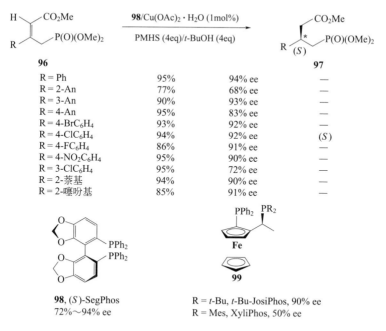

**方案 4.34** 在(S)-SegPhos/Cu(OAc)$_2$ · $H_2O$ 催化下用 PMHS 还原磷酸丁酯 **96**

## 4.3.2 不对称氧化

有机磷化合物的不对称氧化反应只有几个例子。Thomas 和 Sharpless[61] 以及 Sisti[62] 将乙烯基膦酸酯的二羟基化和氨基羟基化的催化不对称反应用于制备二羟基膦酸酯 **100**、膦酰基环氧化合物 **101**、氨基羟基膦酸酯 **102** 和膦酰基氮丙啶 **103**（方案 4.35）。利用 α,β-不饱和膦酸酯与带有（DHQ)$_2$PHAL 配体的钾-锇(Ⅵ) 配合物的氨基羟基化反应，实现 β-氨基-α-羟基膦酸酯 **102** 的不对称催化合成。并在典型的 Sharpless 反应条件下，用过量的 *N*-溴乙酰胺进行了不饱和膦酸酯盐的 *syn*-β-氨基-α-溴化反应[63]。乙烯基膦酸酯不对称氧化最有趣的例子之一是 fosfomycin **106** 和 fosfadecin **107** 的合成，这是众所周知的抗击革兰氏阴性和革兰氏阳性细菌的抗生素。为了合成此类化合物，Kobayashi 等[64] 使用了反式丙烯基膦酸酯的 Sharpless 二羟基化反应（Scheme 4.36)[65]。

用 AD-混合物-α（不对称二羟基化）氧化烯烃，得到的产物在己烷和乙酸乙酯混合溶剂中结晶，以 65%的产率和大于 99%的 ee 生成二醇 **104**（结晶前产率分别为 95%和 78%）。随后将所得二醇 **104** 单磺酰化，再在丙酮中用 $K_2CO_3$ 处

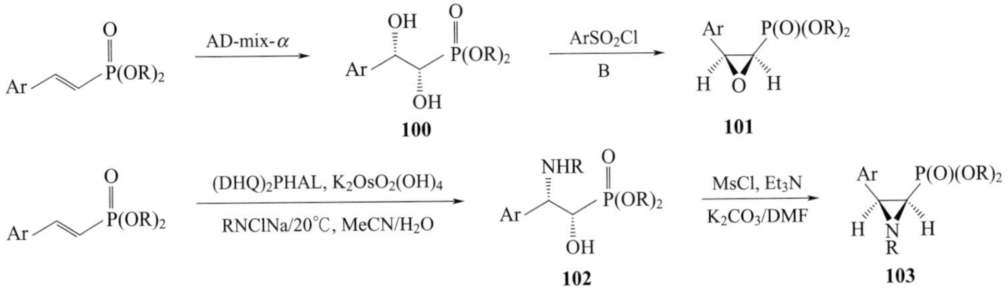

方案 4.35  烷膦酸盐的不对称二羟基化和氨基羟基化

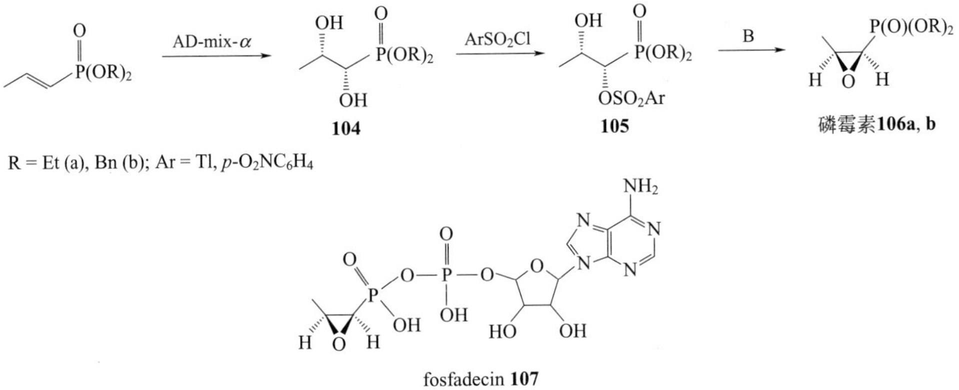

方案 4.36  磷霉素和 fosfadecin 的合成

理，得到二苄基环氧化物 **105a**（R＝Bn）和磷霉素 **106b**（R＝H）（方案 4.36）。在叔丁醇中用 AD-混合物-α 和 $MeSO_2NH_2$ 不对称二羟基化烯烃 **105b**，得到了具有 85% 产率和 96% ee 的二醇 **106**。重结晶后得到纯二醇并转化为环氧化物 **107**。

Krawczyk 等[66,67,68]使用烯醇膦酸酯 **108** 与 NaOCl 在 Mn(Ⅲ)(Salen) 配合物 **110** 存在下的不对称氧化合成了光学活性环氧化物 **109**。随后 **109** 水解形成手性羟基 α-酮，产率高，对映选择性为 68%～96% ee（方案 4.37）。Chen 等[69]报道了 α-羟基膦酸酯 **111** 的动力学拆分，其由带有 N-亚水杨基-α-氨基羧酸酯的手

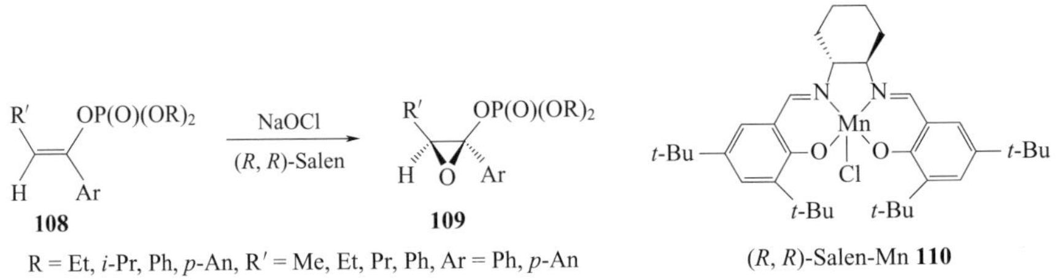

方案 4.37  用 NaOCl/Mn(Ⅲ)(Salen) 不对称氧化烯醇磷酸酯

性氧钒基（V）甲醇盐配合物 **114** 催化，在室温下进行了氧化反应，具有比较高的对映选择性和化学选择性。对于具有吸电子效应的 4-硝基和 4-甲酯基的底物，可以观察到较快的反应速率和较大的选择性因子（$K_{rel} > 99$），以 50% 的转化率完成反应，对映体 (*S*)-**113** 达到 99% ee。该方法适用于多种 α-芳基和 α-杂芳基-α-羟基膦酸酯。同时发现空间位阻高的非对映体加合物 B 使随后的 α-质子消除过程反应更快，生成 α-酮膦酸酯 **112**，同时将氧钒（V）基物质 **114** 还原成相应的 V(Ⅲ)OH（方案 4.38，表 4.5）。

V(O)*-(*R*)-底物对
不稳定但是H更易接近

**方案 4.38** 取代基对外消旋 α-羟基膦酸酯不对称需氧氧化的影响

**表 4.5** 外消旋 α-羟基膦酸酯的不对称需氧氧化（方案 4.38）

| R | 转化率/% | 产率/% | ee/% | $K_{rel}^{*}$ |
|---|---|---|---|---|
| Ph | 51 | 47 | 99 | >99 |
| 4-Tl | 49 | 46 | 96 | >99 |
| 4-An | 50 | 49 | 99 | >99 |
| 2-An | 50 | 49 | 99 | >99 |
| 4-Me$_2$NC$_6$H$_4$ | 50 | 50 | 97 | >99 |
| 4-ClC$_6$H$_4$ | 49 | 49 | 96 | >99 |
| 4-NO$_2$C$_6$H$_4$ | 50 | 49 | 99 | >99 |
| 4-CNC$_6$H$_4$ | 51 | 47 | 95 | 81 |
| 4-MeOC(O)C$_6$H$_4$ | 50 | 49 | >99 | >99 |
| 2-呋喃基 | 49 | 47 | 90 | 95 |
| 2-苯硫基 | 50 | 49 | 99 | >99 |
| *trans*-CH$_3$CH=CH | 49 | 49 | 96 | >99 |

\* 选择性因子 $K_{rel} = \ln[(1-C)(1-ee)]/\ln[(1-C)(1+ee)]$，其中 $C$ = 转化率，ee = 对映体过量。

## 4.4 亲电不对称催化

多年来,亲核和亲电性催化剂已众所周知。有机磷化合物的不对称亲核或亲电子活化反应引起了化学家们的关注。通常,亲电催化剂是 Lewis 酸,而亲核催化剂使用有机碱。Lewis 酸通过有机基团亲电子活化来催化反应。向含有自由电子对的底物中加入 Lewis 酸伴随着形成的配合物反应活性的增强。催化烷基化反应、芳基化、卤化、酶催化化学反应等,是手性 Lewis 酸亲电不对称活化有机磷化合物的典型实例。

### 4.4.1 磷原子上的催化亲电取代

在过去几年中,叔膦的不对称合成催化引起了许多化学家的关注[70-78]。有趣的结果已在部分论文和综述中发表[71-77]。合成 α-立体异构膦的方法之一是在仲膦的磷原子上的亲电取代,催化剂激活磷亲核试剂或碳亲电试剂,产生不对称环境,即优先选择反应中心的一个 $Si$ 或 $Re$ 面[71-74]。在与手性金属配合物反应后,外消旋仲膦转化为非对映体金属-磷化物配合物 A 或 B,它们通过 P-反转快速相互转化。如果平衡 AB 比 A 或 B 与亲电子体 E 的反应快,则可以选择性地形成 P-立体异构膦 115,其锥体转化较慢。动态动力学不对称转换中的产物比率既取决于平衡常数 $K_{eq}$,也取决于速率常数 $k_S$ 和 $k_R$ (方案 4.39)。

**方案 4.39** 三价磷催化亲电取代的机理

#### 4.4.1.1 P(Ⅲ) 化合物的烷基化和芳基化

在许多情况下由手性 Lewis 酸催化的外消旋仲膦的不对称芳基化或烷基化得到对映体富集的叔膦[75]。例如,Glueck 等[75-84]发现外消旋仲膦化合物 116 在 NaOSiMe₃ 催化下与铂复合物 Pt(Me-DuPhos)(Ph)(Br) 在甲苯中反应得到加合物 117,由于磷原子翻转快速相互转化 ($S_P$)-117 $\rightleftharpoons$ ($R_P$)-118 (方案 4.40)。

通过低温 NMR 和 X 射线单晶分析对分离出的加合物 117 进行了分析和研

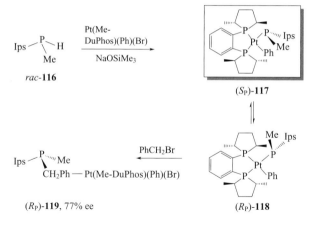

**方案 4.40** 由 Pt(Ⅱ) 配合物催化的仲膦的不对称烷基化

究，加合物的晶体结构表明 **117** 的主要对映体具有 ($R_P$) 的绝对构型[79]。用苄基溴与加合物 **118** 反应，得到含 77%ee 的叔膦 ($R_P$-**119**) 和初始催化剂 Pt(Me-DuPhos)(Ph)(Br)，证实了所提出的机理。根据经典的描述，仲膦 **116** 的三配位磷原子处的取代继续保留磷的绝对构型。结果表明对映选择性主要取决于 ($S_P$)-**117** $\rightleftharpoons$ ($R_P$)-**118** 相互转化的非对映体的热力学偏好，尽管它们的烷基化相对速率也很重要（Curtin-Hammett 动力学）（方案 4.40）。

多数情况下，手性 Lewis 酸催化的外消旋仲膦的不对称芳基化或烷基化生成对映体富集的叔膦[79-82]。钌、铂、钯的手性配合物是比较常用的。例如，手性配合物 Pt(Me-Duphos)(Ph)(Br) 催化仲膦与各种 $Rh_2X$（X＝Cl，Br，I）化合物的不对称烷基化，得到具有 50%～93%ee 的叔膦（或其硼烷 **121**）[75,76,79]。在配合物 [RuH(i-Pr-PHOX)$_2$]$^+$ 催化下，仲膦与卤化苄基的对映选择性烷基化生成叔膦 **121**（57%～95%ee）的形成[79,80]。催化剂 [(R)-difluorphos(dmpe)Ru(H)][BPh$_4$] 在仲膦与苄基溴化物的不对称烷基化反应中起作用，而 (R)-MeOBiPHEP/dmpe 在苄基氯化物的情况下催化效果更好（方案 4.41）[80,81]。通常情况下铂[75-77,83]、钌[80,81]和钯[84-86]的手性配合物催化仲膦与芳基卤化物的芳基化反应，对映选择性良好，可得到对映体富集的叔膦。例如，在手性配合物 Pd[(R,R)-Me-DuPhos](反式二苯乙烯) 催化下，芳基碘化物与仲芳基膦 **120** 的反应生成了对映选择性高达 88%ee 的叔膦[82-84]。在原位生成的含手性配体 Et、Et-FerroTANE **124** 和 LiBr 的配合物 Pd$_2$(dba)$_3$×CHCl$_3$ 催化下，仲膦 **120** 与邻芳基碘化物的芳基化反应得到相应的叔膦，对映选择性为 90%ee[84-86]。钯配合物 **126** 在仲膦的芳基化反应中也表现出很高的对映选择性[85]。下面介绍一些关于仲膦低 ee 芳基化反应的实例。在噁唑啉膦 **125** 的手性配合物催化下，膦硼烷与茴香基碘化物的不对称芳基化形成了 45%ee 的对映体富集的叔膦[85]。(R，

S)-t-Bu-JOSIPHOS 的配合物催化邻茴香基碘化物与 PH(Me)(Ph)($BH_3$) 的芳基化反应，得到了含 10%ee 的产物 PAMP-$BH_3$（表 4.6）[73]。

$$R\underset{Me}{\overset{P}{\diagdown}}H + R'CH_2Cl + NaOCMe_2Et \xrightarrow[BH_3 \text{ THF } 70\%\sim96\%]{[RuH(Lig)(dmpe)]^+(BPh_4)^- \atop (10\% \text{ mol})} R\underset{Me}{\overset{BH_3}{\underset{|}{\overset{|}{P^*}}}}R'$$

**120**      **121**

R'(ee) = Ph(75%), p-An (85%), o-Tol(57%), 1-萘基(59%),
Py (48%), 呋喃基(68%), m-$ClCH_2C_6H_4$(95%), m-$ClCH_2C_6H_4$(74%)

Lig =

(R)-i-Pr-PHOX **122**     (R)-DIFLUOROPHOS **123**     **64c**
                                                                X = H, (R)-MeOBIPHEP
                                                                 X = Cl, (R)Cl-MeOBIPHEP

**方案 4.41** 手性 Ru 配合物催化仲膦的不对称烷基化

**表 4.6** 钯配合物催化仲膦的芳基化反应

$$\mathbf{121} \xrightarrow[L/CHCl_3/Pd_2dba_3/LiBr/NEt_3]{ArI, Me_3SiONa} R\underset{Me}{\overset{P^*}{\diagdown}}Ar$$

**123**

| R | ArI | L | 产率/% | ee/% 构型 |
|---|---|---|---|---|
| 2-Ph$C_6H_4$ | 2-t-BuOCO$C_6H_4$I | **124** | 76 | 90(S) |
| 2-An | 2-t-BuOCO$C_6H_4$I | **124** | 43 | 86(S) |
| 2-$CF_3C_6H_4$ | 2-t-BuOCO$C_6H_4$I | **124** | 39 | 93(R) |
| 2-Ph$C_6H_4$ | 2-MeOCO$C_6H_4$I | **124** | 69 | 85(S) |
| t-Bu | 3-AnI | **125** | — | 45 |
| 2,4,6-(i-Pr)$_3C_6H_2$ | PhI | **126** | 84 | 78(S) |
| 2,4,6-(i-Pr)$_3C_6H_2$ | p-PhO$C_6H_4$I | **126** | 89 | 88(S) |

在具有 (S,S)-手性膦的手性钯配合物催化下，仲膦硼烷 **127** 与茴香基碘化物的反应在磷原子处继续保持绝对构型[78]。在 NaOSiMe$_3$ 存在下，将 Pd[(S,S)-手性膦](o-An) 添加到对映体富集的仲膦 **127** 中，形成稳定配合物 **129**。将该配合物加热到 50℃，过量二苯乙炔将其转化为 ($R_P$)-**130**，产率为 70%，对映体纯度为 98%ee（方案 4.42）。

在某些情况下，用于制备手性叔膦的甲硅烷基化烷基芳基膦 **131** 代替 P—H 膦的烷基化，产物的对映选择性显著增加。例如，Toste 和 Bergman[85] 报道了

**方案 4.42** 由手性 Pd[(S,S)-Chiraphos] 配合物催化的 **126** 与茴香基碘化物的反应

在 $N,N'$-二甲基-$N,N$-丙烯脲（DMPU）存在下，Pd(Et-FerroTANE)Cl$_2$ 催化的甲硅烷基膦与芳基取代的碘化物 **131** 的反应形成具有 98% ee 的 P-手性叔膦硫化物 **132**（方案 4.43）。

| | | | |
|---|---|---|---|
| R = OMe | 74% | 55% ee | (R) |
| R = SMe | 73% | 63% ee | (R) |
| R = COOBu-t | 83% | 78% ee | — |
| R = COOC$_6$H$_4$Me$_2$-2,6 | 76% | 82% ee | — |
| R = COONEt$_2$ | 63% | 79% ee | — |
| R = COONPr-i$_2$ | 53% | 98% ee | — |

**方案 4.43** [Pd(Et-FerroTANE)Cl$_2$] 催化的芳基取代的碘化物与甲硅烷基膦的反应

由手性钯（二膦）配合物催化的仲膦 **133** 或其硼烷的对映选择性分子内环化，生成具有中等立体选择性（<70% ee）的 P-立体异构苯并磷杂环戊烷 **134**。手性磷杂环戊烷配体在不对称催化反应中具有很好的应用价值（方案 4.44）[86]。

一些关于仲膦向烯烃或炔烃的亲电加成的实例已经被报道了。Glueck[70] 报道了铂催化的伯膦的对映选择性烷基化/芳基化，可得到手性磷苯。

该反应由带有 (R,R)-MeDuPhos **4** 配体的手性铂或钯配合物催化，生成 P-手性膦 **136**，但 ee 较低（方案 4.45）[77]。虽然已经尝试将手性铵盐作为相转移催化剂应用于外消旋仲膦的不对称烷基化中，然而，例如在手性辛可宁季铵盐存在下，苯基膦硼烷与甲基碘化物的烷基化反应也具有低的对映选择性（17% ee）[5]。

4　金属配合物的不对称催化　　205

**方案 4.44** 仲膦 133 的对映选择性分子内环化

**方案 4.45** 仲膦向烯烃的亲电加成的实例

### 4.4.2 侧链中的催化亲电取代

#### 4.4.2.1 烷基化

利用手性双(噁唑啉)-铜配合物进行对映选择性催化成功实现了手性烷基化酮膦酸酯的合成方法。例如，Shibata 等最近报道了 $\beta$-酮膦酸酯 138 与芳香醇作为亲电子试剂的对映选择性烷基化，该反应由 $Cu(II)(OSO_2CF_3)_2$/140a～c 催化，形成产物 138，具有良好的产率和相对高的对映选择性。使用双(噁唑啉)-铜催化剂 140d（方案 4.46）[88] 也实现了 $\alpha$-酮膦酸酯 137 和 2-(三甲基甲硅烷氧基)呋喃之间的不对称插烯基羟醛反应。在硫醇盐二钌配合物 144 和带有双(4,5-二苯基-4,5-二氢噁唑啉)配体 140 的铜的手性配合物作为辅催化剂时，$\beta$-膦酸酯 142 与炔丙基醇 141 的对映选择性烷基化得到烷基化炔丙基产物 143，产率高，非对映选择性为 16:1～20:1，对映选择性高达 97% ee[87]。在室温下于 THF 中反应 40h，得到 2-氧代环戊基膦酸酯 143，其中两种非对映异构体混合物（anti-143：syn-143＝15:1），具有 63% ee，其中 anti-143 具有 89% ee（方案 4.47）[87a]。

多种手性金属配合物和有机催化剂催化的吲哚与 $\alpha,\beta$-不饱和酮膦酸酯的不对称 Friedel-Crafts 烷基化反应备受关注[89,90]。Evans 报道了噁唑啉三氟化钪（III）配合物 148 催化吲哚与 $\alpha,\beta$-不饱和酰基膦酸酯 145 的共轭加成，得到酰基膦酸酯 146，产率高（51%～83%）且对映选择性大于 99% ee[89]。Yamamoto 使用手性铝配合物 149 进行吲哚的不对称膦酰化，实现了 98% ee 的对映选择性和 85% 的产率[89]。Jørgensen 等[90] 进行手性硫脲催化的 $\alpha,\beta$-不饱和酰基膦酸酯与碳基亲核试剂（噁唑酮、吲哚和 1,3-二羰基化合物）的立体选择性共轭加成，其产率令人满意，对映选择性为 72%～90% ee。1,3-二羰基加成到酰基膦酸酯的

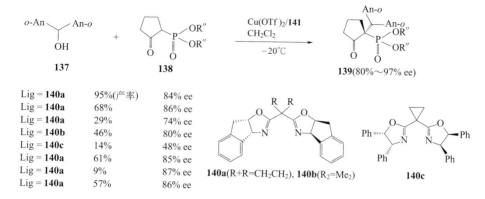

| Lig = **140a** | 95%(产率) | 84% ee |
| --- | --- | --- |
| Lig = **140a** | 68% | 86% ee |
| Lig = **140a** | 29% | 74% ee |
| Lig = **140b** | 46% | 80% ee |
| Lig = **140c** | 14% | 48% ee |
| Lig = **140a** | 61% | 85% ee |
| Lig = **140a** | 9% | 87% ee |
| Lig = **140a** | 57% | 86% ee |

**方案 4.46** β-酮磷酸酯与芳香醇的对映选择性催化烷基化

| | | | |
| --- | --- | --- | --- |
| R = Et | 89% | anti:syn ≥ 20:1 | 91% ee |
| R = Me | 97% | anti:syn = 19:1 | 90% ee |
| R = Pr | 92% | anti:syn ≥ 20:1 | 92% ee |
| R = Bu | 78% | anti:syn = 16:1 | 91% ee |
| | 92% | anti:syn ≥ 20:1 | 82% ee |

**方案 4.47** 炔丙基醇对 β-酮膦酸酯 **142** 的对映选择性烷基化

立体选择性可以由亲核和亲电反应对奎宁衍生的催化剂的双功能配位来解释。有人提出酰基膦酸酯与方酰胺氢键键合，将烯烃侧链置于远离催化剂 $C_9$ 中心的空间要求较低的区域，而 1,3-二羰基化合物去质子化，并被催化剂的叔氮原子的定向亲核攻击。亲核试剂的 R-基团远离反应位点取向，随后的共轭加成接近 C=C 键的 Si 面，这解释了反应的对映选择性和非对映选择性。随后用甲醇和 1,8-二氮杂双环［5.4.0］十一碳-7-烯（DBU）处理反应混合物，生成 3-(吲哚-3-基)-丙酸甲酯 **147**（65%～82%），产率较高，具有高对映选择性（高达 99% ee）。当吲哚攻击双键时，β,γ-不饱和 α-酮膦酸酯 **145** 与钯催化剂 **151** 通过双中心配位键以双齿方式配位来解释反应的高选择性，如式中所示。由于膦酸酯双键的 Re 面优先被 (R)-BINAP 的一个苯基封闭，因此以高对映选择性方式从 Si 面加入吲哚。Bachu 和 Akiyama[92] 使用 BINOL-磷酸 **151** 作为该反应的催化剂。在存在 10mol% 的手性 BINOL 基磷酸的情况下，吲哚与 α,β-不饱和酮膦酸酯

**145** 进行对映选择性 Friedel-Crafts 烷基化反应（方案 4.48）。手性铜-亚砜酰亚胺催化的酮膦酸酯与呋喃衍生物的催化不对称插烯基 Mukaiyama 羟醛反应，生成具有高非对映选择性和对映选择性的相邻季立体中心的膦酸 γ-（羟烷基）丁烯酸内酯[88b]。

Nu = MeOH/DBU, 吗啉

Ar = Ph, Ph, 4-MeC$_6$H$_4$, 3,5-Me$_2$C$_6$H$_3$, 3,5-Me$_2$C$_6$H$_3$ 2,6-($i$-Pr)$_2$-4-(9-antryl)C$_6$H$_2$
X = BF$_4$, OTf, SbF$_6$, PF$_6$

**方案 4.48** α,β-不饱和酮膦酸酯的对映选择性 Friedel-Crafts 烷基化

### 4.4.2.2 卤化

Bernardi 和 Jørgensen[91] 利用 N-氯代琥珀酰亚胺（NCS）和 N-氟苯磺酰亚胺（NFSI）催化 β-酮膦酸酯的对映选择性氯化和氟化反应。以 ($R,R$)-**154**/Zn(Ⅱ) 为催化剂，对于无环和环状 β-酮膦酸酯 **152**，反应均顺利进行，以高产率和高对映选择性得到相应的光学活性 α-氯和 α-氟-β-酮膦酸酯 **153**。在 β-位具有芳族和烷基取代基的无环 β-酮膦酸酯被转化为相应的光学活性 α-氯-β-酮膦酸酯 **153**，产率为 80%~98%，对映选择性为 78%~94%ee（方案 4.49）。

利用手性 **154**/Zn(Ⅱ) 催化剂，NFSI 对 β-酮膦酸酯的催化氟化也很容易进行。对于氟化反应，使用 Zn(ClO$_4$)$_2$·6H$_2$O 和 Ph-DBFOX **154** 在 4Å 分子筛（MS）存在下更容易制备催化剂，也得出类似的结果。在配体 **155** 中引入两个立

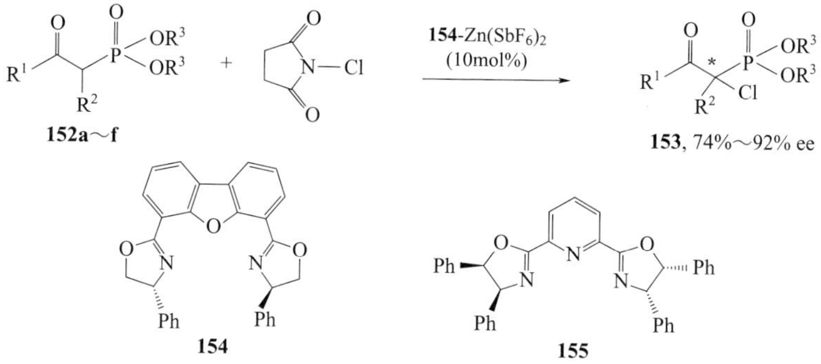

| | | | | | |
|---|---|---|---|---|---|
| a | R¹ = Ph | R² = Me | R³ = Et | 98% | 92% ee |
| b | R¹ = Ph | R² = Me | R³ = Me | 97% | 78% ee |
| c | R¹ = Ph | R² = 烯丙基 | R³ = Et | 93% | 92% ee |
| d | R¹ = 2-Np | R² = Me | R³ = Et | 97% | 93% ee |
| e | R¹ = Me | R² = Me | R³ = Et | 80% | 94% ee |
| f | R¹ + R² = (CH$_2$)$_3$ | | R³ = Et | 40% | 80% ee |

**方案 4.49** NFSI 对 β-酮膦酸酯的催化氯化

体中心可将对映选择性提高到 91%ee。锌配合物与 **154** 催化的 NFSI **156**，对映选择性氟化 β-酮膦酸酯 **152** 得到光学活性的 α-酮膦酸酯 **157**，产率从中等到良好，对映选择性高达 99%ee（方案 4.50）[92]。Sodoka 等[93,94] 开发出一种有效的不对称氟化反应，在含有 (R)-BINAP 配体的手性钯配合物 **161** 和 **162**（1～10mol%）存在下，NFSI 可有效催化环状和无环 β-酮膦酸酯对映选择性氟化。在温和的条件下（在室温下于乙醇、丙酮或 THF 中）进行氟化反应，生成手性氟化酮膦酸酯 **167**，产率为 57%～97%，对映选择性为 94%～96%ee[95,96]。然后将 α-氟化膦酸酯转化为膦酸（方案 4.51）。

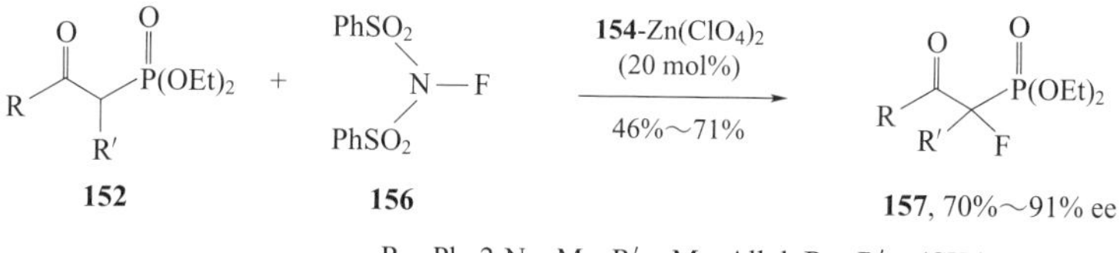

R = Ph, 2-Np, Me, R' = Me, Allyl, R + R' = (CH$_2$)$_2$

**方案 4.50** N-氟苯磺酰亚胺 **154** 对 β-酮膦酸酯的对映选择性氟化

在反应中占主导地位的绝对构型表明，因为 β-酮膦酸酯 **152** 的两个乙氧基被定位使得膦上芳基的空间排斥最小，氟化试剂从烯醇化物受阻较少的一侧反应如图 4.3 所示。

带有 BINAP 型配体的钯催化剂 **163** 已被用于合成各种氟化环状和无环酮膦酸酯[95,96]。用 NSFI 可获得最好的结果，其将 β-酮膦酸酯氟化成 α-氟化 β-酮膦酸酯 **157**、**159** 和 **160**，产率为 50%～93%，对映选择性为 87%～97%ee。带有

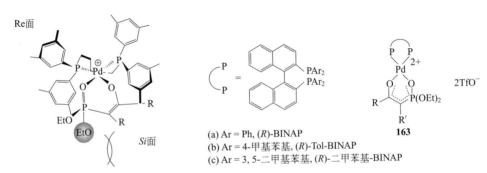

**方案 4.51** 钯配合物 **161**、**162** 催化的 NFSI 对 β-酮基膦酸酯的对映选择性氟化

配体(R)-DM-BINAP 或 (R)-DM-SEGPHOS 的配合物的钯催化剂催化 β-酮膦酸酯形成手性烯醇化物配合物是最有效的。其他催化剂具有低产率和中等对映选择性（方案 4.52）。

**图 4.3** 催化氟化的合理过渡态模型

**方案 4.52** β-酮膦酸酯的催化对映选择性氯化和氟化

### 4.4.2.3 胺化

Kim 等用含有 BINAP 配体的手性钯配合物 **161** 和 **162** 催化 β-酮膦酸酯 **152** 的对映选择性胺化。在温和反应条件下用偶氮二羧酸二乙酯（DEAD）处理 β-酮膦酸酯，得到取代的 β-酮膦酸酯 **165** 和 **167**，具有令人满意的产率和非常好的 ee（方案 4.53）[95,96]。

Jørgensen 报道了 β-酮膦酸酯对亚胺或偶氮二羧酸盐的对映选择性加成，其由带有双噁唑啉配体的铜或锌的手性配合物 **170**～**172** 催化，形成手性胺化产物。在室温下，反应于溶剂（乙醚、二氯甲烷或二氯乙烷）中进行。脱保护后，获得相应的光学活性的 α-氨基-β-羟基膦酸衍生物，具有较高的产率和大于 90%ee 的对映选择性（表 4.7）[97]。通过 X 射线单晶分析确定光学活性氨基膦酸酯的 (R,R)-绝对构型（方案 4.54）。

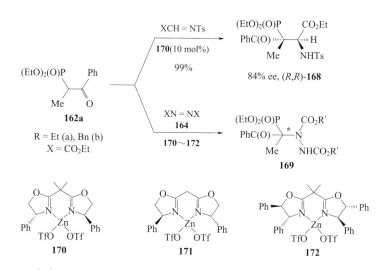

**方案4.53** 钯配合物**161**和**162**催化的β-酮膦酸酯的对映选择性胺化

**表4.7** (S)-**170**催化的β-酮膦酸酯与偶氮二羧酸盐的反应

| 序号 | β-酮膦酸酯 | | | 产率/% | ee/% |
|---|---|---|---|---|---|
| | R | R' | R'' | | |
| 1 | Ph | Me | Et | 85 | 92 |
| 2 | 2-萘基 | Me | Et | 93 | 92 |
| 3 | Bn | Me | Et | 60 | 95 |
| 4 | Me | Me | Et | 75 | 85 |
| 5 | Ph | 烯丙基 | Et | 85 | 98 |
| 6 | Ph | Me | Me | 97 | 94 |
| 7 | $(CH_2)_3$ | — | Et | 98 | 95 |
| 8 | $(CH_2)_4$ | — | Et | 98 | 94 |

**方案4.54** β-酮膦酸酯对映体选择性加成亚胺或偶氮二羧酸盐

已经报道了由带有手性配体TaniaPhos的铜配合物**176**或**177**催化格氏试剂对膦酸酯和膦氧化物**173**的不对称烷基化,得到手性磷**174**和**175**(方案4.55)[98]。

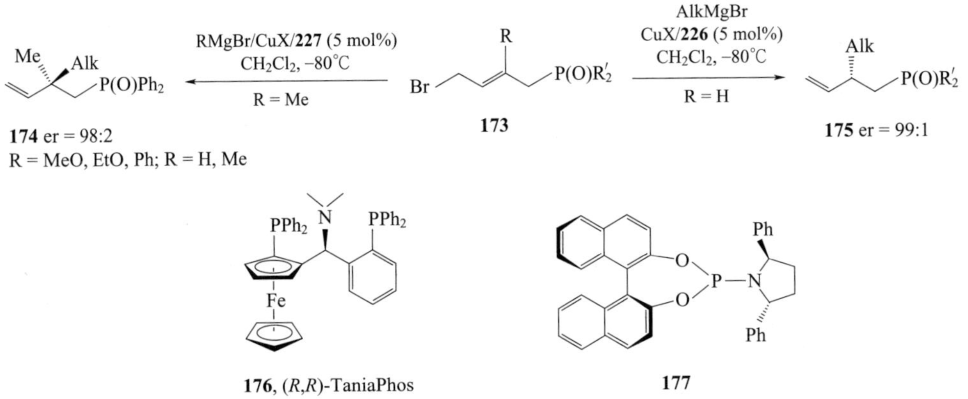
RMgBr/CuX/227 (5 mol%)
$CH_2Cl_2$, −80°C
R = Me
AlkMgBr
CuX/226 (5 mol%)
$CH_2Cl_2$, −80°C
R = H
174 er = 98:2
R = MeO, EtO, Ph; R = H, Me
173
175 er = 99:1
176, (R,R)-TaniaPhos
177

**方案 4.55** 格氏试剂对膦氧化物 **173** 的不对称烷基化

# 4.5 亲核不对称催化

## 4.5.1 磷亲核试剂对多键的不对称加成

在过去的十年中，开发膦酸衍生物高效制备方法取决于化学和生物学的快速发展。手性膦酸可通过很多种方法制备，合成膦酸酯的主要方法是通过羰基化合物的膦酰化，利用磷-羟醛反应，磷-Mannich 反应或磷-Michael 反应进行[99]。

### 4.5.1.1 磷-羟醛反应

两种类型的磷-羟醛反应是可能的：（ⅰ）二烷基亚磷酸酯与羰基试剂在碱催化剂存在下进行反应，该反应将 P(O)H ⇌ P—OH 互变异构平衡向 H(O) 形式-移动；（ⅱ）磷酸三酯与羰基化合物的加成反应，在质子供体试剂（苯酚、羧酸、苯胺的盐酸盐等）或 Lewis 酸存在下进行。磷酸酯与羰基化合物的加成反应(Abramov 反应)[99-103]包括两个步骤：第一步是 P—C 键的形成，第二步是酯官能团的裂解和膦酰基的形成[99,100]。在手性催化剂存在的情况下，Abramov 反应的不对称形式是可能的[101,104,105]。由于 $\alpha$-羟基膦酸酯是酶抑制剂的重要组分，因此对非对称磷-羟醛反应进行了深入研究。羟基膦酸酯的制备也可以利用催化方法，包括金属配合物催化、有机和生物催化，从而生成具有高对映体纯度的官能化分子，因此在合成化学中具有很高的潜在应用价值（方案 4.56）。Shibasaki 描述了由异双金属配合物 ALB[Al,Li(binaphthoxide)$_2$] 和 LLB[Ln-Li-is(binaphthoxide)]催化的醛的第一对映选择性羟基膦酰化[102]，在该反应中 Shibuya 使用了 Sharpless 催化剂[103]。Spilling 测试了手性二醇与 Ti(OPr-$i$)$_4$ 的配合物[104]。在由异丙醇钛与（$S$,$S$)-环己二醇的配合物催化的二甲基亚磷酸盐与肉桂醛的反应中获得了最好的结果。在由含有 BINOL 配体的镧配合物催化的 Abramov 反应中，Qian 获得了类似的结果（35%～74%ee）[106]。这些结果均已获得同行评价和认可被评估过（方案 4.56）。

$$(RO)_2POH \xrightarrow[催化剂]{RCH=O} \begin{bmatrix} OR & O^- \\ OR-P^+-H \\ OH & R'' \end{bmatrix} \longrightarrow \begin{matrix} OR & OH \\ OR-P-H \\ O & R'' \end{matrix}$$

**178** **179**

R = MeO, EtO, ArO; R' = H, Alk, Me₃Si
催化剂 = Bronsted 碱或 Lewis 酸

**方案 4.56**

在反应体系中使用两个或三个手性中心的双重和三重不对称诱导，可提高磷-羟醛反应的立体选择性（见第 3.8 节）。例如，手性二(1R,2S,5R)-薄荷基亚磷酸盐与手性(R)-ALB 催化的手性 2,3-D-异亚丙基-(R)-甘油醛的反应在三个手性诱导剂的立体化学控制下进行，得到 95%ee 羟基膦酸酯[107]。具有两个手性中心的双功能手性 Al(Ⅲ)-BINOL **185** 配合物提供了醛的有效对映选择性氢磷化反应。许多芳香族、杂芳香族、α,β-不饱和脂肪族醛在该催化剂存在下被磷酸化，形成 α-羟基膦酸酯，产率高达 99%，对映选择性达到 87%ee[108]。由手性 BINOL 衍生物与 Ti(OPr-i)₄ 和金鸡纳生物碱组合而成双功能催化剂为醛的不对称氢磷化提供了高效的催化剂，具有 91%～99%ee（方案 4.57、方案 4.58）[109,110]。

$$(R^*O)_2POH + \underset{(R)\text{-}181}{\text{O}} \xrightarrow{(S)-或(R)\text{-}ALB} (R^*O)_2P(O)$$

**180a、b** (R)-**181** (1R,2R)-**182a、b**

R* = (1S, 2R, 5S)-Mnt (a), *endo*-Brn (b)

**方案 4.57** 磷-羟醛反应的双重和三重不对称诱导

$$(EtO)_2P(O)H + RCH=O \xrightarrow{185 或 186} \begin{matrix} EtO & OH \\ EtO-P-H \\ O & R \end{matrix}$$

**183** **184** **187**

[催化剂]  **185** /Et₂AlCl    **186** /Ti(OPr-i)₄/CN (b)

**方案 4.58** Abramov 反应的对映选择性催化

光学活性的铝-salalen 配合物 **188** 对映选择性地催化醛的氢磷化，得到相应的 α-羟基膦酸酯[110]（方案 4.59 和表 4.8）。Kee 等[111] 报道了含有环己二胺取代基的芳香醛 Al(salalen) 和 Al(salalen) 配合物的 α-氢磷化显示出中等的对映选择性（61%ee），Al(salalen) 配合物的 X 射线分析表明它们具有双-$m$-羟基结构，并且 salalen 配体占据 $cis$-$\beta$-构象。这些结果证明，在顺式位置具有两个配位中心的手性配合物可以是不对称氢磷化的催化剂[111,112]。

方案 4.59　Al(salalen)-配合物催化的不对称氢磷化

表 4.8　醛与催化剂 188a 的不对称氢磷化

| 序号 | R | R′ | 产率/% | ee/% | 构型 | 参考文献 |
| --- | --- | --- | --- | --- | --- | --- |
| 1 | $p$-$O_2NC_6H_4$ | $t$-Bu | 95 | 94 | (S) | [109] |
| 2 | $p$-$ClC_6H_4$ | $t$-Bu | 88 | 88 | (S) | [109] |
| 3 | $p$-$MeOC_6H_4$ | $t$-Bu | 87 | 81 | (S) | [109] |
| 4 | $o$-$ClC_6H_4$ | $t$-Bu | 96 | 91 | — | [109] |
| 5 | ($E$)-PhCH=CH | $t$-Bu | 77 | 83 | (S) | [109] |
| 6 | PhCH$_2$CH$_2$ | $t$-Bu | 94 | 91 | — | [109] |
| 7 | (CH$_3$)$_2$CH | $t$-Bu | 89 | 89 | — | [109] |
| 8 | CH$_3$CH$_2$ | $t$-Bu | 61 | 89 | (S) | [109] |
| 9 | $p$-$O_2NC_6H_4$ | Et$_2$MeC | 98 | 98 | — | [110] |
| 10 | $p$-$ClC_6H_4$ | Et$_2$MeC | 95 | 98 | — | [110] |
| 11 | $o$-ClCC$_6$H$_4$ | Et$_2$MeC | 94 | 97 | — | [110] |
| 12 | ($E$)-PhCH=CH | Et$_2$MeC | 97 | 95 | — | [110] |
| 13 | PhCH$_2$CH$_2$ | Et$_2$MeC | 93 | 97 | — | [110] |

Katsuki 等发现，添加碳酸钾显著提高了 Al(salalen) 催化醛与二甲基膦酸酯的不对称氢磷化反应的反应速率。即使催化剂的负载量减少数倍，氢磷化的对映选择性也会提高到 93%～98% ee。化学家们利用密度泛函理论（DFT）和 ONIOM 方法研究了 Al(salalen) 配合物催化二甲基亚磷酸盐和苯甲醛之间的氢磷化反应的机理。他们得出结论，手性 Al(salalen) 配合物催化的反应的立体化学受配体的邻位 $t$-Bu 基团与二甲基亚磷酸盐之间的空间排斥以及二甲基亚磷酸盐与催化剂的配位模式所控制。该计算证实了具有高 ee 的 (S)-构型的主要产物，这很好地印证了实验观察到的结果。该配合物的高对映选择性由其独特的结构解释，其具有变形的三角-双锥体构型，使得 salalen 配体占据手性位置，其中手性氨基位于铝原子附近[112,113]。手性 (R)-联萘取代配合物 188 中的非手性环己基，增加了催化剂 189 的分子不对称性，提高了反应的对映选择性[114]。总而言之，芳香醛的磷酸化比脂肪醛的对映选择性更高（表 4.8）。Katsuki 等[109,110] 详细研究了手性三角锥形金属（salalen）配合物 189a～i。含有钴的配合物 189a、b 是无活性的。同时，铝配合物 189c～i 催化二甲基亚磷酸盐与各种醛的对映选择性氢磷化[109,110,114]。在 $C_3$ 和 $C_3'$ 位置具有叔丁基的配合物 189 以良好的产率和良好的对映选择性催化该反应。在 $C_5$ 和 $C_5'$ 位置具有取代基也产生良好的产率和对映选择性，尽管程度略低。从对映选择性的观点来看，在 $C_3$ 处含有 Br 的配合物 189 是最有效的催化剂（84% ee）。含有给电子 MeO 基团的配合物 189 也能得到高对映选择性，尽管化学产率低。与 OH 基团对位的给电子基团以及芳族取代基 salalen 配合物（$t$-Bu、Ad、$Et_2$MeC）的邻位取代基 R′ 的体积增大，提高了反应的对映选择性（方案 4.59，表 4.9）。

表 4.9 醛与催化剂 189c～i 的不对称氢磷化

| 序号 | 189c～i | R″ | 时间/d | 产率/% | ee/% | 构型 |
| --- | --- | --- | --- | --- | --- | --- |
| 1 | c | $p$-ClC$_6$H$_4$ | 4 | 29 | 11 | (R) |
| 2 | d | $p$-ClC$_6$H$_4$ | 4 | 86 | 76 | (R) |
| 3 | e | $p$-ClC$_6$H$_4$ | 3 | 100 | 65 | (R) |
| 4 | f | $p$-ClC$_6$H$_4$ | 5 | 83 | 68 | (R) |
| 5 | g | $p$-ClC$_6$H$_4$ | 3 | 78 | 84 | (R) |
| 6 | h | $p$-ClC$_6$H$_4$ | 3 | 69 | 78 | (R) |
| 7 | i | $p$-ClC$_6$H$_4$ | 3 | 68 | 83 | (R) |
| 8 | g | Ph | 5 | 62 | 79 | (R) |
| 9 | g | $p$-FC$_6$H$_4$ | 5 | 69 | 82 | |
| 10 | g | $p$-An | 2 | 55 | 79 | (R) |
| 11 | g | $p$-Tl | 2 | 82 | 80 | (R) |
| 12 | g | $o$-FC$_6$H$_4$ | 2 | 69 | 80 | — |
| 13 | g | $o$-Tl | 2 | 79 | 75 | |
| 14 | g | PhCH$_2$CH$_2$ | 1 | 71 | 83 | |
| 15 | g | $c$-Hex | 1 | 86 | 86 | |
| 16 | g | $n$-Hex | 2 | 79 | 86 | |
| 17 | g | (E)-PhCH=CH | 2 | 82 | 64 | (R) |

Al(Ⅲ) 与三齿 Schiff 碱 (**192a~e**) 的手性配合物催化醛和三氟甲基酮的不对称氢磷化反应，无任何副反应发生。铁/樟脑基三齿 Schiff 碱配合物 [FeCl(SBAIB-d)]$_2$ 可以催化生成 α-羟基膦酸酯，具有产率高及对映体选择性优异等特点（高达 99%）[115]（方案 4.60）。

$(MeO)_2P(O)H$ + Ar-C(=O)-CF$_2$X $\xrightarrow{\text{282a/Et}_2\text{AlCl, 10mol\%}}_{\text{THF}}$ (MeO)$_2$P(=O)-C(OH)(CF$_2$X)(Ar)

**190** → **191**

X = F, Cl
Ar = XC$_6$H$_4$, X = H, 4-Me, 4-Br, 4-Cl, 4-F

产率高达 98%, 90%

**192a**. R = R' = t-Bu
**192b**. R = R' = H
**192c**. R = H, R' = t-Bu
**192d**. R = H, R' = NO
**192e**. R = Ad, R' = t-Bu

**192a~e**

**193**

**方案 4.60** 手性配合物 **282a~e** 催化的醛的不对称氢磷化

**二甲基 4-氯苯基-1-羟甲基膦酸酯 179**  将 Al(salalen)-配合物 **188a**（0.02mol）和二甲基亚磷酸盐（0.21mmol）溶解在 THF（1.0mL）中，将溶液冷却至 −15℃。然后加入含有 p-ClC$_6$H$_4$CHO（0.20mmol）的 THF 溶液，将反应液在 −15℃ 下搅拌 48h，然后在室温下再搅拌 1h。将反应液用 NH$_4$Cl 水溶液淬灭，并用乙酸乙酯萃取。过滤有机萃取物并用 Na$_2$SO$_4$ 干燥。减压蒸干溶剂后，将残留物用硅胶柱进行色谱分离，用己烷-乙酸乙酯作为洗脱液，得到相应的 α-羟基膦酸酯（产率 72%，80%ee）[110]。

手性配体可以影响反应的对映选择性，L-缬氨醇的衍生物催化二烷基亚磷酸盐与各种烷基醛、芳基醛和三氟甲基酮的反应，其对映选择性高于其他配体[115-118]。在苯酚基团上具有较大邻位取代基的配体，例如金刚烷基，可以提高对映选择性（85%ee）。与苯乙酮的反应以低对映选择性进行，但产率高。配合物 **192**/Et$_2$AlX 的反离子，其中 X＝Cl、Et、i-PrO，也影响反应的对映选择性；用 Et$_2$AlCl 获得最高的对映选择性（方案 4.61）。

Yamamoto 和 Abell[119] 使用双（8-羟基喹啉酮）(TBO$_x$) Al 配合物 **195**（0.5~1mol%）得到高产率和高对映选择性的 α-羟基-和 α-氨基膦酸酯。在优化的反应条件下，具有给电子基团的醛比缺电子的芳香醛更具反应性和选择性。脂肪醛可以得到令人满意的选择性反应。所有反应都以非常快的速度、高产率和高对映选择性进行。将催化剂负载量降低至 0.5mol%，不影响反应的对映选择性或产率。含有三氟乙基的亚磷酸酯可获得最好的结果（方案 4.62）。

在双（噁唑啉）配体存在下，高度对映选择性铜催化的醛的氢磷化能够在温

$$(EtO)_2P(O)H + RCH=O \xrightarrow[CH_2Cl_2/THF, -15℃, 60h]{L-2/Et_2AlCl, 10mol\%} \underset{\mathbf{193}}{EtO-\overset{O}{\underset{OEt}{P}}-\overset{OH}{\underset{R}{C}}H}$$

| R = Ph | 96% | 95% ee | (S) |
| R = Tl | 89% | 97% ee | (S) |
| R = 4-An | 94% | 97% ee | (S) |
| R = 4-ClC$_6$H$_4$ | 82% | 95% ee | (S) |
| R = 2-噻吩基 | 90% | 93% ee | (S) |
| R = 2-呋喃基 | 89% | 94% ee | (S) |

方案 4.61  配合物 **193**/Et$_2$AlCl 催化的 Abramov 反应

$$(CF_3CH_2O)_2P(O)H + R'CH=N-R \xrightarrow[\text{己烷, r.t.}]{\mathbf{195} \text{ (1mol\%)}} \underset{\mathbf{194} \text{ 高达 97\% ee}}{F_3CH_2CO-\overset{O}{\underset{OCH_2CF_3}{P}}-\overset{NH-R}{\underset{R'}{C}}H}$$

R' = 芳基, 杂芳基     高达96%

| R' = Ph | 95% | 96% ee |
| R' = 2-萘基 | 98% | 95% ee |
| R' = 4-ClC$_6$H$_4$ | 94% | 95% ee |
| R' = 4-BrC$_6$H$_4$ | 96% | 95% ee |
| R' = 4-NO$_2$C$_6$H$_4$ | 93% | 92% ee |
| R' = 4-MeOC$_6$H$_4$ | 93% | 97% ee |
| R' = 4-MeC$_6$H$_4$ | 94% | 94% ee |
| R' = 3-MeOC$_6$H$_4$ | 93% | 95% ee |
| R' = 2-MeOC$_6$H$_4$ | 93% | 93% ee |
| R' = 2-MeC$_6$H$_4$ | 95% | 95% ee |
| R' = c-己基 | 95% | 82% ee |

(R)

方案 4.62  使用双 (8--羟基喹啉酮)(TBO$_x$)Al 配合物 **195** 合成 α-羟基和 α-氨基膦酸酯

和条件下顺利进行，并且产生 α-羟基膦酸盐，产率高，对映选择性高达 98% ee[120]。使用原位生成的亚硝基羰基化合物作为亲电子氧源，铜催化的 β-酮膦酸酯的 α-氧化形成叔 α-羟基膦酸衍生物，具有高产率（高达 95%）和高对映选择性（>99% ee）。该方法也用于合成 α,β-二羟基膦酸酯和 β-氨基-α-羟基膦酸酯（方案 4.63）[121]。

$$\underset{}{\overset{O}{\bigcirc}}\text{-P(O)(OEt)}_2 + \underset{NBoc}{\overset{O}{\|}} \xrightarrow[\text{Cu(OTf) (10mol\%)}, \text{MnO}_2, 25℃]{\mathbf{196} \text{ 12mol\%}} \underset{}{\overset{O}{\bigcirc}}\underset{O-NHBoc}{\overset{P(O)(OEt)_2}{|}}$$

方案 4.63  对映选择性铜催化醛的氢膦化

#### 4.5.1.2 磷-Mannich 反应

亚胺的不对称催化氢磷化或不对称反应合成对映体富集的 $\alpha$-氨基膦酸酯和氨基膦酸引起了持续关注[122-124]。磷-Mannich 的一个特例是 Kabachnik-Fields 反应，是一种一锅三组分反应，包括羰基化合物、胺和亚磷酸二烷基酯[122]。手性金属配合物、LLB、手性硫脲、BINOL 磷酸和奎宁[123,125]等催化剂已成功应用于不对称氨基膦酸化。Shibasaki 等报道了不对称 Mannich 反应的例子。由 LLB、LPB 和 LSB 双金属配合物催化的亚磷酸二甲酯的不对称加成到亚胺生成具有 50%～96% ee 的氨基膦酸酯。

Martens 等[124]报道了使用异双金属镧 BINOL 配合物 LLB 作为手性诱导的环状亚胺的非对映选择性氢磷化，得到令人满意的非对映选择性（方案 4.64）。

**方案 4.64** LnPB 催化的亚磷酸二甲基酯不对称加成到噻唑啉

BF$_3$ 活化的联萘酚-亚磷酸盐加成 3-噻唑啉几乎完全产生 4-噻唑烷基膦酸酯，其结构通过 X 射线晶体分析证明。通过双层 ONIOM[B3LYP/6-31G(d)/AM1] 方法对对映选择性反应机理的理论研究表明，该反应分两步进行，包括质子转移和亲核加成，是立体控制步骤。$Si$ 面进攻和 $Re$ 面进攻之间的能量差异对于醛亚胺的氢磷化作用是显著的。Feng 等[126,127]报道，$N,N'$-二氧化物 (**198**)/Sc(Ⅲ) 配合物催化三组分 Kabachnik-Fields 反应，得到相应的 $\alpha$-氨基膦酸酯，产率高，对映选择性高达 87% ee（方案 4.65）。由光学活性铝 salen 复合物 **188** 催化的一锅 Kabachnik-Fields 反应得到相应的 $\alpha$-氨基膦酸酯 **189** 和 **201**，具有良好的对映选择性[128]。用苯基炔丙醛和二苯基甲胺与醛亚胺制备的炔基或链烯基二亚胺，在氮上含有 R＝4-甲氧基-3-甲苯基时，获得最高的对映选择性。配合物的高催化活性归因于其独特的结构：扭曲的三角双锥体构型允许 salen 配体呈现顺式结

**198**, Ar = 2,6-$i$-Pr$_3$C$_6$H$_3$

**方案 4.65** 配合物 (**198**)/Sc(Ⅲ) 催化的不对称 Kabachnik-Fields 反应

构，其中手性氨基位于金属中心附近（方案 4.66 和方案 4.67）。

$$RCH=O \xrightarrow[\text{THF, r.t., 3~4h}]{RNH_2, \text{MS 4Å}} \xrightarrow[\text{THF, }-15℃, 24h]{(MeO)_2P(O)H, (R)\text{-}188a, 10mol\%} \begin{array}{c} MeO\\ MeO-P-NHR'\\ \parallel\ \ |\ \ H\\ O\ \ \ R \end{array}$$

200a~h

| R = 环己基, | R' = 3-Me(4-MeO)C$_6$H$_3$, | 84%, | 94% ee |
| R = (CH$_3$)$_2$CHCH$_2$, | R' = Ph$_2$CH, | 80%, | 91% ee |

方案 4.66

$$\underset{R}{\overset{Ar}{\underset{\|}{N}}} \xrightarrow[\substack{(R)\text{-}188a, 10mol\% \\ \text{THF, }-15℃, 24h \\ 93\%~99\%}]{(MeO)_2P(O)H} \begin{array}{c} MeO\ \ \ NHAr\\ MeO-P-H\\ \parallel\ \ \ |\\ O\ \ \ Ph \end{array} \xrightarrow{\text{阳极氧化}} \begin{array}{c} HO\ \ \ NH_2\\ HO-P-H\\ \parallel\ \ \ |\\ O\ \ \ Ph \end{array}$$

201, 87%~95% ee      202

Ar = 3-Me(4-MeO)C$_6$H$_3$; R = C$_6$H$_4$X-4; X = Cl, Br, MeO, Me

**方案 4.67** 一锅 Kabachnik-Fields 醛亚胺的氢磷化

空间受限的 8-铝双-(TBO$_x$) 配合物 **195** 在二烷基亚磷酸盐与醛亚胺的反应中显示出高的对映选择性[119]。即使当催化剂负载量降低至 0.5~1mol% 时，用各种基团取代并由配合物 **195** 催化的醛亚胺的氢磷化也以高对映选择性进行。反应的对映选择性取决于氮原子上取代基的大小。富电子的醛亚胺显示出较高的活性，而缺电子的醛亚胺的反应以低的对映选择性进行，尽管氨基膦酸酯的产率较高。用作手性 Brønsted 酸的环状 (R)-BINOL 磷酸（10mol%）在室温下催化醛亚胺与二异丙基亚磷酸盐的反应，得到具有良好至高对映选择性的氨基膦酸酯（方案 4.68）。

$$(CF_3CH_2O)_2P(O)H + R'CH=N-R \xrightarrow[\substack{\text{己烷, r.t.}\\ \text{高达96\%}}]{\mathbf{195}\ (1\ mol\%)} \begin{array}{c} F_3CH_2CO\ \ \ NH-R\\ F_3CH_2CO-P\cdots\\ \parallel\ \ \ \ R'\\ O \end{array}$$

**203**      **204**      **205**. 高达 97% ee

R' = 芳基，杂芳基
| R = Ph | 98% | 96% ee |
| R = 3-An | 93% | 98% ee |
| R = 4-An | 91% | 90% ee |
| R = 4-ClC$_6$H$_4$ | 85% | 90% ee |
| R = 4-BrC$_6$H$_4$ | 88% | 92% ee |
| R = 4-NO$_2$C$_6$H$_4$ | 90% | 88% ee |
| R = 4-Tl | 92% | 96% ee |
| R = 2-Tl | 96% | 92% ee |
| R = 2-呋喃基 | 89% | 91% ee |
| R = 2-噻吩基 | 93% | 94% ee |

**方案 4.68** Al 双-(TBO$_x$) 配合物催化的醛亚胺的氢磷化

在 Mannich 型反应中，向亚胺中加入磷亲核试剂是制备对映体富集的 α-氨基膦酸酯的有效方法[129,130]。二胺 208 的配合物 Cu(OTf)$_2$ 是该反应的有效催化剂，以高产率和良好的对映选择性产生氨基膦酸酯 209。发现添加 3Å MS 和缓慢添加底物可提高产率、选择性和重现性（产率 71%，86% ee）。如方案 4.69 所示，将加合物 209 转化为 α-氨基膦酸酯 210，其为合成内皮素转化酶抑制剂的中间体。内皮素转化酶参与内皮素-1（EDN1）、内皮素-2（EDN2）和内皮素-3（EDN3）与生物活性肽的蛋白水解（方案 4.69）。

**方案 4.69** 烯烃对亚氨基膦酸酯的 Mannich 加成反应

Zhao 和 Dodda 开发了一种对映选择性方法，用于合成对映体富集的 α-氨基炔丙基膦酸酯 211。使用一价铜和噁唑啉配体 212 作为催化剂，可以获得高产率和良好的对映选择性（60%～81% ee）。负载量为 2 mol% 的催化剂 212 足以得到合理的转化率。用各种末端炔烃在优化后的反应条件下（2 mol% 负载量的催化剂，CHCl$_3$ 作为溶剂，室温）得到优异的反应结果（方案 4.70）[131,132,58]。

**方案 4.70** 对映体富集的 α-氨基炔丙基膦酸酯的对映体选择性合成

### 4.5.1.3 磷-Michael 反应

磷-Michael 反应是磷酸阴离子在活化多重键上的亲核加成，是形成 P—C 键的最有用的方法之一[133]。不对称的磷酸-Michael 反应可以通过两种主要方法完成：有机金属催化和有机催化。有机金属催化是伯、仲膦在活化 C═C 键上加成从而形成手性叔膦最方便的方法。向缺电子的烯烃中加入伯膦或仲膦是制备目标手性叔膦的便利方法，叔膦可作为过渡金属配合物的配体[134]。例如，Gluck 描述了在活化烯烃中加入仲膦，由带有手性配体 Pt(*R*,*R*)-Me-DuPhos 反式二苯乙烯的铂配合物催化，生成了手性膦 **215**，产率良好且对映选择性适中[134]（方案 4.71）。后来 Togni 等[136,137]报道了由双阳离子镍配合物 [Ni(Pigiphos)(THF)](ClO$_4$)$_2$ 催化的甲基丙烯腈与仲膦的不对称氢磷化反应。该反应形成手性 2-氰基丙基膦 **217**，产率良好，ee 高达 94%。所得叔膦的绝对构型为（S）（方案 4.72）。作者提出了一种机理，该机理包括将甲基丙烯腈与双阳离子镍催化剂配位，然后是膦的 1,4-加成，再确定质子转移的速率：A＝甲基丙烯腈配体，B＝Ni 烯酮亚胺中间体，C＝Ni 配位的氢磷化产物。该机理经过实验确证：*t*-Bu$_2$PH(D) 加成的氘同位素效应 kH/kD 4.6(1)，物质 [Ni(k3-Pigiphos)(kN-甲基丙烯腈)]$^{2+}$ 的分离，以及模型化合物的 DFT 计算。该机理假定质子的立体定向转移，可逆键合 P—C，以及不寻常的镍烯酮亚胺中间体的形成[137]（方案 4.73）。

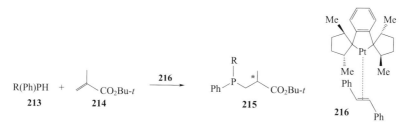

**方案 4.71** Pt 配合物 **216** 催化的烯烃的不对称氢磷化

R$_2$PH + CH$_2$=C(Me)CN →[[Ni(Pigiphos)(L)](ClO$_4$)$_2$] R$_2$P–CH$_2$–C*H(Me)–CN  **217**

R = Cy, 71%, 70% ee; R = Ph, 10%, 32% ee; R = *i*-Pr, 70% ee; R = *t*-Bu, 87%, 89% ee; R = 1-Ad, 95%, 94% ee

**方案 4.72** 有机镍配合物催化的仲膦的对映选择性磷-Michael 加成

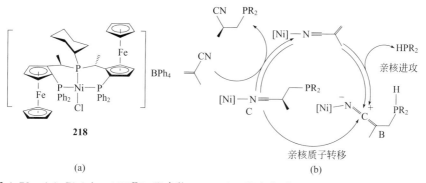

**方案 4.73** (a) Pigiphos-Ni(Ⅱ) 配合物 **335**；(b) 配合物 [Ni(3-Pigiphos)(NCMeCCH$_2$)] 对甲基丙烯腈氢磷化的催化循环

4 金属配合物的不对称催化

Sabater 合成了具有 N-杂环卡宾配体的手性环钯配合物，其起始原料为商品化的对映纯的苄胺。这些配合物以两种阻转异构体 219A ⇌ 219B 的形式存在，使用柱色谱法分离并通过 NMR 光谱表征（方案 4.74）[138,139]。分离复合物的差向异构化在溶液中缓慢进行。研究者在二芳基膦与 α,β-不饱和酮的 1,4-加成中利用配合物 219 作为催化剂，得到叔膦氧化物 221，产率较高且具有良好的对映选择性（产率 63%～93%，90%～99%ee）（方案 4.75）。

**方案 4.74** 配合物的阻转异构 219A ⇌ 219B

| | | | | |
|---|---|---|---|---|
| 219 | R = Ph | R′ = Ph | 91% | 56% ee |
| 222 | R = Ph | R′ = Ph | 93% | 99% ee |
| 222 | R = p-BrC$_6$H$_4$ | R′ = Ph | 89% | 99% ee |
| 222 | R = p-MeOC$_6$H$_4$ | R′ = Ph | 75% | 98% ee |
| 222 | R = m-BrC$_6$H$_4$ | R′ = Ph | 93% | 97% ee |
| 222 | R = p-O$_2$NC$_6$H$_4$ | R′ = Ph | 78% | 95% ee |
| 222 | R = Ph | R′ = p-BrC$_6$H$_4$ | 90% | 98% ee |
| 222 | R = Ph | R′ = p-O$_2$NC$_6$H$_4$ | 88% | 99% ee |
| 222 | R = Ph | R′ = m-BrC$_6$H$_4$ | 90% | 99% ee |
| 222 | R = Ph | R′ = o-MeOC$_6$H$_4$ | 69% | 90% ee |
| 222 | R = Ph | R′ = p-MeC$_6$H$_4$ | 63% | 90% ee |
| 222 | R = Me | R′ = p-BrC$_6$H$_4$ | 71% | 96% ee |

**方案 4.75** 钯配合物 (S,S)-219 或 (S,S)-222 催化的二芳基膦不对称加成到烯酮上

环状钯配合物 224 催化伯膦和仲膦向烯酮和烯胺的非对映和对映选择性加成[140,141]。双（烯酮）与苯基膦的反应可通过一锅法以高产率和高对映选择性进行手性叔膦杂环 223 的分子间构建，如方案 4.76 所示。这种高活性、化学和对映选择性反应用于合成许多手性叔烯胺亚磷酸盐 225[142]（方案 4.77）。

**方案 4.76** 手性叔膦杂环 **223** 的合成

| R = Ph | R' = Ph | 99% | 99% ee |
| R = 4-ClC$_6$H$_4$ | R' = Ph | 96% | 92% ee |
| R = 4-FC$_6$H$_4$ | R' = Ph | 97% | 97% ee |
| R = 4-MeOC$_6$H$_4$ | R' = Ph | 98% | 97% ee |
| R = ph | R' = CH═CHPh | 97% | 91% ee |
| R = ph | R' = 2-噻吩基 | 97% | 91% ee |

**方案 4.77** 配合物（S）-**225** 催化的二苯基膦向 α,β-不饱和亚胺的加成

向 C═C 键中加入 R$_2$P(O)H 化合物比加入仲膦反应更容易进行，并且通常得到具有高产率和高对映选择性的产物[135,143-145]。例如，Ishihara 最近报道了 α,β-不饱和酯与二芳基膦氧化物的对映选择性 1,4-氢膦化反应和 α,β-不饱和酮与二烷基亚磷酸盐的对映选择性 1,2-氢膦化反应，他们使用手性镁（Ⅱ）联萘萘酚盐水溶液作为 Brønsted/Lewis 酸-碱催化剂[143]。Wang 等人[135,144,145]报道了二乙基亚磷酸盐与简单烯酮的不对称 1,4 加成反应，该反应由双核锌配合物 **226** 催化，生成高产率的酮膦酸酯 **227**，并且对映选择性高达 99% ee（方案 4.78）。在催化的磷-Michael 反应中筛选了许多 β-芳基-或烷基-取代的烯酮，生成具有良好的对映选择性的加成合物 **228**（方案 4.79 和方案 4.80）[135,144-149]。

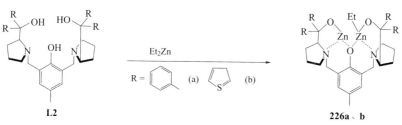

**方案 4.78** 双核锌配合物 **226**

方案 4.79

| | | |
|---|---|---|
| 228a | 60% | 25% ee |
| 228a | 78% | 40% ee |
| 228b | 54% | 75% ee |
| 228b | 55% | 99% ee |
| 228b | 60% | 79% ee |

**方案 4.80** 锌配合物 **226** 催化的 R₂(PO)H 化合物与烯酮的 1,4-加成不对称反应

在锂铝双（联萘氧化物）配合物（S）-ALB 存在下，亚磷酸二烷基酯与硝基烯烃的 Michael 加成反应，得到 β-硝基膦酸酯 **229**。作为 β-氨基膦酸的前体，具有良好的对映选择性。反应在室温下于甲苯溶液中进行，且催化剂的负载量为 15mol%[150]（方案 4.81）。手性镍配合物促进 α-氟代 β-酮膦酸酯与硝基烯烃的催化对映选择性共轭加成反应，得到含有氟化季立体中心的相应的 Michael 加合物 **230**，其具有优异的对映选择性（>99%ee）（方案 4.82）[151]。

| | | | |
|---|---|---|---|
| Ar = 4-MeOPh | R = Et | 74% | 97% ee |
| Ar = 3,4-(OMe)₂Ph | R = Et | 54% | 84% ee |
| Ar = Ph | R = Et | 48% | 75% ee |
| Ar = 4-ClPh | R = Et | 52% | >99% ee |
| Ar = 4-NO₂Ph | R = Et | 45% | >99% ee |
| Ar = 2-呋喃基 | R = Et | 20% | >99% ee |
| Ar = 4-OMePh | R = Me | 18% | >99% ee |
| Ar = Ph | R = Me | 24% | >99% ee |
| Ar = 4-ClPh | R = Me | 10% | >99% ee |

**方案 4.81** （S）-ALB 催化的二烷基亚磷酸盐向硝基烯烃的 Michael 加成

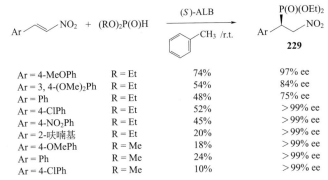

**方案 4.82** α-氟代 β-酮膦酸酯与硝基烯烃的加成反应

## 4.6 环加成反应

乙烯基膦酸酯最有用和最有趣的应用之一是环加成反应,它可以轻松获得高度官能化和复杂的分子。乙烯基膦氧化物的 Diels-Alder 环加成是最有趣的环加成反应。在这种情况下,乙烯基磷基团可以作为亲二烯体反应,或者作为二烯的一部分。Evans 使用手性 Lewis 酸,特别是 $C_2$-对称的 Cu(Ⅱ) 双(噁唑啉)配合物作为 Diels-Alder 反应的催化剂。这些催化剂的重要性质是可通过与手性阳离子 $Cu^{2+}$ 螯合来活化底物。因此可进行对映选择性杂 Diels-Alder 反应,形成具有高 ee 值的环烯醇膦酸酯 **232**。例如,乙基乙烯基酯与巴豆酰基膦酸酯 **145** 在 {Cu[(S,S)-t-Bu-box]}(OTf)$_2$ 配合物 **231** 存在下,催化生成环加成产物 **232**,产率为 89%,其 endo/exo 异构体比例为 99∶1,立体选择性高达 99%ee(方案 4.83)[152]。α,β-不饱和酰基膦酸酯和 β,γ-不饱和 α-酮酯和酰胺是有效的异二烯,而烯醇醚和硫化物则作为异二烯体发挥作用。

**145**: R = Me (**a**); i-Pr (**b**); OEt(**c**); Ph (**d**);  **231**: X = OTf, R' = t-Bu (a); X = SbF$_3$, R' = t-Bu (b); X = OTf, R' = Ph(c); X = SbF$_3$, R' = Ph(d)

| R | 催化剂 | endo/exo | ee/% | 构型 |
|---|---|---|---|---|
| Me | **231a** | 99∶1 | 99 | (2R,4R) |
| Me | **213b** | 69∶1 | 93 | (2R,4R) |
| Me | **213c** | 32∶1 | 39 | (2S,4S) |
| Me | **231d** | >99∶1 | 93 | (2S,4S) |
| Me | **231d** | >99∶1 | 94 | (2S,4S) |
| i-Pr | **231a** | 32∶1 | 93 | (2R,4S) |
| OEt | **231a** | >99∶1 | 93 | (2R,4R) |

**方案 4.83** 巴豆酰基膦酸酯 **145** 与亲二烯体的催化反应

这种对映选择性合成二氢吡喃的方法已被证明是简单的:环加成可以用低至 0.2mol% 的手性催化剂进行,并且容易以克数量级规模进行。反应表现出有利的温度对映选择性,在室温下 dr 高达 98%[153,154]。$C_2$-对称双(噁唑啉)Cu(Ⅱ) 配合物 **231** 催化的 α,β-不饱和羰基与富电子烯烃的不对称杂 Diels-Alder 反应，为对映体富集的二氢吡喃提供了有利的合成方法。许多 α,β-不饱和酰基膦酸酯和 β,γ-不饱和 α-酮酯和酰胺已被成功地用作异二烯，而烯醇醚和硫化物以及某些酮甲硅烷基烯醇醚作为异二烯体也具有良好的反应活性[154,155]（方案 4.84）。

| R¹ | R² | X | 产率/% | endo/exo | ee/% |
|---|---|---|---|---|---|
| Me | H | OEt | 84 | 36∶1 | 93 |
| Ph | H | OEt | 95 | 22∶1 | 97 |
| $i$-Pr | H | OEt | 92 | 22∶1 | 95 |
| OEt | H | OEt | 92 | 44∶1 | 97 |
| Me | Me | OEt | 98 | 25∶1 | 90 |
| Me | H | SEt | 75 | 16∶1 | 96 |

**方案 4.84** α,β-不饱和酮膦酸酯的杂 Diels-Alder 反应

配合物 **231** 催化的酰基膦酸酯 **145** 与环戊二烯的加成反应得到两种异构体 **236** 和 **237**，其比例为 35∶65。获得预期的 Diels-Alder 产物 **236**，其 endo/exo 异构体比例为 87∶13，并且 endo 异构体的光学纯度为 84%ee（方案 4.85）。

R = Me, Ph, $i$-Pr, OEt

**方案 4.85** Cu-配合物催化的酰基膦酸酯与环戊二烯的环加成

在双-噁唑啉/Cu(Ⅱ) 配合物 **231** 的催化下，以良好的产率和对映选择性合成双环加合物 **238**，特别是在用反应性更高的二氢呋喃代替乙基乙烯基醚的情况下。催化杂 Diels-Alder 反应的高非对映选择性是边界轨道控制和/或静电效应的结果，其优先将 OR 取代基置于异二烯羰基碳附近（内取向）。该立体控制原理与不饱和酰亚胺和氮杂酰亚胺的共轭加成反应有关[153]（方案 4.86）。α-酮-β,γ-不饱和膦酸酯通过 Lewis 酸催化的环缩合反应，得到具有高 endo-选择性的环戊二烯、环己二烯、二氢呋喃和二氢吡喃的杂 Diels-Alder 产物。

|       |       |       |         |
|-------|-------|-------|---------|
| R = Ph | 99% | >99:1 | 90% ee |
| R = *i*-Pr | 79% | 49:1 | 90% ee |
| R = OEt | 98% | >99:1 | 97% ee |

**方案 4.86** 2,3-二氢呋喃配合物 **231b** 催化的酰基膦酸酯的杂 Diels-Alder 反应

一些脯氨酸二硫缩醛衍生物 **240** 被研究用于可烯醇化的醛与 $\beta,\gamma$-不饱和 $\alpha$-酮膦酸酯 **145b** 的杂 Diels-Alder 反应的催化剂。如方案 4.87 所示，获得相应的 5,6-二氢-4$H$-吡喃-2-基膦酸酯 **241**（两种非对映体的混合物，比例为 80∶20），ee 值高达 94%。产物 **239** 被氧化成相应的内酯衍生物 **241**，化合物 **239** 的形成可通过烯胺和脯氨酸与 $\alpha,\beta$-不饱和酮 **145** 之间的杂 Diels-Alder 反应来解释（方案 4.87）[155]。

**方案 4.87** 醛与 $\beta,\gamma$-不饱和 $\alpha$-酮磷酸酯的杂 Diels-Alder 反应

研究者报道了含氮-双膦酸酯 **244** 的催化不对称合成。Lewis 酸-Brønsted 碱双功能同核 Ni$_2$-Schiff 碱配合物 **243** 促进硝基乙酸酯与亚乙基双膦酸酯 **242** 的催化对映选择性共轭加成，产物的 ee 高达 93%，产率高达 94%。又报道了将产物转化为具有偕双膦酸酯部分的手性 $\alpha$-氨基酯（方案 4.88）[156]。

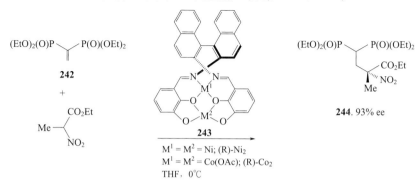

**方案 4.88** 催化硝基乙酸盐与亚乙基双膦酸酯的对映选择性共轭加成

## 4.7 总结

基于手性有机磷化合物高效催化剂的开发和手性有机磷合成子的创制仍然是现代化学中的重要问题。在本章中，已经考虑了不对称催化的各种形式以及一些其他技术，这些技术使得单个有机磷化合物具有较高的对映体过量。值得注意的是，尽管在手性有机磷化合物的合成和性能研究方面取得了令人瞩目的进展，但并非所有问题都得到解决。引入新的和更复杂的基团（包括在磷中心具有特定构型的基团）对手性磷化合物进行化学改性的前景还很广阔。但目前的主要问题是对映体的拆分和手性叔膦和手性氧化膦的纯化，准确的绝对构型只能在有限的情况下成功建立。开发易于获得手性有机磷物种的两种对映体的对映选择性方法仍然需要探索。寻找能够快速获得光学活性的磷酸、叔膦和氧化膦的对映选择性方法仍然是一个热门话题。与此相关，详细阐述手性有机磷化合物的有机催化、酶促和微生物合成的高效方法尤为重要。

## 参 考 文 献

1. Börner, A. (ed.) (2008) Phosphorus Ligands in Asymmetric Catalysis: Synthesis and Applications, vol. 1 A, John Wiley & Sons, Inc., 1546 pp.
2. Ojima, I. (ed.) (2000) Catalytic Asymmetric Synthesis, 2nd edn, Wiley-VCH Verlag GmbH, New York, Chichester, 998 pp.
3. Kamer, P. C. J. and van Leeuwen, P. W. N. M. (eds) (2012) P-chiral ligands, in Phosphorus (Ⅲ) Ligands in Homogeneous Catalysis: Design and Synthesis, John Wiley & Sons, Ltd, 566 pp.
4. Tang, W. and Zhang, X. (2003) New chiral phosphorus ligands for enantioselective hydrogenation. Chem. Rev., **103** (8), 3029-3069.
5. Kolodiazhnyi, O. I., Kukhar, V. P., and Kolodiazhna, A. O. (2014) Asymmetric catalysis as a method for the synthesis of chiral organophosphorus compounds. Tetrahedron: Asymmetry, **25** (12), 865-922.
6. Kolodiazhnyi, O. I. (2015) Recent advances in asymmetric synthesis of P-stereogenic phosphorus compounds. Topics in Current Chemistry, vol. 361 (ed. J.-L. Montchamp), Springer International Publishing, Switzerland, pp. 61-236.
7. Brunel, J. M. and Buono, G. (2002) New chiral organophosphorus catalysts in asymmetric synthesis. Topics in Current Chemistry, (ed. J.-P. Majoral) Springer-Verlag, Berlin-Heidelberg New York, vol. 220, pp. 80-195.
8. Kolodiazhnyi, O. I. (2014) Advances in asymmetric hydrogenation and hydride reduction of organophosphorus compounds. Phosphorus, Sulfur Silicon Relat. Elem., **189** (7-8), 1102-1131.
9. Demkowicz, S., Rachon, J., Das'ko, M., and Kozaka, W. (2016) Selected organophosphorus compounds with biological activity. Applications in medicine, RSC Adv., **6** (9), 7101-7112.
10. Blaser, H. U. and Federsel, H.-J. (2010) Asymmetric Catalysis on Industrial Scale, 2nd edn, Wiley-

VCH Verlag GmbH, Weinheim, 542 pp.
11. Blaser, H. U. (1999) The chiral switch of metolachlor: the development of a large-scale enantioselective catalytic process. *Chimia*, **53** (6), 275-280.
12. Schollkopf, U., Hoppe, I., and Thiele, A. (1985) Asymmetric synthesis Of α-aminophosphonic acids. *Liebigs Ann. Chem.*, 1985 (3), 555-559.
13. Schmidt, U., Oehme, G., and Krause, H. (1996) Catalytic stereoselective synthesis of α-Amino phosphonic acid derivatives by asymmetric hydrogenation. *Synth. Commun.*, **26** (4), 777-781.
14. Selke, R. (1989) Carbohydrate phosphinites as chiral ligands for asymmetric synthesis catalyzed by complexes. *J. Organomet. Chem.*, **370** (1), 241-256.
15. Burk, M. J., Stammers, T. A., and Straub, J. A. (1999) Enantioselective synthesis of α-hydroxy and α-amino phosphonates via catalytic asymmetric hydrogenation. *Org. Lett.*, **1** (3), 387-390.
16. Gridnev, I. D., Yasutake, M., Imamoto, T., and Beletskaya, I. P. (2004) Asymmetric hydrogenation of α,β-unsaturated phosphonates with Rh-Bis P* and Rh-MiniPHOS catalysts: scope and mechanism of the reaction. *Proc. Natl. Acad. Sci. U. S. A.*, **101** (15), 5385-5390.
17. Goulioukina, N. S., Dolgina, T. M., Beletskaya, I. P., Henry, J. C., Lavergne, D., Ratovelomanana-Vidal, V., and Genet, J. P. (2001) A practical synthetic approach to chiral α-aryl substituted ethylphosphonates. *Tetrahedron: Asymmetry*, **12** (2), 319-327.
18. Chavez, M. A., Vargas, S., Suarez, A., Alvarez, E., and Pizzano, A. (2011) Highly enantioselective hydrogenation of β-acyloxy and β-acylamino α,β-unsaturated phosphonates catalyzed by rhodium phosphane-phosphite complexes. *Adv. Synth. Catal.*, **353** (14-15), 2775-2794.
19. Wang, D. Y., Hu, X. P., Huang, J. D., Deng, J., Yu, S. B., Duan, Z. C., Xu, X.-F., and Zheng, Z. (2008) Readily available chiral phosphine-aminophosphine ligands for highly efficient Rh-catalyzed asymmetric hydrogenation of α-enol ester phosphonates and α-enamido phosphonates Z. *J. Org. Chem.*, **73** (5), 2011-2014.
20. Kondoh, A., Yorimitsu, H., and Oshima, K. (2008) Regio-and stereoselectivehydroamidation of 1-alkynylphosphine sulfides catalyzed by cesium base. *Org. Lett.*, 10 (14), 3093-3095.
21. Kadyrov, R., Holz, J., Schaffner, B., Zayas, O., Almena, J., and Boerner, A. (2008) Synthesis of chiral β-aminophosphonates via Rh-catalyzed asymmetric hydrogenation of β-amido-vinylphosphonates. *Tetrahedron: Asymmetry*, **19** (10), 1189-1192.
22. Doherty, S., Knight, J. G., Bell, A. L., El-Menabawey, S., Vogels, C. M., Decken, A., and Westcott, S. A. (2009) Rhodium complexes of (R)-Me-CATPHOS and (R)-(S)-JOSIPHOS: highly enantioselective catalysts for the asymmetric hydro-genation of (E)-and (Z)-β-aryl-β-(enamido) phosphonates. *Tetrahedron: Asymmetry*, **20** (12), 1437-1444.
23. Wang, D. Y., Hu, X. P., Deng, J., Yu, S. B., Duan, Z. C., and Zheng, Z. (2009) Enantioselective synthesis of chiral α-aryl or α-alkyl substituted ethylphosphonates via Rh-catalyzed asymmetric hydrogenation with a P-stereogenic BoPhoz-type ligand. *J. Org. Chem.*, **74** (11), 4408-4410.
24. Oki, H., Oura, I., Nakamura, T., Ogata, K., and Fukuzawa, S. I. (2009) Modular synthesis of the ClickFerrophos ligand family and their use in Rhodium-and ruthenium-catalyzed asymmetric hydrogenation. *Tetrahedron: Asymmetry*, **20** (18), 2185-2191.
25. Wang, D.-Y., Hu, X.-P., Huang, J.-D., Deng, J., Yu, S.-B., Duan, Z.-C., Xu, X.-F., and Zheng, Z. (2007) Highly enantioselective synthesis of α-hydroxy phosphonic acid derivatives by Rh-catalyzed asymmetric hydrogenation with phosphine-phosphoramidite ligands. *Angew. Chem. Int. Ed.*, **46** (41), 7810-7813.

26. Duan, Z. C., Hu, X., Wang, D. Y., Huang, J. D., Yu, S. B., Deng, J., and Zheng, Z. (2008) Enantioselective synthesis of optically active alkanephosphonates via rhodium-catalyzed asymmetric hydrogenation of β-substituted α,β-unsaturated phosphonates with ferrocene-based monophosphoramidite ligands. *Adv. Synth. Catal.*, **350** (13), 1979-1983.

27. Zhang, J., Dong, K., Wang, Z., and Ding, K. (2012) Asymmetric hydrogenation of α-or β-acyloxy α,β-unsaturated phosphonates catalyzed by a Rh(Ⅰ) complex of monodentate phosphoramidite. *Org. Biomol. Chem.*, **10** (8), 1598-1601.

28. Duan, Z. C., Hu, X. P., Zhang, C., and Zheng, Z. (2010) Enantioselective Rh-catalyzed hydrogenation of 3-Aryl-4-phosphonobutenoates with a P-stereogenic BoPhoz-Type ligand. *J. Org. Chem.*, **75** (23), 8319-8321.

29. Fukuzawa, S. I., Oki, H., Hosaka, M., Sugasawa, J., and Kikuchi, S. (2007) ClickFerrophos: new chiral ferrocenyl phosphine ligands synthesized by click chemistry and the use of their metal complexes as catalysts for asymmetric hydrogenation and allylic substitution. *Org. Lett.*, **9** (26), 5557-5560.

30. Duan, Z. C., Hu, X. P., Zhang, C., Wang, D. Y., Yu, S. B., and Zheng, Z. (2009) Highly enantioselective Rh-catalyzed hydrogenation of β,γ-unsaturated phosphonates with chiral ferrocene-based monophosphoramidite ligands. *J. Org. Chem.*, **74** (23), 9191-9194.

31. Cheruku, P., Paptchikhine, A., Church, T. L., and Andersson, P. G. (2009) Iridium-N, P-ligand-catalyzed enantioselective hydrogenation of diphenylvinylphosphine oxides and vinylphosphonates. *J. Am. Chem. Soc.*, **131** (23), 8285-8289.

32. Kitamura, M., Tokunaga, M., and Noyori, R. (1995) Asymmetric hydrogenation of β-KetoPhosphonates: a practical way to fosfomycin. *J. Am. Chem. Soc.*, **117** (10), 2931-2932.

33. Kitamura, M., Tokunaga, M., Pham, T., Lubell, W. D., and Noyori, R. (1995) Asymmetric synthesis of α-amino β-hydroxy phosphonic acids via BINAP-ruthenium catalyzed hydrogenation. *Tetrahedron Lett.*, **36** (32), 5769-5772.

34. Li, Q., Hou, C.-J., Liu, Y.-J., Yang, R.-F., and Hu, X.-P. (2015) Asymmetric hydrogenation of α-keto phosphonates with chiral phosphine-phosphoramidite ligands. *Tetrahedron: Asymmetry*, **26** (12-13), 617-622.

35. Gautier, I., Ratovelomanana-Vidal, V., Savignacs, P., and Genet, J. P. (1996) Asymmetric hydrogenation of β-ketophosphonates and β-ketothiophosphonates with chiral Ru(Ⅱ) catalysts. *Tetrahedron Lett.*, **38** (43), 7721-7724.

36. Tao, X., Li, W., Ma, X., Li, X., Fan, W., Zhu, L., Xie, X., and Zhang, Z. (2012) Enantioselective hydrogenation of β-ketophosphonates with chiral Ru(Ⅱ) catalysts. *J. Org. Chem.*, **77** (12), 8401-8409.

37. Tao, X., Li, W., Li, X., Xie, X., and Zhang, Z. (2013) Diastereo-and enantioselective asymmetric hydrogenation of α-amido-β-keto phosphonates via dynamic kinetic resolution. *Org. Lett.*, **15** (1), 72-75.

38. Dayoub, W. and Doutheau, A. (2010) (E)-Enol ethers from the stereoselective reduction of α-alkoxy-β-ketophosphonates and Wittig type reaction. *Sci. China Chem.*, **53** (9), 1937-1945.

39. Hérault, D., Nguyen, D. H., Nuela, D., and Buono, G. (2015) Reduction of secondary and tertiary phosphine oxides to phosphines. *Chem. Soc. Rev.*, **44**, 2508-2528.

40. Meier, C., Laux, W. H. G., and Bats, J. W. (1995) Asymmetric synthesis of chiral, nonracemic dialkyl α-hydroxyarylmethyl and α-, β-and γ-hydroxyalkylphosphonates from keto phosphonates. *Liebigs*

*Ann. Chem.*, 1995 (11), 1963-1979.

41. Meier, C. and Laux, W. H. G. (1995) Asymmetric synthesis of chiral, nonracemic dialkyl-α-, β-, and γ-hydroxyalkylphosphonates via a catalyzed enantioselective catecholborane reduction. *Tetrahedron: Asymmetry*, **6** (5), 1089-1092.

42. Meier, C. and Laux, W. H. G. (1996) Enantioselective synthesis of diisopropyl α-, β-, and γ-hydroxyarylalkylphosphonates from ketophosphonates: a study on the effect of the phosphonyl group. *Tetrahedron*, **52** (2), 589-598.

43. Meier, C., Laux, W. H. G., and Bats, J. W. (1996) Asymmetric synthesis chiral, Nonracemic dialkyl-α-hydroxyalkylphosphonates via (−)-Chlorodiisopino-campheylborane (Ipc$_2$B-Cl) reduction. *Tetrahedron: Asymmetry*, **7** (1), 89-94.

44. Guliaiko, I., Nesterov, V., Sheiko, S., Kolodiazhnyi, O. I., Freytag, M., Jones, P. G., and Schmutzler, R. (2008) Synthesis of optically active hydroxyphosphonates. *Heteroat. Chem.*, **2**, 133-139.

45. Nesterov, V. V. and Kolodiazhnyi, O. I. (2006) New method for the asymmetric hydroboration of ketophosphonates and the synthesis of phospho-carnitine. *Tetrahedron: Asymmetry*, **17** (7), 1023-1026.

46. Gryshkun, E. V., Nesterov, V., and Kolodyazhnyi, O. I. (2012) Enantioselective reduction of ketophosphonates using adducts of chiral natural acids with sodium borohydride. *Arkivoc*, **V**, 100-117.

47. Nesterov, V. V. and Kolodiazhnyi, O. I. (2008) Asymmetric syntheses of new phosphonotaxoids. *Phosphorus, Sulfur Silicon Relat. Elem.*, **183** (1-2), 687-689.

48. Kolodiazhnyi, O. I. and Nesterov, V. V. (2008) Dimenthyl (S)-2-hydroxy-3-chloropropylphosphonate-accessible chiron for the asymmetric synthesis of hydroxyphosphonates. *Phosphorus, Sulfur Silicon Relat. Elem.*, **183** (1-2), 681-682.

49. Kolodiazhnyi, O. I., Guliayko, I. V., Gryshkun, E. V., Kolodiazhna, A. O., Nesterov, V. V., and Kachkovskyi, G. O. (2008) New methods, and strategies for asymmetric synthesis of organophosphorus compounds. *Phosphorus, Sulfur Silicon Relat. Elem.*, **183** (1-2), 393-398.

50. Nesterov, V. V. and Kolodiazhnyi, O. I. (2007) Efficient method for the asymmetric reduction of α- and β-ketophosphonates. *Tetrahedron*, **63** (29), 6720-6731.

51. Nesterov, V. V. and Kolodiazhnyi, O. I. (2007) Di(1R,2S,5R)-menthyl 2-hydroxy-3-chloropropylphosphonate as useful chiron for the synthesis of α-and β-hydroxyphosphonates. *Synlett*, (15), 2400-2404.

52. Nesterov, V. V. and Kolodiazhnyi, O. I. (2006) Asymmetric synthesis of a phosphorus analog of natural γ-amino-β-hydroxybutyric acid. *Russ. J. Gen. Chem.*, **76** (10), 1677-1678.

53. Nesterov, V. V. and Kolodyazhnyi, O. I. (2006) Asymetic synthesis of a phosphorus analog of natural L-carnitine. *Russ. J. Gen. Chem.*, **76** (9), 1510-1511.

54. Nesterov, V. V. and Kolodyazhnyi, O. I. (2006) Enantioselective reduction of ketophosphonates using chiral acid adducts with sodium borohydride. *Russ. J. Gen. Chem.*, **76** (7), 1022-1030.

55. Corbett, M. T. and Johnson, J. S. (2013) Diametric stereocontrol in dynamic catalytic reduction of racemic acyl phosphonates: divergence from α-keto ester congeners. *J. Am. Chem. Soc.*, **135** (2), 594-597.

56. Son, S.-M. and Lee, H.-K. (2014) Dynamic kinetic resolution based asymmetric transfer hydrogenation of α-alkoxy-β-ketophosphonates. Diastereo-and enantioselective synthesis of monoprotected 1,2-dihydroxyphosphonates. *J. Org. Chem.*, **79** (6), 2666-2681.

57. Barco, A., Benetti, S., Bergamini, P., de Risi, C., Marchetti, P., Pollini, G. P., and Zanirato, V. (1999) Diastereoselective synthesis of β-amino-α-hydroxy phosphonates via oxazaborolidine catalyzed reduction of β-phthalimido-α-ketophosphonates. *Tetrahedron Lett.*, **40** (43), 7705-7708.

58. Vicario, J., Aparicio, D., and Palacios, F. (2011) α-Ketiminophosphonates: synthesis and applications. *Phosphorus, Sulfur Silicon Relat. Elem.*, **186** (4), 638-643.

59. Rassukana, Y. V., Onys'ko, P. P., Kolotylo, M. V., Sinitsa, A. D., Lyzwa, P., and Mikołajczyk, M. (2009) A new strategy for asymmetric synthesis of aminophosphonic acid derivatives: the first enantioselective catalytic reduction of C-phosphorylated imines. *Tetrahedron Lett.*, **50** (3), 288-290.

60. Guo, W. L., Hou, C. J., Duan, Z. C., and Hu, X. P. (2011) An enantioselective synthesis of 3-aryl-4-phosphonobutyric acid esters via Cu-catalyzed asymmetric conjugate reduction. *Tetrahedron: Asymmetry*, **22** (24), 2161-2164.

61. Thomas, A. A. and Sharpless, K. B. (1999) The catalytic asymmetric aminohydroxylation of unsaturated phosphonates. *J. Org. Chem.*, **64** (22), 8379-8385.

62. Cravotto, G., Giovenzana, G. B., Pagliarin, R., Palmisano, G., and Sisti, M. (1998) A straightforward entry into enantiomerically enriched β-amino-α-hydroxyphosphonic acid derivatives. *Tetrahedron: Asymmetry*, **9** (5), 745-748.

63. Qi, X., Lee, S. H., Kwon, J. Y., Kim, Y., Kim, S. J., Lee, Y. S., and Yoon, J. (2003) Aminobromination of unsaturated phosphonates. *J. Org. Chem.*, **68** (23), 9140-9143.

64. Kobayashi, Y., William, A. D., Tokoro, Y., and Sharpless, K. (2001) Asymmetric dihydroxylation of *trans*-propenylphosphonate by using a modified AD-mix-α and the synthesis of fosfomycin. *J. Org. Chem.*, **66** (23), 7903-7906.

65. Katsuki, T. and Sharpless, K. B. (1980) The first practical method for asymmetric epoxidation. *J. Am. Chem. Soc.*, **102** (18), 5974-5976.

66. Koprowski, M., Luczak, J., and Krawczyk, E. (2006) Asymmetric oxidation of enol phosphates to α-hydroxy ketones by (salen) manganese (III) complex. Effects of the substitution pattern of enol phosphates on the stereochemistry of oxygen transfer. *Tetrahedron*, **62** (52), 12363-12374.

67. Krawczyk, E., Koprowski, M., Skowronska, A., and Luczak, J. (2004) α-Hydroxy ketones in high enantiomeric purity from asymmetric oxidation of enol phosphates with (salen) manganese (III) complex. *Tetrahedron: Asymmetry*, **15** (17), 2599-2602.

68. Krawczyk, E., Mielniczak, G., Owsianik, K., and Łuczak, J. (2012) Asymmetric oxidation of enol phosphates to α-hydroxy ketones using Sharpless reagents and a fructose derived dioxirane. *Tetrahedron: Asymmetry*, **23** (20-21), 1480-1489.

69. Pawar, V. D., Bettigeri, S., Weng, S. S., Kao, J. Q., and Chen, C. T. (2006) Highly enantioselective aerobic oxidation of α-hydroxyphosphonates catalyzed by chiral vanadyl (V) methoxides bearing N-salicylidene-α-aminocarboxylates. *J. Am. Chem. Soc.*, **128** (19), 6308-6309.

70. Anderson, B. J., Glueck, D. S., DiPasquale, A. G., and Rheingold, A. L. (2008) Substrate and catalyst screening in platinum-catalyzed asymmetric alkylation of Bis (secondary) phosphines. Synthesis of an enantiomerically pure $C_2$-symmetric diphosphine. *Organometallics*, **27** (19), 4992-5001.

71. Glueck, D. S. (2008) Catalytic asymmetric synthesis of chiral phosphanes. *Chem. Eur. J.*, **14** (24), 7108-7117.

72. Glueck, D. S. (2007) Metal-catalyzed asymmetric synthesis of P-stereogenic phosphines. *Synlett*, 2007 (17), 2627-2634.

73. Moncarz, J. R., Brunker, T. J., Jewett, J. C., and Orchowski, M. (2003) Palladium-catalyzed asymmetric phosphination. Enantioselective synthesis of PAMP-BH$_3$, ligand effects on catalysis, and direct observation of the stereochemistry of transmetalation and reductive elimination. *Organometallics*, **22** (16), 3205-3221.

74. Glueck, D. S. (2010) Recent advances in metal-catalyzed C—P bond formation. Top. *Organomet. Chem.*, **31**, 65-100.

75. Scriban, C. and Glueck, D. S. (2006) Platinum-catalyzed asymmetric alkylation of secondary phosphines: enantioselective synthesis of P-stereogenic phosphines. *J. Am. Chem. Soc.*, **128** (9), 2788-2789.

76. Guino-o, M. A., Zureick, A. H., Blank, N. F., Anderson, B. J., Chapp, T. W., Kim, Y., Glueck, D. S., and Rheingold, A. L. (2012) Synthesis and structure of platinum Bis (Phospholane) complexes Pt (Diphos*) (R) (X), catalyst precursors for asymmetric phosphine alkylation. *Organometallics*, **31** (19), 6900-6910.

77. Join, B., Mimeau, D., Delacroix, O., and Gaumont, A. C. (2006) Pallado-catalysed hydrophosphination of alkynes: access to enantioenriched P-stereogenic vinyl phosphine-boranes. *Chem. Commun.*, **30**, 3249-3251.

78. Moncarz, J. R., Brunker, T. J., Glueck, D. S., Sommer, R. D., and Rheingold, A. L. (2003) Stereochemistry of palladium-mediated synthesis of PAMP-BH$_3$: retention of configuration at P in formation of Pd—P and P—C bonds. *J. Am. Chem. Soc.*, **125** (5), 1180-1181.

79. Scriban, C., Glueck, D. S., Golen, J. A., and Rheingold, A. L. (2007) Platinum-catalyzed asymmetric alkylation of a secondary phosphine: mechanism and origin of enantioselectivity. *Organometallics*, **26** (7), 1788-1800.

80. Chan, V. S., Chiu, M., Bergman, R. G., and Toste, F. D. (2009) Development of ruthenium catalysts for the enantioselective synthesis of P-stereogenic phosphines via nucleophilic phosphido intermediates. *J. Am. Chem. Soc.*, **131** (16), 6021-6032.

81. Chan, V. S., Stewart, I. C., Bergman, R. G., and Toste, F. D. (2006) Asymmetric catalytic synthesis of P-stereogenic phosphines via a nucleophilic ruthenium phosphido complex. *J. Am. Chem. Soc.*, **128** (9), 2786-2787.

82. Scriban, C., Glueck, D. S., DiPasquale, A. G., and Rheingold, A. L. (2006) Chiral platinum duphos terminal phosphido complexes: synthesis, structure, phosphido transfer, and ligand behavior. *Organometallics*, **25** (22), 5435-5448.

83. Chapp, T. W., Schoenfeld, A. J., and Glueck, D. S. (2010) Effects of linker length on the rate and selectivity of platinum-catalyzed asymmetric alkylation of the Bis (isitylphosphino) alkanes IsHP(CH$_2$)$_n$PHIs [Is = 2,4,6-(i-Pr)$_3$C$_6$H$_2$, n = 1—5]. *Organometallics*, **29** (11), 2465-2473.

84. Blank, N. F., McBroom, K. C., Glueck, D. S., Kassel, W. S., and Rheingold, A. L. (2006) Chirality breeding via asymmetric phosphination. Palladium catalyzed diastereoselective synthesis of a P-stereogenic phosphine. *Organometallics*, **25** (7), 1742-1748.

85. Chan, V. S., Bergman, R. G., and Toste, F. D. (2007) Pd-catalyzed dynamic kinetic enantioselective arylation of silylphosphines. *J. Am. Chem. Soc.*, **129** (49), 15122-15123.

86. Brunker, T. J., Anderson, B. J., Blank, N. F., Glueck, D. S., and Rheingold, A. L. (2007) Enantioselective synthesis of P-stereogenic benzophospholanes via palladium-catalyzed intramolecular cyclization. *Org. Lett.*, **9** (6), 1109-1112.

87. Shibata, M., Ikeda, M., Motoyama, K., Miyake, Y., and Nishibayashi, Y. (2012) Enantiose-

lective alkylation of β-ketophosphonates by direct use of diaryl methanols as electrophiles. *J. Chem. Soc., Chem. Commun.*, **48**, 9528-9530.

88. Hou, G., Yu, J., Yu, C., Wu, G., and Miao, Z. (2013) Enantio-and diastereoselective vinylogous mukaiyama aldol reactions of α-keto phosphonates with 2-(Trimethylsilyloxy)-furan catalyzed by Bis (oxazoline)-copper complexes. *Adv. Synth. Catal.*, **355** (2-3), 589-593.

89. (a) Evans, D. A., Fandrick, K. R., Song, H. J., Scheidt, K. A., and Xu, R. (2007) Enantioselective Friedel-Crafts alkylations catalyzed by Bis (oxazolinyl) pyridine-scandium (Ⅲ) triflate complexes. *J. Am. Chem. Soc.*, **129** (32), 10029-10041; (b) Takenaka, N., Abell, J. P., and Yamamoto, H. (2007) Asymmetric conjugate addition of silyl enol ethers catalyzed by tethered Bis (8-quinolinolato) aluminum complexes. *J. Am. Chem. Soc.*, **129** (4), 742-743.

90. (a) Jiang, H., Paixao, M. W., Monge, D., and Jørgensen, K. A. (2010) Acyl phosphonates: good hydrogen bond acceptors and ester/amide equivalents in asymmetric organocatalysis. *J. Am. Chem. Soc.*, **132** (8), 2775-2783; (b) Frings, M., Thomé, I., Schiffers, I., Pan, F., and Bolm, C. (2014) Catalytic, asymmetric synthesis of phosphonic γ-(Hydroxyalkyl) butenolides with contiguous quaternary and tertiary stereogenic centers. *Chem. Eur. J.*, **20** (6), 1691-1700.

91. Bernardi, L. and Jorgensen, K. A. (2005) Enantioselective chlorination and fluorination of β-keto phosphonates catalyzed by chiral Lewis acids. *J. Chem. Soc., Chem. Commun.*, (11), 1324-1326.

92. Bachu, P. and Akiyama, T. (2010) Enantioselective Friedel-Crafts alkylation reaction of indoles with α,β-unsaturated acyl phosphonates catalyzed by chiral phosphoric acid. *J. Chem. Soc., Chem. Commun.*, **46** (23), 4112-4114.

93. Sodeoka, M. and Hamashima, Y. (2006) Acid-base catalysis using chiral palladium complexes. *Pure Appl. Chem.*, **78** (2), 477-494.

94. Hamashima, Y., Suzuki, T., Takano, H., Shimura, Y., Tsuchiya, Y., Moriya K-ichi Goto, T., and Sodeoka, M. (2006) Highly enantioselective fluorination reactions of β-ketoesters and β-ketophosphonates catalyzed by chiral palladium complexes. *Tetrahedron*, **62** (30), 7168-7179.

95. Kim, S. M., Kim, H. R., and Kim, D. Y. (2005) Catalytic enantioselective fluorination and amination of β-ketophosphonates catalyzed by chiral palladium complexes. *Org. Lett.*, **7** (17), 2309-2311.

96. Kang, Y. K. and Kim, D. Y. (2010) Recent advances in catalytic enantioselective fluorination of active methines. *Curr. Org. Chem.*, **14** (9), 917-927.

97. Bernardi, L., Zhuang, W., and Jorgensen, K. A. (2005) An easy approach to optically active α-amino phosphonic acid derivatives by chiral Zn (Ⅱ)-catalyzed enantioselective amination of phosphonates. *J. Am. Chem. Soc.*, **127** (16), 5772-5773.

98. Hornillos, V., Pérez, M., Fañanás-Mastral, M., and Feringa, B. L. (2013) Cu-catalyzed asymmetric allylic alkylation of phosphonates and phosphine oxides with grignard reagents. *Chem. Eur. J.*, **19** (17), 5432-5441.

99. Kolodiazhnyi, O. I. (2006) Chiral hydroxyphosphonates: synthesis, configuration, and biological properties. *Russ. Chem. Rev.*, **75** (3), 227-253.

100. Merino, P., Marques-Lopez, E., and Herrera, R. P. (2008) Catalytic enantioselective hydrophosphonylation of aldehydes and imines. *Adv. Synth. Catal.*, **350** (9), 1195-1208.

101. Nixon, T. D., Dalgarno, S., Ward, C. V., Jiang, M., Halcrow, M. A., Kilner, C., Thornton-Pett, M., and Kee, T. P. (2004) Stereocontrol in asymmetric phospho-aldol catalysis. *Chirality relaying in action. C. R. Chim.*, **7**, 809-821.

102. Sasai, H., Bougauchi, M., Arai, T., and Shibasaki, M. (1997) Enantioselective synthesis of α-

hydroxy phosphonates using the LaLi₃ tris (binaphthoxide) catalyst (LLB), prepared by an improved method. *Tetrahedron Lett.*, **38** (15), 2717-2720.

103. Yamagishi, T., Yokomatsu, T., Suemune, K., and Shibuya, S. (1999) Enantioselective synthesis of α-hydroxyphosphinic acid derivatives through hydrophosphinylation of aldehydes catalyzed by Al-Li-BINOL complex. *Tetrahedron*, **55** (41), 12125-12136.

104. Groaning, M. D., Rowe, B. J., and Spilling, C. D. (1998) New homochiral cyclic diol ligands for titanium alkoxide catalyzed phosphonylation of aldehydes. *Tetrahedron Lett.*, **39** (11), 5485-5488.

105. Nakanishi, K., Kotani, S., Sugiura, M., and Nakajima, M. (2008) First asymmetric Abramov-type phosphonylation of aldehydes with trialkyl phosphites catalyzed by chiral Lewis bases. *Tetrahedron*, **64** (27), 6415-6419.

106. Qian, C., Huang, T., Zhu, C., and Sun, J. (1998) Synthesis of 3,3′-,6,6′-and 3,3′,6,6′-substituted binaphthols and their application in the asymmetric hydrophosphonylation of aldehydes-An obvious effect of substituents of BINOL on the enantioselectivity. *J. Chem. Soc., Perkin Trans. 1*, (13), 2097-2103.

107. Kolodiazhna, A. O., Kukhar, V. P., Chernega, A. N., and Kolodiazhnyia, O. I. (2004) Double and triple asymmetric induction in phosphaaldol reactions. *Tetrahedron: Asymmetry*, **15** (13), 1961-1963.

108. Gou, S., Zhou, X., Wang, J., Liu, X., and Feng, X. (2008) Asymmetric hydrophosphonylation of aldehydes catalyzed by bifunctional chiral Al (Ⅲ) complexes. *Tetrahedron*, **64** (12), 2864-2870.

109. Yang, F., Zhao, D., Lan, J., Xi, P., Yang, L., Xiang, S., and You, J. (2008) Self-assembled bifunctional catalysis induced by metal coordination interactions: an exceptionally efficient approach to enantioselective hydrophosphonylation. *Angew. Chem. Int. Ed.*, **47** (30), 5646-5649.

110. Saito, B. and Katsuki, T. (2005) Synthesis of an optically active C₁-symmetric Al (salalen) complex and its application to the catalytic hydrophosphonylation of aldehydes. *Angew. Chem. Int. Ed.*, **44** (29), 4600-4602.

111. Suyama, K., Sakai, Y., Matsumoto, K., Saito, B., and Katsuki, T. (2010) Highly enantioselective hydrophosphonylation of aldehydes: base-enhanced aluminum-salalen catalysis. *Angew. Chem. Int. Ed.*, **49** (4), 797-799.

112. Gledhill, A. C., Cosgrove, N. E., Nixon, T. D., Kilner, C. A., Fisher, J., and Kee, T. P. (2010) Asymmetric general base catalysis of the phospho-aldol reaction via dimeric aluminium hydroxides. *J. Chem. Soc., Dalton Trans.*, **39** (40), 9472-9475.

113. Li, W., Qin, S., Su, Z., Yang, H., and Hu, C. (2011) Theoretical study on the mechanism of Al (salalen)-catalyzed hydrophosphonylation of aldehydes. *Organometallics*, **30** (8), 2095-2104.

114. Ito, K., Tsutsumi, H., Setoyama, M., Saito, B., and Katsuki, T. (2007) Enantioselective hydrophosphonylation of aldehydes using an aluminum binaphthyl schiff base complex as a catalyst. *Synlett*, 2007 (12), 1960-1962.

115. Boobalan, R. and Chen, C. (2013) Catalytic enantioselective hydrophosphonylation of aldehydes using the iron complex of a camphor-based tridentate schiff base [FeCl(SBAIB-d)]₂. *Adv. Synth. Catal.*, **355** (17), 3443-3450.

116. Zhou, X., Liu, X., Yang, X., Shang, D., Xin, J., and Feng, X. (2008) Highly enantioselective hydrophosphonylation of aldehydes catalyzed by tridentate schiff base aluminum(Ⅲ) complexes. *Angew. Chem. Int. Ed.*, **47** (2), 392-394.

117. Zhou, X., Liu, Y., Chang, L., Zhao, J., Shang, D., Liu, X., Lin, L., and Fenga, X. (2009)

Highly efficient synthesis of quaternary α-hydroxy phosphonates via lewis acid-catalyzed hydrophosphonylation of ketones. *Adv. Synth. Catal.*, **351** (16), 2567-2572.

118. Zhou, X., Zhang, Q., Hui, Y., Chen, W., Jiang, J., Lin, L., Liu, X., and Feng, X. (2010) Catalytic asymmetric synthesis of quaternary α-hydroxy trifluoromethyl phosphonate via chiral aluminum (Ⅲ) catalyzed hydrophosphonylation of trifluoromethyl ketones. *Org. Lett.*, **12** (19), 4296-4299.

119. Abell, J. P. and Yamamoto, H. (2008) Catalytic enantioselective pudovik reaction of aldehydes and aldimines with tethered Bis (8-quinolinato) ($TBO_x$) aluminum complex. *J. Am. Chem. Soc.*, **130** (32), 10521-10523.

120. Deng, T. and Cai, C. (2014) Bis (oxazoline)-copper catalyzed enantioselective hydrophosphonylation of aldehydes. *RSC Adv.*, **4** (53), 27853-27856.

121. Maji, B. and Yamamoto, H. (2014) Copper-catalyzed asymmetric synthesis of tertiary α-hydroxy phosphonic acid derivatives with in situ generated nitrosocarbonyl compounds as the oxygen source. *Angew. Chem. Int. Ed.*, **53** (52), 14472-14475.

122. (a) Keglevich, G. and Bálint, E. (2012) The Kabachnik-Fields reaction: mechanism and synthetic use. *Molecules*, **17**, 12821-12835; (b) Cheng, X., Goddard, R., Buth, G., and List, B. (2008) Direct catalytic asymmetric three-component Kabachnik-Fields reaction. *Angew. Chem. Int. Ed.*, **47** (27), 5079-5081.

123. Sasai, H., Arai, S., Tahara, Y., and Shibasaki, M. (1996) Catalytic asymmetric synthesis of α-amino phosphonates using lanthanoid-potassium-BINOL complexes. *J. Org. Chem.*, **60** (21), 6656-6657.

124. Schlemminger, I., Saida, Y., Groger, H., Maison, W., Durot, N., Sasai, H., Shibasaki, M., and Martens, J. (2000) Concept of improved rigidity: how to make enantioselective hydrophosphonylation of cyclic imines catalyzed by chiral heterobimetallic lanthanoid complexes almost perfect. *J. Org. Chem.*, **65** (16), 4818-4825.

125. Cheng, X., Goddard, R., Buth, G., and List, B. (2008) Direct catalytic asymmetric three-component Kabachnik-Fields reaction. *Angew. Chem. Int. Ed.*, **47** (27), 5079-5081.

126. Zhou, X., Shang, D., Zhang, Q., Lin, L., Liu, X., and Feng, X. (2009) Enantioselective three-component Kabachnik–Fields reaction catalyzed by chiral scandium(Ⅲ)-$N,N'$-dioxide complexes. *Org. Lett.*, **11** (6), 1401-1404.

127. Chen, W., Hui, Y., Zhou, X., Jiang, J., Cai, Y., Liu, X., Lin, L., and Feng, X. (2010) Chiral $N,N'$-dioxide-Yb(Ⅲ) complexes catalyzed enantioselective hydrophosphonylation of aldehydes. *Tetrahedron Lett.*, **51** (32), 4175-4178.

128. Saito, B., Egami, H., and Katsuki, T. (2007) Synthesis of an optically active Al (salalen) complex and its application to catalytic hydrophosphonylation of aldehydes and aldimines. *J. Am. Chem. Soc.*, **129** (7), 1978-1986.

129. (a) Kiyohara, H., Nakamura, Y., Matsubara, R., and Kobayashi, S. (2006) Enantiomerically enriched allylglycine derivatives through the catalytic asymmetric allylation of iminoesters and iminophosphonates with allylsilanes. *Angew. Chem. Int. Ed.*, **45** (10), 1615-1617; (b) Kobayashi, S., Kiyohara, H., Nakamura, Y., and Matsubara, R. (2004) Catalytic asymmetric synthesis of α-amino phosphonates using enantioselective carbon-carbon bond-forming reactions. *J. Am. Chem. Soc.*, **126** (21), 6558-6559.

130. Palacios, F., Aparicio, D., Ochoa de Retana, A. M., de los Santos, J. M., Gil, J. I., and

Alonso, J. M. (2002) Asymmetric synthesis of 2H-azirines derived from phosphine oxides using solid-supported amines. Ring opening of azirines with carboxylic acids. *J. Org. Chem.*, **67** (21), 7283-7288.

131. Dodda, R. and Zhao, C. G. (2007) Enantioselective synthesis of α-aminopropargylphosphonates. *Tetrahedron Lett.*, **48** (25), 4339-4342.

132. Dodda, R. and Zhao, C. G. (2007) Silver (Ⅰ) triflate-catalyzed direct synthesis of N-PMP protected α-aminopropargylphosphonates from terminal alkynes. *Org. Lett.*, **9** (1), 165-167.

133. Pudovik A. N., Konovalova I. V. Addition reactions of esters of phosphorus(Ⅲ) acids with unsaturated systems. *Synthesis* 1979 1979 (2) 81-96.

134. Scriban, C., Glueck, D. S., Zakharov, L. N., Scott, K. W., DiPasquale, A. G., Golen, J. A., and Rheingold, A. L. (2006) P—C and C—C bond formation by michael addition in platinum-catalyzed hydrophosphination and in the stoichiometric reactions of platinum phosphido complexes with activated alkenes. *Organometallics*, **25** (24), 5757-5767.

135. Zhao, D., Yuan, Y., Chan, A. S., and Wang, R. (2009) Highly enantioselective 1,4-addition of diethyl phosphite to enones using a dinuclear Zn catalyst. *Chem. Eur. J.*, **15** (12), 2738-2741.

136. Sadow, A. D., Haller, I., Fadini, L., and Togni, A. (2004) Nickel(Ⅱ)-catalyzed highly enantioselective hydrophosphination of methacrylonitrile. *J. Am. Chem. Soc.*, **126** (45), 14704-14705.

137. Sadow, A. D. and Togni, A. (2005) Enantioselective addition of secondary phosphines to methacrylonitrile: catalysis and mechanism. *J. Am. Chem. Soc.*, **127** (48), 17012-17024.

138. Feng, J. J., Chen, X. F., Shi, M., and Duan, W. L. (2010) Palladiumcatalyzed asymmetric addition of diarylphosphines to enones toward the synthesis of chiral phosphines. *J. Am. Chem. Soc.*, **132** (16), 5562-5563.

139. Sabater, S., Mata, J. A., and Peris, E. (2013) Chiral palladacycles with N-heterocyclic carbene ligands as catalysts for asymmetric hydrophosphination. *Organometallics*, **32** (4), 1112-1120.

140. Huang, Y., Pullarkat, S. A., Teong, S., Chew, R. J., Li, Y., and Leung, P.-H. (2012) Palladacycle-catalyzed asymmetric intermolecular construction of chiral tertiary P-heterocycles by stepwise addition of H—P—H bonds to Bis (enones). *Organometallics*, **31**, 4871-4875.

141. Yang, X.-Y., Tay, W. S., Li, Y., Pullarkat, S. A., and Leung, P.-H. (2015) Asymmetric 1,4-conjugate addition of diarylphosphines to α,β,γ,δ-unsaturated ketones catalyzed by transition-metal pincer complexes. *Organometallics*, **34** (20), 5196-5201.

142. Huang, Y., Chew, R. J., Pullarkat, S. A., Li, Y., and Leung, P. H. (2012) Asymmetric synthesis of enaminophosphines via palladacycle-catalyzed addition of Ph2PH to α,β-unsaturated imines. *J. Org. Chem.*, **77** (16), 6849-6854.

143. Hatano, M., Horibe, T., and Ishihara, K. (2013) Chiral magnesium(Ⅱ) binaphtho lates as cooperative Brønsted/Lewis acid-base catalysts for the highly enantioselective addition of phosphorus nucleophiles to α,β-unsaturated esters and ketones. *Angew. Chem.*, **125** (17), 4647-4651.

144. Zhao, D., Mao, L., Yang, D., and Wang, R. (2010) Zinc-mediated asymmetric additions of dialkylphosphine oxides to α,β-unsaturated ketones and N-sulfinylimines. *J. Org. Chem.*, **75** (20), 6756-6763.

145. Zhao, D., Wang, Y., Mao, L., and Wang, R. (2009) Highly enantioselective conjugate additions of phosphites to α,β-unsaturated N-acylpyrroles and imines: a practical approach to enantiomerically enriched amino phosphonates. *Chem. Eur. J.*, **15** (41), 10983-10987.

146. Yang, M. J., Liu, Y. J., Gong, J. F., and Song, M. P. (2011) Unsymmetrical chiral PCN pincer palladium (Ⅱ) and nickel (Ⅱ) complexes with aryl-based aminophosphine-imidazoline ligands: syn-

thesis via aryl C—H activation and asymmetric addition of diarylphosphines to enones. *Organometallics*, **30** (14), 3793-3803.

147. Zhao, D., Mao, L., Wang, L., Yang, D., and Wang, R. (2012) Catalytic asymmetric construction of tetrasubstituted carbon stereocenters by conjugate addition of dialkyl phosphine oxides to $\beta$, $\beta$-disubstituted $\alpha$, $\beta$-unsaturated carbonyl compounds. *J. Chem. Soc., Chem. Commun.*, **48**, 889-891.

148. Zhao, D., Mao, L., Wang, Y., Yang, Q., Zhang, D., and Wang, R. (2010) Catalytic asymmetric hydrophosphinylation of $\alpha$, $\beta$-unsaturated N-acylpyrroles: application of dialkyl phosphine oxides in enantioselective synthesis of chiral phosphine oxides or phosphines. *Org. Lett.*, **12** (8), 1880-1882.

149. Sun, L., Guo, Q.-P., Li, X., Zhang, L., Li, Y.-Y., and Da, C.-S. (2013) $C_2$-symmetric homobimetallic zinc complexes as chiral catalysts for the highly enantioselective hydrophosphonylation of aldehydes. *Asian J. Org. Chem.*, **2** (12), 1031-1035.

150. Rai, V. and Namboothiri, I. N. N. (2008) Enantioselective conjugate addition of dialkyl phosphites to nitroalkenes. *Tetrahedron: Asymmetry*, **19** (20), 2335-2338.

151. Sung, H. J., Mang, J. Y., and Kim, D. Y. (2015) Catalytic asymmetric conjugate addition of $\alpha$-fluoro $\beta$-ketophosphonates to nitroalkenes in the presence of nickel complexes. *J. Fluorine Chem.*, **178** (1), 40-46.

152. Evans, D. A. and Johnson, J. S. (1998) Catalytic enantioselective hetero Diels-Alder reactions of $\alpha$, $\beta$-unsaturated acyl phosphonates with enol ethers. *J. Am. Chem. Soc.*, **120** (19), 4895-4896.

153. Evans, D. A., Johnson, J. S., and Olhava, E. J. (2000) Enantioselective synthesis of dihydropyrans. Catalysis of hetero Diels-Alder reactions by bis (oxazoline) copper(II) complexes. *J. Am. Chem. Soc.*, **122** (8), 1635-1649.

154. Evans, D. A., Johnson, J. S., Burgey, C. S., and Campos, K. R. (1999) Reversal in enantioselectivity of *tert*-butyl versus phenyl-substituted bis (oxazoline) copper(II) catalyzed hetero Diels-Alder and ene reactions. Crystallographic and mechanistic studies. *Tetrahedron Lett.*, **40** (15), 2879-2882.

155. Samanta, S., Krause, J., Mandal, T., and Zhao, C.-G. (2007) Inverse-electron-demand hetero Diels-Alder reaction of $\beta$, $\gamma$-unsaturated $\alpha$-ketophosphonates catalyzed by prolinal dithioacetals. *Org. Lett.*, **9** (14), 2745-2748.

156. Kato, Y., Chen, Z., Matsunaga, S., and Shibasaki, M. (2009) Catalytic asymmetric synthesis of nitrogen-containing gem-bisphosphonates using a dinuclear $Ni_2$-Schiff base complex. *Synlett*, 2009 (10), 1635-1638.

# 5 不对称有机催化

## 5.1 引言

有机催化是一种催化形式，主要的特点是由碳、氢和其他非金属元素组成的有机催化剂提高化学反应速率；并且该催化剂不含金属原子[1-2]。除有机金属催化和酶催化外，有机催化还被认为是第三种催化方法。有机催化剂有许多重要的优点：稳定，容易获得，并且无毒。它们对空气中的水分和氧气呈惰性。在许多情况下，不需要特殊的反应条件，例如惰性气氛、低温和无溶剂。在这种情况下，简单有机酸可以作为催化剂在水溶液中使用。由于过渡金属相对缺乏，有机催化方法在合成不耐受金属污染的化合物（如医药产品）方面似乎特别有吸引力。对有机催化的研究始于 20 世纪初，Bredig 发表了利用天然生物碱作为对映选择性催化剂的文章[3]。这些研究由 Pracejus 和 Wynberg 以及 Hajos 和 Wiechert 继续进行相关工作，后者使用脯氨酸作为有机催化剂[2-5]。在过去的 15 年中，不对称有机催化领域得到了快速发展，在这个有机催化的"黄金时代"，许多研究人员都参与了这一领域的研究，主要致力于寻找新的有效的有机催化分子和开发新的不对称方法。近几年来，人们建立了有效的羟醛缩合方法，如 Michael 加成、Mannich 型反应、氮杂-Henry 反应和 Baylis-Hillman 反应、环氧化、还原、酰化、有机磷化合物的不对称合成等[6-15]。有机催化策略已成功用于合成各种生物活性有机磷化合物，如 $\alpha$-羟基和 $\alpha$-或 $\beta$-氨基膦酸。生物碱，尤其是奎宁及其衍生物和各种氨基酸，尤其是脯氨酸，是有机磷化学中最常用的催化剂。鹰爪豆碱和类似的手性二胺在这一领域占有特殊的地位[1-2]。

## 5.2 不对称有机催化中底物的催化活化模式

在不对称有机催化中，底物与催化剂之间的相互作用机理不同于传统金属催化反应中的反应机理。一般来说，与底物相互作用的催化剂会将底物活化并创造手性环境，这在所有对映体分化反应中都是必不可少的。从这个角度来看，有机磷化学中使用的有机催化剂可分为几大类[6-15]。

**金鸡纳生物碱及其衍生物**[7]　易得和廉价的金鸡纳生物碱 **1～4**（表 5.1）具有假对映体结构，如奎宁、奎尼丁、辛可宁和辛可尼丁是最有效的有机催化剂。早期金鸡纳生物碱参与的金属催化的不对称反应，对大多数有机化学家来说仍然是陌生的，大部分工作自然而然地集中在 Lewis 碱/亲核有机催化上。1960 年，Pracejus 报道了以 O-乙酰基奎宁作为催化剂，甲基苯基烯酮以 74%ee 转化为 (S)-苯基丙酸甲酯[4]。Wynberg 等[16,17]对金鸡纳生物碱作为手性 Lewis 碱/亲核催化剂的应用进行了研究。对金鸡纳生物碱的广泛研究表明，这类生物碱可作为通用的有机催化剂，用于多种对映选择性转化反应。其合成用途的关键结构特征是叔奎宁环氮的存在，它填补了天然化合物的近极性羟基功能。Lewis 酸和 Lewis 碱官能团的存在使它们成为双功能催化剂。因此改性金鸡纳有机催化剂的发展引起了许多化学家的广泛关注，其中最重要的研究成果之一是二聚金鸡纳生物碱配体在烯烃不对称二羟基化反应中的应用。

表 5.1　常用的有机催化剂 **1～26**

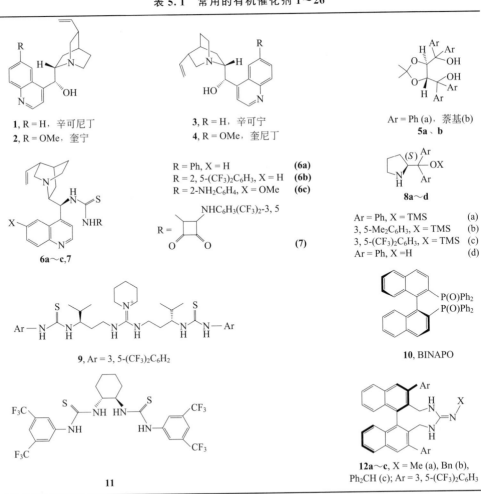

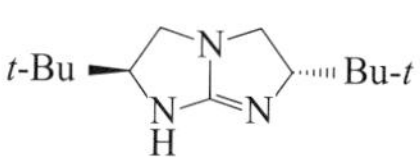

续表

**13**

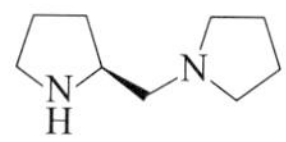

**14**

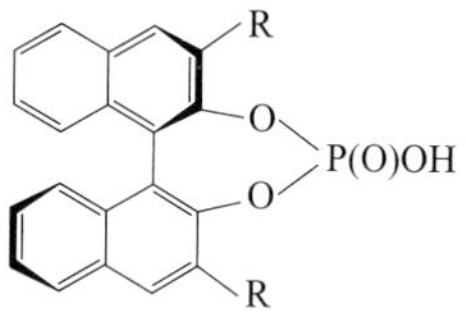

**15a、b**, R = 3, 5-(CF$_3$)$_2$C$_6$H$_3$(a);
2, 6-(i-Pr)$_2$-4-(9-Antr)C$_6$H$_2$ (b)

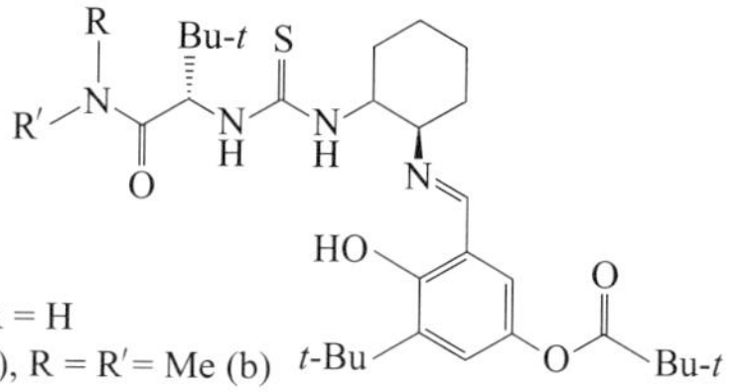

**16a~c**, R = H
R′ = Bn (a), R = R′ = Me (b)

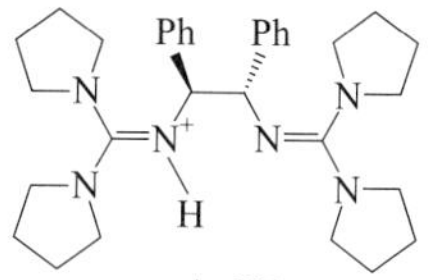

**17**, Ar = 3, 5-(CF$_3$)$_2$C$_6$H$_3$

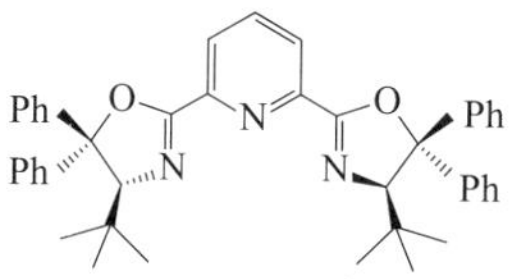

**18**

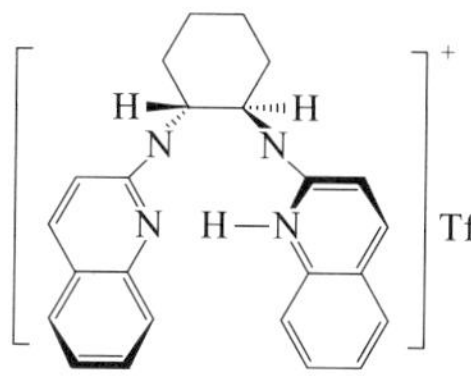

**19**

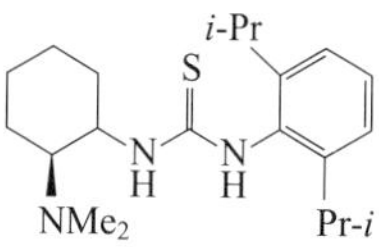

**20**

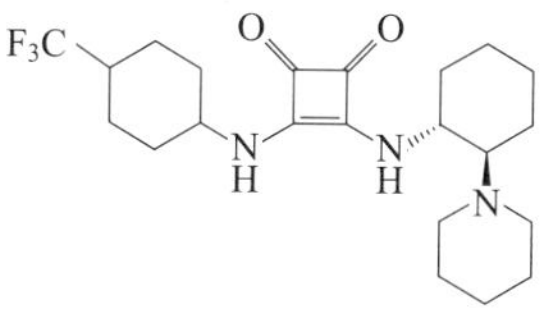

**21**

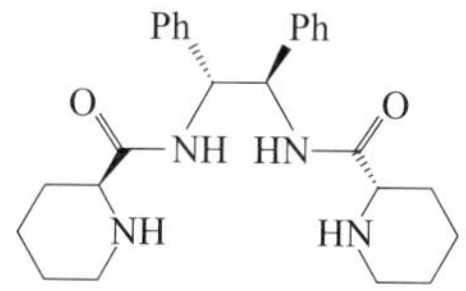

**22**

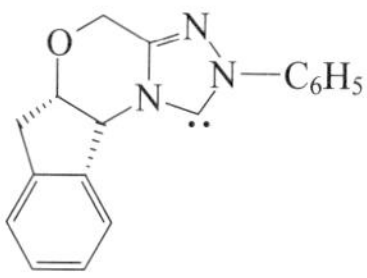

**23**

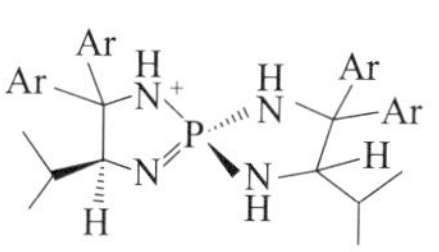

**24a~d**
Ar = Ph (a), p-CF$_3$C$_6$H$_4$ (b),
p-Tl (c), p-An (d)

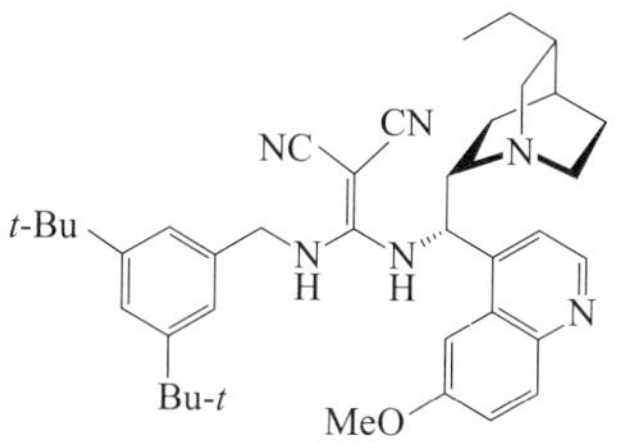

**25**

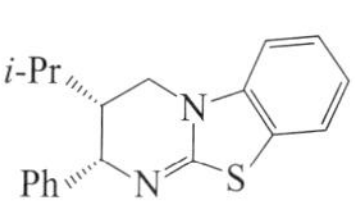

**26**

**TADDOL 及其衍生物**[8]　　TADDOL **5** 是最古老、用途最广的手性助剂之一（表 5.1）。TADDOL 的初步设计是出于实际考虑，主要是因为它是从酒石酸衍生而来的，而酒石酸是一种最便宜的手性原料，具有天然来源的双对称性。分子的两个羟基官能团可以作为双氢键的供体，从而形成双齿配合物。此外，这些官能团可以很容易地被替换，从而获得各种衍生物。

**脯氨酸及其衍生物**[9]　　L-脯氨酸及其衍生物（**8a~c**）可能是最出名的有机催化剂。虽然通常使用天然 L-形式，但脯氨酸有两种对映体形式，与酶催化相比，这是一个优势（方案 5.1）。

L-(S)-脯氨酸　　双功能

(S)-1-(2-吡咯烷基甲基)吡咯烷 + 酸　　双功能

**方案 5.1**

脯氨酸是一种具有仲胺功能的天然氨基酸，其结构中的氮原子比其他氨基酸具有更高的 p$K_a$，因此与其他氨基酸相比具有更强的亲核性。基于此，脯氨酸可以作为亲核试剂，特别是与羰基化合物或 Michael 受体形成一种亚胺或烯胺离子。在这些反应中，氨基酸的羧基官能团作为 Brønsted 酸起作用，这为脯氨酸充当双功能催化剂创造了可能性。脯氨酸的官能团可充当酸或碱，也可以促进类似于酶催化的化学转化。脯氨酸催化反应的高对映选择性可由有机催化剂通过形成强氢键而形成高度有序的过渡态（TS）来解释。在脯氨酸催化反应中，质子从胺或羧基转移到形成的醇盐或酰亚胺是电荷稳定化的必要条件，这有助于在 TS 中形成 C—C 键。此外，还有各种化学原因引起了人们对脯氨酸催化作用的兴趣。

**硫脲有机催化**[10]　　尿素和硫脲衍生物是一大类非常重要的有机催化剂。这些具有较强催化效果的硫脲有机催化剂 **6**、**9**、**12**、**15**、**20**（表 5.1）提供了明显的双氢键相互作用，以协调和活化氢键受体底物。硫脲有机催化是指利用尿素和硫脲衍生物，通过与相应底物的双氢键相互作用来加速有机转化（非共价有机催化）。尿素和硫脲起弱 Lewis 酸的作用，但通过显著的双氢键作用，而不是传统金属离子催化和 Brønsted 酸催化下的共价键。目前，大量有机催化反应都是通过双氢键 $N,N'$-双[3,5-二(三氟甲基)]苯基硫脲在较低的催化剂负载量下进行的，产物产率一般是从良好到优异。

**联萘衍生物**[11]　　1,10-联萘-2,20 二醇（BINOL）的对映异构阻转异构体及其双二苯基膦酸衍生物 20-双(二苯基膦)-1、10-联萘（BINAP）是完全合成的分子，其开发是利用联芳基键的限制性旋转引起的轴向不对称性。许多联萘酚衍生物（例如，**10**、**12** 和 **15**）已经合成并用作优良的有机催化剂。在过去的 15 年中，这些化合物已经成为化学计量和催化不对称反应中应用最广泛的配体，近年来已开发出许多类似物和衍生物。

**手性胍盐有机催化剂**[12]　有机碱盐已被证明可通过氢键活化亚胺和其他阴离子中间体通。胍盐[12]也显示了这一潜力，被 Uyeda 和 Jacobsen 巧妙地用于催化 Claisen 重排。胍和胍盐 12、13、17 已被证明是对映选择性反应的有力催化剂。胍是一种中性氮化合物，在合成有机化学中被广泛用作强碱。手性胍衍生物利用胍基的强碱性和胍盐离子的双氢键作为不对称催化剂。Tan 等报道了利用催化量的胍 1 催化各种活化烯烃与二烷基亚磷酸盐和二苯基膦加成反应的情况[13]。随后发现手性双环胍 7c 对硝基烯烃的磷-Michael 反应有较好的催化作用[14]，从而筛选了一系列二芳基膦氧化物。而二-(1-萘基) 氧化膦对各种硝基烯烃具有良好的对映选择性。Terada 等证明，轴向手性胍可以催化亚磷酸二苯酯与硝基烯烃的加成反应[15]，并且具有较高的对映选择性。

**N-杂环卡宾**　卡宾是有机化学领域中研究最多的活性中间体。Wanzlick[18]于 1962 年首次报道稳定的亲核卡宾，20 世纪 90 年代，Arduengo 等[19]报道了 N-杂环卡宾（NHCs）在有机合成中的广泛应用，令人印象深刻。有机催化除作为金属基催化反应中的优良配体外，还成为合成有机化学领域一个卓有成效的研究领域。在过去的几年中，科学家一直致力于开发一个手性亲核卡宾家族，并将其应用于各种转化中。在这些催化剂中，特别是 23，已证明可以高效地催化不对称合成反应，得到的手性产物具有高产率和高对映选择性。在安息香缩合反应、Stetter 反应以及涉及烯醇化物和高烯醇化物盐的反应中，均获得了较高的对映选择性[20]。近年来，NHCs 作为有机催化剂在有机磷不对称合成中得到了广泛应用。

## 5.3　磷-羟醛反应

### 5.3.1　金鸡纳生物碱的催化作用

有机催化有机磷化合物的不对称合成反应得到了广泛的关注，科学家开发了许多有效的催化剂[21]。在过去的几年里，有几篇文章和综述专门讨论了由天然来源的碱引发的磷-羟醛反应的有机催化作用。其中，金鸡纳生物碱及其衍生物是不对称反应的有效催化剂。最近，发表了几篇关于由天然来源的碱基催化的磷-羟醛反应的的文章[16,17,22-24]。例如，Wynberg 和 Smaardijk[16]报道了奎宁催化二烷基亚磷酸酯与邻硝基苯甲醛的对映选择性磷-羟醛反应，得到了具有中等对映选择性的对羟基膦酸酯 27。亚磷酸二薄荷酯与醛反应时，反应的立体选择性增强，这主要是由于双不对称诱导反应生成结晶 (R)-28，重结晶后得到的纯非对映异构体（方案 5.2）[22,23]。

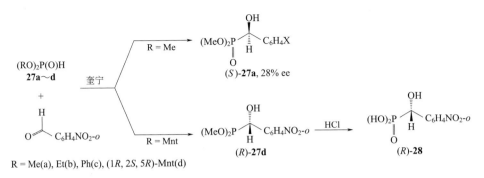

**方案 5.2** 奎宁催化的二烷基亚磷酸盐与醛的磷-羟醛反应

**二[(1S,2R,5R)-薄荷基](S)-羟基(2-硝基苯基)甲基膦酸酯 27d** 在含有 0.01mol 亚磷酸二薄荷酯和 0.01mol 2-硝基苯甲醛的 5mL 四氢呋喃（THF）中，加入 0.002mol 奎宁作为催化剂。将该混合物放置 48h。在反应混合物的 NMR 谱中，观察到两种非对映体在 $\delta_P$ 为 20.3 和 19.9 下的峰信号，比率为 87.5：12.5。用结晶法从乙腈中分离出光学纯（S）-对映体，另一种非对映体是从正己烷中分离得到 [产率 35%，熔点 150~159℃（MeCN），$[\alpha]_D^{20} = 396$ ($c = 0.6$, $CHCl_3$)，$^{31}P$ NMR 谱，$CDCl_3$，$\delta_P = 19.4$]。

**(S)-[羟基(2-硝基苯基)甲基]膦酸(S)-28** 将含有 1g 羟甲基膦酸酯 II 的 50ml 二氧六环溶液置于烧瓶中，并加入 25mL 6mol·L$^{-1}$ 的盐酸。反应混合物在 80℃下放置 3 天，水解过程使用 $^{31}P$ NMR 光谱监控。反应完成后，除去溶剂 [产率 85%，$[\alpha]_D^{20} = -490$ ($c = 1$, MeOH)，$^{31}P$ NMR 谱（$CH_3OH$），$\delta_P = 15$]。

在奎宁 **2** 和奎尼丁催化下，二苯基亚磷酸盐与 N-烷基化靛红 **29** 的磷-羟基反应具有较好的对映选择性。该方法制备了 N-烷基化靛红衍生物 **30**，产率高达 99%，具有中等对映选择性（平均为 40%~67%ee）。然而，化合物 **30** 的绝对构型没有被确定（方案 5.3）[24]。

| $R^1$ | $R^2$ | | |
|---|---|---|---|
| $R^1$ = H | $R^2$ = $CH_3$ | 99% | 67% ee |
| $R^1$ = H | $R^2$ = $CH_3CH_2$ | 96% | 64% ee |
| $R^1$ = H | $R^2$ = $PhCH_2$ | 89% | 51% ee |
| $R^1$ = $CH_3$ | $R^2$ = $CH_3$ | 88% | 62% ee |
| $R^1$ = F | $R^2$ = $CH_3$ | 80% | 52% ee |
| $R^1$ = Br | $R^2$ = $CH_3$ | 60% | 44% ee |
| $R^1$ = $CH_3$ | $R^2$ = $PhCH_2$ | 93% | 58% ee |
| $R^1$ = F | $R^2$ = $PhCH_2$ | 77% | 41% ee |

**方案 5.3** 奎宁催化的二苯亚磷酸盐与 N-烷基化靛红的对映选择性磷-羟醛反应

Barros 和 Phillips[25] 描述了二烷基或二芳基亚磷酸盐与 α-卤代酮之间的有机催化磷-羟醛反应，从而以高产率和高立体选择性合成了 β-氯-α-羟基膦酸酯 **31**。在此反应中使用了脂肪族、芳香族和环酮类化合物。在 α-卤代酮的两个对映体中，亚磷酸盐亲核试剂从同一侧靠近羰基。这可能与氯取代基相反，这是由空间控制所致。β-氯官能团的存在使得进一步精制所获得的羟基膦酸酯成为可能，这对于靶标定向合成是有用的，因为这些化合物具有重要的生物学应用（方案 5.4）。

$$\underset{\textbf{27}}{R^2\underset{R^3}{\overset{O}{\parallel}}Cl} + (RO)_2P(O)H \xrightarrow[27\%\sim 84\%]{1.2} \underset{\textbf{31},<40\%\ ee}{R^2\underset{HO}{\overset{P(O)(OR^1)}{|}}\underset{R^3}{\overset{Cl}{|}}}$$

**方案 5.4**　奎宁催化的二烷基或二芳基亚磷酸盐与 α-卤代酮之间的磷-羟醛反应

### 5.3.2 金鸡纳-硫脲的催化作用

金鸡纳衍生的硫脲有机催化剂 **6a** 催化芳香酮酯与二甲基亚磷酸盐的反应，得到了产率和对映选择性较好的羟基膦酸酯 **32**。这些有机催化剂起着双功能催化剂的作用，它们可以活化亲电试剂（作为氢键供体）和亲核试剂（作为 Brønsted 碱）。辛可尼丁硫脲作为有机催化剂可获得最佳结果。可能在过渡态，酮酯被硫脲片段的氢键活化。此外，这种相互作用提供了对映体差异反应所必需的对映体的充分区分。此外，由于存在奎宁环氮原子，相应的膦酸酯-亚磷酸盐平衡向亚磷酸盐方向移动，亚磷酸盐对应选择性地添加剂活化的亲电试剂中[26,27]（方案 5.5）。

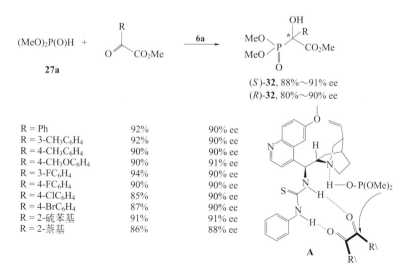

**方案 5.5**　金鸡纳-硫脲 **6a** 催化的酮酯与亚磷酸二甲酯的反应

## 5.3.3 其他有机催化剂的催化作用

Nakajima 报道手性膦氧化物（Lewis 碱）催化四氯化硅介导的醛与三烷基亚磷酸盐的对映选择性磷酰化反应（Abramov 型反应），生成光学活性的 α-羟基膦酸酯 33，具有中等的对映选择性[28]。BINAPO 配体 10 代表弱 Lewis 碱，它与四氯化硅和叔胺（中间体 B）一起催化醛与三烷基亚磷酸盐的对映选择性磷酰化反应，产率较高，对映选择性较中等。BINAPO 10 对几种主要含芳香取代基的醛类化合物的催化活性进行了测试。该反应在低温下于二氯甲烷溶液中进行，得到了对映体富集的羟基膦酸酯 33（方案 5.6）。

$(EtO)_3P + R'CH=O \xrightarrow[CH_2Cl_2, -78℃]{(S)\text{-BINAPO } 10, SiCl_4 i\text{-}Pr_2NEt}$ 33

| R | 产率 | ee |
|---|---|---|
| R = p-MeOC$_6$H$_4$ | 90% | 40% ee (R) |
| R = p-BrC$_6$H$_4$ | 87% | 22% ee — |
| R = 2-萘基 | 98% | 33% ee — |
| R = (E)-PhCH=CH | 89% | 49% ee (R) |
| R = (E)-PhCH=CH | 64% | 52% ee (S)* |
| R = PhCH$_2$CH$_2$ | 65% | 17% ee — |
| R = 环己基 | 49% | 23% ee — |

方案 5.6 BINAPO 催化的磷-羟醛反应

List 报道了手性二磺酰亚胺 34 催化三甲基甲硅烷基亚磷酸盐与芳香醛的对映选择性 Abramov 反应。用该方法合成了几种官能化的 α-羟基膦酸酯，产率高且对映选择性好（高达 98%ee）。通过 X 射线分析并将旋光度值与文献数据比较（方案 5.7）[29]，确定了化合物的绝对构型为 (R)-构型。

各种各样的单官能团和双官能团手性亚胺化合物被开发成有机催化剂，作为 H 键受体物质加速各种综合有用的有机转化，例如羰基化合物、亚胺和硝基烯烃作为磷-羟醛的起始原料。因此，由手性 P-螺旋-四氨基膦盐和叔丁醇钾原位生成的三氨基亚胺膦烷 24 是一种非常有效的磷-羟醛反应催化剂。在苯环上含有供电子取代基的亚胺膦烷 24，即使用量下降至 1mol% 时，在 98℃ 下也表现出最高的催化活性。它们催化了亚磷酸二甲基酯与脂肪族、杂芳族和芳香醛的反应，以较高的产率（92%～94%）合成了相应的 α-羟基膦酸酯，其对映选择性高达 99%ee。由此得出的结论是，该反应是通过与手性四氨基膦阳离子生成高活性的

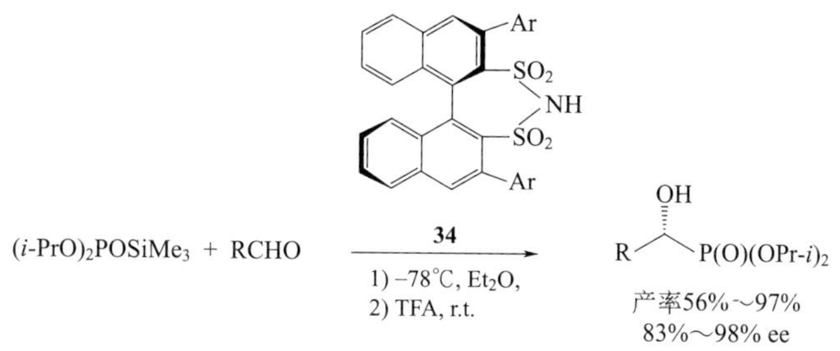

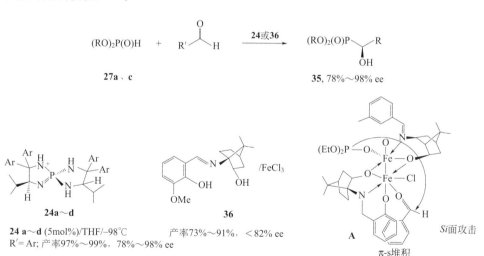

(i-PrO)$_2$POSiMe$_3$ + RCHO →[34][1) −78°C, Et$_2$O, 2) TFA, r.t.] R-CH(OH)-P(O)(OPr-i)$_2$
产率56%~97%
83%~98% ee

Ar = 3, 5-(CF$_3$)$_2$C$_6$H$_4$(a), 3, 5-(i-C$_3$F$_7$)$_2$C$_6$H$_4$(b)
R = XC$_6$H$_4$: X = H, 3-Me, 4-Me, 4-t-Bu, 3-MeO; X = 3, 5-Me$_2$,
3, 5-Et$_2$, 3, 5-MeO$_2$, X-萘基: X = 5-Br, 5-MeO, 5-OH 呋喃基，噻吩

方案 5.7

二甲基亚磷酸盐而进行的，该阳离子是加成反应产生立体化学现象的原因[30,31]。通过低温 NMR 分析，发现了手性四氨基磷亚磷酸盐的生成。并将其应用于醛类高效、对映选择性氢磷酰化反应的建立，成功地证明了其合成相关性。作者推断出，稳定的过渡态是由于催化剂与反应物之间形成了两个氢键而催化剂结构变形最小。而在不太稳定的过渡态中，催化剂必须经历几何变形（方案 5.8）[31a]。手性樟脑 Schiff 碱和 FeCl$_3$ 也被用作醛的不对称氢磷酰化反应的催化剂，富电子和缺电子的芳香醛与二烷基亚磷酸盐反应生成（S）-羟基膦酸酯，其对映体过量高达 82% ee。中间体 C 是用来解释所获得的膦酸酯［主要是（S）］的绝对构型的。三价磷攻击苯甲醛的 Si 面，因为在苯甲醛的 Re 面上存在来自樟脑分子桥式二甲基的空间位阻[31b]。

(RO)$_2$P(O)H + R'CHO →[24或36] (RO)$_2$(O)P-CH(OH)-R
27a、c                              35, 78%~98% ee

24a~d (5mol%)/THF/−98°C
R' = Ar; 产率97%~99%, 78%~98% ee

36 产率73%~91%, <82% ee

A  π-s 堆积  Si 面攻击

方案 5.8  催化剂 36 和可能的中间体 C 催化磷-羟醛反应生成膦酸酯

二氨基甲基丙二腈（DMM）催化剂 26（表 5.1）在醛的不对称氢磷酰化反应中，以较高的产率和很好的对映选择性（产率 98%，96% ee）生成（S）-羟基膦酸酯[32]。二苯基膦酸酯 **27C** 在醛中的加成是在 DMM 有机催化剂 **26** 的催化下，通过 TS-A 完成的。叔胺基团以亚磷酸盐的形式从羟基中捕获质子，其由平衡供体产生。由于 3,5-二叔丁基苄基的空间排斥作用，DMM 中的质子成功地与醛中的氧原子相互作用，从而进攻醛的 *Si* 面，TS-D 最终生成了具有良好对映选择性的 α-羟基膦酸酯。Herrera 等[33]对方酰胺催化醛的氢磷酰化反应得出了类似的结论（方案 5.9）。

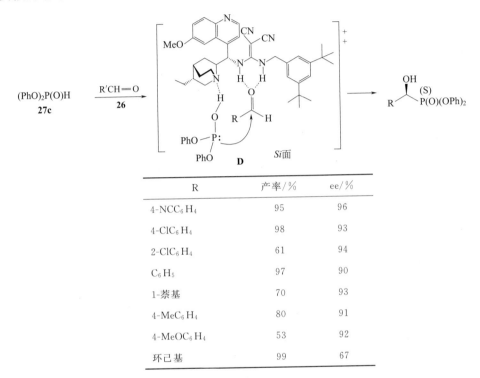

| R | 产率/% | ee/% |
|---|---|---|
| 4-NCC$_6$H$_4$ | 95 | 96 |
| 4-ClC$_6$H$_4$ | 98 | 93 |
| 2-ClC$_6$H$_4$ | 61 | 94 |
| C$_6$H$_5$ | 97 | 90 |
| 1-萘基 | 70 | 93 |
| 4-MeC$_6$H$_4$ | 80 | 91 |
| 4-MeOC$_6$H$_4$ | 53 | 92 |
| 环己基 | 99 | 67 |

方案 5.9　**26** 催化的磷-羟醛反应和过渡态 **D**

## 5.4　磷-Mannich 反应

### 5.4.1　金鸡纳生物碱的有机催化作用

Nakamura 等[34]以奎宁和奎尼丁为催化剂，对醛亚胺的对映选择性氢磷酰化反应进行了研究。通过芳香醛制备的 N-(6-甲基-2-吡啶基磺酰基)亚胺可以与二苯基亚磷酸盐反应得到产物 **37**，该反应具有定量产率和较高的对映选择性。作为有机催化剂的甲基氢奎宁和氢奎尼丁催化生成了化合物 **37** 的两种对映体，其对映选择性相当。推测在 TS 中，催化剂的羟基由于形成氢键而活化了亚胺。另外，Brønsted 碱中的奎宁环氮原子作为催化剂活化了亚磷酸盐［结构（**E**）］。氢磷酰化产物的脱硫和膦酸酯基团的脱保护作用形成了具有光学活性的 $\alpha$-氨基磷酸（方案 5.10）。

$$(PhO)_2(O)H + \underset{Ar}{\overset{N-SO_2Ar}{\|}}_H \xrightarrow[\text{苯}\text{CH}_3, -20℃]{\text{催化剂A或B}(2\text{mol}\%)} (PhO)_2\overset{O}{\overset{\|}{P}}\underset{NHSO_2Mes}{\overset{R}{\underset{*}{C}}R'}$$

Ar = 6-甲基-2-吡啶基
催化剂 A = 氢奎宁，催化剂 B = 氢奎尼丁

**37**

| R | R' | 催化剂 | 产率/% | ee/% | 构型 |
|---|---|---|---|---|---|
| Ph | Me | A | 99 | 97 | (S) |
| *p*-甲苯基 | Me | A | 97 | 96 | (S) |
| *p*-MeOC$_6$H$_4$ | Me | A | 99 | 97 | (S) |
| *p*-ClC$_6$H$_4$ | Me | A | 99 | 94 | (S) |
| *p*-FC$_6$H$_4$ | Me | A | 99 | 97 | (S) |
| 2-萘基 | Me | A | 99 | 96 | (S) |
| 环己基 | Me | A | 97 | 75 | (S) |
| *p*-MeOC$_6$H$_4$ | Me | B | 91 | 94 | (R) |
| 2-萘基 | Me | B | 91 | 93 | (R) |
| Ph | Et | B | 92 | 92 | (R) |
| R+R$^1$ = 1-茚酮 | | B | 86 | 82 | (R) |

$\longrightarrow$ (*S*)-**37**

**E**

**方案 5.10** 氢奎宁和氢奎尼丁催化的醛亚胺的对映选择性氢磷酰化

Pettersen 等[35]研究了手性碱对 N-保护的芳基亚胺与二乙基亚磷酸盐的磷-Mannich 反应的影响。反应在常温或 20℃ 下于二甲苯中进行。在低温下，反应产物 **38** 的产率降低，反应速率减慢，氨基膦酸酯的对映纯度降低。在所研究的催化剂中，奎宁的催化效果最好。苯环上的电子供体和电子受体取代基对反应活性和对映选择性没有显著影响。作者认为催化剂 C$_9$ 原子上的游离羟基由于氢键的形成而加强了亚胺的活化（方案 5.11）。

5 不对称有机催化

$$(EtO)_2P(O)H + \underset{\underset{27b}{}}{\underset{Ar}{\overset{N}{\diagup}}\overset{\diagdown}{\underset{H}{}}\overset{O}{\diagup}\overset{}{\diagdown}} \xrightarrow[\substack{+20\sim-20°C \\ 50\%\sim93\%}]{奎宁(10mol\%)} \underset{38.\ 72\%\sim94\%\ ee}{(EtO)_2(O)P\overset{*}{\diagdown}\underset{HN}{\diagup}\overset{Ar}{\diagup}\overset{}{\diagdown}\overset{O}{\diagup}\overset{}{\diagdown}}$$

Ar = Ph, p-Tl, m-Tl, p-An, 2, 5-Me$_2$C$_6$H$_3$, 2-萘基, p-ClC$_6$H$_4$, 1-萘基, 2-萘基

方案 5.11  N, N-保护的芳基亚胺与二乙基亚磷酸盐的磷-Mannich 反应

### 5.4.2 亚胺的有机催化作用

富电子的醛亚胺具有较高的活性，而缺电子的醛亚胺的反应虽然有较高的氨基磷酸酯产率，但对映选择性却比较低[36]。环状的（R）-BINDL 磷酸用作手性 Brønsted 酸（10mol%），在室温下催化醛亚胺与亚磷酸二异丙酯的氢磷酰化反应，得到对映选择性从好到高的氨基膦酸酯。Jacobsen 和 Joly[37] 研究了在手性硫脲 16 存在下，二(邻硝基苄基)亚磷酸盐与 N-苄基亚胺 39 的亲核加成反应，该反应为获得高度对映体富集的 α-氨基膦酸酯 40 提供了一种通用且便捷的方法。在各种脂肪族和芳香族底物上都获得了较高的对映选择性。一般来说，脂肪族亚胺可获得最佳的反应速率，而缺电子的芳香族底物即便升高温度也需要更长的反应时间。将氢磷酰化产物 40 转化为 α-氨基磷酸。20mol% Pd/C 催化剂在氢气气氛下处理加合物，可获得高产率并保持光学纯度的对映体富集的 α-氨基膦酸（方案 5.12）。

$$(RO)_2(O)H + \underset{\underset{27b}{}}{\underset{R'}{\overset{N}{\diagup}}\overset{\diagdown}{\underset{H}{}}\overset{Ph}{}} \xrightarrow[转化率90\%\sim100\%]{\substack{16 \\ 甲苯}} \underset{40,\ 68\%\sim90\%\ ee}{\underset{RO}{\overset{RO}{\diagdown}}\overset{O}{\underset{}{\diagup}}\overset{}{\underset{HN\diagdown CH_2Ph}{\diagup}}\overset{R'}{}}$$

R = Ph, 2, 2, 2-CF$_3$C$_2$H$_4$, 2-NCC$_2$H$_4$, 2-ClC$_2$H$_4$, p-NO$_2$C$_6$H$_4$
o-NO$_2$C$_6$H$_4$; R' = Ph, 3-C$_5$H$_{11}$

方案 5.12  手性硫脲 15 催化二(邻硝基苄基)亚磷酸酯对 N-苄基亚胺的加成

### 5.4.3 亚胺盐的有机催化作用

Tan 等[38] 报道了 H-膦与 N-甲苯磺酰基亚胺 42 的磷-Mannich 反应，合成了 α-氨基磷酸盐氧化物和亚磷酸酯 43。胍盐 16 在 P—C 键形成反应中具有较高的催化活性。该反应是以三倍过量的 N-亚膦酸盐与作为添加剂的 K$_2$CO$_3$ 进行反应，具有较高的立体诱导性和反应速率。具有不对称磷原子的氨基亚膦酸酯 43 是两种非对映异构体的混合物，以 syn-异构体为主（方案 5.13 和表 5.2）。

$R_1R_2P(O)H$ + [imine **42** with Ts, $R_3$, H] → **16**(10mol%), −60℃, 75%~98% → $R_2P(O)$-R-NHTs **43**, 56%~90% ee

**方案 5.13** 胍盐 **16** 催化 $H$-膦与 $N$-甲苯磺酰基亚胺的反应

**表 5.2** 氨基亚膦酸盐的制备

| $R^1$ | $R^2$ | $R^3$ | 产率/% | ee/% |
| --- | --- | --- | --- | --- |
| 1-萘基 | 1-萘基 | 4-MeC$_6$H$_4$ | 98 | 92 |
| 1-萘基 | 1-萘基 | 4-FC$_6$H$_4$ | 97 | 90 |
| 1-萘基 | 1-萘基 | 2-萘基 | 98 | 92 |
| 1-萘基 | 1-萘基 | 2-呋喃基 | 92 | 87 |
| 1-萘基 | 1-萘基 | Cy | 95 | 70 |
| 1-萘基 | 1-萘基 | $t$-Bu | 89 | 91 |
| 1-萘基 | 1-萘基 | $trans$-PhCH=CH | 89 | 90 |
| Ph | Ph | Ph | 75 | 56 |
| 2-CF$_3$C$_6$H$_6$ | 2-CF$_3$C$_6$H$_6$ | Ph | 93 | 82 |
| Ph | 1-萘基 | Ph | 90 | 75 |

## 5.4.4 手性 Brønsted 酸的有机催化作用

文献[39]报道了不对称 Kabachnik-Fields 反应的一个有趣的例子。由醛、对甲氧基苯胺和二-3-戊基亚磷酸盐组成的三组分混合物，在手性阻转异构酸 **15b**（对蒽基取代的类似物 TRIP）的催化下，生成了氨基膦酸酯 **44** 和 **45**，具有产率及立体选择性好的特点。L-脯氨酸的一些衍生物也能有效地催化不对称 Kabachnik-Fields 反应。研究发现，大的烷基取代基影响了反应的立体选择性。含支链烷基取代基的醛类化合物（$i$-Pr，$c$-C$_5$H$_9$，$c$-C$_6$H$_{11}$）的立体选择性最高。相反，含有 R=Me 或 Et 取代基的醛得到了低立体选择性的产物（方案 5.14）[40]。Akiyama 等[41]还研究了手性 Brønsted 酸 **15a** 催化亚胺与二烷基亚磷酸盐的反应。该反应合成了 α-氨基膦酸酯 **44**，产率中等，对映选择性高达 90%ee（方案 5.15）。作者提出了一个九元 TS-F 来解释反应的立体选择性。他们得出结论，磷酸是一种同时具有 Brønsted 酸性和 Brønsted 碱性中心的双功能有机催化剂[42]。底物结构是影响反应结果的重要因素，因为二异丙基亚磷酸盐与苯环邻位上含有电子受体基团（CF$_3$、NO$_2$、Cl）的醛亚胺反应，具有最高的对映选择性（表 5.3）。Yamanaka 和 Hirata[44]对这一反应机理进行了 DFT（BH 和 HLYP/6-31G*，

(Gaussian 98 软件包) 的理论计算。计算结果表明,该反应是通过九元两性离子的 TS 与手性磷酸进行,在此反应中,Brønsted 酸位点和 Lewis 碱位点位分别活化亚胺和亚磷酸盐。手性磷酸上的 3,3′-芳基和大体积的亚磷酸盐的空间排斥作用不利于 Si 面进攻 TS。当使用苯甲醛衍生的醛亚胺时,Re 面进攻 TS 是不稳定的,从而降低对映选择性,这与实验结果一致。Bhadury 和 Li[43] 合成了具有抗菌性能的氟化氨基膦酸酯 46 (方案 5.15)。他们证实了亚胺与二烷基亚磷酸盐在二甲苯中手性酸 15a 存在下的反应具有较高的对映选择性,合成的 α-氨基膦酸酯 46 的 ee 大于 90%,产率为 30%～65% (表 5.3)。还报道了由手性 BINOL 磷酸镁盐催化的磷-Mannich 反应也被报道[45]。

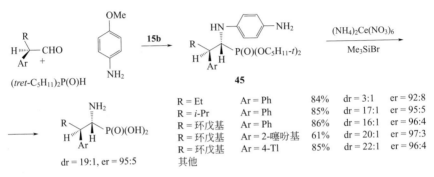

方案 5.14  催化不对称三组分 Kabachnik-Field 反应

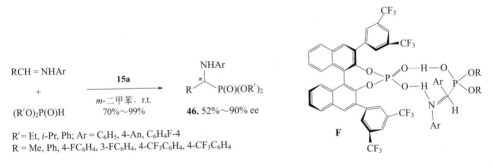

方案 5.15  手性亚胺与二烷基亚磷酸盐的不对称反应

Bhusare 等[46] 报道了用有机催化剂一锅法合成具有光学活性的 α-氨基膦酸酯的对映体的合成方法。合成了几种新型的有机催化剂,并对其反应活性和对映选择性进行了研究 (方案 5.16)。有机催化剂 46 高效催化该反应生成相应的 α-氨基膦酸酯,产率高 (71%～90%) 且对映体过量较高 (73%～92%)。虽然几种类似的有机催化剂都能有效地催化 α-氨基膦酸酯的合成,但有机催化剂 (S)-1-乙酰基-N-甲苯磺酰基吡咯烷-2-羧酰胺 46 是最佳的催化剂,为多种 α-氨基膦酸酯的合成提供了很高的产率,且具有良好的对映选择性 (方案 5.16)。

表 5.3 手性亚胺与二烷基亚磷酸盐的不对称反应（方案 5.12）

| 序号 | R | R | R' | 产率/% | ee/% | 参考文献 |
|---|---|---|---|---|---|---|
| 1 | $C_6H_5$ | MeO | Et | 99 | 43 | [41] |
| 2 | $C_6H_5CH=CH$ | MeO | Et | 70 | 73 | [41] |
| 3 | $o\text{-}CH_3C_6H_4$ | MeO | $i\text{-}Pr$ | 76 | 69 | [41] |
| 4 | $o\text{-}NO_2C_6H_4$ | MeO | $i\text{-}Pr$ | 72 | 77 | [41] |
| 5 | $C_6H_5CH=CH$ | MeO | $i\text{-}Pr$ | 92 | 84 | [41] |
| 6 | $p\text{-}CH_3C_6H_4CH=CH$ | MeO | $i\text{-}Pr$ | 88 | 86 | [41] |
| 7 | $p\text{-}ClC_6H_4CH=CH$ | MeO | $i\text{-}Pr$ | 97 | 83 | [41] |
| 8 | $o\text{-}CH_3C_6H_4CH=CH$ | MeO | $i\text{-}Pr$ | 80 | 82 | [41] |
| 9 | $o\text{-}ClC_6H_4CH=CH$ | MeO | $i\text{-}Pr$ | 82 | 87 | [41] |
| 10 | $o\text{-}NO_2C_6H_4CH=CH$ | MeO | $i\text{-}Pr$ | 92 | 88 | [41] |
| 11 | $o\text{-}CF_3C_6H_4CH=CH$ | MeO | $i\text{-}Pr$ | 86 | 90 | [41] |
| 12 | 1-萘基$CH=CH$ | MeO | $i\text{-}Pr$ | 76 | 81 | [41] |
| 13 | $m\text{-}CF_3C_6H_4$ | $PhCH=CH$ | Et | 64 | 83.6 | [43] |
| 14 | $p\text{-}CF_3C_6H_4$ | $PhCH=CH$ | $n\text{-}Pr$ | 65 | 82.8 | [43] |
| 15 | $m\text{-}CF_3C_6H_4$ | $PhCH=CH$ | $n\text{-}Pr$ | 68 | 88 | [43] |
| 16 | $p\text{-}CF_3C_6H_4$ | $PhCH=CH$ | $n\text{-}Bu$ | 71 | 83.7 | [43] |
| 17 | $m\text{-}CF_3C_6H_4$ | $p\text{-}FC_6H_4CH=CH$ | $n\text{-}Bu$ | 73 | 90.6 | [43] |

方案 5.16 有机催化不对称三组分 Kabachnik-Fields 反应

利用双功能有机催化剂奎宁衍生的方酰胺催化剂 **7**，可以将二苯基亚磷酸盐高度对映选择性地加成到由靛红衍生的醛亚胺中。该方法可有效地用于几种酮亚胺中，生成相应的 3-氨基-2-羟吲哚-3-基膦酸酯 **47**，产率高且对映选择性高（高达 98%ee）[47,48]。采用该方法制备了多种手性 3-氨基-2-羟吲哚-3-基膦酸酯。在各种 N-保护的靛红类亚胺中，以 N-苄基靛红衍生的氯胺酮 **7** 可获得最佳的对映体过量。Chimni 使用双功能硫脲-叔胺有机催化剂，将二苯基亚磷酸盐高度对映选择性地加成到酮亚胺中。在金鸡纳衍生的硫脲（epiCDT）存在下，靛红衍生的酮亚胺与二苯基亚磷酸盐反应，生成具有生物学重要性的手性 3-取代 3-氨基-2-羟吲哚，产率高（高达 88%），对映选择性极高（高达 97%ee）[48]（方案 5.17）。

**方案 5.17**　二苯基亚磷酸盐与 N-Boc 酮亚胺的磷-Mannich 反应

## 5.5　磷-Michael 反应

各种有机催化剂[49-55]都可以催化三价磷酸与烯酮的不对称 Michael 加成。例如，手性生物碱和氨基酸是磷-Michael 反应的有效催化剂。奎宁、二氢奎宁及其衍生物，特别是金鸡纳生物碱的硫脲，已成功用作磷-Michael 加成反应的有机催化剂。

### 5.5.1　金鸡纳生物碱的有机催化作用

Lattanzi 和 Russo[50]报道了二苯基膦氧化物在二氢奎宁催化下不对称加成查尔酮的反应。该反应具有产率高和光学纯度高的特点，产物 **48** 的对映选择性可达 89%ee。对映体富集的加合物 **48** 通过重结晶可获得对映纯化合物。其他生物碱：金鸡纳生物碱的叩卜林、异叩卜林和硫脲衍生物是低效催化剂。相反，二氢奎宁有效地催化了 Michael 加成反应。根据加合物 **48** 的绝对构型，提出了二氢奎宁催化磷-Michael 加成反应的 TS-G。二芳基膦氧化物被奎宁环氮原子活化，平衡向反应态膦酸转变，亲核试剂对查尔酮 Re 面的优先进攻形成反应产物的（R）-绝对构型（方案 5.18）。仲膦和亚磷酸盐在硝基烯烃上的 Michael 加成是合成光学活性 β-硝基膦酸酯的一条便捷路线，由于硝基的合成变异性很高，因此可以很容易转化为手性官能化的膦酸酯。例如，在奎宁的催化下，二苯基亚磷酸盐对硝基烯烃的 Michael 加成反应为合成对映体富集的 β-硝基烷基膦酸酯 **49** 提供了一种简便的方法，化合物 **49** 可转化为手性 β-氨基膦酸酯。

用该方法得到了大量对映体富集的 β-硝基膦酸酯和氨基膦酸酯，它们在 α-碳原子上带有不同的芳香族和杂环基团（方案 5.19）[51]。在反应混合物中加入分子筛（MS，4Å 或 3Å）可提高反应产物的产率和对映选择性。分子筛作为水和

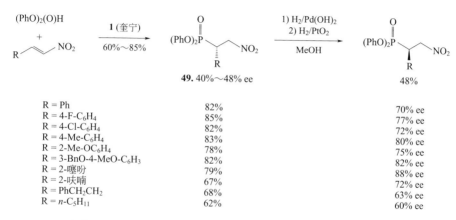

| 催化剂 = 二氢奎宁 | | | |
|---|---|---|---|
| Ph | Ph | 91% | 80% ee |
| 3-MeC$_6$H$_4$ | Ph | 75% | 78% ee |
| 3-BrC$_6$H$_4$ | Ph | 98% | 76% ee |
| 4-NO$_2$C$_6$H$_4$ | Ph | 99% | 65% ee |
| 2-MeOC$_6$H$_4$ | Ph | 87% | 89% ee |
| 2-ClC$_6$H$_4$ | Ph | 80% | 79% ee |
| Ph | 4-MeOC$_6$H$_4$ | 99% | 77% ee |
| Ph | 4-BrC$_6$H$_4$ | 95% | 82% ee |
| Ph | 4-ClC$_6$H$_4$ | 85% | 79% ee |
| 环己基 | Ph | 30% | 60% ee |

方案 5.18 二氢奎宁催化的二芳基膦与烯酮的 1,4-加成

| | | |
|---|---|---|
| R = Ph | 82% | 70% ee |
| R = 4-F-C$_6$H$_4$ | 85% | 77% ee |
| R = 4-Cl-C$_6$H$_4$ | 82% | 72% ee |
| R = 4-Me-C$_6$H$_4$ | 83% | 80% ee |
| R = 2-Me-OC$_6$H$_4$ | 78% | 75% ee |
| R = 3-BnO-4-MeO-C$_6$H$_3$ | 82% | 82% ee |
| R = 2-噻吩 | 79% | 88% ee |
| R = 2-呋喃 | 67% | 72% ee |
| R = PhCH$_2$ | 68% | 63% ee |
| R = n-C$_5$H$_{11}$ | 62% | 60% ee |

方案 5.19 奎宁催化的二苯基亚磷酸盐与亚硝酸基烯烃的反应

酸的清除剂来去除亚磷酸盐样品中的杂质。通过对反应过程的改进，得到了产率高和重复性好的 β-硝基膦酸酯 **49**，其对映选择性可达 88%ee[52]。

## 5.5.2 硫脲的有机催化作用

$N,N$-二烷基硫脲衍生物作为查尔酮和丙二酸盐 Michael 加成硝基烯烃反应中有效双功能有机催化剂[53-55]，Melchiorre 将这些催化剂应用于膦对硝基烯烃的不对称加成反应[53]。这种有机催化方法提供了一条通往有用的对映纯 P,N-配体的直接途径，它构成了不对称催化两个互补领域之间的桥梁：有机和金属催化的转变。考察了各种手性 $N,N$-二烷基硫脲催化剂，包括（DHQ）$_2$PHAL、氨基萘的硫脲基衍生物等。而只有金鸡纳生物碱衍生物 **6b** 的硫脲基衍生物获得了令人满意的结果：加成产物的产率为 86%，ee 为 67%。硝基化合物 **50** 还原成胺，然后将产物结晶，胺基膦 **51** 的对映体过量高达 99%ee（方案 5.20）。

**方案 5.20** 硝基烯烃的不对称氢膦化

在膦-Michael 反应中，人们发现了金鸡纳生物碱的尿素衍生物具有很高的效率[56,57]。例如，Wen 等[56]将硫脲-醌 **6** 用于环状 β-不饱和酮与二芳基膦氧化物的对映选择性有机催化膦-Michael 反应。生成的光学活性产物 **52** 和 **53** 含手性季碳立体中心，产率高，且对映选择性高达 98%ee（方案 5.21）。

**方案 5.21** 金鸡纳尿素衍生物催化的膦-Michael 反应

在金鸡纳碱有机催化剂催化下，α-硝基膦酸酯与烯酮和 α-取代硝基烯烃的 Michael 加成反应以高的非对映选择性和对映选择性进行，生成了含季和叔立体中心的硝基烷基膦酸酯 **54** 和 **55**[58,59]。在金鸡纳碱方酰胺催化下，将 α-硝基乙基膦酸酯加入丙烯酸芳基酯中，得到了含季立体中心的硝基烷基膦酸酯 **55**，产率高且对映体选择性高。如方案 5.22 所示，通过分子内还原-环化或 Baeyer-Villiger 氧化，将硝基膦酸酯 **55** 转化为环状季 α-氨基膦酸酯 **56**[58]。在奎宁衍生的硫脲-叔胺双功能催化剂 **5b** 催化下，α-取代的硝基膦酸酯向各种硝基烯烃的加成反应具有较高的对映选择性，并生成具有连续季和叔立体中心的 α,γ-二氨基膦酸前体 **57**[60]。由奎宁-方酰胺催化剂 **5c** 催化的 α-硝基膦酸酯与乙烯基酮的 Michael 加成反应，得到了产率和对映选择性最高的产物 **58**。

奎宁-方酰胺催化的 α-硝基膦酸酯与芳基乙烯基砜的共轭加成反应，合成了试剂和条件: (a) 3,4-(MeO)₂C₆H₃COCH=CH₂/**5a**; (b) O₂NCH=CHC₅H₁₁/**5b**; (c) ArOCOCH=CH₂/**5b**/PhCF₃/-10℃; (d) H₂/Pd-C; (e) RC(O)CH=CH₂(R = Ph, Tl, An, 2-呋喃基, 2-甲氧苯基, 1-萘基等), **5c**, 均三甲苯, 二甲苯, -65℃

**方案 5.22**  **5a~d** 催化的 α-硝基膦酸酯与烯酮的 Michael 加成

具有四取代手性 α-C 中心的 α-硝基-γ 磺酰基膦酸酯 **36**，具有较高的产率和对映选择性。芳基为苯类时，对映选择性为 90%~98%，带有四唑基时为 74%~79%ee，硝基和磺酰基的还原形成了带有季 α-碳原子的氨基膦酸酯（方案 5.23）[61a]。

**方案 5.23**  用四取代 α 碳原子合成手性氨基膦酸酯

## 5.5.3 亚胺盐的有机催化作用

构象灵活的 1,3-二胺系链脲/双硫脲有机催化剂 **9**（表 5.1），实现了二苯基膦酸酯的对映选择性磷-Michael 加成反应。含各种芳香族和脂肪族取代基的硝基烯烃与硝基烯烃反应制得磷酸-Michael 加合物 **59**，ee 为 90%~98%，单体或低聚物催化剂可根据水的存在与否使用，水的加入使对映体的对映选择性提高到 98%ee。在所测试的溶剂中，甲苯的对映选择性最高（89%ee）。在负载量为 1mol% 的催化剂下，反应得到的产物为 **59**，产率为 99%，ee 为 95%。根据合成产物与已知化合物的旋光度的比较，确定了产物的绝对构型为 (R)（方案 5.24）[62,63]。

Terada 等[15] 已将胍 **12** 的轴向手性衍生物应用于磷-Michael 反应的不对称引发。这类有机催化剂非常高效地催化丙二酸酯不对称加成硝基烯烃和环状酮的对映选择性胺化反应。催化剂 **12** 作为 Brønsted 碱，通过 1,3-二羰基化合物脱质子催化对映选择性反应。轴向手性胍 **12** 催化亚磷酸二苯酯与硝基烯烃的 Michael

$$R\text{—CH=CH—NO}_2 + (PhO)_2P(O)H \xrightarrow[\substack{\text{甲苯:H}_2\text{O}=2:1\\18h, 0\sim30℃\\99\%}]{\substack{\textbf{12}\cdot\text{HCl}\\K_2CO_3(50\text{ mol}\%)}} \underset{(R)\text{-59, 高达95\% ee}}{R\text{—CH(P(O)Ph}_2\text{)—CH}_2\text{NO}_2}$$

| R | 产率 | ee |
|---|---|---|
| R = 4-MeC$_6$H$_4$ | 88% | 91% ee |
| R = 4-ClC$_6$H$_4$ | 88% | 90% ee |
| R = 4-MeOC$_6$H$_4$ | 90% | 96% ee |
| R = 2-萘基 | 81% | 98% ee |
| R = 2-噻吩基 | 77% | 95% ee |
| R = 2-呋喃基 | 78% | 95% ee |
| R = c-C$_6$H$_{11}$ | 98% | 92% ee |
| R = t-Bu | 95% | 92% ee |
| R = PhCH$_2$CH$_2$ | 95% | 92% ee |

**方案 5.24** 胍/双硫脲催化硝基烯烃的磷-Michael 反应

加成反应，生成 $\beta$-硝基膦酸酯 **60**，其对映选择性为 87%～97% ee。在低负载量（1mol%）下，胍类化合物 **12a**～**c** 中增大 $N$-烷基或芳基取代基的体积可提高催化剂的对映选择性。磷酸化芳香族、杂芳族和脂肪族硝基烯烃均可参与到磷-Michael 反应。作者证明了 Michael 加合物在合成具有重要生物学意义的 $\beta$-氨基膦酸酯 **61** 中的适用性（方案 5.25）。

$$(PhO)_2(O)H + R\text{—CH=CH—NO}_2 \xrightarrow[79\%\sim98\%]{(R)\text{-}12} \underset{\textbf{60}, 80\%\sim97\% ee}{(PhO)_2P(O)\text{—CHR—CH}_2\text{NO}_2} \xrightarrow[77\%]{\substack{\text{NiCl}_2/\text{NaBH}_4\\ \text{Boc}_2\text{O}\\ \text{MeOH/CF}_3\text{CH}_2\text{OH}}}$$

X = CH$_2$, PhCH$_2$; Ar = Ph, 3, 5-(CF$_3$)$_2$C$_6$H$_2$

$$\longrightarrow \underset{\textbf{61}, 91\% ee}{(PhO)_2P(O)\text{—CHR—CH}_2\text{NHBoc}}$$

Ar = 4-An-, 4-BrC$_6$H$_4$-, 2-An, 2-BrC$_6$H$_4$-, 2-NO$_2$C$_6$H$_4$-, $\alpha$-萘基, 2-呋喃基, 噻吩-2-基, $i$-Bu, $c$-C$_6$H$_{11}$-, C$_5$H$_{11}$

**方案 5.25** 胍($R$)-**12** 催化硝基烯烃的磷-Michael 磷酸化

手性胍和胍盐是许多反应的对映选择性催化剂，包括 Strecker、Diels-Alder 和 Michael 反应。Tan 等[14]报道，手性胍 **13** 催化二芳基膦氧化物 **62** 与硝基烯烃 **61** 的反应生成手性 $\beta$-氨基膦氧化物 **63**，产物具有高对映选择性。他们发现当存在 10mol% 的手性双环胍时，二苯基膦氧化物与 $\beta$-硝基苯乙烯的反应在不同溶剂中可以顺利进行。而将反应温度降低到 40℃ 时，可将二(1-萘基)膦氧化物与 $\beta$-硝基苯乙烯的反应优化为 91% ee，在 MeOH 或 $t$-BuOMe-CH$_2$Cl$_2$ 中重结晶后，化合物 **63** 的对映体纯度提高到 99% ee。即使催化剂的负载量降低到 1mol% 时，反应也很容易进行，同时芳香族、杂芳族和脂肪族硝基烯烃与二烷基亚磷酸盐反应，得到了高产率和高对映选择性的加合物 **63**。该方法用于合成具有重要生物学意义的 $\beta$-氨基膦酸酯 **64**。在盐酸中用锌还原 $\beta$-硝基烷基膦氧化物 **63**，再在三氯硅烷中还原,生成 99%ee 的对映纯的 β-氨基膦酸酯 **64**(方案 5.26)。

**方案 5.26** 手性胍 13 催化的二芳基膦氧化物与硝基烯烃的反应

## 5.5.4 N-杂环卡宾的有机催化作用

自 Wanzlick[18]和 Arduengo 等[19]首次报道稳定的亲核试剂卡宾以来,NHCs 在有机合成中的广泛应用已经取得了令人瞩目的成绩。有机催化剂卡宾除作为金属基催化反应中的优良配体外,还成为有机磷化学等合成有机化学领域中一个非常富有价值的研究领域。因此,Cullen 和 Rovis[64]开发了以乙烯基膦氧化物和乙烯基膦酸酯作为亲电受体的分子内不对称 Stetter 反应(方案 5.27)。芳香族和脂肪族底物都能提供环状酮膦酸酯和膦氧化物 **66** 和 **68**。用 NHCs 催化剂 **23** 处理醛 **65** 和 **67**,添加了相当于乙烯基膦氧化物(方案 5.27)或乙烯基膦酸酯 Michael 受体的酰基阴离子,并生成了化合物 **66** 和 **67**,其产率和对映选择性都很好。在卡宾催化下,α,β-不饱和醛加入到 α-酮膦酸酯中,得到了对映体富集的内酯 **68**[65](方案 5.28)。

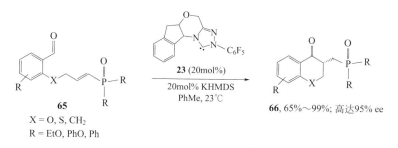

**方案 5.27** 乙烯基膦氧化物 65 的分子内不对称 Stetter 反应

## 5.5.5 脯氨酸衍生物的有机催化作用

各种脯氨酸衍生物,特别是化合物 **8a~c**,在磷-羟醛反应中具有较高的有机催化活性。例如,在吡咯烷衍生物 **8a~d** 的催化下,二苯基膦不对称地加成到烯烃上,生成了含有芳基、杂芳基、烷基和烯基的手性叔膦 **69**(方案 5.29)[66,67]。

**方案 5.28** 乙烯基膦酸酯 68 的分子内不对称 Stetter 反应

**方案 5.29** 金鸡纳衍生物尿素催化磷-Michael 反应

该反应以二苯基膦向不饱和底物共轭键的 1,4-加成进行,在含有 3,5-二(三氟甲基)苯基的二芳基脯氨醇 8c 催化下,在甲苯或氯仿中,以及 2-氟苯甲酸或 4-硝基苯甲酸添加剂的存在下[66],烯类化合物与二苯基膦反应的对映选择性最高。反应的立体选择性主要由具有反式构型的亚胺离子配合物的形成来解释。立体选择性来源于具有 (E)-反式构型的亚胺离子配合物的取向以及受保护的二芳基脯氨醇催化剂的大量手性基团对该亚胺离子配合物 Re 面的有效空间屏蔽的结合(方案 5.30)[68]。

**方案 5.30** 二烯醛与二苯基膦的反应

Ye 等报道了 (S)-2-[二苯基(三甲基硅氧基)甲基]吡咯烷 8a 催化的 α,β-不饱和醛与二芳基膦氧化物的对映选择性磷-Michael 反应[56]。该催化反应得到 1,4-加成物 71、72,对多种二烯醛,包括芳香族和脂肪族 α,β-不饱和醛都具有良好的对映选择性和产率(方案 5.31)。

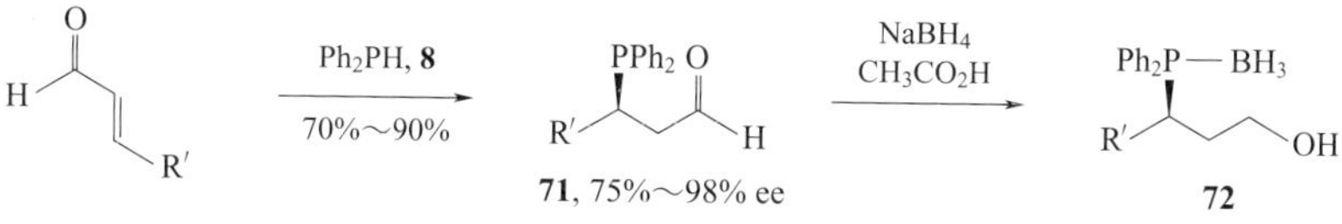

方案 5.31 二烯醛与二苯基膦氧化物的反应

Cordova 等[69]研究了 α,β-不饱和醛不对称氢磷化反应的机理,利用 Gaussian 03 软件包对 P—C 键的形成步骤进行了 DFT 计算(方案 5.32)[68]。TS 使得 (S)-产物具有最低的能量,进攻发生在未被催化剂的大块基团屏蔽的 (E)-亚胺离子的表面,其能量增加 1.5kcal·mol$^{-1}$。其结论是体积较大的取代基屏蔽了 (E)-亚胺离子的 Re 面,因而导致 Si 面进攻,决定反应速率的步骤是 P(Ⅲ) 向 P(Ⅴ) 的转化,其通过亲核 $S_N2$-型脱烷基发生。此反应的机理研究[70,71]表明,第一步在催化过程中,在亚胺离子 e 形成之后亚磷酸盐 d 加成到 a 的 β-碳原子上,形成磷离子-烯胺中间体 f。

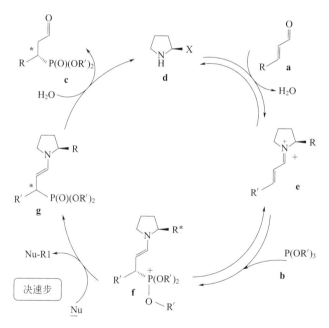

方案 5.32 α,β-不饱和醛不对称氢磷化的机理

下一步是将 P(Ⅲ) 转化为 P(Ⅴ),通过 α 位置的烷基链上的亲核取代将其转化为 f 的氧原子,从而生成膦酸酯-烯胺中间体 g。这两步的结果是三价磷转化为五价磷。g 的水解使催化剂再生,并释放出光学活性的膦酸酯 c。

5 不对称有机催化 261

Jørgensen 报道了 $\alpha,\beta$-不饱和醛与三烷基亚磷酸盐的对映选择性磷酸化反应，该反应由二芳基脯氨醇 **8c** 与 Brønsted 酸和亲核试剂共同催化。$\beta$-磷酸化脂肪族 $\alpha,\beta$-不饱和醛的有机催化对映选择性反应的产物产率高且对映选择性平均为 84%～85% ee。光学活性的 $\beta$-醛膦酸酯 **73** 是由 $\beta$-不饱和醛的 $\beta$-磷酸化反应生成的手性合成子，可用于制备生物活性分子 **74**[70]。一般情况下，该反应提供了高产率的膦酸酯，并且在各种二烯醛的情况下具有较高的对映选择性，这些二烯醛是脂肪族、芳香族、杂芳族 $\alpha,\beta$-不饱和醛的衍生物。该反应对肉桂醛等芳香 $\alpha,\beta$-不饱和醛及其对位取代衍生物也有较好的反应效果。对于这些芳香族 $\alpha,\beta$-不饱和醛，得到了相应的膦酸酯，具有令人满意的产率和 41%～88% ee 的对映选择性（方案 5.33）。

$P(O^iPr)_3$ + R—CH=CH—CHO $\xrightarrow[CH_2Cl_2, r.t.]{\textbf{8c}/NaI/PhCO_2H}$ $(^iPrO)_2P(O)$—CHR—CHO $\xrightarrow[NH_4OH]{NaCN, NH_4Cl}$ $(HO)_2P(O)$—CHR—CH(NH_2)—CO_2H

**73**
41%～67%；74%～88% ee

**74**

R = Pr, Et, Ph, *p*-An, *p*-ClC$_6$H$_4$, *p*-NMe$_2$C$_6$H$_4$, (Z)-*n*-hex-3-en, CH$_2$CH$_2$OTBDMS, 2-呋喃, 2-噻吩

**方案 5.33** 二芳基脯氨醇 **8c** 催化的 $\alpha,\beta$-不饱和醛与三烷基亚磷酸盐的对映选择性磷酸化反应

有机催化在亲核试剂不对称加成乙烯基-双膦酸酯中的应用，负电性的含磷基团将其活化引起了人们的广泛关注。Alexakis 等[72,73] 报道，在手性二苯基脯氨醇存在下，**8d** 醛添加到四乙基亚甲基-双膦酸酯 **76** 中，形成了双膦酸酯 **77**（方案 5.34）。在 20% 的催化剂存在下，在 CHCl$_3$ 中于 12h 内完成反应，得到了 Michael 加合物 **77**，产率为 80%，对映选择性高达 90% ee。降低温度时，对映选择性从 90% 下降到 80%。催化剂负载量降低到 10% 时，几乎不影响对映选择性水平。**77** 的绝对构型的确定可假定 Michael 受体进攻 (E)-烯胺的 Si 面（方案 5.35）。一种由二芳基脯氨醇 **8c** 催化合成 $\alpha$-亚甲基-$\delta$-内酯和 $\delta$-内酰胺的对映选择性方法被提出。该方法以未修饰的醛与乙基 2-(二乙氧基磷酰基)丙烯酸酯的 Michael 加成为关键步骤，形成对映体富集的加合物 **81**，其被转化为化合物 **83**，并保留了对映选择性。该方法可制备光学活性的 $\gamma$-取代的 $\alpha$-亚甲基-$\delta$-内酯 **82** 和 $\delta$-内酰胺 **84**（方案 5.36）[74]。

Jørgensen 报道了二氢奎宁催化环状 $\beta$-酮酯 **85** 和 **87** 与乙烯-双膦酸酯 **76** 的加成反应，合成了具有光学活性的双膦酸酯 **86** 和 **88**，其带有季碳原子立体中心，产率高，对映体选择性高（方案 5.37 和方案 5.38）[70]。

Barros 和 Phillips 以 0.1mol 当量的 (S)-(+)-1-(2-吡咯烷基)-吡咯烷和苯甲酸为助催化剂，通过环状酮与乙烯基-双膦酸酯的 Michael 加成反应，合成了手性 $\gamma$-酮-双膦酸酯[75]。所有反应均具有良好的对映选择性，双膦酸酯（dr=

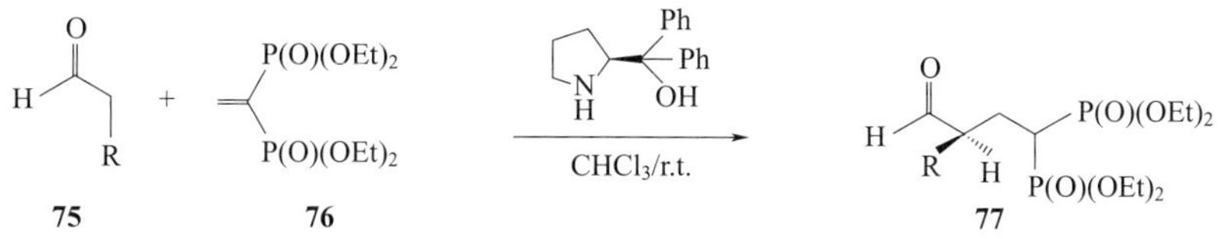

R = i-Pr, 产率80%, 90% ee; R = Me, 产率75%, 75% ee; R = t-Bu, 产率85%, 97% ee;
R = Pr, 产率75%, 86% ee; R = i-Pr, 产率71%, 91% ee; R = Bn, 产率81%, 85% ee

**方案 5.34** 醛对乙烯基双膦酸酯的不对称共轭加成（ACA）

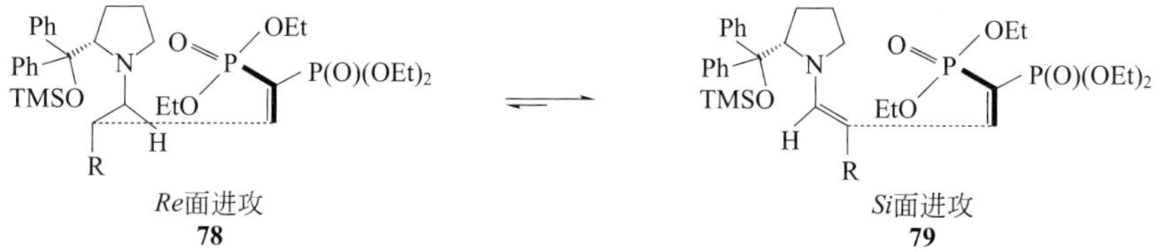

**方案 5.35** Michael 受体攻击 (E)-烯胺的侧面的过渡态

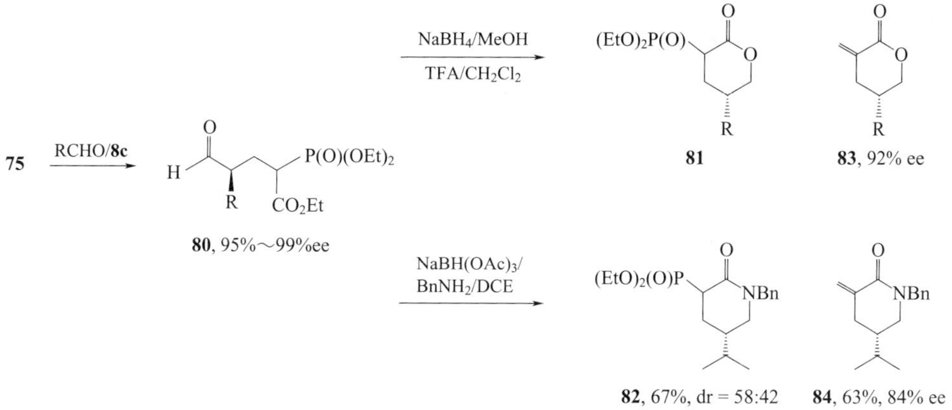

**方案 5.36** 醛与乙基 2-(二乙氧基磷酰基)丙烯酸酯的 Michael 加成

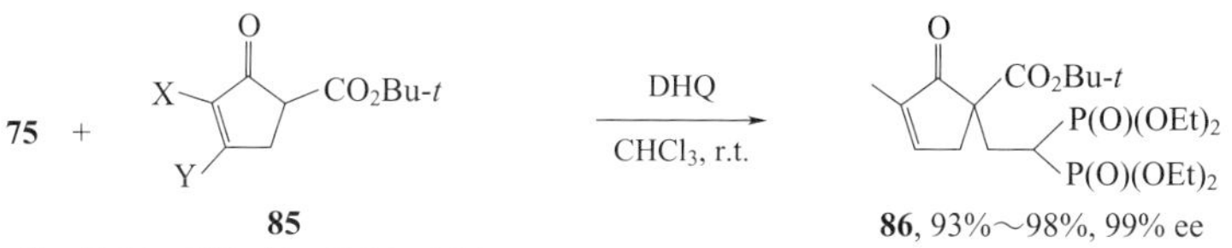

X = H, Me, OMe; Y = H, Me, OMe
DHQ = 二氢奎宁

**方案 5.37**

5 不对称有机催化

**方案 5.38** 环状 β-酮酯 86 和 88 与乙烯-双膦酸酯 85 的加成

1:99) 具有较高的非对映选择性 (*cis*:*trans*), 产率高达 86%。环己酮及其衍生物提供了单烷基化产物 **89**, 但与环戊酮反应生成的 2,5-二烷基化产物 **90**, 具有 99%ee (方案 5.39)。

**方案 5.39** 手性 α-酮-双膦酸酯的合成

Albrecht 及 Jørgensen 等[49]报道了由有机催化剂 **8c** 引发的对映和非对映选择性 Michael 加成反应, 生成光学活性的 6-取代-3-二乙氧基磷酰基-2-氧环己-3-烯-羧酸酯 **91**, 如方案 5.40 所示。

**方案 5.40** 二乙氧基磷酰基-2-氧代环己基-3-烯-羧酸盐 **92~97** 的合成

该方法使用手性二芳基脯氨醇醚催化 4-二乙氧基磷酰基-氧代丁酸乙酯与 β-不饱和醛进行反应。环己烯羧酸盐 **92～97** 可以简便地合成具有四个手性中心和高度立体控制的官能化的四氢苯和环己烷衍生物（表 5.4）。

表 5.4 肉桂醛与乙基-4-二乙氧基磷酰基-3-氧代丁酸酯的有机催化反应

$$(EtO)_2P(O)\text{-}CH_2\text{-}C(O)\text{-}CH_2\text{-}CO_2R + RCH=CHCHO \xrightarrow{\text{8c }(10\%\sim20\%)} \text{环己烯酮产物}$$

Ar = 3, 5-(CF$_3$)$_2$C$_6$H$_3$

| 序号 | R | 添加剂 | 溶剂 | T/℃ | 产率/% | ee/% | dr |
|---|---|---|---|---|---|---|---|
| 1 | Ph | — | CH$_2$Cl$_2$ | r.t | 66 | 94 | >95:5 |
| 2 | Ph | — | CHCl$_3$ | r.t | 67 | 94 | >95:5 |
| 3 | Ph | — | EtOH | r.t | 55 | 96 | >95:5 |
| 4 | Ph | — | 甲苯 | r.t | 42 | 94 | >95:5 |
| 5 | Ph | — | CH$_2$Cl$_2$ | −30 | 76 | 98 | >95:5 |
| 6 | C$_6$H$_5$ | PhCO$_2$H | CH$_2$Cl$_2$ | −30 | 79 | 98 | >95:5 |
| 7 | 4-NO$_2$-C$_6$H$_4$- | PhCO$_2$H | CH$_2$Cl$_2$ | −30 | 95 | 98 | 87:13 |
| 8 | 4-CF$_3$-C$_6$H$_4$- | PhCO$_2$H | CH$_2$Cl$_2$ | −30 | 81 | 98 | >95:5 |
| 9 | 2-CH$_3$O-C$_6$H$_4$- | PhCO$_2$H | CH$_2$Cl$_2$ | −30 | 94 | 97 | 92:8 |
| 10 | 3-CH$_3$O-C$_6$H$_4$- | PhCO$_2$H | CH$_2$Cl$_2$ | −30 | 76 | 97 | >95:5 |
| 11 | 联苯基 | PhCO$_2$H | CH$_2$Cl$_2$ | −30 | 78 | 98 | >95:5 |
| 12 | 2-呋喃基 | PhCO$_2$H | CH$_2$Cl$_2$ | −30 | 71 | 97 | 90:10 |
| 13 | C$_6$H$_5$- | PhCO$_2$H | CH$_2$Cl$_2$ | −30 | 76 | 98 | >95:5 |

方酰胺可以高效地催化二苯基亚磷酸盐与硝基烯烃的对映选择性 Michael 加成反应（90%～98%ee）[13]。该反应提供了一个简单的、高对映选择性合成手性 β-硝基膦酸酯的方法，它们是生物活性 β-氨基膦酸的前体。芳基和烷基取代亚硝基烯，包括含质子或位阻效应取代基的亚硝基烯，其高产率和优良的对映选择性表明了方酰胺的独特性能。在胍 **12a～c** 的 Ar 取代基的苯环上引入 3,5-取代基是提高对映选择性和催化效率（43%～92%ee）最有效的方法。磷-Michael 反应使得芳香族、杂芳族和脂肪族硝基烯烃发生磷酸化。作者还证明了 Michael 加合物在合成具有生物学重要意义的 β-氨基膦酸酯 **98** 中的适用性（方案 5.41）。

一种有趣的有机催化方法被开发，用于不对称合成一类重要的医药分子——双膦酸酯衍生物。廉价的、商品化的二氢奎宁有效地催化了环状 β-酮酯与亚乙基-双膦酸酯的共轭加成反应，得到了具有光学活性的双膦酸酯，产物具有全碳取代的季立体中心，产率高，对映选择性高达 99%ee。

Jørgensen 报道了二氢奎宁催化的环状 β-酮酯 **99** 对乙烯-双膦酸酯的加成反应，得到了具有立体中心季碳原子的双膦酸酯 **100**，产率高且对映选择性高[70]（方案 5.42）。

在简单的条件下，对于各种茚满酮基 β-酮酯和各种前所未有的 5-叔丁基羰

**方案 5.41** 轴向手性胍 11 催化的 Michael 加成

**方案 5.42** β-酮酯与乙烯-双膦酸酯的加成

基环戊烯酮，均实现了高产率和高对映选择性。

Zhao 等[76]报道了 β-芳基-α-酮膦酸酯和硝基烯烃的有机催化不对称 Michael 反应。采用新型双功能 Takemoto 型硫脲催化剂 **20**，实现了 β-芳基-α-酮膦酸酯与硝基烯烃的对映选择性 Michael 反应。得到的初级 Michael 加合物经氨解原位转化为相应的酰胺。α,β-二取代-硝基酰胺 **101** 具有较高的产率、优良的非对映选择性（dr>95∶5）和良好的对映选择性（高达 81%ee）。这一反应表明，α-酮膦酸酯是一种有意义的原核试剂，可作为酰胺替代品在有机催化反应中使用（方案 5.43）。

**方案 5.43** β-芳基-α-酮膦酸酯与硝基烯烃的对映选择性 Michael 反应

# 5.6 酮膦酸酯的有机催化加成

## 5.6.1 脯氨酸、氨基酸及其衍生物

脯氨酸及其衍生物催化 α-酮膦酸酯与烯醇化酮反应，生成手性 α-羟基-γ-酮

膦酸酯 **105**[77-79]。丙酮与甲基或异丙基酮膦酸酯 **102** 的反应生成了光学产率最高的羟基酮膦酸酯 **105**。然而，丁酮或甲氧基丙酮与酮膦酸酯的反应生成了膦酸酯 **105**，具有中等的对映选择性（方案 5.44 和表 5.5）。

**方案 5.44** 脯氨酸催化酮膦酸酯 **102** 与酮的反应

**表 5.5** 脯氨酸催化酮膦酸酯和酮的反应

| 序号 | R | R' | R" | 104 | 产率/% | ee/% |
|---|---|---|---|---|---|---|
| 1 | Et | Ph | H | a | 65 | 87 |
| 2 | Me | Ph | H | a | 66 | 95 |
| 3 | $i$-Pr | Ph | H | a | 60 | 96 |
| 4 | Et | $p$-ClC$_6$H$_4$ | H | a | 68 | 91 |
| 5 | $i$-Pr | $p$-ClC$_6$H$_4$ | H | a | 63 | 95 |
| 6 | Et | $p$-FC$_6$H$_4$ | H | a | 47 | 80 |
| 7 | $i$-Pr | $p$-FC$_6$H$_4$ | H | a | 68 | 96 |
| 8 | Et | $p$-BrC$_6$H$_4$ | H | a | 66 | 99 |
| 9 | Et | $p$-IC$_6$H$_4$ | H | a | 67 | 94 |
| 10 | Et | $p$-MeC$_6$H$_4$ | H | a | 63 | 85 |
| 11 | Et | $p$-MeOC$_6$H$_4$ | H | a | 32 | 86 |
| 12 | Et | Me | H | a | 91 | 97 |
| 13 | Et | PhCH$_2$ | H | a | 86 | 92 |
| 14 | Me | Ph | Me | b | 87 | 69 |
| 15 | Et | Ph | Me | b | 83 | 69 |
| 16 | $i$-Pr | Ph | Me | b | 82 | 74 |
| 17 | $i$-Pr | Ph | MeO | b | 93 | 85 |

**二乙基(1-羟基-3-氧-1-苯基丁基)膦酸酯 105** 在-30℃下，将 L-脯氨酸（0.25mmol）加入到二乙基 α-酮磷酸酯（0.5mmol）和无水丙酮（2.0mL）的搅拌溶液中。反应混合物在此温度下搅拌，用 TLC 监测，再用少量水滴淬灭，然后混合物用乙酸乙酯（3×10mL）萃取，合并的萃取物用饱和食盐水（2mL）洗

涤，用硫酸镁干燥，蒸发得到粗品。用柱色谱法通过硅胶（乙酸乙酯∶正己烷＝4∶1）纯化得到 α-羟基膦酸酯（产率 60%，85%ee）。

研究了酮与具有不对称磷原子的 α-酮膦酸酯的有机催化反应。然而，由于磷原子上的立体异构中心，反应生成了两种非对映体 (R,R)-**106** 和 (R,S)-**107**，比例为 1∶1，它们是通过结晶分离的。这两种非对映体的对映纯度很高 [(R,R)-**106** 为 81%～99%ee；(R,S)-**107** 为 61%～91%ee]。绝对构型由 X 射线晶体分析确定（方案 5.45）[77,78]。

**方案 5.45** 脯氨酸催化不对称酮膦酸酯与丙酮的反应

Zhang 和 Zhao[79] 报道了 9-氨基-9-脱氧表奎宁衍生物 **108** 催化醛 **109** 与芳基酮膦酸酯 **110** 之间的交叉羟醛反应（方案 5.46）。该有机催化剂催化合成了 β-甲酰基-α-羟基膦酸酯 **111**，产率为 35%～75%，对映选择性为 68%～99%ee。X 射线单晶分析证实了几种羟基膦酸酯 **111** 的 (R) 型的绝对构型。这种反应对乙醛尤其有效，虽然乙醛是有机催化交叉羟醛反应的一种比较难反应的底物。结果表明，一些产物具有抗癌活性。部分 β-甲酰基-α-羟基膦酸酯产物抑制人和鼠肿瘤细胞的增殖（方案 5.46）。

**方案 5.46** **110** 催化的醛与芳基酮膦酸酯的反应

以 L-脯氨酰胺 **104b** 为催化剂，二乙基甲酰基膦酸酯与酮发生反应，合成了高产率的仲羟基膦酸酯 **112**。在最佳反应条件下，各种酮底物均能顺利反应，得到对映体富集的仲羟基膦酸酯 **112**（方案 5.47）。作者认为，该化合物的加成是通过具有九元椅式构象的过渡态 A 和 B 进行的，其中磷酸酯处于假平伏键位置。烯胺是从二乙基甲酰基膦酸酯的侧立体面进行加成，得到具有明显构型的产物（方案 5.48）[78]。

| | | | | |
|---|---|---|---|---|
| R′= H | R″= H | 95% | — | 94% |
| R′= H | R″= Me | 20% | dr = 95:5 | 99% |
| R′= Et | R″= H | 58% | — | 97% |
| R′= Cl | R″= H | 65% | — | 90% |
| R′= OMe | R″= H | 77% | — | 85% |
| R′= AcCH$_2$ | R″= H | 60% | — | 86% |
| R′+ R = —(CH$_2$)$_2$— | | 94% | dr = 95:5 | >99% |
| R′+ R = —(CH$_2$)$_3$— | | 82% | dr = 65:35 | 93% |
| R′+ R = —(CH$_2$)$_3$— | | 90% | dr = 65:35 | 96% |
| R′+ R = —CH$_2$OCH$_2$— | | 85% | dr = 70:30 | 97% |
| R′+ R = —CH$_2$SCH$_2$— | | 88% | dr = 70:30 | 93% |

**方案 5.47** L-**115b** 催化二乙基甲酰基膦酸酯与酮的反应

**方案 5.48** L-脯氨酰胺 **104b** 催化二乙基甲酰基膦酸酯与酮的反应

L-脯氨酸催化的 α-酰基亚磷酸酯与丙酮的羟醛反应，高对映选择性地合成了 α-羟基亚磷酸酯 **112**。由于在磷中心存在手性，所以得到了对映选择性较高的两种对映体的混合物。用三氟乙酸（TFA）处理 α-羟基亚膦酸盐，将其转化为 α-羟基-H-亚膦酸酯。如方案 5.49[80] 所示，在三甲基氯硅烷和乙醇存在下，α-羟基亚磷酸盐或 α-羟基-H-亚膦酸盐发生氧化还原反应，生成膦酸酯 **114**。

辛可宁基硫脲 **6c** 有效地催化了 2-羟基-1,4-萘醌对映选择性 Michael 加成 β,γ-不饱和 α-酮膦酸酯 **115**，形成相应的酮膦酸酯，经 1,8-重氮双环 [5.4.0] 十一碳-7-烯（DBU）和甲醇处理后，生成了相应的酮膦酸酯，随后可以转化为 β-取代的羧酸盐 **116**，产率好，对映选择性高（94%~99%ee）（方案 5.50）。辛可宁基硫脲 **6c** 是 2-羟基-1,4-萘醌不对称 Michael 加成 α,β-不饱和酰基膦酸酯的有效催化剂[81]（方案 5.50）。异硫脲 **117** 以 α-酮-β,γ-不饱和膦酸酯作为 α,β-不饱和酯的替代品，催化芳基乙酸和烯基乙酸的不对称 Michael 加成/内酯化反应，使得在开环时可获得各种立体定型的内酯或对映体富集的官能化二酯[82]（方案 5.51）。

**方案 5.49** L-脯氨酸催化 α-酰基亚膦酸酯与丙酮的反应

**方案 5.50** 辛可宁基硫脲 6c 催化的 2-羟基-1,4-萘醌与 α-酮膦酸酯 115 的对映选择性 Michael 加成

**方案 5.51** 异硫脲催化的不对称 Michael 加成/内酯化催化反应

Rawal 报道了在商用催化剂 TODDOL 催化下，N,O-乙烯酮缩醛与酰基膦酸酯的对映选择性 Mukaiyama 羟醛反应（方案 5.52）[83]。

在 NH-亚氨基三氟乙基膦酸酯 119 与丙酮的对映选择性脯氨酸催化反应的基础上，开发了一种合成 α-氨基-α-三氟甲基-γ-氧代丁基膦酸酯的（S）-和（R）-对映体的有效方法。这些手性合成物与 4-氯苯异氰酸酯和 2,5-二甲氧基-四氢呋喃的环缩合反应表明了它们的合成潜力，得到了磷酸化的 3,4-二氢嘧啶-2-酮或

**方案 5.52** $N,O$-酮缩醛与酰基膦酸酯的对映选择性 Mukaiyama 羟醛反应

$3H$-吡咯烷酮,并结合了膦酸三氟丙氨酸的药效光学活性片段来说明。结果表明,在二甲基亚砜(DMSO)溶液中,在室温且 L-脯氨酸存在下,$O,O$-二乙基 $\alpha$-氨基三氟乙基-膦酸酯与丙酮反应,生成(R)-二乙基 $\alpha$-氨基-$\alpha$-三氟甲基-$\gamma$-氧代丁基-膦酸酯 **120**,分离产率 81%,ee 大于 90%。在相同条件下,以 D-脯氨酸为催化剂,得到(S)-**120**,产率 80%,ee 大于 90%[84](方案 5.53)。

**方案 5.53** $O,O$-二乙基 $\alpha$-亚氨基三氟乙基膦酸与丙酮的反应

Zhao 和 Dodda 开发了一种合成对映体富集的 $\alpha$-氨基炔丙基膦酸酯 **121** 的对映体选择性方法。以一价铜与唑啉配体 **18** 配合物为催化剂,获得了较高的产率和良好的对映选择性(60%~81%ee)。负载量为 2mol% 的催化剂足以进行合理的转化。在优化的反应条件下(负载量为 2mol%,$CHCl_3$ 为溶剂,室温),可与不同的末端炔类化合物进行反应(方案 5.54)[85,86]。

**方案 5.54** 对映体富集的 $\alpha$-氨基炔丙基膦酸酯的对映选择性合成

Palacios 等[87]报道了使用固定在聚合物上的手性胺,从容易获得的肟简单地不对称合成 $2H$-叠氮基-2-膦氧化物 **122**。这些杂环化合物是合成 $\alpha$-酮酰胺和磷化噁唑的有效中间体。关键一步是由膦氧化物衍生的甲苯磺酸酮肟的固相结合非手性或手性胺介导的 Neber 反应。$2H$-单杂丙烯啶与羧酸的反应形成磷酸化的酮酰胺。氯胺类化合物在三乙胺存在下与三苯基膦和六氯乙烷的环合导致了磷化噁唑 **123** 的形成(方案 5.55)[86]。

Palacios 开发了一种制备酮基衍生的 $\alpha$-亚胺膦酸酯 **124** 的方法,用于催化四取代 $\alpha$-氨基膦酸衍生物 **125** 的对映选择性合成。该方法的关键步骤是金鸡纳生物碱催化 $\alpha$-酮膦酸酯 **125** 的不对称氰化反应。在此反应中,需要使用甲苯磺酰基氰化物或氰基膦酸二乙酯作为具有较强的吸电子基团氰化物的来源。用 X 射

**方案 5.55** 非对映选择性磷-Mannich 加成实例

线分析确定了 α-氰基-α-氨基磷酸酯的绝对构型[87]（方案 5.56）。

Ar-Ph, 80%, 99% ee; Ar = 4-F$_3$C$_6$H$_4$, 78%, 95% ee, 4-O$_2$NC$_6$H$_4$, 75%, 82% ee;
Ar = 4-An, 78%, 95% ee; Ar-4-ClC$_6$H$_4$, 77%, 98% ee

**方案 5.56** 酮亚胺不对称氰化的有机催化方法

### 5.6.2 硫脲的有机催化作用

手性硫脲或方酰胺 **126** 催化的碳基亲核试剂（噁唑酮、吲哚和 1,3-二羰基化合物）对 α,β-不饱和酰基膦酸酯的立体选择性共轭加成反应得到了产物 **127**，产率优异，对映选择性为 72%～90% ee（方案 5.57）[88]。酰基膦酸酯的 1,3-二羰基加成物的立体选择性来源于亲核和亲电反应试剂与奎宁衍生催化剂的双功能配位。提出酰基膦酸酯的氢键合在方酰胺基元上，烯烃侧链位于远离催化剂 C$_9$ 中心较小的空间范围内，而 1,3-二羰基化合物被脱质子化，并被催化剂的叔氮原子定向亲核进攻。亲核试剂的 R-基团远离反应位点和随后的共轭物（方案 5.57）。碳水化合物/辛可宁基硫脲 **6a～c** 可以催化 Me$_3$SiCN 不对称加成 α-酮膦酸酯的反应[89]。温和的酸性水解，将初始产物 Me$_3$Si-醚氰酸酯 **128** 转化为氰醇膦酸酯 **129**。酰基膦酸酯与甲硅烷基氰在催化剂 **6a～c** 存在下，在 −78℃ 的甲苯溶液中反应，得到加成产物 **128**，其产率为 89%，ee 为 29%（方案 5.58）。辛可

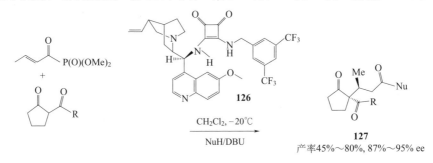

**方案 5.57** 1,3-二羰基化合物与 (E)-丁-2-烯酰基膦酸酯的加成

宁或内酰胺催化 3-羟基羟吲哚或 3-氨基羟吲哚与 α,β-不饱和酰基膦酸酯的对映选择性 Michael/环化反应可获得 **131**，产率高（高达 98%），非对映和对映选择性好（dr＞99∶1，97%ee）[90]。中间体羟醛产物经甲醇解或氨解转化为相应的酯 **132**[91]（方案 5.59）。

**方案 5.58** 酮膦酸酯与 Me₃SiCN 的催化不对称加成反应

**方案 5.59** 乙酰基膦酸酯与 N-烷基靛红的对映选择性反应

# 5.7 磷-Henry 反应

在有机合成中，硝基烷烃与羰基化合物之间的磷-Henry（磷-硝基醛）反应是一种重要的碳-碳键形成方法。此反应是合成有价值的 β-硝基-α-羟基膦酸酯的重要途径，可进一步转化为许多重要的含氮和含氧磷酸酯，例如 β-氨基-α-羟基膦酸酯。在不同的反应条件下，不同的催化体系可以促进 P-硝基醛的反应，具有中等到良好的对映选择性[93-97]。

Zhao 等[93]描述了在低催化剂负载量（5mol%）下，以叩卜林 **134a** 或 9-O-苄基叩卜林 **134b** 为催化剂，α-酮膦酸酯与硝基甲烷完成了第一次有机催化的高对映选择性 P-硝基醛反应（方案 5.60）。合成的 α-羟基-β-硝基膦酸酯 **133**，具有产率高及对映体选择性优良的特点，即便转化为 β-氨基-α-羟基膦酸酯 **135**，对映选择性仍然保持。含芳香族、杂芳香和脂肪族取代基的酮膦酸酯可以很容易发生该反应，从而获得高产率和高对映选择性的羟基膦酸酯，该反应在 0℃ 下进行。

5 不对称有机催化　　273

若在 20℃ 的 $t$-BuOMe/PhOMe 混合溶剂中加入 2,4-二硝基苯酚和过量的 $MeNO_2$，不仅提高了产率，而且提高了对映选择性。理论计算结果支持催化剂 **134** 与底物之间的氢键相互作用，这对反应活性和对映选择性至关重要。作者得出结论：酸性添加剂通过氢键活化酰基膦酸酯的催化剂哌啶部分质子化[84]。伯胺-酰胺 **22**（表 5.1）是温和条件下 $\alpha$-酮膦酸酯与硝基烷烃不对称 Henry 反应最有效的催化剂[91,94]。在 5mol% 有机催化剂 **22** 存在下，羟基膦酸酯 **133** 和大多数底物都具有很好的对映选择性（高达 99% ee）。对过渡态的理论研究表明，该仲胺-酰胺催化剂可参与氢键相互作用，对反应的活性和对映选择性有重要影响。根据实验结果来看，磷氧与酰胺部分之间的氢键对过渡态的稳定性有很大的促进作用，因而主要生成 ($R$)-产物（方案 5.60）[91,97]。

**方案 5.60** 酰基膦酸酯与硝基甲烷的有机催化硝基醛反应

双功能金鸡纳生物碱硫脲 **6b** 能有效地催化硝基甲烷不对称亲核加成酮亚胺，制得四取代的 $\alpha$-氨基-$\beta$-硝基膦酸酯 **137**。($S$)-$\alpha$-氨基-$\beta$-硝基膦酸酯 **137** 催化加氢制得对映纯的 ($S$)-$\alpha,\beta$-二氨基膦酸酯，可进一步转化为对映纯的 $\alpha,\beta$-二氨基膦酸酯（方案 5.61）[96]。

**方案 5.61** 亚胺膦酸酯的有机催化对映选择性氮杂-Henry 反应

# 5.8 P-叶立德的有机催化改性

磷叶立德能够对活化的亚胺进行亲核进攻，形成含有手性中心的官能化 P-叶立德。近年来，有机催化剂引发的 P-叶立德转化的报道吸引了大家的关注。例如，Chen 开发了一种有趣的有机催化方法得到对映体富集的 N-Boc-β-氨基-α-亚甲基羧酸盐 140，这是较早由氮杂-Morita-Baylis-Hillman 反应得到的[98]。根据这一方法，双硫脲 11 催化了叶立德与 N-Boc-亚胺 139 之间的 Mannich 型反应，随后 140 与甲醛进行烯烃化反应。采用快速色谱法再生催化剂 11，并在不降低催化剂活性的情况下重复使用。采用 Mannich/Wittig 串联反应制备了各种手性酯 N-Boc-α-氨基-α-亚甲基羧酸盐 140（方案 5.62）。

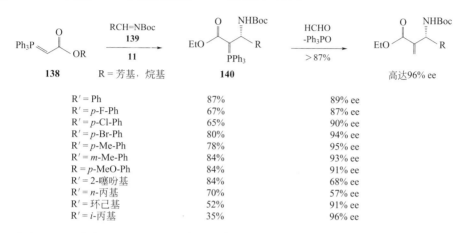

| | | |
|---|---|---|
| R' = Ph | 87% | 89% ee |
| R' = p-F-Ph | 67% | 87% ee |
| R' = p-Cl-Ph | 65% | 90% ee |
| R' = p-Br-Ph | 80% | 94% ee |
| R' = p-Me-Ph | 78% | 95% ee |
| R' = m-Me-Ph | 84% | 93% ee |
| R = p-MeO-Ph | 84% | 91% ee |
| R' = 2-噻吩基 | 84% | 68% ee |
| R' = n-丙基 | 70% | 57% ee |
| R' = 环己基 | 52% | 91% ee |
| R' = i-丙基 | 35% | 96% ee |

**方案 5.62** 通过 Mannich/Wittig 串联反应不对称合成 N-Boc-α-氨基-α-亚甲基羧酸盐

cis-5-硝基-4-6-二苯基环己烯-1-羧酸盐 142～144 的立体选择性合成是通过有机催化对映体选择性级联硝基-Michael/Michael-Wittig 反应得到的，并有动力学不对称转化（DYCAT）的某些证据[99]。手性吡咯烷衍生物 8a 催化三苯基膦叶立德与硝基苯乙烯的反应，得到了加成产物 141，其对映选择性为 92%～99% ee。将肉桂醛添加到 141 中，得到了环己烯羧酸盐 142～144，其 dr 为 4∶1∶3～6∶1∶2。在非共价硫脲催化剂 11 的作用下，磷叶立德与硝基苯发生有机催化不对称共轭加成，从而提高了非对映选择性。该环化反应为三取代环己烯羧酸盐的立体选择性构建提供了一种简单的方法，该三取代环己烯羧酸酯含有三个连续的手性中心，具有全顺式立体化学和高的对映选择性（高达 99% ee）（方案 5.63）。在手性 Brønsted 酸催化下，磷叶立德 145 与硝基烯烃的不对称有机催化 Michael 反应生成了 γ-α-硝基-β-芳基-α-亚甲基羧酸盐 146。特别是手性硫脲 11 有效地催化了该反应，通过对映体富集的磷烷中间体合成了光学纯的 γ-α-硝基-β-芳基-α-亚甲基羧酸盐 146。此外，该反应还可得到高官能化的 γ-α-硝基羰基化合物参加反应，这是硝基烯烃与丙烯酸酯经典的 Morita-Baylis-Hillman 反应无法获得的（方案 5.64）[100]。

磷叶立德 138 与 α,β-不饱和酮 147 的不对称催化反应经加成产物 148 生成 α,β-不饱和酮 149（方案 5.65）。以手性离子对为催化剂，在 α,β-不饱和酮中添加磷叶立德，通过 9-氨基（9-脱氧）-表-奎宁 108 与 L-脯氨酸 104a 的简单混合，

**方案 5.63** 有机催化对映选择性级联硝基-Michael/Michael-Wittig 反应

**方案 5.64** 手性 Brønsted 酸催化磷叶立德与硝基烯烃的不对称有机催化 Michael 反应

**方案 5.65** 磷叶立德与 α,β-不饱和酮的不对称催化反应

合成了含有手性反离子的离子对催化剂[100]。该反应可得到大量对映选择性高（95% ee）的 α,β-不饱和酮。将 Wittig 反应产物 **148** 与甲醛反应，得到了一系列手性 α-亚甲基-δ-酮酯 **149**[101]。

# 5.9 手性二胺的不对称催化

Evans 等[102]发现前手性烷基（二甲基）膦硼烷可以利用丁基锂和（—）-鹰爪豆

碱对甲基进行对映选择性脱质子，这些化合物已被广泛应用于 P-手性硼烷膦的合成[103]。用单晶 X 射线分析研究了烷基锂与鹰爪豆碱及相关手性二胺的手性配合物 **150**[103,104]。

(—)-鹰爪豆碱     **150**

前手性二甲基芳基膦硼烷 **151** 与手性鹰爪豆碱-烷基锂配合物反应后，对其中的一个甲基进行对映选择性脱质子反应，形成锂衍生物 **152**，随后与亲电试剂反应生成 P-手性化合物 **153**（方案 5.66）。在去质子化过程中，鹰爪豆碱有效地与锂原子络合，在这个手性环境中，次丁基锂在两个对映体甲基之间存在差异。

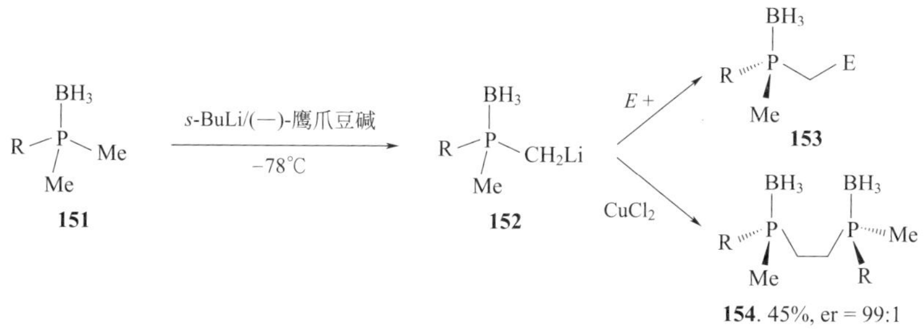

**154**. 45%, er = 99:1

**方案 5.66**　二甲基芳基膦硼烷 3 与手性鹰爪豆碱-烷基锂配合物的对映选择性脱质子

用次丁基锂/(—)-鹰爪豆碱配合物对前手性膦硼烷 **152** 进行去对称化，制备了 P-手性膦配体 **154**[105-107]。锂衍生物 **152** 与二苯甲酮反应生成醇（S）-**155**，产率和对映选择性令人满意（方案 5.67）[103]。在易得且价廉的生物碱（—）-金雀花碱 **156** 衍生物存在下，可用次丁基锂实现叔二甲基膦 **151** 的对映选择性脱质子反应。金雀花碱衍生物 **156** 是一种有用的鹰爪豆碱替代品，用于前手性苯基、环己基和叔丁基二甲基膦硼烷的去对称化，得到手性膦硼烷，对映选择性高达 92%ee[108,109]。Genet 报道，在反应中手性二胺的化学计量增加可以增强反应的对映选择性（方案 5.68）[105]。

**(R)-P-(2,2-二苯基-2-羟乙基)-P-甲基叔丁基膦 (R)-155**[103]　　在 $-78℃$ 且在氩气保护下，将 s-BuLi（0.4mmol）滴加到含有（—）-鹰爪豆碱（0.4mmol，0.3e.q.）的 $Et_2O$ 或甲苯（5mL）溶液中。搅拌 15min 后，滴加含有二甲基苯基膦硼烷 **151**（1.36mmol）的 $Et_2O$ 或甲苯（2mL）溶液，该过程用注射器泵滴加 30min 以上。将所得溶液搅拌 30min。在此基础上，滴加 s-BuLi（0.36mL 的 $1.3mol·L^{-1}$ 的环己烷溶液中，0.45mmol），所得溶液搅拌 72min，得到锂化中

| R | 产率/% | ee/% |
|---|---|---|
| Ph | 88 | 79 |
| o-An | 81 | 83 |
| o-Tol | 84 | 87 |
| 1-萘基 | 85 | 82 |

**方案 5.67** 锂衍生物 144 与苯甲酮的反应

R = Ph, o-An, 萘, o-Tol, Cy, t-Bu, Cy
R' = Me, i-Pr

**方案 5.68** 叔二甲基膦与（—）-鹰爪豆碱或金雀花碱衍生物 156 的对映选择性脱质子

间体的 $Et_2O$ 溶液。然后再滴加含有二苯甲酮（383mg，2.0mmol）的 $Et_2O$（3mL）溶液，使混合物升温至室温并超过 16h。然后加入 10mL 0.1mol·$L^{-1}$ 的 HCl 和 EtOAc，分离两层。水层用 EtOAc（310mL）萃取，有机层用盐水（10mL）洗涤，干燥（$Na_2SO_4$）并减压蒸发得到粗品。以正己烷-乙酸乙酯为洗脱液，采用快速柱色谱法进行纯化，得到加合物 (R)-155，为白色固体［产率 83%，91%de，$^{31}P\{^1H\}NMR(CDCl_3)$ $\delta=20.6$］。

用 s-BuLi/（—）-鹰爪豆碱对二甲基膦硼烷 151 进行对映选择性脱质子，在三乙基亚磷酸盐存在下被分子氧化，生成烷基（羟甲基）甲基膦硼烷 158，在大位阻烷基取代基情况下，产物的对映选择性为 91%~93%ee；在环己基或苯基基团情况下，产物的对映选择性为 75%~81%ee[106-110]。如果用 $CO_2$ 处于碳负离子，则会形成磷酸化羧酸。羧基被硼烷还原后再与磺酰氯反应，得到了 (R)-甲苯磺酸 157，产率较好且具有 90%ee。151 与 s-BuLi/（—）-鹰爪豆碱和苯基二硫化物反应，制备了 P-手性膦-硫化物硼烷配体 160（方案 5.69）[111,112]。

α-烷氧膦硼烷作为不对称有机金属反应的潜在配体的合成是通过利用手性羟甲基膦前体 158 去质子化，再与各种亲电试剂进行烷基化反应，最后用聚合物结合清洗剂淬灭。以手性羟甲基膦 158 为原料，合成手性 P-立体异构次级双膦

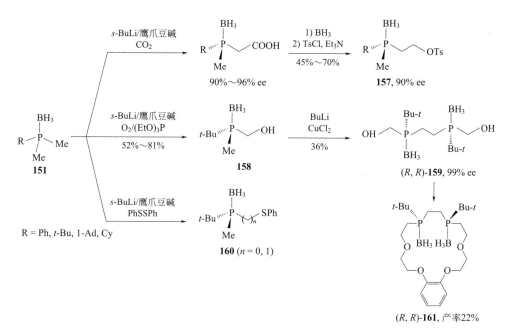

**方案 5.69** 亚烷基二甲基膦硼烷衍生物的不对称合成

**159**。它们被用作制备 P-立体选择的苯并二膦酰化合物 **161** 的基础材料[106,107]。

**叔丁基二甲基膦硼烷 151 的锂化及氧化反应** 在 -78℃ 并在氩气保护下，将 s-BuLi（1.92mL 的 1.20mol·L$^{-1}$ 溶液于环己烷中，2.21mmol，1.1e.q.）滴加至含有 (-)-鹰爪豆碱（0.2～1.2e.q.）的 Et$_2$O（10mL）溶液中。在 -78℃ 下搅拌 15min 后，滴加含有膦硼烷 **151**（265mg，2.01mmol）的 Et$_2$O（5mL）溶液，该过程用套管滴加 10min 以上。得到的溶液在 -78℃ 下搅拌 3h。然后在搅拌下将干燥的空气鼓泡通过反应混合物 1h，然后将反应混合物冷冻 16h 以完成反应，然后将混合物加热至室温。加入 1mol·L$^{-1}$ 的 HCl(aq) 10mL，再加入 EtOAc（15mL），用 EtOAc（3×10mL）萃取水层。有机层用 1mol·L$^{-1}$ 的 HCl(aq)（10mL）、水（10mL）和盐水（10mL）洗涤，然后干燥（MgSO$_4$），减压下蒸发得到粗品，为白色固体[106]。

**1,2-双[(硼烷)(叔丁基)甲基膦]-乙烷 154** 在 -78℃ 下叔丁基二甲基膦硼烷 **151** 和 s-BuLi（3.48mmol，1.1e.q.）的环己烷溶液滴加到含有 (-)-鹰爪豆碱（0.2～0.5e.q.）的 Et$_2$O（10mL）搅拌溶液中。在 -78℃ 下搅拌 15min，滴加含有膦硼烷 **151**（416mg，3.16mmol）的 Et$_2$O（5mL）溶液，滴加过程超过 10min，在 -78℃ 下搅拌 3h。加入无水 CuCl$_2$（5mmol），在 -78℃ 下搅拌 1h，加热至室温搅拌 16h 以上。加入 25% 的氨水（3.0mL），分离水层和有机层。用 EtOAc（3×10mL）萃取水层，用 5% 的氨水（10mL）和 1mol·L$^{-1}$ 的 HCl（10mL）洗涤有机萃取物，干燥（Na$_2$SO$_4$）后所得有机相经减压蒸发得到粗品，

5 不对称有机催化 279

为白色固体。以 9∶1 的石油醚-EtOAc 为洗脱液，用快速色谱法纯化，得到内消旋加合物 **7**（31mg，15%，熔点 178～180℃），为白色固体。

Johansson 等[110] 报道了以前手性膦硼烷 **151** 为原料，通过去对称作用制备 P-手性醛 **162**。在 -78℃ 下，不对称锂衍生物 **152** 与 DMF 反应，经苯基-间甲氧苯基-甲基膦硼烷（硼烷保护的 PAMP）脱质子与 s-BuLi 反应，再用 DMF 淬灭，得到了对映富集的甲酰基膦硼烷。在微波辐射下用还原胺化法将甲酰基膦硼烷 **162** 转化为 β-氨基膦硼烷 **163**。这一方法为设计和构建新的手性膦配体提供了通用基础材料。例如，在二乙基锌与 trans-硝基苯的不对称共轭加成反应中，对配体 **155**～**159** 进行了评价（方案 5.70）。

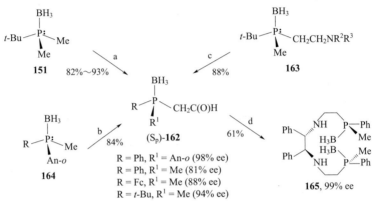

(a) s-BuLi/(−)-鹰爪豆碱/DMF，−78℃；(b) s-BuLi/DMF，−78℃
(c) $NR^2R^3$ = PhCH(Me)NH$_2$-(S)，NaBH(OAc)$_3$，SCX-2，DCE，MW(还原胺化)
(d) $C_2$-对称二胺，NaBH(OAc)$_3$，SCX-2，DCE

**方案 5.70** 通用的 α-甲酰基膦中间体

合成了对映纯的双膦 **166**（BisP*）[111] 和三膦（MT-Siliphos）**167**，用于制备各种过渡金属（Pd、Pt、Cu、Rh、Ru）配合物（方案 5.71）。

采用双膦 **166** 的阳离子铑配合物催化（酰基氨基）丙烯酸酯的不对称加氢反应，其对映选择性高达 99.9%ee。双膦 **154** 的立体定向分子内偶联反应合成了 cis- 和 trans-1,4-二磷酸环己烷 **160**。光学活性的 **154** 的偶联反应生成了 trans-异构体 **168**；同时，由外消旋和内消旋双膦 **154** 的混合物制备了 cis-异构体 **168** 和 trans-异构体（方案 5.72）[110,113]。

以烷基（羟甲基）甲基膦硼烷 **158** 为原料，以较好的分离产率和较高的光学纯度制备了 P-手性 BisP* 配体 **169**。含 BisP* 配体 **169** 的铑催化剂在 α-脱氢氨基酸衍生物加氢反应中具有较高的对映选择性（高达 98%ee）（方案 5.73）[107]。(S,S)-**169** 与 BuLi 的锂化反应及双锂衍生物与偶氮苯衍生物的后续反应，合成了主链上含有手性膦的光敏聚合物 **170**。经 GPC 分析，**170** 的数均分子量（$M_n$）和平均分子量（$M_w$）分别为 3000 和 5000。在 UV 辐射下，该聚合物由反式异

**方案 5.71**　对映纯的（BisP*）配体 161 和具有大量取代基的 MT-Siliphos

**方案 5.72**　cis-和 trans-1,4-二磷酸环己烷

**方案 5.73**　BisP* 硼烷配体 169 的合成

构化为顺式，并可逆地还原为反式。该聚合物能够与铂配位，且由于磷原子的手性作用，聚合物表现出科顿效应。当与过渡金属通过手性磷原子配位时，聚合物链被诱导成螺旋旋转（方案 5.74）[114-116]。

Imamoto 等[117]采用二甲基二茂铁基硼烷的非对映选择性脱质子法合成有二茂铁基结构的乙烯桥联 P-手性双膦（$S_P$）-172。171 的对映体甲基用（一）-鹰爪豆碱/异丁基锂配合物脱去质子，并产生了碳负离子，经氯化铜（Ⅱ）处理进行氧化二聚，得到具有少量内消旋产物杂质的手性二膦硼烷，随后经甲苯重结晶可去除去内消旋异构体，得到对映纯产物（$S_P$）-172，产率为 33%。该配体可用于铑催化的脱氢氨基酸衍生物的不对称加氢反应（高达 77% ee）和钯催化的1,3-二苯基-2-丙烯基乙酸乙酯的不对称烯丙基烷基化反应（高达 95% ee）(方案 5.75)。

5　不对称有机催化

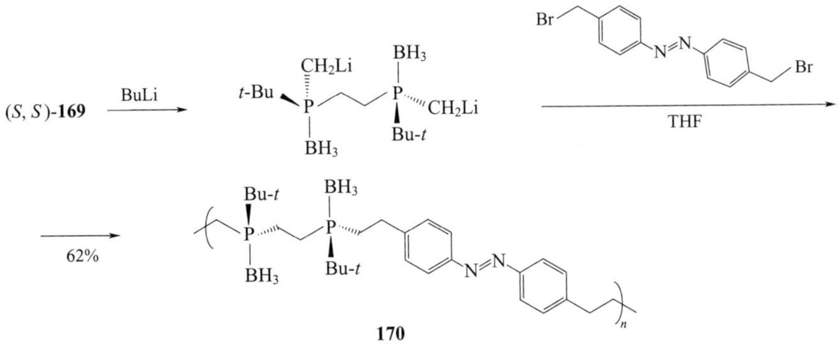

方案 5.74 光敏聚合物的合成

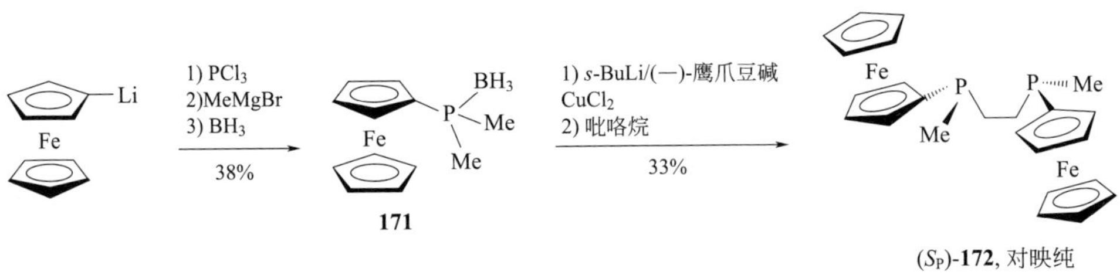

方案 5.75 乙烯桥联 P-手性二茂铁双膦 ($S_P$)-172 的制备

Hoge 报道了含磷杂环戊烷环的 P-手性配体[118]。以 ($1R,2S,5R$)-薄荷基二氯亚磷酸盐为原料，合成了 P-手性磷杂环戊烷配体 174。用由 1,4-二溴丁烷生成的双格氏试剂处理 ($1R,2S,5R$)-薄荷基二氯亚磷酸盐，然后是游离膦与硼烷-二甲基硫醚配合物络合，生成亚膦酸盐硼烷 173，再转化为对映体富集的磷杂环戊烷硼烷 174。甲基磷杂环戊烷 173 与异丁基锂鹰爪豆碱配合物及氯化铜反应生成 P-手性二膦硼烷 174，经重结晶和氟硼酸脱保护后其 ee 高达 99%（方案 5.76）。用具有双膦配体 174 的 Rh 催化剂对乙酰胺丙烯酸衍生物进行不对称加氢，在低 $H_2$ 压力下对映选择性为 77%～95% ee[118]。

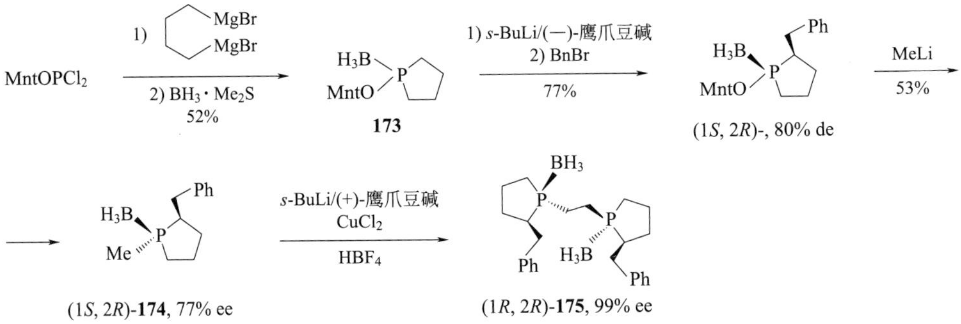

方案 5.76 含有磷杂环戊烷环的 P-手性配体 169

合成了具有中等非对映选择性的空间位阻叔二膦 **176** 和 **177**（方案 5.77）[119]。随后合成了具有不同反离子的 $t$-Bu-BisP* 的二氢硼衍生物，如方案 5.78 所示。BisP* 与 $BH_2Br$ 反应生成了含有溴离子的硼盐 **178**。以（$S,S$）-1,2-双（叔丁基甲基膦基）乙烷 **179**（$t$-Bu-BisP*）为手性二膦配体前体，在与 Rh 配位后催化甲基（$Z$）-乙酰氨基肉桂酸酯的不对称加氢反应，其产物具有 94% ee[120]（方案 5.78）。

**方案 5.77** 空间位阻二膦 **176** 和 **177**

**方案 5.78** （$S,S$）-1,2-双（叔丁基甲基膦基）乙烷硼烷 **178**、**179**（$t$-Bu-BisP*）

Imamoto 报道了在每个磷原子上具有亚甲基桥和大体积烷基的 P-手性双膦的合成。以膦硼烷 **147** 为中间体合成了这些配体，命名为 MiniPhos **185**。**152** 与 $RPCl_2$、甲基溴化镁和硼烷反应，得到了双膦硼烷（$R,R$）-**181** 和 meso-**181**。结晶和脱硼纯化反应混合物得到了纯的 MiniPhos **185**，其产率为 13%～28%，ee 为 99%（方案 5.79）[111,112,121]。

Imamoto 还报道了经叔膦-硼烷 **151** 合成亚甲基桥联 P-手性双膦配体 **185** 而不生成 meso-异构体的改进的合成路线[122]。使用（-）-鹰爪豆碱或（+）-鹰爪豆碱作为手性催化剂，可方便地获得构型相反的 P-立体异构膦。该方法通过 $t$-Bu-Quinox P* **183**、Trichickenfootphos **184** 和 Mini PHOS **185**（R＝$t$-Bu）的前体的每个对映体的催化不对称合成进行证实。配体 **182** 在 Pd 催化的 1,3-二苯基-

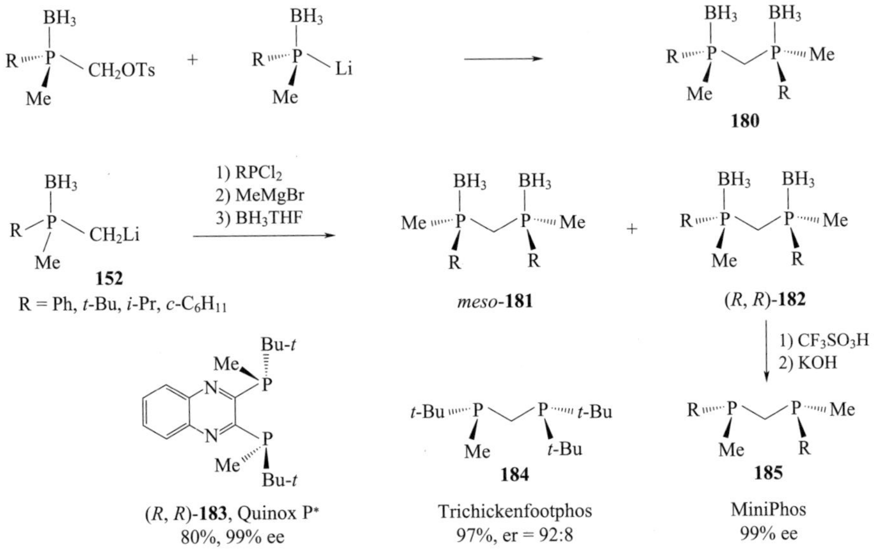

**方案 5.79** 含亚甲基桥的 P-手性双膦

2-丙烯基乙酸乙酯的不对称烯丙基取代（高达 98.7%ee）和 Ru 催化的酮不对称加氢反应（高达 99.9% ee）中表现出很好的不对称诱导作用（方案 5.79)[111,112]。本文报道了用鹰爪豆碱催化和 Grubbs 催化剂不对称合成 P-立体异构乙烯基膦烯硼烷 186 的方法（方案 5.80)[123]。

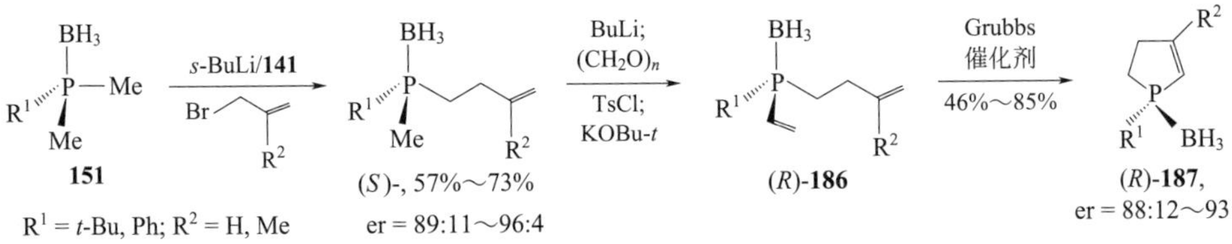

**方案 5.80** P-立体异构乙烯基膦烯硼烷 186

BisP* 配体在骨架中含有两个亚甲基基团，因此它们的金属配体配合物在构象上是灵活的。Zhang 和 Tang 通过在骨架上增加两个五元环合成了具有显著刚性构象的 TangPhos 190，该配体比 BisP* 配体具有更强的手性环境。以膦硫化物 188 和 189 为中间体，分三步制备了 TangPhos 配体 190（方案 5.81）。该配体用于 Rh 催化的 α-(酰基氨基) 丙烯酸和 α-芳酰胺的不对称氢化硅烷化反应，生成了 98%～99%ee 的光学活性酰胺[121,124,125]。Zhang 等[124]开发了以膦硫化物为中间体合成 P-手性磷杂环戊烷-噁唑啉配体 192 的简便方法。在 (−)-鹰爪豆碱存在下，n-丁基锂对 187 进行选择性脱质子，然后与 $CO_2$ 反应，得到酸 191，其 ee 为 72%。在乙醇中重结晶可得到对映纯的 (R,R)-191，产率中等。

**191** 与手性氨基醇在 EDC/HOBu-t 存在下的缩合反应顺利进行,得到的偶联产物经 MsCl 处理后生成噁唑啉化合物。用 Raney Ni 对噁唑啉化合物进行脱硫,得到了磷杂环戊烷-噁唑啉配体 **192**。(S,S)-**192** 与金属 Ir 配合物 **193** 可以催化 β-甲基肉桂酸酯和甲基二苯乙烯衍生物的不对称加氢反应。手性 3-芳基丁酸酯和二芳基(甲基)乙烷具有中等到极高的对映选择性(高达 99%ee)(方案 5.81)。

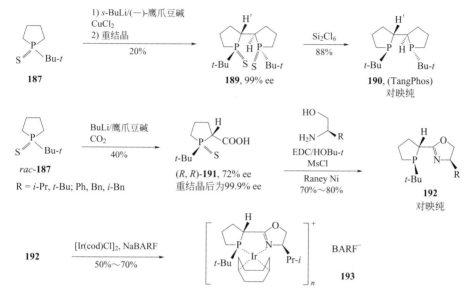

**方案 5.81** TangPhos 配体 **190** 和磷杂环戊烷-噁唑啉配体 **192** 的制备

Imamoto 和 Crepy[122] 通过用 s-BuLi/CuCl$_2$ 处理 rac-1-叔丁基苄基膦氧化物 **194** 进行氧化二聚,随后用(+)-或(−)-DBTA 进行拆分,获得了对映纯的双膦氧化物 **195**。用六氯硅烷还原 **195**,生成了绝对构型保持不变的双膦 **196**。该配体在还原后直接与金属铑形成配合物,用于 α-乙酰胺肉桂酸酯的加氢反应,ee 为 96%(方案 5.82)[126]。

**方案 5.82** 对映纯双膦氧化物 **196** 的合成

从三甲基硅基取代的膦硫化物 **198** [由 n-BuLi/(−)-鹰爪豆碱介导的二甲基膦硫化物 **197** 的不对称锂化生成] 开始,采用两步法进行区域选择性锂化-捕获和甲硅烷基消除合成了一系列 P-立体异构化合物,包括二膦配体的前体(如

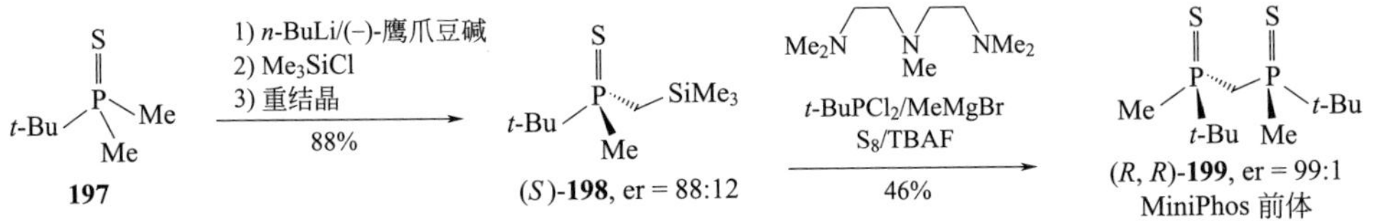

方案 5.83

MiniPhos)。该两步反应生成的产物 **199** 具有与二甲基膦硫化物 **197** 使用 $n$-BuLi/(−)-鹰爪豆碱的直接不对称锂化-捕获的产物相反的构型（方案 5.83）[127]。

Livinghouse 和 Wolfe[128] 报道了用 $s$-BuLi/(−)-鹰爪豆碱配合物处理叔丁基苯基膦硼烷 **200** 得到的磷化物可以进行动力学拆分，所观察到的对映选择性取决于时间和温度。结果表明，在烷基化反应前，在室温下将悬浮的（−)-鹰爪豆碱-锂配合物 **201** 搅拌 1h，使单齿膦的 ee 提高到 95%。对于对映异构体比为 22∶1 的非对映异构体双齿膦，与 [(CH$_2$)$_n$X]$_2$ 的后续反应导致了对映纯双膦 **202** 的形成（方案 5.84）。

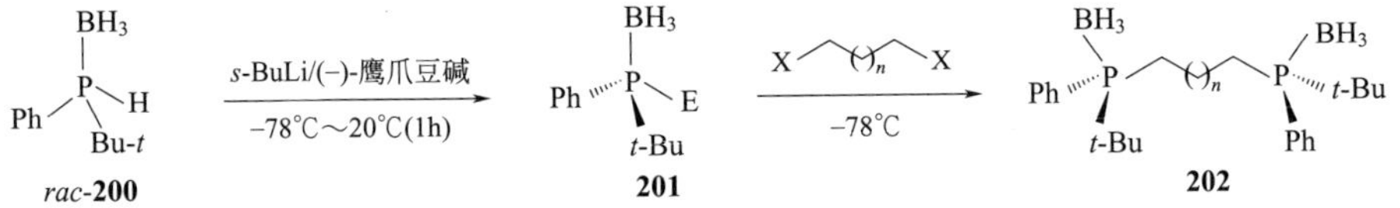

方案 5.84　仲丁基/鹰爪豆碱配合物的动力学拆分

用 $n$-BuLi/(−)-鹰爪豆碱配合物对苯甲胺 **203** 进行 P-OP 定向的不对称脱质子化，为手性 NC-α-和 NC-α,α-衍生物 **204** 和 **206** 的合成提供了一种有效的方法。该反应为手性 N-POP 保护的氮杂环（$R$)-**207** 的合成提供了一种简便的方法（方案 5.85）[129]。

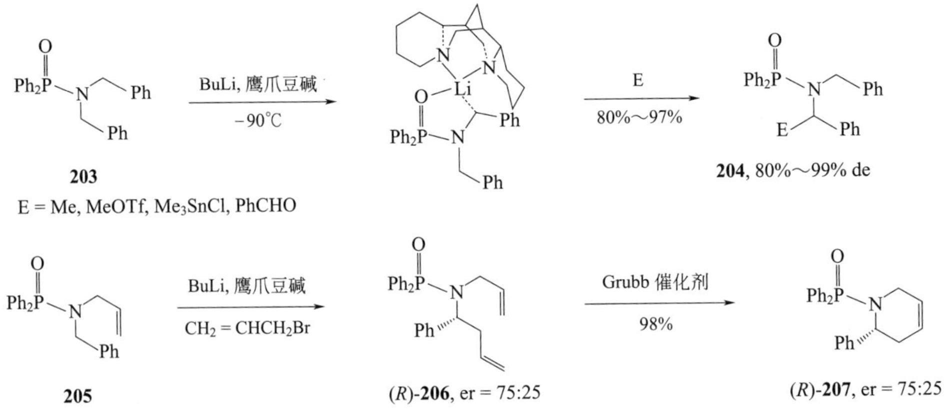

方案 5.85　手性 N-POP 保护的氮杂环 **207** 的合成

## 5.10 其他

利用亲电磷化合物和催化量的 (DHQD)$_2$PYR 及质子海绵相结合，通过不对称催化 C*—P 键形成进而生成 α-季 α-膦基 β-氨基酸，具有较高的立体选择性和较高的产率。$^{31}$P NMR 实验可提出一种金鸡纳生物碱催化的磷亲电试剂的亲核活化反应机理（方案 5.86）[130]。

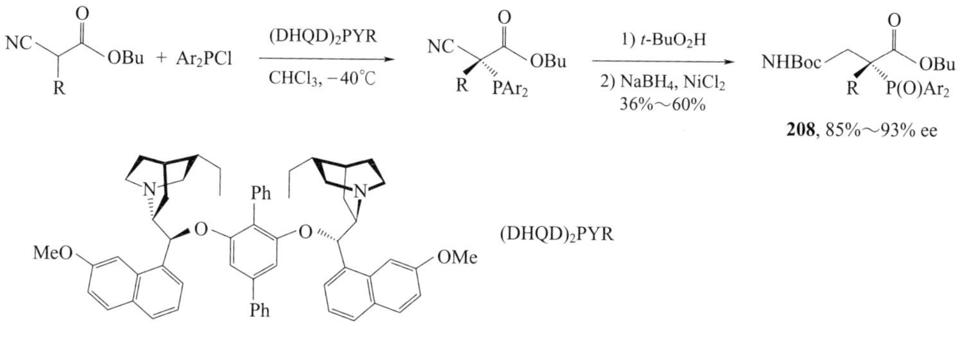

方案 5.86 (DHQD)$_2$PYR 的有机催化作用

一种具有三个连续立体中心的光学活性二氢吡喃膦酸酯的立体选择性合成方法被建立了，该方法使用双功能方酰胺氨基催化剂。通常，具有给电子基团和吸电子基团的脂肪族和芳香族 α,β-不饱和酰基膦酸酯已成功地应用于不对称反电子需求杂 Diels-Alder 反应中。结果表明，一系列 α,β-不饱和醛证明与本反应具有很好的相容性，产率在 64%~84% 之间。衍生的环加成物被转化为有用的手性和复杂的结构组件（方案 5.87）[131]。

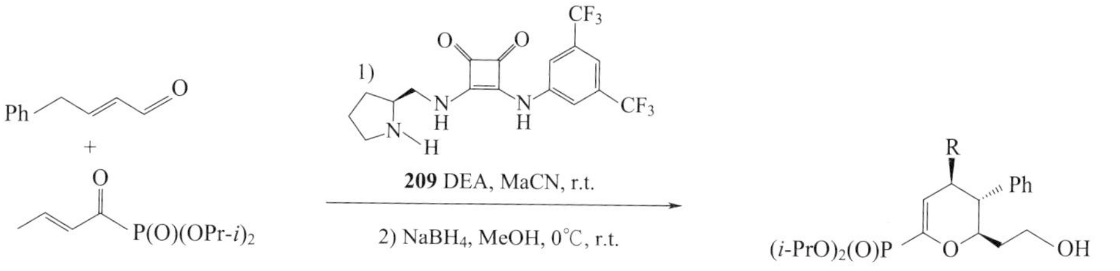

方案 5.87

含有异戊二烯基的手性磷螺烯 **211** 被合成。活性烯烃与 γ-取代的丙二烯的 [3+2] 环化反应（97%ee）的发展，证明了这些磷螺烯在对映选择性亲核有机催化中的巨大潜力（方案 5.88）[132]。

衍生自 9-氨基-9-脱氧-*epi*-金鸡纳碱 **214** 的催化剂催化氮杂环丙烷与亚磷酸盐的对映选择性去对称化反应，在此反应中发现产物均具有优良的产率和对映选

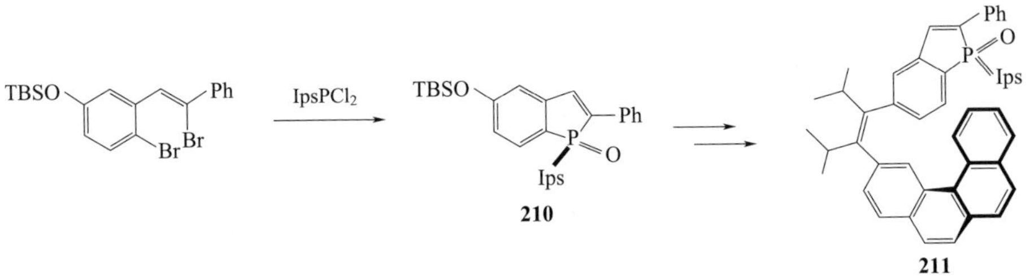

方案 5.88　手性磷螺烯

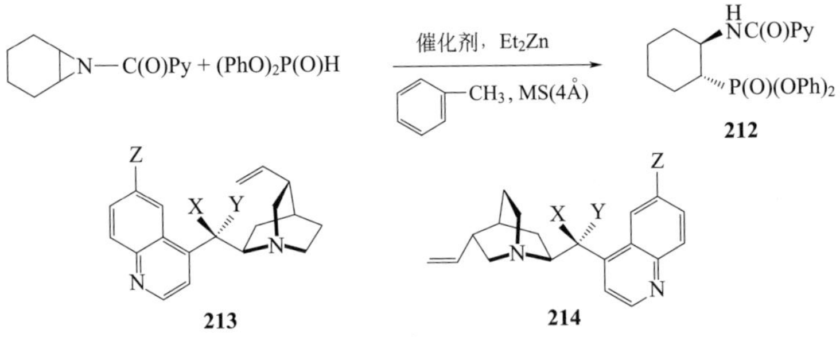

方案 5.89　氮杂环丙烷与亚磷酸盐的对应选择性去对称化

择性（方案 5.89）[133]。

　　Phillips 和 Barros 最近报道了一种通过 α,β-不饱和醛与溴代膦酸酯的多米诺骨牌 Michael 加成/分子内烷基化反应来合成 α-环丙基膦酸酯的方法。高度官能化的环丙基膦酸酯 **215** 含有三个手性中心，其中一个是季碳原子，其非对映选择性比率高达 83∶17，对映选择性高达 99%（方案 5.90）[134,135]。

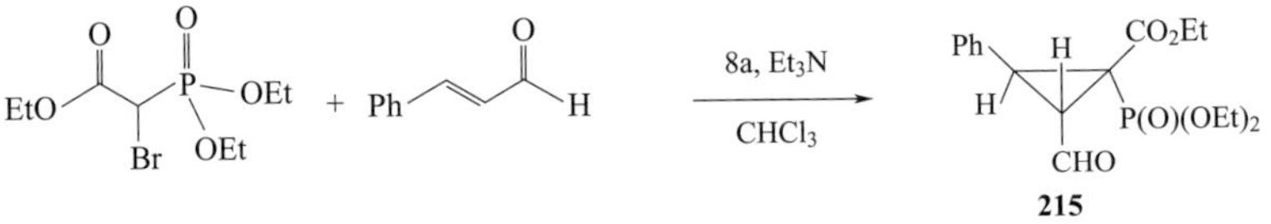

方案 5.90　有机催化环磷酸化反应

参　考　文　献

1. List，B.（ed.）(2010) *Asymmetric Organocatalysis*，Topics in Current Chemistry，Springer，Heidelberg. vol. 291，460 pp.
2. Berkessel，A. and Gröger，H. (2005) *Asymmetric Organocatalysis-From Biomimetic Concepts to Applications in Asymmetric Synthesis*，Wiley-VCH Verlag GmbH，Weinheim，440 pp.
3. Bredig，G. and Fiske，P. S. (1912) Durch Katalysatoren bewirkte asymmetrische Synthese. *Biochem. Z.*，**46**，7-23.
4. Organische，P. H. and Katalysatoren，L. X. I. (1960) Asymmetrische synthesen mit ketenen，1 Alka-

loid-katalysierte asymmetrische Synthesen von α-Phenyl-propionsaureestern. *Justus Liebigs Ann. Chem.*, **634**, 9-22.

5. List, B., Lerner, R. A., and Barbas, C. F. (2000) Proline-catalyzed direct asymmetric aldol reactions. *J. Am. Chem. Soc.*, **122** (10), 2395-2396.

6. Gaunt, M. J., Johansson, C. C. C., McNally, A., and Vo, N. T. (2007) Enantioselective organocatalysis. *Drug Discovery Today*, **12** (1-2), 8-27.

7. Tommaso, M. (2011) Organocatalysis: cinchona catalysts, in *Wiley Interdisciplinary Reviews: Computational Molecular Science*, vol. 1, John Wiley & Sons, Ltd, pp. 142-152.

8. Gratzer, K., Gururaja, G. N., and Waser, M. (2013) Towards tartaric-acid-derived asymmetric organocatalysts. *Eur. J. Org. Chem.*, **21**, 4471-4482.

9. List, B. (2002) Proline-catalyzed asymmetric reactions. *Tetrahedron*, **58** (28), 5573-5590.

10. Wikipedia Thiourea Organocatalysis, https://en.wikipedia.org/wiki/Thiourea organocatalysis (accessed 18 July 2015).

11. Schenker, S., Zamfir, A., Freund, M., and Tsogoeva, S. B. (2011) Developments in chiral binaphthyl-derived brønsted/lewis acids and hydrogen-bond-donor organocatalysis. *Eur. J. Org. Chem.*, **12**, 2209-2222.

12. Leow, D. and Tan, C. H. (2009) Chiral guanidine catalyzed enantioselective reactions. *Chem. Asian J.*, **4** (4), 488-507.

13. Zhu, Y., Malerich, J. P., and Rawal, V. H. (2010) Squaramide-catalyzed enantioselective Michael addition of diphenyl phosphite to nitroalkenes. *Angew. Chem.*, **122** (1), 157-160.

14. Fu, X., Jiang, Z., and Tan, C. H. (2007) Bicyclic guanidine-catalyzed enantioselective phospha-Michael reaction: synthesis of chiral β-aminophosphine oxides and β-aminophosphines. *J. Chem. Soc., Chem. Commun.*, (47), 5058-5060.

15. Terada, M., Ikehara, T., and Ube, H. (2007) Enantioselective 1,4-addition reactions of diphenyl phosphite to nitroalkenes catalyzed by an axially chiral guanidine. *J. Am. Chem. Soc.*, **129** (46), 14112-14113.

16. Wynberg, H. and Smaardijk, A. A. (1983) Asymmetric catalysis in carbon-phosphorus bond formation. *Tetrahedron Lett.*, **24** (52), 5899-5900.

17. Smaardijk, A. A., Noorda, S., van Bolhuis, F., and Wynberg, H. (1985) The absolute configuration of α-hydroxyphosphonates. *Tetrahedron Lett.*, **26** (4), 493-496.

18. Wanzlick, H. W. (1962) Aspects of nucleophilic carbene chemistry. *Angew. Chem. Int. Ed. Engl.*, **1** (20), 75-80.

19. Arduengo, A. J., Harlow, R. L., and Kline, M. (1991) A stable crystalline carbene. *J. Am. Chem. Soc.*, **113** (1), 361-363.

20. Flanigan, D. M., Romanov-Michailidis, F., White, N. A., and Rovis, T. (2015) Organocatalytic reactions enabled by N-heterocyclic carbenes. *Chem. Rev.*, **115** (17), 9307-9387.

21. Dziegielewski, M., Pieta, J., Kami'nska, E., and Albrecht, Ł. (2015) Organocatalytic synthesis of optically active organophosphorus compounds. *Eur. J. Org. Chem.*, 2015 (4), 677-702.

22. Kolodiazhna, A. O., Kukhar, V. P., and Kolodiazhnyi, O. I. (2008) Modified alkaloids as organocatalysts for the asymmetric synthesis of organophosphorus compounds. *Phosphorus, Sulfur Silicon Relat. Elem.*, **183** (1-2), 728-729.

23. Kolodiazhna, A. O., Kukhar, V. P., and Kolodiazhnyi, O. I. (2008) Organocatalysis of phosphaaldol reaction. *Russ. J. Gen. Chem.*, **78** (11), 2043-2051.

24. Peng, L., Wanga, L. L., Bai, J. F., Jia, L. N., Yang, Q. C., Huang, Q. C., Xu, X. Y., and Wang, L. X. (2011) Highly effective and enantioselective Phospho-Aldol reaction of diphenyl phosphite with N-alkylated isatins catalyzed by quinine. *Tetrahedron Lett.*, **52** (11), 1157-1160.

25. Barros, M. T. and Phillips, A. M. F. (2011) Organocatalyzed synthesis of tertiary α-hydroxyphosphonates by a highly regioselective modified Pudovik reaction. *Eur. J. Org. Chem.*, 2011 (20-21), 4028-4036.

26. Connon, S. J. (2008) Asymmetric catalysis with bifunctional cinchona alkaloid-based urea and thiourea organocatalysts. *Chem. Commun.*, 2499-2510.

27. Wang, F., Liu, X., Cui, X., Xiong, Y., Zhou, X., and Feng, X. (2009) Asymmetric hydrophosphonylation of α-ketoesters catalyzed by cinchona-derived thiourea organocatalysts. *Chem. Eur. J.*, **15** (3), 589-592.

28. Nakanishi, K., Kotani, S., Sugiura, M., and Nakajima, M. (2008) First asymmetric Abramov-type phosphonylation of aldehydes with trialkyl phosphites catalyzed by chiral Lewis bases. *Tetrahedron*, **64** (27), 6415-6419.

29. Guin, J., Wang, Q., van Gemmeren, M., and List, B. (2015) The catalytic asymmetric abramov reaction. *Angew. Chem. Int. Ed.*, **54** (1), 355-358.

30. Uraguchi, D., Ito, T., and Ooi, T. (2009) Generation of chiral phosphonium dialkyl phosphite as a highly reactive P-nucleophile: application to asymmetric hydro-phosphonylation of aldehydes. *J. Am. Chem. Soc.*, **131** (11), 3836-3837.

31. (a) Simón, L. and Paton, R. S. (2015) Origins of asymmetric phosphazene organocatalysis: computations reveal a common mechanism for nitro-and phospho-aldol additions. *J. Org. Chem.*, **80** (5), 2756-2766; (b) Xu, F., Liu, Y., Tu, J., Lei, C., and Li, G. (2015) Fe(Ⅲ) catalyzed enantioselective hydrophosphonylation of aldehydes promoted by chiral camphor Schiff bases. *Tetrahedron: Asymmetry*, **26** (17), 891-896.

32. Hirashima, S.-i., Arai, R., Nakashima, K., Kawai, N., Kondo, J., Koseki, Y., and Miuraa, T. (2015) Asymmetric hydrophosphonylation of aldehydes using a cinchona-diaminomethyl-enemalononitrile organocatalyst. *Adv. Synth. Catal.*, **357** (18), 3863-3867.

33. Alegre-Requena, J. V., Marqués-López, E., Sanz Miguel, P. J., and Herrera, R. P. (2014) Organocatalytic enantioselective hydrophosphonylation of aldehydes. *Org. Biomol. Chem.*, **12** (8), 1258-1264.

34. Nakamura, S., Hayashi, M., Hiramatsu, Y., Shibata, N., Funahashi, Y., and Toru, T. (2009) Catalytic enantioselective hydrophosphonylation of ketimines using cinchona alkaloids. *J. Am. Chem. Soc.*, **131** (51), 18240-18241.

35. Pettersen, D., Marcolini, M., Bernardi, L., Fini, F., Herrera, R. P., Sgarzani, V., and Ricci, A. (2006) Direct access to enantiomerically enriched α-amino phosphonic acid derivatives by organocatalytic asymmetric hydrophosphonylation of imines. *J. Org. Chem.*, **71** (16), 6269-6272.

36. Duxbury, J. P., Cawley, A., Thornton-Pete, M., Wantz, L., Warne, J. N. D., Greatrex, R., Brown, D., and Kee, T. P. (1999) Chiral Aluminium Complexes as Phospho-Transfer Catalysts. *Tetrahedron Lett.*, **40** (23), 4403-4406.

37. Joly, G. D. and Jacobsen, E. N. (2004) Synthesis of an optically active Al (salalen) complex and its application to catalytic hydrophosphonylation of aldehydes and aldimines. *J. Am. Chem. Soc.*, **126** (7), 4102-4103.

38. Fu, X., Loh, W. T., Zhang, Y., Chen, T., Ma, T., Liu, H., Wang, J., and Tan, C. H.

(2009) Chiral guanidinium salt catalyzed enantioselective phospha-Mannich reactions. *Angew. Chem. Int. Ed.*, **48** (40), 7387-7390.

39. Cheng, X., Goddard, R., Buth, G., and List, B. (2008) Direct catalytic asymmetric three-component Kabachnik-Fields reaction. *Angew. Chem. Int. Ed.*, **47** (27), 5079-5081.

40. Thorat, P. B., Goswami, S. V., Magar, R. L., Patil, B. R., and Bhusare, S. R. (2013) An efficient organocatalysis: a one-pot highly enantioselective synthesis of α-aminophosphonates. *Eur. J. Org. Chem.*, **24** (24), 5509-5516.

41. Akiyama, T., Morita, H., Itoh, J., and Fuchibe, K. (2005) Chiral Brønsted acid catalyzed enantioselective hydrophosphonylation of imines: asymmetric synthesis of α-amino phosphonates. *Org. Lett.*, **7** (13), 2583-2585.

42. Shi, F. Q. and Song, B. A. (2009) Origins of enantioselectivity in the chiral Brønsted acid catalyzed hydrophosphonylation of imines. *Org. Biomol. Chem.*, **7**, 1292-1298.

43. Bhadury, P. S. and Li, H. (2012) Organocatalytic asymmetric hydrophosphonylation/ Mannich reactions using thiourea, cinchona and Brønsted acid catalysts. *Synlett*, (8), 1108-1131.

44. Yamanaka, M. and Hirata, T. J. (2009) DFT study on bifunctional chiral Brønsted acid-catalyzed asymmetric hydrophosphonylation of imines. *J. Org. Chem.*, **74** (9), 3266-3271.

45. Ingle, G. K., Liang, Y., Mormino, M. G., Li, G., Fronczek, F. R., and Antilla, J. C. (2011) Chiral magnesium BINOL phosphate-catalyzed phosphination of imines: access to enantioenriched α-amino phosphine oxides. *Org. Lett.*, **13** (8), 2054-2057.

46. Thorat, P. B., Goswami, S. V., Magar, R. L., Patil, B. R., and Bhusare, S. R. (2013) An efficient organocatalysis: a one-pot highly enantioselective synthesis of α-aminophosphonates. *Eur. J. Org. Chem.*, 2013 (24), 5509-5516.

47. George, J., Sridhar, B., and Reddy, B. V. S. (2014) First example of quinine-squaramide catalyzed enantioselective addition of diphenyl phosphite. *Org. Biomol. Chem.*, **12** (10), 1595-1602.

48. Kumar, A., Sharma, V., Kaur, J., Kumar, V., Mahajan, S., Kumar, N., and Chimni, S. S. (2014) Cinchona-derived thiourea catalyzed hydrophosphonylation of ketimines -an enantioselective synthesis of α-amino phosphonates. *Tetrahedron*, **70** (39), 7044-7049.

49. Albrecht, Ł., Richter, B., Vila, C., Krawczyk, H., and Jørgensen, K. A. (2009) Organocatalytic domino Michael-Knoevenagel condensation reaction for the synthesis of optically active 3-diethoxyphosphoryl-2-oxocyclohex-3-enecarboxylates. *Chem. Eur. J.*, **15** (13), 3093-3102.

50. Russo, A. and Lattanzi, A. (2010) Asymmetric organocatalytic conjugate addition of diarylphosphane oxides to chalcones. *Eur. J. Org. Chem.*, 2010 (35), 6736-6739.

51. Wang, J., Heikkinen, L. D., Li, H., Zu, L., Jiang, W., Xie, H., and Wang, W. (2007) Quinine-catalyzed enantioselective Michael addition of diphenyl phosphite to nitroolefins: synthesis of chiral precursors of α-substituted β-aminophosphonates. *Adv. Synth. Catal.*, **349** (7), 1052-1056.

52. Abbaraju, S., Bhanushali, M., and Zhao, C. G. (2011) Quinidine thiourea-catalyzed enantioselective synthesis of β-nitrophosphonates: beneficial effects of molecular sieves. *Tetrahedron*, **67** (39), 7479-7484.

53. Bartoli, G., Bosco, M., Carlone, A., Locatelli, M., Mazzanti, A., Sambri, L., and Melchiorre, P. (2007) Organocatalytic asymmetric hydrophosphination of nitroalkenes. *J. Chem. Soc., Chem. Commun.*, (7), 722-724.

54. Connon, S. (2006) Organocatalysis mediated by (Thio)urea derivatives. *Chem. Eur. J.*, **12** (21), 5418-5427.

55. Taylor, M. S. and Jacobsen, E. N. (2006) Asymmetric catalysis by chiral hydrogen-bond donors. *An-*

gew. Chem. Int. Ed., **45** (10), 1520-1543.

56. Wen, S., Li, P., Wu, H., Yu, F., Liang, X., and Ye, J. (2010) Enantioselective organocatalytic phospha-Michael reaction of α,β-unsaturated ketones. *J. Chem. Soc., Chem. Commun.*, **46** (26), 4806-4808.

57. Li, P., Wen, S., Yu, F., Liu, Q., Li, W., Wang, Y., Liang, X., and Ye, J. (2009) Enantioselective organocatalytic Michael addition of malonates to α,β-unsaturated ketones. *Org. Lett.*, **11** (3), 753-756.

58. Pham, T. S., Gönczi, K., Kardos, G., Süle, K., Hegedus, L., Kállay, M., Kubinyi, M., Szabó, P., Petneházy, I., Toke, I., and Jászay, Z. (2013) Cinchona based squaramide catalysed enantioselective Michael addition of α-nitrophosphonates to aryl acrylates: enantioselective synthesis of quaternary α-aminophosphonates. *Tetrahedron: Asymmetry*, **24** (24), 1605-1614.

59. Bera, K. and Namboothiri, I. N. N. (2012) Enantioselective synthesis of quaternary α-aminophosphonates via conjugate addition of α-nitrophosphonates to enones. *Org. Lett.*, **14** (4), 980-983.

60. Tripathi, C. B., Kayal, S., and Mukherjee, S. (2012) Catalytic asymmetric synthesis of α,β-disubstituted α,γ-diaminophosphonic acid precursors by Michael addition of α-substituted nitrophosphonates to nitroolefins. *Org. Lett.*, **14** (13), 3296-3299.

61. (a) Bera, K. and Namboothiri, I. N. N. (2015) Quinine-derived thiourea and squaramide catalyzed conjugate addition of α-nitrophosphonates to enones: asymmetric synthesis of quaternary α-aminophosphonates. *J. Org. Chem.*, **80** (3), 1402-1413; (b) Bera, K. and Namboothiri, I. N. N. (2013) Enantioselective synthesis of α-amino-γ-sulfonyl phosphonates with a tetrasubstituted chiral α-carbon via quinine-β-catalyzed Michael addition of nitrophosphonates to vinyl sulfones. *Adv. Synth. Catal.*, **355** (7), 1265-1270.

62. Sohtome, Y., Horitsugi, N., Takagi, R., and Nagasawa, K. (2011) Enantioselective Phospha-Michael reaction of diphenyl phosphonate with nitroolefins utilizing Conformationally flexible guanidinium/bisthiourea organocatalyst: assembly-state tenability in asymmetric organocatalysis. *Adv. Synth. Catal.*, **353** (14-15), 2631-2636.

63. Sohtome, Y., Hashimoto, Y., and Nagasawa, K. (2005) Guanidine-thiourea bifunctional organocatalyst for the asymmetric Henry (nitroaldol) reaction. *Adv. Synth. Catal.*, **347** (11-13), 1643-1648.

64. Cullen, S. C. and Rovis, T. (2008) Catalytic asymmetric Stetter reaction onto vinyl-phosphine oxides and vinylphosphonates. *Org. Lett.*, **10** (14), 3141-3144.

65. Jang, K.-P., Hutson, G. E., Johnston, R. C., McCusker, E. O., Cheong, P. H.-Y., and Scheidt, K. A. (2014) Asymmetric homoenolate additions to acyl phosphonates through rational design of a tailored N-heterocyclic carbene catalyst. *J. Am. Chem. Soc.*, **136** (1), 76-79.

66. Carlone, A., Bartoli, G., Bosco, M., Sambri, L., and Melchiorre, P. (2007) Organocatalytic asymmetric hydrophosphination of α,β-unsaturated aldehydes. *Angew. Chem. Int. Ed.*, **46** (24), 4504-4506.

67. Lu, X., Zho, Z. L. X., and Lian, X. Y. J. (2011) Stereoselectivity of Michael addition of P(X)-H-type nucleophiles to cyclohexen-1-ylphosphine oxide: the case of base-selective transformation. *RSC Adv.*, **1** (4), 698-705.

68. Hammar, P., Vesely, J., Rios, R., Eriksson, L., and Cordova, A. (2008) Organocatalytic asymmetric hydrophosphination of α,β-unsaturated aldehydes: development, mechanism and DFT calculations. *Adv. Synth. Catal.*, **350** (11-12), 1875-1884.

69. Ibrahem, I., Rios, R., Vesely, J., Hammar, P., Eriksson, L., Himo, F., and Cordova, A. (2007) Enantioselective organocatalytic hydrophosphination of $\alpha,\beta$-unsaturated aldehydes. *Angew. Chem. Int. Ed.*, **46** (24), 4507-4510.

70. Capuzzi, M., Perdicchia, D., and Jørgensen, K. A. (2008) Highly enantioselective approach to geminal bisphosphonates by organocatalyzed Michael-type addition of $\beta$-ketoesters. *Chem. Eur. J.*, **14** (1), 128-135.

71. Maerten, E., Cabrera, S., Kjrsgaard, A., and Jorgensen, K. A. (2007) Organocatalytic asymmetric direct phosphonylation of $\alpha,\beta$-unsaturated aldehydes: mechanism, scope, and application in synthesis. *J. Org. Chem.*, **72** (23), 8893-8903.

72. Sulzer-Mossé, S., Tissot, M., and Alexakis, A. (2007) First enantioselective organocatalytic conjugate addition of aldehydes to vinyl phosphonates. *Org. Lett.*, **9** (19), 3749-3752.

73. Sulzer-Moss, S., Alexakis, A., Mareda, J., Bollot, G., Bernardinelli, G., and Filinchuk, Y. (2009) Enantioselective organocatalytic conjugate addition of aldehydes to vinyl sulfones and vinyl phosphonates as challenging Michael acceptors. *Chem. Eur. J.*, **15** (13), 3204-3220.

74. Albrecht, L., Richter, B., Krawczyk, H., and Jorgensen, K. A. (2008) Enantioselective organocatalytic approach to $\alpha$-methylene-$\delta$-lactones and $\delta$-lactams. *J. Org. Chem.*, **73** (21), 8337-8343.

75. Barros, M. T., Faisca, A. M., and Phillips, F. (2008) Enamine catalysis in the synthesis of chiral structural analogues of gem-bisphosphonates known to be biologically active. *Eur. J. Org. Chem.*, 2008 (15), 2525-2529.

76. Guang, J., Zhao, J. C. G., Guang, J., and Zhao, J. C. G. (2013) Organocatalyzed asymmetric Michael reaction of $\beta$-aryl-$\alpha$-ketophosphonates and nitroalkenes. *Tetrahedron Lett.*, **54** (42), 5703-5706.

77. Samanta, S., Perera, S., and Zhao, C. G. (2010) Organocatalytic enantioselective synthesis of both diastereomers of hydroxyphosphinates. *J. Org. Chem.*, **75** (4), 1101-1106.

78. Dodda, R. and Zhao, C. G. (2006) Organocatalytic highly enantioselective synthesis of secondary $\alpha$-hydroxyphosphonates. *Org. Lett.*, **8** (21), 4911-4914.

79. Perera, S., Naganaboina, V. K., Wang, L., Zhang, B., Guo, Q., Rout, L., and Zhao, C. G. (2011) Organocatalytic highly enantioselective synthesis of $\beta$-formyl-hydroxyphosphonates. *Adv. Synth. Catal.*, **353** (10), 1729-1734.

80. Yao, Q. and Yuan, C. (2013) A synthetic study of chiral $\alpha$-hydroxy-$H$-phosphinates based on proline catalysis. *Chem. Eur. J.*, **19** (20), 6080-6088.

81. Liu, T., Wang, Y., Wu, G., Song, H., Zhou, Z., and Tang, C. (2011) Organocatalyzed enantioselective Michael addition of 2-hydroxy-1,4-naphthoquinone to $\beta,\gamma$-unsaturated ketophosphonates. *J. Org. Chem.*, **76** (10), 4119-4124.

82. Smith, S. R., Leckie, S. M., Holmes, R., Douglas, J., Fallan, C., Shapland, P., Pryde, D., Slawin, A. M. Z., and Smith, A. D. (2014) $\alpha$-ketophosphonates as ester surrogates: isothiourea-catalyzed asymmetric diester and lactone synthesis. *Org. Lett.*, **16** (9), 2506-2509.

83. Bhasker Gondi, V., Hagihara, K., and Rawal, V. H. (2009) Diastereoselective and enantioselective synthesis of tertiary $\alpha$-hydroxy phosphonates through hydrogen-bond catalysis. *Angew. Chem. Int. Ed.*, **48** (43), 776-779.

84. Rassukana, Y. V., Yelenicha, I. P., Vlasenkoa, Y. G., and Onysko, P. P. (2014) Asymmetric synthesis of phosphonotrifluoroalanine derivatives via proline-catalyzed direct enantioselective C—C bond formation reactions of N—H trifluoroacetimidoyl phosphonate. *Tetrahedron: Asymmetry*, **25** (16-17), 1234-1238.

85. Dodda, R. and Zhao, C. G. (2007) Enantioselective synthesis of α-aminopropargylphosphonates. *Tetrahedron Lett.*, **48** (25), 4339-4342.

86. (a) Palacios, F., Aparicio, D., Ochoa de Retana, A. M., de los Santos, J. M., Gil, J. I., and Alonso, J. M. (2002) Asymmetric synthesis of 2 H-azirines derived from phosphine oxides using solid-supported amines. Ring opening of azirines with carboxylic acids. *J. Org. Chem.*, **67** (21), 7283-7288; (b) Palacios, F., Aparicio, D., de Retana, O. M. A., de los Santos, J. M., Gil, J. I., and Lopez de Munain, R. (2003) Asymmetric synthesis of 2 H-aziridine phosphonates, and α-or β-aminophosphonates from enantiomerically enriched 2 H-azirines. *Tetrahedron: Asymmetry*, **14** (6), 689-700.

87. Vicario, J., Ezpeleta, J. M., and Palacios, F. (2012) Asymmetric cyanation of α-ketiminophosphonates catalyzed by cinchona alkaloids: enantioselective synthesis of tetrasubstituted α-aminophosphonic acid derivatives from trisubstituted α-aminophosphonates. *Adv. Synth. Catal.*, **354** (14-15), 2641-2647.

88. Jiang, H., Paixão, M. W., Monge, D., and Jørgensen, K. A. (2010) Acyl phosphonates: good hydrogen bond acceptors and ester/amide equivalents in asymmetric organocatalysis. *J. Am. Chem. Soc.*, **132** (8), 2775-2783.

89. Kong, S., Fan, W., Wu, G., and Miao, Z. (2012) Enantioselective synthesis of tertiary α-hydroxy phosphonates catalyzed by carbohydrate/cinchona alkaloid thiourea organocatalysts. *Angew. Chem. Int. Ed.*, **51** (35), 8864-8867.

90. Chen, L., Wu, Z.-J., Zhang, M.-L., Yue, D.-F., Zhang, X.-M., Xu, X.-Y., and Yuan, W.-C. (2015) Organocatalytic asymmetric Michael/cyclization cascade reactions of 3-hydroxyoxindoles/3-aminooxindoles with α,β-unsaturated acyl phosphonates. *J. Org. Chem.*, **80** (11), 12668-12675.

91. Guang, J., Guo, Q., and Zhao, J. C. G. (2012) Acetylphosphonate as a surrogate of acetate or acetamide in organocatalyzed enantioselective Aldol reactions. *Org. Lett.*, **14** (12), 3174-3177.

92. Alvarez-Casao, Y., Marques-Lopez, E., and Herrera, R. P. (2011) Organocatalytic enantioselective Henry reactions. *Symmetry*, **3** (2), 220-245.

93. Mandal, T., Samanta, S., and Zhao, C. (2007) Organocatalytic highly enantioselective nitroaldol reaction of α-ketophosphonates and nitromethane. *Org. Lett.*, **9** (5), 943-945.

94. Albrecht, Ł., Albrecht, A., Krawczyk, H., and Jørgensen, K. A. (2010) Organocatalytic asymmetric synthesis of organophosphorus compounds. *Chem. Eur. J.*, **16** (1), 28-48.

95. Samanta, S. and Zhao, C. G. (2007) Organocatalyzed nitroaldol reaction of α-ketophosphonates and nitromethane revisited. *Arkivoc*, **XIII**, 218-226.

96. Vicario, J., Ortiz, P., Ezpeleta, J. M., and Palacios, F. (2015) Asymmetric synthesis of functionalized tetrasubstituted α-aminophosphonates through enantioselective Aza-Henry reaction of phosphorylated ketimines. *J. Org. Chem.*, **80** (1), 156-164.

97. Chen, X., Wang, J., Zhu, Y., Shang, D., Gao, B., Liu, X., Feng, X., Su, Z., and Hu, C. (2008) A secondary amine amide organocatalyst for the asymmetric nitroaldol reaction of α-ketophosphonates. *Chem. Eur. J.*, **14** (35), 10896-10899.

98. Zhang, Y., Liu, Y. K., Kang, T. R., Hu, Z. K., and Chen, Y. C. (2008) Organocatalytic enantioselective Mannich-type reaction of phosphorus ylides: synthesis of chiral N-boc-β-amino-α-methylene carboxylic esters. *J. Am. Chem. Soc.*, **130** (8), 2456-2457.

99. Hong, B. C., Jan, R. H., Tsai, C. W., Nimje, R. Y., Liao, J. H., and Lee, G. H. (2009) Organocatalytic enantioselective cascade Michael-Michael-Wittig reactions of phosphorus ylides: one-pot

synthesis of the all-*cis* trisubstituted cyclohexenecarboxylates via the [1 + 2 + 3] annulation. *Org. Lett.*, **11** (22), 5246-5249.

100. Allu, S., Selvakumar, S., and Singh, V. K. (2010) Asymmetric organocatalytic Michael-type reaction of phosphorus ylides to nitroolefins: synthesis of γ-nitro-β-aryl-α-methylene carboxylic esters. *Tetrahedron Lett.*, **51** (2), 446-448.

101. Lin, A., Wang, J., Mao, H., Ge, H., Tan, R., Zhu, C., and Cheng, Y. (2011) Organocatalytic asymmetric Michael-type/Wittig reaction of phosphorus ylides: synthesis of chiral α-methylene-δ-ketoesters. *Org. Lett.*, **13** (16), 4176-4179.

102. Muci, A. R., Campos, K. R., and Evans, D. A. (1995) Enantioselective deprotonation as a vehicle for the asymmetric synthesis of $C_2$-symmetric P-chiral diphosphines. *J. Am. Chem. Soc.*, **117** (35), 9075-9076.

103. Strohmann, C., Strohfeldt, K., Schildbach, D., McGrath, M. J., and O'Brien, P. (2004) Crystal structures of (+)-sparteine surrogate adducts of methyllithium and phenyllithium. *Organometallics*, **23** (23), 5389-5391.

104. Strohmann, C., Seibel, T., and Strohfeldt, K. (2003) Monomeric butyllithium compound [*t*-BuLi-(−)-Sparteine]: molecular structure of the first monomeric butyllithium compound. *Angew. Chem. Int. Ed.*, **42** (37), 4531-4533.

105. Genet, C., Canipa, S. J., O'Brien, P., and Taylor, S. (2006) Catalytic asymmetric synthesis of ferrocenes and P-stereogenic bisphosphines. *J. Am. Chem. Soc.*, **128** (29), 9336-9337.

106. Morisaki, Y., Imoto, H., Tsurui, K., and Chujo, Y. (2009) Practical synthesis of P-stereogenic diphosphacrowns. *Org. Lett.*, **11** (11), 2241-2244.

107. Morisaki, Y., Kato, R., and Chujo, Y. (2013) Synthesis of enantiopure P-stereogenic diphosphacrowns using P-stereogenic secondary phosphines. *J. Org. Chem.*, **78** (6), 2769-2774.

108. Dolhem, F., Johansson, M. J., Antonsson, T., and Kann, N. (2006) P-chirogenic α-carboxyphosphine boranes as effective pre-ligands in palladium-catalyzed asymmetric reactions. *Synlett*, (20), 3389-3394.

109. Johansson, M. J., Schwartz, L., Amedjkouh, M., and Kann, N. (2004) New chiral amine ligands in the desymmetrization of prochiral phosphine boranes. *Tetrahedron: Asymmetry*, **15** (22), 3531-3538.

110. Johansson, M. J., Schwartz, L. O., Amedjkouh, M., and Kann, N. C. (2004) Desymmetrization of prochiral phosphanes using derivatives of (−)-cytisine. *Eur. J. Org. Chem.*, 2004 (9), 1894-1896.

111. (a) Granander, J., Secci, F., Canipa, S. J., O'Brien, P., and Kelly, B. (2011) One-ligand catalytic asymmetric deprotonation of a phosphine borane: synthesis of P-stereogenic bisphosphine ligands. *J. Org. Chem.*, **76** (11), 4794-4799; (b) Johansson, M. J., Andersson, K. H. O., and Kann, N. (2008) Modular asymmetric synthesis of P-chirogenic -amino phosphine boranes. *J. Org. Chem.*, **73** (12), 4458-4463.

112. Imamoto, T., Nishimura, M., Koide, A., and Yoshida, K. (2007) t-Bu-QuinoxP* ligand: applications in asymmetric Pd-catalyzed allylic substitution and Ru-catalyzed hydrogenation. *J. Org. Chem.*, **72** (19), 7413-7416.

113. Morisaki, Y., Imoto, H., Ouchi, Y., Nagata, Y., and Chujo, Y. (2008) Stereospecific construction of a *trans*-1,4-diphosphacyclohexane skeleton. *Org. Lett.*, **10** (8), 1489-1492.

114. Imoto, H., Morisaki, Y., and Chujo, Y. (2010) Synthesis and coordination behaviors of P-stereo-

genic polymers. *J. Chem. Soc., Chem. Commun.*, (46), 7542-7544.

115. Ouchi, Y., Morisaki, Y., and Chujo, Y. (2006) Synthesis of photoresponsive polymers having P-chiral phosphine in the main chain. *Polym. Prepr.*, **47**, 708-709.

116. Ouchi, Y., Morisaki, Y., Ogoshi, T., and Chujo, Y. (2007) Synthesis of a stimuli-responsive P-chiral polymer with chiral phosphorus atoms and azobenzene moieties in the main chain. *Chem. Asian J.*, **2** (3), 397-402.

117. Oohara, N., Katagiri, K., and Imamoto, T. (2003) A novel P-chirogenic phosphine ligand, (S,S)-1,2-bis-[(ferrocenyl)methylphosphino]ethane: synthesis and use in rhodium-catalyzed asymmetric hydrogenation and palladium-catalyzed asymmetric allylic alkylation. *Tetrahedron: Asymmetry*, **14** (15), 2171-2175.

118. Hoge, G. (2003) Synthesis of both enantiomers of a P-chirogenic 1,2-bisphospholanoethane ligand via convergent routes and application to rhodium-catalyzed asymmetric hydrogenation of CI-1008 (Pregabalin). *J. Am. Chem. Soc.*, **125** (34), 10219-10227.

119. Maienza, F., Spindler, F., Thommen, M., Pugin, B., Malan, C., and Mezzetti, A. (2002) Exploring stereogenic phosphorus: synthetic strategies for diphosphines containing bulky, highly symmetric substituents. *J. Org. Chem.*, **67** (15), 5239-5249.

120. Miyazaki, T., Sugawara, M., Danjo, H., and Imamoto, T. (2004) Dihydroboronium derivatives of (S,S)-1,2-bis(t-butylmethylphosphino) ethane as convenient chiral ligand precursors. *Tetrahedron Lett.*, **45** (51), 9341-9344.

121. Gammon, J.J., Gessner, V.H., Barker, G.R., Granander, J., Whitwood, A.C., Strohmann, C., O'Brien, P., and Kelly, B. (2010) Synthesis of P-stereogenic compounds via kinetic deprotonation and dynamic thermodynamic resolution of phosphine sulfides: opposite sense of induction using (−)-Sparteine. *J. Am. Chem. Soc.*, **132** (39), 13922-13927.

122. Crepy, K.V.L. and Imamoto, T.P. (2003) Chirogenic phosphine ligands, in *Topics in Current Chemistry*, vol. 229 (ed. J.-P. Majoral), Springer-Verlag, Berlin, Heidelberg, pp. 1-41.

123. Wu, X., O'Brien, P., Ellwood, S., Secci, F., and Kelly, B. (2013) Synthesis of P-stereogenic phospholene boranes via asymmetric deprotonation and ring-closing metathesis. *Org. Lett.*, **15** (1), 192-195.

124. Tang, W., Wang, W., and Zhang, X. (2003) Phospholane-oxazoline ligands for Ir-catalyzed asymmetric hydrogenation. *Angew. Chem. Int. Ed.*, **42** (8), 943-946.

125. Liu D., Zhang X. Practical P-chiral phosphane ligand for Rh-catalyzed asymmetric hydrogenation. *Eur. J. Org. Chem.* 2005 (4), 646-649.

126. Imamoto, T., Crepy, K.V.L., and Katagiri, K. (2004) Optically active 1,10-di-*tert*-butyl-2,20-dibenzophosphetenyl: a highly strained P-stereogenic diphosphine ligand. *Tetrahedron: Asymmetry*, **15** (14), 2213-2218.

127. Gammon, J.J., O'Brien, P., and Kelly, B. (2009) Regioselective lithiation of silyl phosphine sulfides: asymmetric synthesis of P-stereogenic compounds. *Org. Lett.*, **11** (21), 5022-5025.

128. Wolfe, B. and Livinghouse, T. (1998) A direct synthesis of P-chiral phosphine-boranes via dynamic resolution of lithiated racemic *tert*-butylphenylphosphine-borane with (−)-sparteine. *J. Am. Chem. Soc.*, **120** (20), 5116-5117.

129. Ona-Burgos, P., Fernandez, I., Roces, L., Torre-Fernandez, L., Garcia-Granda, S., and Lopez-Ortiz, F. (2008) Asymmetric deprotonation-substitution of N-pop-benzylamines using[RLi/(−)-sparteine]. Enantioselective sequential reactions and synthesis of N-heterocycles. *Org. Lett.*, **10** (15), 3195-3198.

130. Nielsen, M., Jacobsen, C. B., and Jørgensen, K. A. (2011) Asymmetric organocatalytic electrophilic phosphination. *Angew. Chem. Int. Ed.*, **50** (14), 3211-3214.
131. Weise, C. F., Lauridsen, V. H., Rambo, R. S., Iversen, E. H., Olsen, M.-L., and Jørgensen, K. A. (2014) Organocatalytic access to enantioenriched dihydropyran phosphonates via an inverse-electron-demand hetero-Diels-Alder reaction. *J. Org. Chem.*, **79** (8), 3537-3546.
132. Gicquel, M., Zhang, Y., Aillard, P., Retailleau, P., Voituriez, A., and Marinetti, A. (2015) Phosphahelicenes in asymmetric organocatalysis: [3+2] cyclizations of γ-substituted allenes and electron-poor olefins. *Angew. Chem. Int. Ed.*, **54** (18), 5470-5473.
133. Hayashi, M., Shiomi, N., Funahashi, Y., and Nakamura, S. (2012) Cinchona alkaloid amides/dialkylzinc catalyzed enantioselective desymmetrization of aziridines with phosphites. *J. Am. Chem. Soc.*, **134** (47), 19366-19369.
134. Phillips, A. M. F. and Barros, M. T. (2014) Enantioselective organocatalytic synthesis of α-cyclopropylphosphonates through a domino Michael addition/intramolecular alkylation reaction. *Eur. J. Org. Chem.*, **2014** (1), 152-163.
135. Kolodiazhnyi, O. I. (2015) in Topics in Current Chemistry, vol. 361 (ed. J.-L. Montchamp), Springer International Publishing, Switzerland, pp. 161-236.

# 6 不对称生物催化

## 6.1 引言

酶催化（生物催化）在有机化学中的应用越来越多，包括光学活性化合物的合成[1-3]。例如，脂肪酶催化不仅能在实验室中合成手性化合物，而且在工业规模上也能得到不同结构的手性化合物[2]。生物催化剂的一大优势是它们可用于几乎所有类型的有机反应。20～30年前，酶仅用于合成含C、H、N和O的化合物，现在也用于合成包括有机磷化合物在内的有机元素化合物[3-7]。生物催化领域的研究起始于手性羟基膦酸酯的合成，随后是 $\alpha$-和 $\beta$-氨基膦酸酯、次膦酸衍生物、叔膦和膦氧化物的合成。手性有机磷化合物以磷原子为立体中心，广泛应用于生物学、药理学、不对称催化等科学和工业领域。

目前，生物催化是合成手性有机磷化合物最方便的方法之一。由于研究者对该领域的研究不断深入，积累了大量的实验数据。早期，发表了一些综述，概括了原始研究中获得的结果。其中，值得一提的是 Mikołajczyk 和 Kielbasin'ski[6] 以及 Kafarski 等[7] 的综述。1988年，Hammerschmidt[8] 率先对含有 C—P 键的化合物的生物合成进行了系统研究。同时，Natchev[9] 报道了生物催化法在合成 L-氨基酸和肽的含磷类似物［特别是 D-和 L-草丁膦（2-氨基-4-羟甲基膦基丁酸，Pht）］和一种天然三肽抗生素双丙氨膦（L-Pht-Ala-Ala）中的应用。关于外消旋膦酸的酶解和微生物分解的信息可以在20世纪80年代初发布的专利[10,11]中找到。

## 6.2 有机磷化合物的酶促合成

在进行涉及有机磷化合物的酶促反应时，一个主要问题是大多数起始化合物在水中的溶解度较差。此外，许多有机磷化合物在水溶液中是不稳定的。因此，手性有机磷化合物通常在有机溶剂中合成。可以将酶以冷冻干燥形式、固定在固体载体（陶瓷或有机聚合物）或分散（通过与表面活性剂形成共价酶-聚合物配合物或微乳液）的方式引入到有机介质中。许多脂肪酶在有机溶剂中保持其活性，这使其可用于合成有机磷化合物。

## 6.2.1 羟基膦酸酯的动力学拆分

通常，使用生物催化剂将官能团化的外消旋膦酸酯拆分为对映体是在动力学控制下进行的。如果（R）-和（S）-对映体与手性试剂的反应以不同的速率进行，则动力学拆分是可能的，如方案 6.1 所示[12]。理想情况下，如果只有（R）-对映体参与反应（$k_s=0$），则所得混合物包含未反应的起始化合物（50%）和从（R）-对映体获得的产物（50%）。该方法可以使用单一酶轻松拆分两种光学异构体。例如，在磷酸盐缓冲液（pH=7）中，在 Chirazyme® P-2 蛋白酶存在下，乙酰化外消旋羟基膦酸酯 1 主要水解生成羟基膦酸酯（R）-2，而酰氧基膦酸酯（S）-1 未反应。然后用色谱法分离这些化合物，随后酰基水解得到羟基膦酸酯的光学异构体，即（R）-2 和（S）-2，以对映纯的形式出现。

$$\underset{(S/R)\text{-}1}{\text{Ph}\overset{\text{OCOPr}}{\underset{}{\overset{}{\text{C}}}}\text{P(O)(OR)}_2} \xrightarrow{\text{CRL}} \underset{(R)\text{-}2}{\text{Ph}\overset{\text{OH}}{\underset{}{\overset{}{\text{C}}}}\text{P(O)(OR)}_2} + \underset{(S)\text{-}1}{\text{Ph}\overset{\text{OCH}_2\text{OPr}}{\underset{}{\overset{}{\text{C}}}}\text{P(O)(OR)}_2}$$

**方案 6.1** 羟基膦酸酯的动力学拆分示例

为了确定外消旋体的两种对映体中哪一种更容易发生酯交换反应，并预测产物的绝对构型，采用了 Kazlauskas 规则[13]。这个简单的经验模型是扩展的 Prelog 规则，其基础是假设底物中大（L）和中等大小（M）的取代基的大小差异与对映选择性成正比[13,14]。在 α-羟基膦酸盐 $(RO)_2P(O)CH(OH)R'$ 中，通常将膦基视为较大的取代基，$R'$ 为中等大小的取代基（图 6.1）。

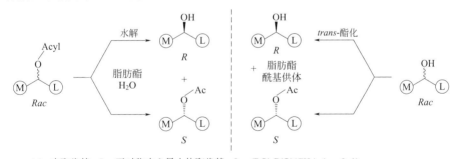

M—中取代基，L—不对称中心最大的取代基，L = $(RO)_2P(O)(CH_2)_n$ ($n = 0, 1$)

**图 6.1** 酶促酯交换和水解过程的对称性和立体化学

这种情况下，（S）-羟基膦酸酯进行酯交换，而（R）-羟基膦酸酯不参与反应。外消旋 α-酰氧基膦酸酯的水解产生（S）-羟基膦酸酯，而（R）-酰氧基膦酸酯仍然存在于混合物中。对于 β-羟基膦酸酯 $(RO)_2P(O)CH_2CH(OH)R'$，取 L＝$(RO)_2P(O)CH_2$ 和 M＝$R'$。由于在这种情况下，立体中心取代基的优先顺序发生了变化,因此 (R)-羟基膦酸酯发生酯交换反应,而 (S)-羟基膦酸酯没有反应。相应地,(R)-对映体参与 β-酰氧基膦酸酯的水解并产生 (R)-羟基膦酸酯,而 (S)-酰基膦酸酯保持不变。尽管涉及羟基膦酸酯的生物催化反应有时会违反 Kazlauskas 规则,但是大多数情况下可以观察到 α-和 β-羟基膦酸酯反应的立体特异性[13]。近年来,这一规律已被广泛应用于仲醇和胺的酶解产物的立体化学预测。

## 6.2.2 生物催化酯交换法拆分α-羟基膦酸酯

脂肪酶拆分外消旋体是获得对映体化合物最简便的方法之一。对于 α-羟基膦酸酯,使用有机溶剂中的酶促反式酯化作为规则[15-18]。为了实现动力学拆分,将各种酰基供体引入反应混合物中,包括乙酸乙酯、氯乙酸乙酯、苯甲酸乙酯、对氯苯乙酸乙酯、乙酸乙烯酯或乙酸异丙烯酯[19]。由于酶的酯交换/水解反应是可逆的,而且同一酶可以催化正向和逆向反应,乙酸乙烯酯和乙酸异丙烯酯被认为是最佳的酰化剂。由于酮-烯醇的互变异构作用,乙酸乙烯酯先转化为乙烯醇,然后转化为乙醛。乙酸异丙烯酯转化为丙酮,然后反应变得不可逆(方案 6.2)。

**方案 6.2** 米黑毛霉脂肪酶拆分二乙基-2-氯-1-羟甲基膦酸酯

固定在硅藻土的洋葱伯克霍尔德菌脂肪酶(BCL)是外消旋 α-羟基膦酸酯对映体拆分的有效生物催化剂[18,19](方案 6.3)。在这种脂肪酶存在下,乙酸乙烯酯仅对外消旋 α-羟基膦酸酯 **3a~c** 的 (S)-对映体进行酯化,得到含有 50% α-酰基膦酸酯 (S)-**4** 和 50% 羟基膦酸酯 (R)-**3** 的混合物。后者可用柱色谱法分离。结果表明,酯化速率和光学纯度与溶剂[四氢呋喃(THF)、甲苯和乙酸乙烯酯]的关系不大,但与温度和脂肪酶用量有很大关系。当温度升高到 40℃或 60℃时,反应速率分别提高约 1.5 倍和 2 倍。α-羟基膦酸酯的酯化率达到 50% 所需的时间,即 (S)-对映体完全酯化的时间随生物催化剂用量的增加而缩短。

**方案 6.3** 洋葱伯克霍尔德菌脂肪酶拆分 α-羟基磷酸二乙酯

**1-羟乙基膦酸二乙酯（*R*）-3a（典型示例）** 向含有 1.5g（0.076mol）外消旋（*S/R*）-羟基膦酸酯的 3mL THF 和 3mL 乙酸乙烯酯的混合溶液中添加 0.15g BCL。在室温下将混合物搅拌 48h。随后将脂肪酶完全过滤，溶液浓缩，残留物在硅胶上进行色谱分离，形成两个馏分，其中一部分（$R_f=0.25$，己烷：丙酮=2:1）为光学纯的醇（*R*）-3a［产率 48%，沸点 85℃（0.1mmHg），$[\alpha]_D^{20}=-7.0$（$c=3$，$CHCl_3$），$^{31}P$ NMR（$CDCl_3$），$\delta_P=31.5$］[2,4]。另一部分（$R_f=0.55$，己烷：丙酮=2:1）为（*S*）-二乙基 1-乙酰氧基乙基膦酸酯（*S*）-4a［产率 49%，$[\alpha]_D^{20}=+25.0$（$c=2$，$CHCl_3$），$^{31}P$ NMR（$CHCl_3$），$\delta_P=25.8$］[18]。

科学家报道了脂肪酶-CAL（来自南极假丝酵母的固定化脂肪酶，Chirazyme L-2）和 Amano AK（来自荧光假单胞菌的固定化脂肪酶）存在时非对映体的动力学拆分[20]。乙基苯基亚膦酸盐与醛的反应得到了含两个立体中心的外消旋亚膦酸盐 5a~c，结晶分离成主要产物［非对映体（$S_p,S$）-5 和（$R_p,R$）-5］和次要产物［非对映体（$R_p,S$）-5 和（$S_p,R$）-5］。随后，以乙酸乙烯酯为酰基供体，CAL 和 AK 催化主要产物的酯交换反应（方案 6.4）得到对映纯的酰基亚膦酸盐（$S_p,S$）-6a~c（98%＞ee）和羟基亚膦酸盐（$R_p,R$）-5a~c，转化率为 50%。南极假丝酵母脂肪酶 B(CLAB) 中烷基取代基 R 对酰化过程的影响比 AK 更为明显（方案 6.4）。在羟基保护下，通过与乙烯基溴化镁的反应，乙基(1-羟乙基)苯基膦酸（$R_p,R$）-5a 转化为 P-手性乙烯基膦氧化物（$R_p,R$）-7，这是合成其他光学活性膦氧化物的有效方法[20]（方案 6.5）。以类似的方式，Patel 等[21] 报道了在白地霉脂肪酶存在下，甲苯中的乙酸异丙烯酯将外消旋［1-羟基-4-(3-苯氧基苯基)丁基］磷酸酯 8 对映选择性乙酰化。所得的膦酸酯（*S*）-8 是角鲨烯合酶抑制剂 **BMS-188494** 的全合成中间体。主要产物产率为 38%，光学纯度为 95%

| R | L=脂肪酶 | 转化率/% | 乙酸盐,ee/% | 乙醇,ee/% |
|---|---|---|---|---|
| Me | CAL | 50 | 98 | 98 |
| Me | AK | 50 | 98 | 98 |
| Et | AK | 50 | 98 | 98 |

方案 6.4　乙基(1-羟烷基)苯基亚膦酸盐非对映体的动力学拆分

**方案 6.5** P-手性乙烯基膦氧化物 $(R_p,R)$-**7** 的合成

（方案 6.6）。在 AK 脂肪酶的催化下，cis-1-二乙基膦甲基-2-羟基甲基环己烷 **10** 与乙酸乙烯酯进行酯交换反应，生成了相应产物醇 （+）-**15** 和乙酸乙酯 （+）-**11**，产物产率和对映体过量均很高。该反应无溶剂，对映选择性因子为 152。然后将醇 （+）-**10** 转化为光学活性的乙内酰脲，这是合成构象受阻 （2R）-氨基-5-膦酸戊酯 （AP 5）类似物的起始化合物 （方案 6.7）[22]。利用从荧光假单胞菌中分离出的脂肪酶将外消旋羟甲基膦酸酯拆分为对映体。该产物用于制备具有高除草活性的手性膦磺酸盐。生物试验表明，（+）-膦磺酸盐的活性高于 （−）-异构体和外消旋体[23]。

**方案 6.6** 外消旋羟基膦酸酯 **8** 的对映选择性乙酰化

**方案 6.7** AK 脂肪酶催化 （S/R）-**11** 与乙酸乙烯酯进行酯交换

## 6.2.3 生物催化水解法拆分α-羟基膦酸酯

酶水解是一种拆分手性羟基膦酸酯的简便方法[24,25]。此类反应通常在两相体系中进行，在保持 pH 值为 7 的情况下，正己烷-BuOMe 混合物是最佳的溶剂。疏水性溶剂会降低酶的活性，但添加饱和盐水溶液 （$MgCl_2$ 或 LiCl）可显著提高脂肪酶处理过程的对映选择性 （方案 6.8）。例如，研究发现，在室温下，脂肪酶或猪肝酯酶在叔丁基甲醚-己烷/酶/磷酸盐缓冲液 （pH 7）体系中水解 β-酰氧基膦酸酯可获得对映纯的 （S）-或 （R）-羟基膦酸酯[25,26]。在反应过程中 pH 值的变化由自动滴定仪控制。脂肪酶优选水解酯的 （S）-对映体，而

Chirazyme P-2 蛋白酶水解 ($R$)-对映体[26]。米根霉（FAP 15）脂肪酶和黑曲霉（AP 6）脂肪酶对（乙酰氧基）苯基-甲基膦酸酯 **12** 的水解具有最高的对映选择性。

R = Ph, Ar, 1-萘基，2-萘基，2-噻吩基，3-噻吩基，2-呋喃基，2-Py, 3-Py, Alk;
$R^1$ = Me, Et, $i$-Pr
$R'$ = Me, $CH_2Cl$;
Lipase = FAP 15, AP-6

**方案 6.8** 酶水解法拆分 $\alpha$-羟基膦酸酯

为了提高反应的对映选择性和缩短反应时间，可以使用对映体富集的混合物代替外消旋体。Rowe 和 Spilling[27]采用这种方法来提高含不饱和基团的 1-羟基膦酸酯的光学纯度。手性钛醇酯［带有手性二醇配体的 $Ti(OPr-i)_4$］催化醛与二烷基亚磷酸酯的反应生成了对映体富集的 $\alpha$-羟基膦酸酯（$R$-**14**），ee 为 42%～77%。然后将对映体富集的产物 **14** 乙酰化，并将得到的乙酸酯用脂肪酶进行催化水解，得到醇（$R$）-**14**，产率高，光学纯度高达 99%ee。未反应的乙酸盐在室温和 pH=7 的缓冲溶液下在 $t$-BuOMe 中水解为羟基膦酸酯（$S$）-**14**（方案 6.9 和表 6.1）。

**方案 6.9** 对映体富集的 1-酰氧基膦酸酯的酶水解

**表 6.1** 对映体富集的 1-酰氧基膦酸酯 **13** 的酶水解（方案 6.9）

| R | R' | 酶 | 产率/% | ($S/R$)-13 ee/% | 构型 | ($S$)-14* ee/% | 构型 |
|---|---|---|---|---|---|---|---|
| Me | PhCH=CH | 假单胞菌 sp. | 68 | 73 | ($R$) | 99 | ($R$) |
| Me | PhCH=CMe— | 脂肪酶 PSCII | 75 | 77 | ($R$) | 99 | ($R$) |
| Me | $C_5H_{11}C\equiv C$— | 脂肪酶 AY | 59 | 49 | ($R$) | 92 | ($R$) |
| Me | Ph | 假单胞菌 sp. | 72 | 70 | ($R$) | 99 | ($R$) |
| Me | PhCH=CH | 根霉 *arrhizus* | 70 | 73 | ($S$) | 91 | ($R$) |
| Me | MeCH=CH | F-API5 | 79 | 64 | ($S$) | 95 | ($R$) |
| Me | $C_5H_{11}C\equiv C$— | F-API5 | 74 | 69 | ($S$) | 95 | ($R$) |
| Me | $C_5H_{11}C\equiv C$— | 根霉 *arrhizus* | 74 | 49 | ($S$) | 90 | ($R$) |
| Me | 环戊烯基 | F-API5 | 72 | 42 | ($S$) | 79 | ($R$) |

Kafarski 等[28,29]在各种微生物（包括圆柱假丝酵母、黑曲霉、雪白根霉、爪哇毛霉、猪胰腺、洋葱假单胞菌和卷枝毛霉）的脂肪酶存在下，分离出含有两个不对称中心的 α-羟基膦酸酯。丁酸乙烯酯的酶促酯交换化反应或脂肪酶水解乙基（1-叔丁氧基苯基）苯基亚膦酸盐 **16**，实现了乙基（1-羟乙基）苯基亚膦酸盐 **17** 的动力学拆分。在猪胰脂肪酶（PPL）存在下，化合物 **16** 水解得到两个非对映体 **15**，根据反应条件的不同，转化率从 10% 到 49% 不等，其 ee 大于 98%（方案 6.10）。

**方案 6.10** 乙基(1-羟乙基)苯基亚膦酸酯 **15a** 的动力学拆分

以手性（93%～97%ee）α-羟基膦酸酯 **18** 为原料，经酶促拆分得到具有光学活性的 α-磺酰基膦酸酯 **17** 和相应的甲基硫化物 **18**[25]。试图通过对映选择性水解相应的外消旋 α-乙酰基硫代膦酸酯来获得在 α-碳原子处含有二价硫原子的手性膦酸酯并未成功。这是因为在有 AP 6 和酵素 6 脂肪酶存在的情况下，Chirazyme P-2 蛋白酶水解产生外消旋产物，但在从皱落假丝酵母、柱状假丝酵母和 FAP 15 分离出的脂肪酶存在的情况下，并且没有发生该反应（方案 6.11）。

**方案 6.11** 光学活性 α-磺酰基膦酸酯 **17** 的合成

正丁醇在无水苯中醇解丁氧基衍生物 **19**，得到对映纯的羟基膦酸酯（S）-**20**，产率为 40%[19]（方案 6.12）。使用 SP 524 脂肪酶（由毛霉和米曲霉基因工

**方案 6.12** 正丁醇醇解丁氧基衍生物 **19**

程杂交而成）成功地将二异丙基（2-叠氮基-1-羟乙基）膦酸酯拆分为对映体[23]。外消旋二异丙基 2-叠氮基-1-乙酰氧基乙基膦酸酯在 SP 524 存在下进行水解，形成 α-羟基膦酸酯（S）-**22** 和酯（R）-**21**，然后水解得到立体异构体（R）-**23**[23]。然后将膦酸酯（R）-**21** 和（S）-**22** 转化为 α-磷酸丝氨酸（R）-**24** 和 α-磷酸丝氨酸（S）-**25**[30]。Yuan 等[19]报道了 CALB 可有效地将含有叠氮化物的外消旋膦酸酯拆分为对映体[16]（方案 6.13）。

方案 6.13 将二异丙基（2-叠氮基-1-羟乙基）膦酸酯拆分为对映体

在洋葱假单胞菌脂肪酶存在下，对相应的外消旋乙酸酯 **25a~e** 进行酶水解，得到手性 α-羟基-H-亚膦酸盐 **26a~e**。从四种立体异构体 α-乙酰氧基-H-亚膦酸盐 **25** 的混合物中分离出对映纯的 α-羟基-H-亚膦酸盐（$R,S_p$）-**26a~e**[31]。应注意的是，带有芳香取代基的羟基膦酸酯通常对脂肪酶催化的酯交换和水解具有稳定的抵抗力，这可以用电子和空间因素来解释。在这种情况下，可能的原因是磷原子上的乙氧基取代了较小的氢原子。四种非对映体混合物 **25c** 中只有一种，即醋酸（$R,S_p$）-**25c**，在含有己烷/叔丁基甲醚混合物的磷酸盐缓冲液（pH=7）中，在 PSC 脂肪酶的作用下进行水解。反应得到相应的羟基膦酸酯（$R,S_p$）-**27c**，产率为 18%，ee 为 99%。同时，以 33%的产率分离出乙酸盐（$S,R_p$）-**26c**（方案 6.14）[24]。

（$S,R$）-**26a~e**　（$R,S_p$）-**26a~e**　**27a~e**

R = $n$-C$_5$H$_{11}$ (a); Bn (b); 4-XC$_6$H$_4$，其中X = Me (c), H(d), Cl (e)
PCL = 洋葱假单胞菌脂肪酶

方案 6.14 酶水解拆分非对映体羟基膦酸酯

## 6.2.4　α-羟基膦酸酯的动态动力学拆分

外消旋体的常规动力学拆分使每个对映体的产率达到 50%。然而，动态动力学分拆分（DKR）技术可以克服这一限制[32-34]。在 DKR 中，底物在拆分过程中连续异构化，即 (R)-和 (S)-对映体处于平衡状态。因此，在 $k_S=0$ 时，起始 (R)-对映体可以完全转化为 (R)-产物。

$$(R)\text{-底物} \xrightarrow{k_R} (R)\text{-产物} \qquad (R)\text{-底物} \xrightarrow{k_R} (R)\text{-产物}$$
$$\qquad\qquad\qquad\qquad\qquad\qquad k_{rac} \updownarrow$$
$$(S)\text{-底物} \xrightarrow{k_S} (S)\text{-产物} \qquad (S)\text{-底物} \xrightarrow{k_S} (S)\text{-产物}$$

金属配合物催化与生物催化相结合的方法成功地应用于某些羟基膦酸酯的 DKR 中。例如，一种酶 [来自洋葱假单胞菌的脂肪酶或 CALB（Novozym-435）的脂肪酶] 和一种钌配合物 **30** 同时作用，催化醇的异构化，导致外消旋羟基膦酸酯 **28** 转化为对映纯的乙酸酯 **29**，产率较高[34]。一系列外消旋羟基膦酸酯已成功转化为对映纯的乙酸酯，其 ee 为 99%，产率为 87%（表 6.2）。

**表 6.2 α-羟基膦酸酯的动态动力学拆分**

| R | R′ | 酶 | $T/℃$ | 产率/% | ee/% |
|---|---|---|---|---|---|
| Me | Et | CALB | 60 | 70 | 99 |
| Me | Et | CALB | 70 | 76 | 99 |
| Me | Et | CALB | 80 | 86 | 99 |
| Me | Et | PS-C | 60 | 69 | 99 |
| Me | Et | PS-C | 80 | 87 | 99 |
| Me | Et | CALB | 80 | 83 | 99 |
| Et | Et | PS-C | 80 | 85 | 99 |

注：PS-C 为洋葱假单胞菌脂肪酶。

## 6.2.5 β-和 ω-羟基膦酸酯的拆分

与 α-羟基膦酸酯类似，在 β-、γ-和 δ-位置含有羟基的外消旋膦酸酯相对于磷原子（所谓的 ω-羟基膦酸酯）的生物催化拆分是通过两种方式进行的，即羧酸酯的酯交换或相应的乙酰化羟基膦的水解[35-41]。在洋葱假单胞菌和荧光假单胞菌脂肪酶以及脂肪酶 Amano AH-S（LAH-S）存在下，用乙酸乙烯酯酰化外消旋 β-羟烷基膦酸酯 **31a~e**。反应在动力学控制下进行。未反应的底物 **31a~d** 和乙酰化产物 **32a~e** 通过柱色谱法分离[35]。CALB 催化乙酸乙烯酯的酯交换反应，成功地将 β-羟烷基膦酸酯 **31**（$R^1$ = Me, Et；$R^2$ = Me, Et, CH=CH$_2$,

CH$_2$Cl）拆分为（R）-对映体和（S）-对映体[17]。β-C 原子上带有 Me、Et 或乙烯基的化合物 **32** 被很顺利地乙酰化，对映选择性较好（E＞100）。然而，化合物 **31e**（R$^1$＝CH$_2$Cl，R$^2$＝Et）的对映选择性较低（50％ee，E＜5）（方案 6.15）。

| | R$^1$ | R$^2$ | 脂肪酶 | 乙醇,ee/% | 乙酸盐,ee/% |
|---|---|---|---|---|---|
| **a** | Et | Me | AK | 93 | 90 |
| **b** | Me | Bu | AK | 61 | 92 |
| **c** | Me | (CH$_2$)$_3$Ph | LAH-S | 52 | 43 |
| **d** | Et | 1-Py | PCL | 45 | 62 |
| **e** | Et | CH$_2$Cl | CALB | 50 | — |

PCL = 洋葱假胞菌脂肪霉，AK = 荧光假单胞菌脂肪酶，LAH-S = AH-S脂肪酶

**方案 6.15**

Attolini 测试了多种酶［Liposyme、Amano AK、Amano PS、蜂蜜曲霉中的酰基转移酶、Amano AP 6、Amano Ay、CALB、PPL、CRL（皱落假丝酵母的脂肪酶）、Amano R10］，在动态动力学拆分外消旋二乙基 3-羟基丁烯-1-基膦酸酯 **33** 中的能力[36]。Liposyme 脂肪酶（Fluka）是最有效的生物催化剂。在 Liposyme 存在下，生成二乙基 3-乙酰氧基-1-烯基膦酸酯［（R）-**34**］，其 ee 为 96％，分离未反应的（S）-羟基膦酸酯 **33**，其 ee 为 99％。在制备规模实验中，用几克起始化合物也得到了类似的结果，产率为 46％～48％。Amano AK 和 Amano PS 脂肪酶在外消旋 β-羟基膦酸酯的动力学拆分方面也表现出很高的效率（特别是使用后一种酶可获得 98％的 ee）。反应速率较快，对映体活性因子大于 200。在来自 A. melleus 的酰基转移酶催化下，酰化产物也获得了良好的对映体纯度（98％ee），分离出未反应的起始 β-羟基膦酸酯 **33**，其 ee 仅为 49％（方案 6.16）。

考虑到人们对天然氨基酸含 P 类似物［如肉碱和 γ-氨基-β-羟基丁酸（GABOB）］的兴趣，包括酶分解的一些合成方法被发表[19,37]。例如，提出了一种由 2-羟基-3-氯丙基膦酸酯 **31e** 合成对映纯磷酸肉碱的有效方法[37]。然后，在相同的脂肪酶存在下，用 Amano AH-S 脂肪酶或荧光假单胞菌脂肪酶进行酶促酯交换获得 88％ee 的对映体富集的乙酸酯（S）-(−)-**32e**。这使得羟基膦酸酯的纯度大大提高。在二异丙醚的饱和缓冲溶液（pH 7.2）进行乙酸盐（S）-**32e** 的水解。在 30℃下将溶液搅拌 25 天，并用 $^{31}$PNMR 光谱监测反应。当醇（R）-**31e** 与乙酸盐（S）-**32e** 的比例达到 2.5：1 时，停止反应，用柱色谱法分离产物。得到 β-羟基膦酸酯（S）-(−)-**31e**，产率为 25％，ee 为 100％（方案 6.17）。

| 脂肪酶 | 时间/h | 转化率/% | (R)-34, ee/% | (S)-33, ee/% |
|---|---|---|---|---|
| Liposyme | 21 | 51 | 99 | 96 |
| Amano PS | 17 | 45 | 81 | 98 |
| PPL | 49 | 19 | 22 | 99 |
| CRL | 10 | 13 | 8 | 54 |
| Amano(R)-10 | 10 | 8 | 6 | 69 |

**方案 6.16**　各种脂肪酶拆分 3-羟基丁烯-1-基膦酸酯 33

**方案 6.17**　酶促拆分 2-羟基-3-氯丙基膦酸酯

外消旋的 4-羟基-2-氧代磷酸酯 **35** 在苯中通过 CALB 催化与乙酸乙烯酯的酯交换，或在含有饱和氯化镁溶液的二异丙醚中通过皱落假丝酵母脂肪酶催化水解相应的丁酸酯而拆分为对映体[42]。该反应生成 (S)[或(R)]-O-羟基膦酸酯 **35** 的产率为 35%~42%，乙酸盐 **36** 的产率为 48%~51%。化合物 36 在碳酸钾水溶液中与苯甲醛反应得到手性烯酮 **37**（95%~99%ee）（方案 6.18）。

外消旋 α-氯-β-氧代-γ-(羟烷基)膦酸酯 **38**（R＝Me，Et，CH$_2$＝CH）首先通过 CALB 催化的酯交换反应进行拆分[42]。产生光学活性羟基酮磷酸酯 (S)-**38** 的产率为 42%~45%，乙酰化产物 (R)-**39** 的产率为 45%~50%。然后在 CALB（或 CRL）存在的情况下，将乙酸盐 39 水解成醇 (R-**38**)。随后用苯甲醛和碳酸钾处理化合物 **38**，得到手性 α,β-不饱和酮的几何异构体混合物，从中分离出对映纯度大于 98% 的化合物 **40**（方案 6.19）。

对映纯的环状二乙基 (S)-3-羟基环烷基-1-烯基膦酸酯 **41** 是通过酶法拆分相应的外消旋体得到的[43]。反应还得到了 (R)-乙酸盐 **42a~c**。所用脂肪酶（Amano AY、Amano PS、Amano AK、PPL）中，Amano AK 和 Amano PS 的

| R | 脂肪酶 | 产率/% | | ee/% | 构型 |
|---|---|---|---|---|---|
| | | **35** | **36** | **37** | **37** |
| Me | CALB | 40 | 48 | 99.1 | (S) |
| Et | CALB | 42 | 45 | 95 | (S) |
| $CH=CH_2$ | CALB | 35 | 51 | 95 | (R) |
| Ph | CRL | 35 | 69 | 98.7 | (R) |
| $4-FC_6H_4$ | CRL | 38 | 84 | 95.9 | (R) |
| $4-MeC_6H_4$ | CRL | 37 | 81 | 100 | (R) |
| $4-MeOC_6H_4$ | CRL | 32 | 92 | 96.8 | (R) |
| $4-ClC_6H_4$ | CRL | 34 | 78 | 99.4 | (R) |
| $2-BrC_6H_4$ | CRL | 36 | 86 | 98.0 | (R) |
| $2-ClC_6H_4$ | CRL | 38 | 90 | 97.0 | (R) |
| 2-呋喃基 | CRL | 31 | 95 | 85.9 | (R) |

**方案 6.18** CALB 催化酯交换拆分外消旋羟基膦酸酯

结果最好，也就是说，它们使化合物（S）-**41a～c** 的对映纯度高达 99%。采用不同方法制备了手性六元羟基膦酸酯（S-**44**）。在溴环己烯醇的形成过程中，且有 Amano AK 脂肪酶存在的情况下进行酶法拆分，得到（S）-对映体 **43**，其 ee 为 80%[43]。随后，钯催化 **43** 的磷酸化形成具有相同对映体纯度的羟基膦酸酯（S）-**44**（方案 6.20）。

β-和 ω-羟基磷酸酯的酶法水解是分离 β-和 ω-羟基磷酸酯外消旋混合物的一种简便方法。在某些情况下，这种方法被用来获得不能通过酶促酯交换分解的羟基膦酸酯对映体[44-47]。例如，Hammerschmidt 等[44]报道了一些氯乙酰氧膦酸酯的水解作用，这些水解作用是在两相体系中通过柱状假丝酵母的脂肪酶和枯草芽孢杆菌的枯草杆菌蛋白酶来实现的，并获得了（S）-羟基膦酸酯（51%～92% ee）。由黑曲霉的 AP 6 脂肪酶催化含有环状烷基的外消旋氯乙酰氧基膦酸酯的水解产生了相应的醇以及酯的（S）-对映体，获得了高产率且具有良好的 ee 值[45-48]。Attolini

**方案 6.19** 酯交换法拆分羟基烷基磷酸酯 38

**方案 6.20** 生物催化酯交换法拆分环状二乙基-3-羟基环烷-1-烯基磷酸酯 44

等[36]报道了以异丙醇作为酰基受体的二乙基 3-羟丁-1-烯基膦酸酯 **45** 在二异丙醚中的酶促溶剂解。酰化产物 **46** 具有（R）绝对构型，而未反应的羟基膦酸酯具有（S）绝对构型。Yuan 等提出了一种简便的合成光学纯 2-羟基-2-芳基乙基膦酸酯的方法。在脂肪酶存在下，在有机溶剂中对丁酸酯 **45** 进行了对映选择性水解。例如，两种化合物（S）-**46** 和（R）-**45** 都是在二异丙醚的饱和水溶液中得到的，产率高达 95%。在所研究的脂肪酶中，CRL 脂肪酶表现出最高的效率。另一种替代方法为在二异丙醚的饱和 0.5% 氯化镁水溶液中 CRL 催化的水解（方案 6.21）[39]。

有人研究了同时含有脂肪族和芳香族取代基的丁酸盐的类似反应[42]。用 X 射线衍射分析测定了所得羟基膦酸酯的绝对构型。产物的产率取决于起始化合物中的取代基和所用的有机溶剂。在二异丙醚的饱和氯化镁溶液为溶剂，通过 CRL 催化水解，将外消旋 α-氯-β-氧代-δ-羟烷基膦酸酯 **47** 拆分为对映体。将所得的醇 **48** 作为手性试剂用于 Horner-Wadsworth-Emmons 反应，得到手性 α,β-不饱和酮[39]（方案 6.22）。含 $CF_3$、$CH_2Cl$、$CH_2N_3$ 基团的羟基膦酸酯由于这

$$(RO)_2(O)P\underset{OCOOPr}{\overset{R'}{|}} \xrightarrow[i-Pr_2O/H_2O]{CRL} (RO)_2(O)P\underset{OCOOPr}{\overset{R'}{|}} + (RO)_2(O)P\underset{OH}{\overset{R'}{|}}$$

$$\mathbf{45} \qquad\qquad (S)\text{-}\mathbf{46} \qquad\qquad (R)\text{-}\mathbf{45}$$

R = Me, Et, Pr-i; R' = XC$_6$H$_6$ (X = H, 2Cl, 4-F, 4-NO$_2$, 4-Et, 4-Br, 2-Br, 2, 4-Cl$_2$, 3-Cl, 4-Me, 2CF$_3$, 2-呋喃基, 2-萘基)

**方案 6.21** CRL 催化的对映选择性水解

**方案 6.22** α-氯-δ-羟基-δ-芳基-β-酮烷基膦酸酯的对映体拆分

些基团的强吸电子作用而抑制了酶促反应[17]。然而，Yuan 等成功地选择了合适的酶，并开发了将带有三氟甲基的外消旋 α- 和 β- 羟烷基膦酸酯分解为对映体的方法[40]。

在有机溶剂中，以米黑毛霉脂肪酶或 CALB 催化醇解，以皱落假丝酵母脂肪酶催化水解，得到了最佳的结果。在 30℃ 无水苯中，以正丁醇为亲核试剂，在 CALB 存在下将含 β- 羟基膦酸酯 **49** 的三氟甲基酯转化为醇 **50**，当转化率达到 50% 时，停止反应，用色谱法分离出手性酰氧基烷基膦酸酯 **49** 与醇 **50** 的混合物（方案 6.23）。

**方案 6.23** CALB 催化三氟甲基-β-羟基膦酸酯的醇解

有人报道了一种基于酶催化制备手性 2-三氟甲基-1,2-二羟丙基膦酸酯 **51** 的简便方法[41]（方案 6.24）。用高锰酸钾和乙烯基膦酸酯二羟基化制备了二醇 **51**。在 CALB 或固定化脂肪酶 IM 催化下，外消旋产物 **51** 的酶催化醇解得到光学活性的膦酸酯 (R,S)- 和 (S,R)-**52**，具有令人满意的产率和对映选择

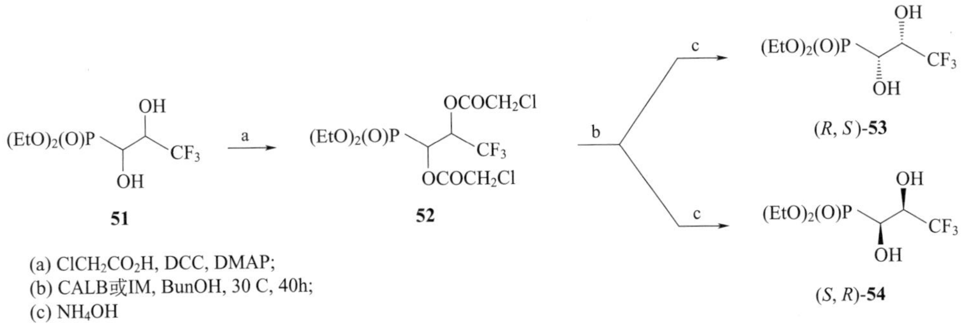

$$\begin{array}{c}\text{(EtO)}_2\text{(O)P}\underset{\text{OH}}{\overset{\text{OH}}{\diagup}}\text{CF}_3 \xrightarrow{a} \text{(EtO)}_2\text{(O)P}\underset{\text{OCOCH}_2\text{Cl}}{\overset{\text{OCOCH}_2\text{Cl}}{\diagup}}\text{CF}_3 \xrightarrow{b}\end{array}$$

**51** → **52** → ( c → (R,S)-**53** ; c → (S,R)-**54** )

(a) ClCH$_2$CO$_2$H, DCC, DMAP;
(b) CALB或IM, BunOH, 30 C, 40h;
(c) NH$_4$OH

**方案 6.24** 二羟丙基膦酸酯 **51** 的拆分

性（75%～88% ee）。然后将这些产物水解为光学活性二醇（$R,S$）-**53** 和（$S,R$）-**54**。如果二乙基膦酰基被当作大的取代基，则所得产物的绝对构型遵循Kazlauskas规则。

1-氯-2-羟丙基膦酸被用作磷肉碱的主要前体。CALB 在 1-或 2-羟基烷烃膦酸酯的拆分中起到了有效的生物催化剂的作用[19]。色谱纯化得到对映纯的羟基膦酸酯（$S$）-**31e** 和氯乙酸盐（$R$）-**55**，然后用氨进行处理（方案 6.25）。以对映体（$S$）-和（$R$）-**31e** 为起始化合物合成了磷肉碱。在甲醇中用溴代三甲基硅烷处理化合物（$R$）-**31e** 并将其转化为三甲基铵盐（$S$）-**58**。随后磷肉碱盐（$S$）-**56** 的脱氯化氢反应生成（$S$）-肉碱的光学纯磷类似物（方案 6.26）。以二乙基 1-羟基-2-叠氮膦酸酯 **57**[19] 为起始原料，利用脂肪酶进行生物催化水解，制备了磷酸-GABOB 乙酯对映体[30]。合成的关键步骤是在脂肪酶（CALB 或 IM）存在下酶解乙酸外消旋体 rac-**57**，得到酯 **57** 的（$R$）-对映体和醇（$S$）-**58**，然后通过色谱分离，转化为（$S$）-膦基-GABOB **59** 的二乙酯（方案 6.27）。

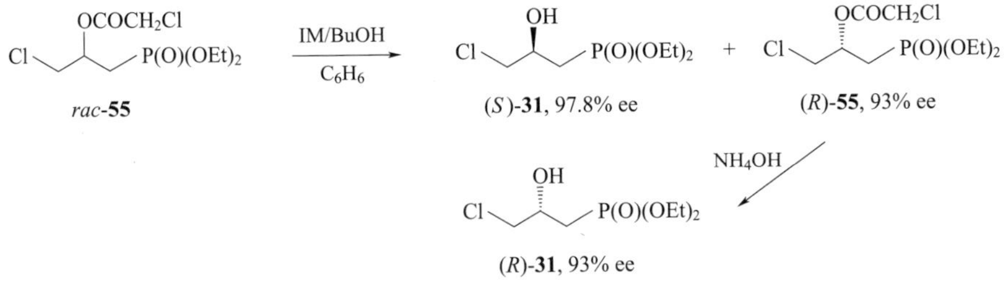

**方案 6.25**

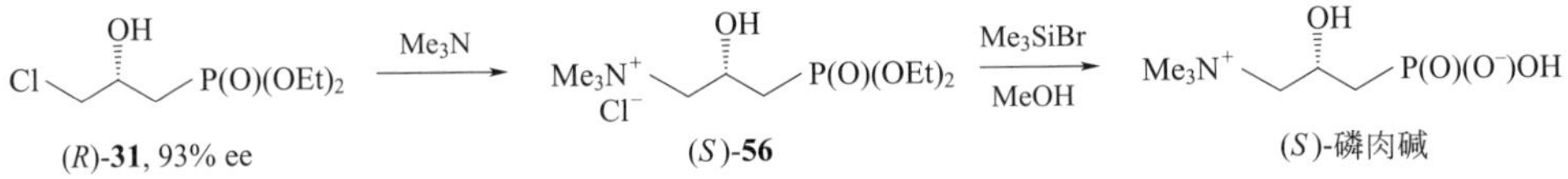

**方案 6.26** （$S$）-磷肉碱的合成

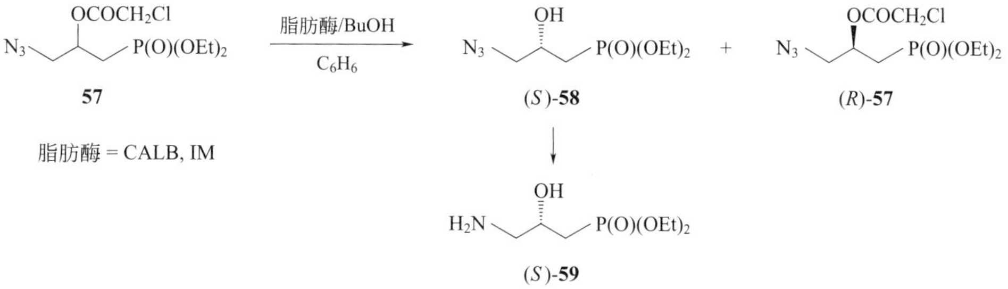

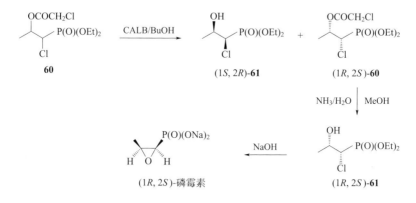

**方案 6.27** 膦基-GABOB 对映体的合成

**(S)-二乙基 1-羟基-2-氯乙烷膦酸酯(S)-31e** 将二乙基 1-丁氧基-2-氯乙烷膦酸酯 rac-55（5mmol）溶解于无水甲苯（10mL）和正丁醇（1.5mL）中，并添加米黑毛霉脂肪酶或 CALB（400~500mg）。在 30℃下用 IM 脂肪酶或 36℃下用 CALB 搅拌混合物。反应过程由 $^{31}$P NMR [$\delta_P$=21.0（酯）和 26（醇）] 或 $^1$H NMR [$\delta_H$=5.1 CHO(H) 和 4.05 CHO(Ac)] 控制。当这些信号的比率达到 1:1 时，将酶完全过滤，并用丙酮（3mL）洗涤。溶剂蒸发后，用快速色谱法分离残留物，得到目标化合物（S）-31（95mg，44%，ee>95%），为无色油状物 $[\alpha]_D^{20}$=−15.5（1，$CH_3OH$）。

CALB 催化外消旋氯乙酸盐 60 醇解得到（R,S）-61 和（S,R）-60，光学纯度大于 95%[19]。利用米黑毛霉脂肪酶（IM）也得到了满意的结果。在甲醇水溶液中用氨水解光学纯氯乙酸盐（R,S）-60 时，没有出现外消旋化，使得羟基膦酸酯（R,S）-60 的产率为 85%。后者水解成（1R,2S）-59，然后在碱性介质中进行环化，得到（1R,2S）-磷霉素钠盐（方案 6.28）。

**方案 6.28** （1R,2S）-磷霉素的制备

## 6.2.6 β-羟基膦酸酯的动态动力学拆分

在脂肪酶作用下，外消旋 β-羟基膦酸酯 [R=Et(a)，Me(f)] 的 DKR 与钌

配合物 30 催化的醇异构化反应结合在一起（表 6.3）[34,49]。为此，在不同脂肪酶存在下，60℃甲苯中用 3 当量的 4-氯苯基乙酸盐对外消旋二烷基 2-羟丙基膦酸酯 60 进行处理（物质的量之比为 3∶1）。在所有情况下，尽管产物的产率和对映纯度取决于所用脂肪酶的类型，但产物的对映选择性都足够高。CALB 活性最高，而其他脂肪酶（CRL、P. 胰腺酶、柱状假丝酵母和曲霉 sp.）活性较低。外消旋 $\beta$-羟基膦酸酯的 DKR 与 $\alpha$-羟基膦酸酯的 DKR 相比有显著差异，其分解时间较长（分别为 48h 和 24h），产物 61 的产率较低，并且形成了副产物侧酮磷酸酯 62。使氢气气泡通过反应混合物或添加 2,4-二甲基戊-3-醇可抑制酮磷酸酯 62 的形成；尽管如此，DKR 的效率或产物 61 的对映纯度没有降低[34]。

表 6.3 $\beta$-羟基膦酸酯的动态动力学拆分

| $R^1$ | $T/℃$ | 61 产率/% | ee/% |
|---|---|---|---|
| Et | 60 | 54 | >99 |
| Et | 70 | 65 | >99 |
| Et | 80 | 69 | >99 |
| Et | 70 | 53 | >99 |
| Et | 70 | 57 | >99 |
| Me | 70 | 62 | >99 |

## 6.2.7 氨基膦酸酯的拆分

氨基膦酸作为一种潜在的生物活性化合物具有重要的研究价值。因此，人们试图利用生物催化来合成它们的对映体。关于使用化学酶法合成手性氨基膦酸的信息，最早是 20 世纪 80 年代 Hoechst Aktiengesellschaft 发表的[10]。Hammerschmidt 等人[8,45,47,48]报道了用化学酶法合成苯丙氨酸、酪氨酸、缬氨酸、$\beta$-亮氨酸、异亮氨酸和 $\alpha$-氨基-$\gamma$-甲基硫代乙酸的磷酸类似物。产生氨基膦酸 (R)-67 的反应方法如下所示。在黑曲霉脂肪酶存在下，外消旋体 63 的酶解得到了光学活性的膦酸酯 (R)-63 和 (S)-64。(S)-64 的 Mitsunobu 反应通过叠氮化物 65 的形成而得到氨基膦酸酯 (R)-66。随后酸水解 66 后分离出氨基膦酸 (R)-67[44-47]（方案 6.29）。

木瓜蛋白酶（分离自番木瓜植物的酶，催化蛋白质和肽的水解）用于拆分外消旋氨基膦酸[40]。在乙腈及负载于固体聚酰胺的木瓜蛋白酶存在下，N-苄氧基羰基丙氨酸 L-68 与外消旋氨基膦酸酯 67 发生反应。该方法成功地用于制备光学

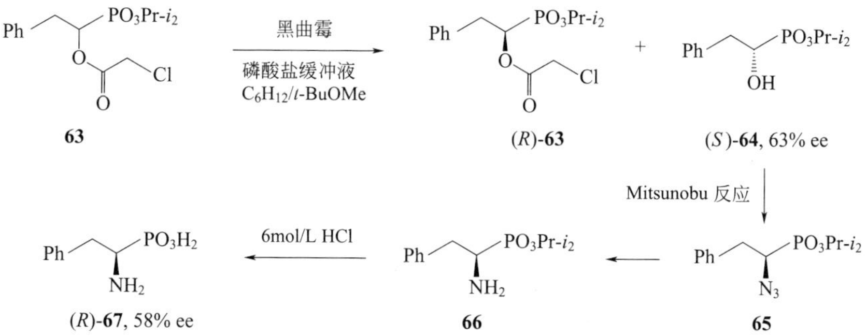

**方案 6.29** 羟基膦酸酯合成氨基膦酸酯

活性抗菌剂 alaphosphalin L,L-**70**（方案 6.30）[50-52]。

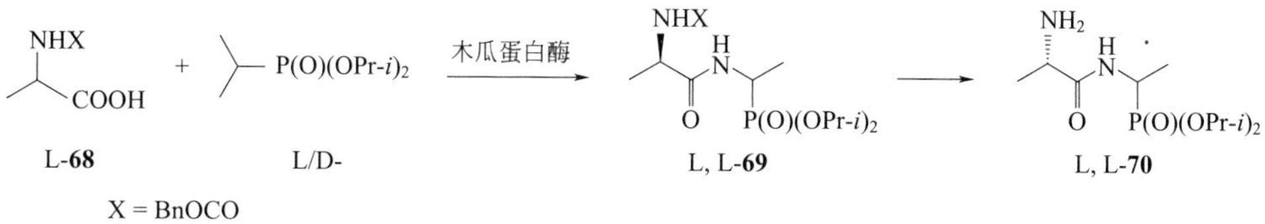

**方案 6.30**

Kukhar 等[51]使用青霉素酰化酶（PA）催化水解将外消旋 N-苯基-乙酰氨基膦酸 **71** 拆分成化合物 D-**72** 和 L-**73**[50-52]（方案 6.31）。

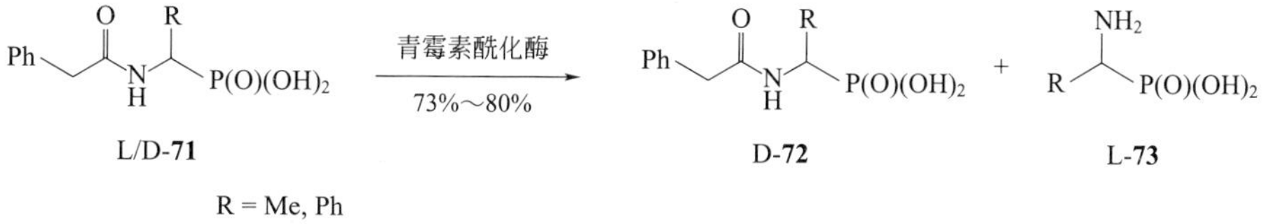

**方案 6.31** 外消旋 N-苯基-乙酰氨基膦酸 L/D-**71** 的拆分

Khushi 等[16]通过枯草杆菌蛋白酶-嘉士伯和米曲霉脂肪酶水解相应的磷（氨基）异己酸酯来实现对氨基膦酸酯的第一种酶促拆分。在水溶液（pH 7）中进行动力学控制反应；从 pH=8.5 的溶液中分离出相应的未反应的酯（方案 6.32）。

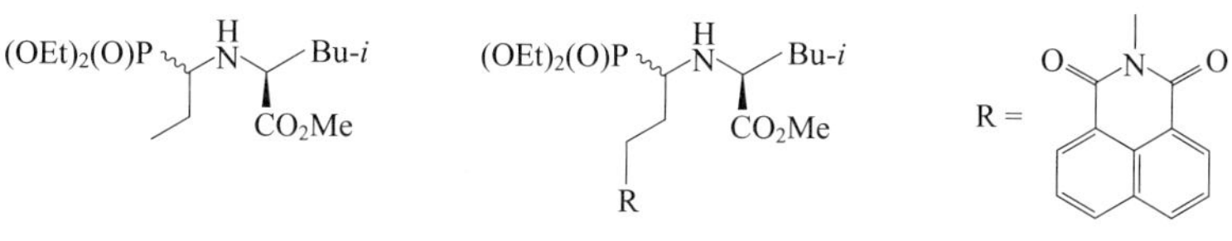

**方案 6.32**

外消旋 β-氨基烷基膦酸酯 **74** 通过 CALB 催化 N-酰化动力学拆分为对映体[53]。

6 不对称生物催化　315

乙酸乙酯被用作酰化剂，因为乙酸乙烯酯具有高亲核性，即使在没有CALB的情况下也能酰化氨基膦酸酯。结果表明，二乙基 2-氨基丙基膦酸酯 **74**（$R^1$ = Me，$R^2$ = Et）酰化得到相应的对映体富集的氨基膦酸酯（S）-**74**（99.5%ee）和 N-酰氨基膦酸酯（R）-**75**（78%ee）的混合物，然后用柱色谱法分离。磷原子上的取代基影响该方法的效率。结果表明，R 基团不应过大，以使 CALB 催化拆分成功进行。例如，在相同条件下，二异丙基 2-氨基膦酸酯 **74**（R = Me，R' = Pr-i）的拆分对映选择性较低（产物的 ee 值分别为 54% 和 64%）。然而，当 **74**（R = Me，R'' = Pr-i）在二异丙醚中反应时，对映选择性提高到了 $E > 70\%$。当乙烯基作为 R 取代基时，酰化的对映选择性也降低（方案 6.33）。在 CALB 存在下，尽管大多数情况下对映选择性相当高（ee > 90%）。但 α-氨基膦酸酯 **76a~d** 与乙酸乙酯的 N-酰化反应缓慢，5 天内转化率仅达到了 50%，反应生成了化合物（R）-**87a~d** 和（S）-**77a~d** 的混合物（方案 6.34）。

| | R | R' | 时间/h | 74 | | 75 | |
|---|---|---|---|---|---|---|---|
| | | | | 产率/% | ee/% | 产率/% | ee/% |
| a | Me | Et | 120 | 40 | 99.5 | 54 | 78 |
| b | Me | Pr | 120 | 41 | 100 | 53 | 76 |
| c | Et | i-Pr | 148 | 40 | 100 | 55 | 72 |
| d | Et | Et | 148 | 44 | 64 | 42 | 79 |
| e | Et | Pr | — | 41 | 56 | 40 | 74 |
| f | Et | i-Pr | — | 43 | 26 | 41 | 41 |

方案 6.33　外消旋 α- 和 β-氨基烷基膦酸酯的拆分

| | R | R' | (S)-77 | | (R)-76 | |
|---|---|---|---|---|---|---|
| | | | 产率/% | ee/% | 产率/% | ee/% |
| a | Me | Et | 48 | 90 | 41 | 99.7 |
| b | Me | i-Pr | 42 | 90 | 42 | 90 |
| c | Et | Me | 43 | 98 | 44 | 96 |
| d | Et | Et | 10 | 100 | 73 | 18 |

方案 6.34　CALB 催化 α-氨基膦酸酯 **76a~d** 的 N-酰化反应

在某些情况下，使用更具活性的甲氧基乙酸乙酯代替乙酸乙酯。这提高了 α-氨基膦酸酯 **76d~f** 对映体的拆分效率。然后，将氨基膦酸（R）-**76d~f** 的酯类从酰化衍生物（S）-**78d~f** 中分离出来并转化为具有保护氨基的化合物 **79d~f**（方案 6.35）。上述所有的 α-和 β-氨基烷基膦酸酯的 CALB 催化酰化的立体过程遵循 Kazlauskas 规则（方案 6.35b）。

方案 6.35 （a）α-氨基膦酸酯的拆分；（b）CALB 催化的氨基烷基膦酸酯（S）-立体异构体的绝对构型的拆分

Natchev[54] 报道了以酶促合成草丁膦（2-氨基-4-羟甲基膦基丁酸 **81**）的 D-和 L-对映体及其衍生物 **82**。L-草丁膦是从吸水链霉菌中分离出的一种已知的除草剂。磷酸二酯酶、酰化酶和谷氨酰胺酶的连续酶水解产生了草丁膦 **81**。在 α-糜蛋白酶作用下，形成 L-草丁膦衍生物 **82**（方案 6.36）。

方案 6.36 D-和 L-草丁膦的酶促合成

# 6.3 C—P 键化合物的生物合成

在发现天然膦酸酯（如 2-氨基-乙基膦酸、磷-非那曲霉素和磷霉素）之后，人们对生物系统中 C—P 键的形成机理进行了深入研究[55-64]。结果表明，膦酸脂形成的关键步骤是在形成 P—C 键的酶的催化下，磷酸烯醇丙酮酸（PEP）重排为磷酸丙酮酸。特别地，磷霉素是在从梨状芽孢杆菌和吸水链霉菌分离出的 PEP 磷酸变位酶（EC 5.4.2.9）的作用下，由 PEP **83** 生物催化重排为磷酸丙酮酸 **84** 而形成的[56,57]。分子内重排后，PEP 被转化为磷酸丙酮酸，然后脱羧生成磷酸乙醛，随后形成（1R,2S）-磷霉素（方案 6.37）。

**方案 6.37** 磷酸烯醇丙酮酸（PEP）重排为磷酸丙酮酸，然后形成磷霉素

利用 $^{18}O$ 标记[61]，证明了梨状芽孢杆菌催化的烯醇丙酮酸 **83** 中磷酸基从氧转移到碳原子是一个分子内过程，继续保留磷原子的绝对构型[59,60]。除草剂双丙氨膦（SF-1293）的形成是通过类似的机理进行的。这种三肽抗生素由链霉菌产生，具有除草和杀菌活性。生物催化是通过从梨状芽孢杆菌中分离得到的 CPEP-磷酸变位酶（CPEP 为羧基磷酸烯醇丙酮酸）进行的。这种酶启动了 PEP 磷甲酸盐的缩合，随后 PEP 重排为磷酸丙酮酸，形成 P—C 键。CPEP-磷酸变位酶催化的反应也继续保留磷原子的绝对构型[65]（方案 6.38）。

**方案 6.38** 除草剂双丙氨膦的合成

报道了 2-氨基-1-羟乙基次膦酸（OH-AEP）（R）-**85** 的生物合成被报道[9,63]。2-氨基乙基次膦酸（AEP）的对映选择性羟基化是通过从卡氏棘阿米巴（Acanthamoeba castellanii）中分离出的酶进行的（方案 6.39）[63]。

**方案 6.39** 2-氨基-1-羟乙基次膦酸的生物合成

Hammerschmidt 等[64,66,67]研究了（S）-2-羟烷基膦酸 **86** 对环氧化物 **87**（磷霉素类似物）的生物催化环氧化作用。该反应是由从弗氏链霉菌分离出的酶引发

的。在这种酶催化下，氘代2-羟丙基膦酸的原子 $C^{\alpha}$ 处氢的置换反应具有立体专一性。结果表明，弗氏链霉菌的生长支持微环境不仅含有磷霉素（顺式环氧化物），而且含有3%的代谢产物（反式环氧化物）。顺式环氧化物的形成涉及碳原子绝对构型的反转，而反式环氧化物则是保留原始构型的。这一事实是通过将氘代羟基膦酸酯转化为环氧化物来证明的。以（1*S*,2*S*)-2-苄氧基-1-D-丙醇为原料，在马肝醇脱氢酶存在下催化还原相应的醛，合成了氘代（1*S*,2*S*)-和（1*R*,2*S*)-2-羟基-1-D-丙基膦酸（方案6.40）[56]。

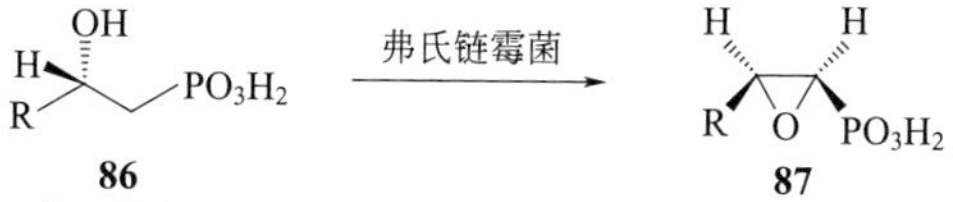


**86**
R = H, Et

**87**

**方案 6.40** （*S*)-2-羟基烷基膦酸的生物催化环氧化

报道了在从植物病原菌丁香假单胞菌中分离出的（*S*)-**2**-羟丙基膦酸环氧化酶（Ps-HppE）存在下，羟基膦酸酯**88**向磷霉素的类似生物催化转化[68,69]。纯化的Ps-HppE催化（*S*)-羟丙基膦酸（*S*)-**88**的环氧化并生成磷霉素，而在相同条件下，羟基苯基膦酸（*R*)-**89**的氧化得到2-氧代丙基膦酸**89**（方案6.41）。在丁香假单胞菌脂肪酶存在下，在异丙醚中用乙酸乙烯酯对羟基膦酸酯**90**进行酰化。反应在30℃下于5天内完成，在硅胶上进行色谱分离，脱乙酰基得到光学活性的羟基膦酸酯（*R*)-**91**（产率为46%），然后转化为（*S*,*R*)-磷霉素的氘代类似物。同位素标记实验表明，（*S*,*R*)-磷霉素的环氧氧原子来源于羟基膦酸酯**91**的羟基[68]（方案6.42）。

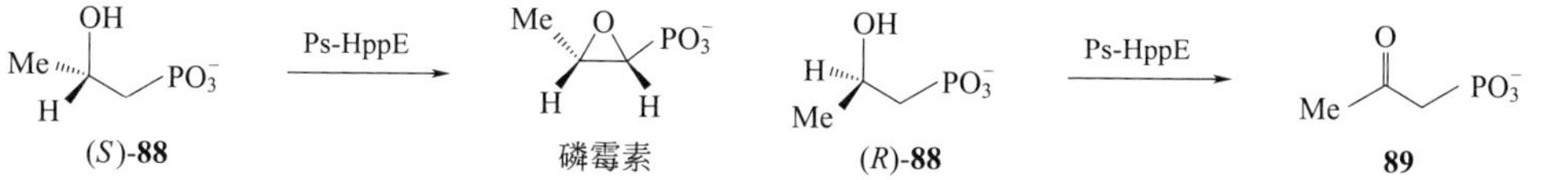


(*S*)-**88** (*R*)-**88** **89**

**方案 6.41** 磷霉素的生物催化合成

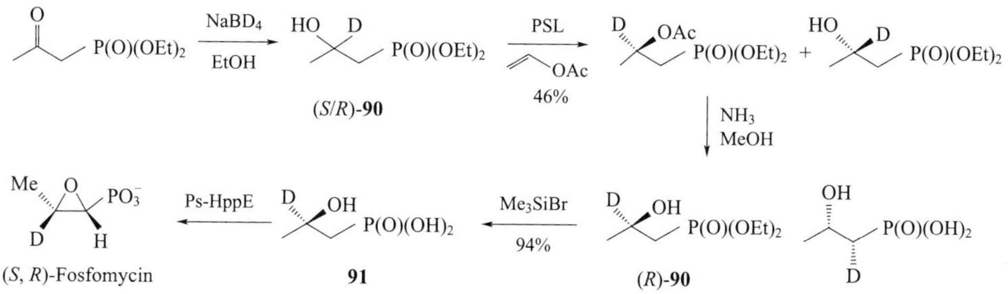


**方案 6.42** 氘代磷霉素的生物催化合成

## 6.4 P-手性磷化合物的拆分

利用生物催化方法在磷原子上建立手性中心,是一个具有重要实际意义和理论意义的问题。手性膦氧化物及其相关化合物的合成方法是有机化学家研究的重要课题。因此,生物催化方法在制备光学活性 P-手性化合物中的应用引起了人们的极大关注,并报道了许多成功的合成方法[20,29,70-76]。

例如,Mikołajczyk 和 Kiełbasiński[70,73] 研究了利用南极假丝酵母 CAL (Chirazyme®)脂肪酶和荧光假单胞菌的脂肪酶 AK 膦-硼烷 91 的酰化作用(方案 6.43)。脂肪酶 AK 催化化合物 91 在环己烷溶液中的酰化,以丁酸乙烯酯为酰基供体,得到了最佳的对映选择性,未反应的羟基膦酸酯 91 为 99%ee,酰化产物 92 为 43%ee。$E$ 值在 15 的水平上。在不同溶剂中,研究了乙酸乙烯酯与烷氧基(羟甲基)苯基-膦硼烷 ($R/S$)-91 在 CALB、Amano AK、Amano PS、Amano AH 和 LPL 作用下的酶促拆分。在环己烷中具有最佳的对映选择性 (37%ee,转化率约为 50%)。Kiełbasiński[74] 最近报道了一些其他数据,包括理论计算和更精确的化学关联数值,证明了无环膦氧化物的硼烷在磷中心进行了构型反转。在此基础上,最终确定了酶促反应的立体化学。

($R/S$)-91     ($R$)-91, 56%～99% ee    ($S$)-92, 50%～86% ee
产率39%～51%     产率48%～49%

R = Et, Bu, $c$-C$_6$H$_{11}$, $t$-Bu, MeO, EtO, $i$-PrO, $t$-BuO; R' = Me, Et, Pr, $i$-Pr;
脂肪酶 = CALB, Amano AK, Amano PS, Amano AH, LPL

**方案 6.43** 外消旋叔膦和亚磷酸盐 91 的酶促拆分

脂肪酶催化乙基(1-羟烷基)苯基亚膦酸盐的酰化形成了高对映体过量的单一非对映体。使用 CAL(Chirazyme®)进行酰化的烷基取代基比荧光假单胞菌固定化脂肪酶 AK 的取代基更大。以乙酸乙烯酯为酰供体,通过 CALB 和脂肪酶 AK 催化酰化反应,对主要的亚膦酸盐 ($S_p$,$S$)-93 和 ($R_p$,$R$)-94 进行了动力学拆分。生物催化剂中烷基取代基 R 对酰化过程的影响,CALB 比 AK 更为明显(方案 6.44)[20,29]。脂肪酶催化乙酸盐前体的水解,合成了具有两个不对称中心的手性 α-羟基-$H$-亚膦酸盐。从 α-乙酰氧基-$H$-亚膦酸盐 95 的四种立体异构体(两个对映体和两个非对映体)的混合物中,得到了 α-羟基-$H$-亚膦酸盐 ($R$,$S_p$)-96 的一种异构体,产率适中,立体选择性高达 99%ee(方案 6.45)[31]。

脂肪酶催化酰化反应,实现了在磷原子上具有手性的 1,1-二乙氧基乙基

**方案 6.44** 脂肪酶催化乙基（1-羟烷基）苯基亚膦酸盐的酰化

| R | 脂肪酶 | 93 ee/% | 94 ee/% |
|---|---|---|---|
| Me | CAL | 98 | 98 |
| Et | CAL | 98 | 28 |
| Me | AK | 98 | 98 |
| Me | AK | 98 | 98 |
| Et | AK | 98 | 98 |
| Pr | AK | 98 | 2 |

**方案 6.45** 手性 α-羟基-H-亚膦酸盐 95 的酶合成

（羟甲基）亚膦酸盐 rac-97 的动力学拆分。将产物 99 转化为相应的胺 100，是制备膦酰二肽同电子排列体的有用前体。以乙酸乙烯酯为酰基供体，在脂肪酶 Amano AK 存在下对 97 进行酰化，得到 (R)-98（产率 59%，88% ee）和 (S)-99（产率 35%，92% ee），用柱色谱法分离。在相同条件下，通过酶促双拆分 $(R_p)$-98 的对映体纯度提高到 99% ee（方案 6.46）[77]。

以超临界二氧化碳 $scCO_2$ 为反应介质，研究了外消旋羟甲基亚膦酸盐 101 的脂肪酶催化乙酰化反应的生物催化动力学拆分。当压力接近临界压力（11MPa）时，反应最快，当压力增加到 15MPa 时，反应速率达到最大值。在 13MPa 下得到了最佳工艺条件（产率约为 50%，约为 30% ee）。反应的立体选择性取决于溶剂、磷上的取代基和底物在 $scCO_2$ 中的溶解度。南极假丝酵母脂肪酶（Novozym 435）催化效果最好（方案 6.47）[78,79]。

采用生物催化降解各种 $C_2$ 对称叔膦氧化物的方法制备 P-手性膦。Mikołajczyk 等[65]研究了双功能亚膦酸盐和膦氧化物的去对称化。在猪肝酯酶（PLE）存在下，磷酸盐缓冲液中对前手性双（甲氧基羰基甲基）苯基膦氧化物 104 进行水解，得到产率为 92% 和 ee 为 72% 的手性单乙酸酯 (R)-105。脱羧反应将手性单

**方案 6.46** 1,1-二乙氧基乙基（羟甲基）亚膦酸盐 rac-97 的动力学拆分

**方案 6.47** 外消旋羟甲基亚膦酸盐 101 的生物催化动力学拆分

乙酸酯 (R)-105 转化为手性膦氧化物 (R)-106（方案 6.48）。

**方案 6.48** 双功能亚膦酸盐的生物催化去对称化

前手性双（羟甲基）苯基膦氧化物 107 的生物催化乙酰化反应和前手性双（甲氧基羰基甲基）苯基膦氧化物 109 的生物催化水解反应于磷酸盐缓冲液中在几种水解酶（PLE、PFL、AHS、Amano AK 和 Amano PS）的存在下进行，其中只有 PLE 被证明是一种高效的水解酶[80]（方案 6.49）。用氯仿中的荧光假单胞菌脂肪酶（PFL）可获得最佳结果，产率高达 76%，ee 高达 79%。化合物 (S)-108 的绝对构型通过与先前所述化合物 (R)-112 的化学相关性确定，如方案 6.50 所示[65]。

以乙酸乙烯酯为乙酰化剂，用几种脂肪酶（CAL、AK、AH、PS、LPL、PFL）对前手性二醇 113 进行去对称化，其中只有 PFL 被证明是有效的。研究发现，使用不同的溶剂使得产物 114 的对映体相反，并且显著影响该过程的立体选择性。例如，用异丙醚替换氯仿生成 114 的光学对映体[73,74]。Wiktelius 等[75]报道南极假单胞菌脂肪酶 B（Novozym 435）比 Amano Anl、Amano PS、

**方案 6.49** 酶法制备叔 ($R$)- 或 ($S$)-膦氧化物

**方案 6.50** 通过化学相关性确定 ($S$)-108 的绝对构型

PFL (Amano AK) 和 PPL (Fluka) 脂肪酶（方案 6.51) 在前手性膦硼烷去对称化方面有更好的结果。

**方案 6.51** 前手性二醇 113 的酶促去对称化

Raushel 等[81-86]通过缺陷假单胞菌的磷酸三酯酶 (PTE) 催化的发酵水解作用,拆分了外消旋亚膦酸酯 115, 其在磷上含有一个苯酚离去基团。水解反应生成了光学纯度大于 99.8% 的手性亚膦酸盐,用手性电泳定量。亚膦酸盐 ($R_p$/$S_p$)-115 的 PTE 催化水解,形成 ($S_p$)-甲基苯基亚膦酸盐和未反应的亚膦酸盐 ($R_p$)-115。结果表明,原始型 PTE 优先水解 ($S_p$)-亚膦酸盐,形成 ($R_p$)-亚膦酸盐 115, 突变型 PTE (TAGW) 优先水解 ($R_p$)-亚膦酸盐,形成 ($S_p$)-亚膦酸盐,对映体选择性因子 $E=17$。原始型 PTE 的立体选择性由苯酚离去基团的 p$K_a$ 值决定。对于原始型酶,有机磷酸酯三酯中酸性最强的酚类取代基的 PTE 水解反应的立体选择性提高了三个数量级以上。($R_p$)-立体异构体 115 通过硅胶色谱法纯化,得到 98% 的产率和 99% ee（方案 6.52)[82-84]。

结果表明,原始型 PTE 主要水解亚膦酸盐 115 的 ($S_p$)-立体异构体,而突变型磷酸三酯酶 I106T/F132A/H254G/H257W (TAGW) 主要水解 ($R_p$)-亚膦酸盐。在后一种情况下,化合物 ($S_p$)-115 形成的对映选择性因子等于 17。原始型 PTE 对膦酸酯 116 (R=Me) 的水解主要产生硫代酸 ($S$)-117, 而突变型 PTE 的水解则形成 ($R$)-硫代酸 117。相反,在许多情况下,用原始型或突变型 PTE 水解硫代酸三酯 116 可产生 99% ee 的硫代酸 ($S$)-117。这些酶法合成的手

**方案 6.52** 用原始型或突变型 PTE 水解苯氧基（$S_p$）-亚膦酸盐

性硫代磷酸酯被认为是合成有机磷和有机磷化合物的前体（方案 6.53）[85]。

**方案 6.53** 通过野生型或突变型 PTE 水解硫代酸酯 116

烟曲霉氯过氧化物酶催化外消旋 $O,S$-二甲基 $O$-对硝基苯基二硫代磷酸酯 ($S/R$)-118 的生物催化氧化反应，形成了相应的（−）-($S$)-硫代磷酸酯 119 和未氧化的底物（＋）-($R$)-118。在氯过氧化物酶（CPO）存在下，硫代酯 ($S/R$)-118 在柠檬酸缓冲液（pH＝5）和乙醇的混合溶液中，在氯过氧化物酶（CPO）存在下，用过氧化氢进行氧化。分别以 99.6% ee 和 97% ee 制备化合物。用 Lawesson 试剂对（−）-($S$)-磷酸酯 119 进行硫化反应得到具有完全立体特异性的（−）-($S$)-二硫代磷酸酯 118，而未反应的底物（＋）-($R$)-118 与碘酰苯的氧化反应生成了（＋）-($R$)-119，其 ee 为 94.9%（方案 6.54）[87]。

**方案 6.54** 外消旋 $O,S$-二甲基 $O$-对硝基苯基二硫代磷酸酯 118 的生物催化氧化

手性双（氰基甲基）苯基膦氧化物 120 已成功地转化为相应的光学活性单酰胺 121 和一元酸 122，对映体过量范围从低（15%）到非常高（高达 99%），该过程使用广泛的腈水解酶[88]。在温和条件下（pH＝7.2，30℃的缓冲液），用腈转化酶实现了前手性双（氰基甲基）氧化苯基膦 121 的酶解，分别以不同的比例

和对映体选择性形成氰基甲基苯基膦酰乙酰胺 **121** 和氰基甲基苯基膦酰乙酸 **122**，ee 从 15% 至 99% 不等。例如，用腈水解酶 **106** 水解促使产物 (S)-**121** 和 (S)-**122** 的生成，产率分别为 10.8% 和 51.0%，ee 分别为 99% 和 70%（方案 6.55）。

**方案 6.55** 双（氰基甲基）苯基膦氧化物 **120** 的酶法水解

在 PLE 存在下，膦酰乙酸酯 **123a** 和 **b**、磷酰乙酸酯 **123c** 和磷酰胺 **123d** 的水解反应生成了 P-手性含磷乙酸 **124a~d** 和酯类 **123a~d** 的混合物[89]。在动力学控制下进行酶水解，直到转化率为 50%。PLE 催化的膦酰乙酸酯水解对映选择性地得到具有良好化学产率的光学活性产物，但光学产率相对较低。在所有情况下，反应主要涉及乙酸盐 **123a~d** 的（R）-对映体（方案 6.56）。

| 化合物 | $R^1$ | $R^2$ | (S)-123 | | (R)-124 | |
|---|---|---|---|---|---|---|
| | | | 产率/% | ee/% | 产率/% | ee/% |
| **a** | Et | Me | 50 | 38 | 34 | 24 |
| **b** | Et | Et | 40 | — | 60 | — |
| **c** | PhO | Et | 66 | 20 | 22 | 52 |
| **d** | $Et_2N$ | Me | 20 | 90 | 58 | 25 |

**方案 6.56** PLE 催化膦酰基乙酸盐 **123** 的水解

各种有机介质，包括离子液体（IL）和超临界二氧化碳（$scCO_2$），用于外消旋亚膦酸盐的拆分[90]。在离子液体 $BMIM^+X^-$（BMIM 为 1-n-丁基-3-甲基咪唑）中，在脂肪酶存在下将外消旋 P-手性羟甲基亚膦酸盐和膦氧化物进行乙酰化[91]。荧光假单胞菌中的脂肪酶，即固定化的 Amano AK 和非固定化的 PFL，在 $BMIM^+PF_6$ 中的效率是有机溶剂的 6 倍[92]。相比之下，在 $BMIM^+BF_4$ 中的反应几乎没有立体选择性。在离子液体中脂肪酶存在下，用乙酸乙烯酯将外消旋羟甲基亚膦酸盐 **128a~d** 和羟甲基膦氧化物 **128e** 乙酰化。在所研究的两种离子液体中，$BMIM^+PF_6$ 表现出最佳的性能，能够提高酶促拆分的立体选择性，得到光学纯度较好的化合物 **128a~e** 和 **129a~e**。当使用含有大量有机取代基的底物时，$E$ 值高出 $3\sim6$ 倍（方案 6.57）。化合物 **124**、**125** 的绝对构型通过化学相关性（转化为叔膦：乙基-甲基-苯基膦氧化物 **126** 和丁基-甲基-苯基膦氧化物 **127**）和圆二色光谱测定。

|   | $R^1$ | $R^2$ | 脂肪酶 | **128**,ee/% | **129**,ee/% |
|---|---|---|---|---|---|
| a | Ph | MeO | PF | 89 | 89 |
| b | Ph | EtO | AK | 79 | 83 |
| c | Ph | $i$-PrO | PF | 96 | 80 |
| d | Et | $i$-PrO | PF | 95 | 50 |
| e | Ph | $t$-Bu | AK | 43 | 53 |

**方案 6.57** 离子液体中羟基膦酸酯的拆分

研究了不同条件下 $scCO_2$ 中酶促酯交换 P-手性羟甲基亚膦酸盐 **130a~d** 的动力学拆分[78,90]。研究发现，压力过高影响了产物 **130\* a~d** 和 **131\* a~d** 的产率和对映纯度，当压力接近 11MPa 的临界值时，反应速率达到最大值，随着压力的进一步升高到 15MPa，反应速率降低。在 13MPa 的压力下得到了最佳的转化率，即转化率为 50%，对映选择性最高。因此，通过改变压力，可以改变底物的活性和反应过程的立体选择性。立体选择性也受到所用溶剂、磷原子上取代基的体积以及基质在 $scCO_2$ 中溶解度的影响。利用南极假丝酵母脂肪酶（Novozym 435）获得了最佳结果（方案 6.58）[78]。在洋葱假单胞菌脂肪酶存在下，用乙酸乙烯酯交换法对外消旋羟甲基亚膦酸盐 **130a~c** 进行了拆分，具有中等的 ee。在某些情况下，相应的乙酸盐 **131a~c** 的水解效率更高，使 ee 升高。研究发现，在 PFL 和 Amano PS 催化下，连续三次水解对映体富集的乙酸盐 **131a~c**，产物的对映体纯度提高到 92% 以上（方案 6.59）[93]。

在不同类别的手性含磷化合物中，手性膦氧化物尤为重要。因此，开发用于合成含手性磷原子的膦氧化物的生物催化法具有重要意义。Serreqi 和 Kazlauskas[94] 报道了酶促乙酰化制备 P-手性羟基芳基膦和膦氧化物的方法。目前商品化的酶中，胆碱酯酶（CE）和 CRL 的结果最好。在相同条件下，CE 催化的合成底物（膦氧化物乙酸盐 **134**）的水解速度是天然胆固醇乙酸盐水解速度的 7 倍。使用 CRL 获得了相似的结果。拆分的对映选择性从低到高不等，但化合物 (S)-**135** 的光学纯度达到了 95%ee（方案 6.60）。

|   | R | R′ | 转化率/% | 130* 产率/% | 130* ee/% | 131* 产率/% | 131* ee/% |
|---|---|---|---|---|---|---|---|
| a | Ph | MeO | 8 | 81 | −1.1 | 5 | 7 |
| b | Ph | EtO | 93 | 6 | −13.4 | 82 | 6 |
| c | Ph | i-PrO | 46 | 52 | −6.2 | 46 | 27 |
| d | Et | i-PrO | 100 | — | — | 90 | — |

方案 6.58 超临界 $CO_2$ 中外消旋羟甲基亚膦酸盐的酶促拆分

| R | 脂肪酶 | 132 产率/% | 132 ee/% | 133 产率/% | 133 ee/% |
|---|---|---|---|---|---|
| MeO | PFL | 44 | 80 | 39 | 89 |
| MeO | AM | 42 | 92 | 44 | 89 |
| EtO | PFL | 42 | 54 | 53 | 47 |
| EtO | AM | 30 | 54 | 68 | 21 |
| i-PrO | PFL | 52 | 36 | 45 | 24 |

方案 6.59 洋葱假单胞菌脂肪酶催化酯交换法拆分外消旋羟甲基亚膦酸盐 132

方案 6.60 生物催化制备 P-手性膦氧化物

用同样的方法合成了手性叔萘基膦 138，这是合成手性 Wittig 试剂的起始化合物。CRL 催化 rac-136 的生物催化水解反应制备了乙酸盐（S）-136 和苯酚（R）-137 的混合物。随后（S）-136 甲基化形成手性甲氧基膦氧化物（99% ee），该化合物的立体定向还原得到手性叔膦（R）-138（96% ee）。使用 CRL 和 CE 的反应显示几乎相同的对映选择性[94]（方案 6.61 和方案 6.62）。

方案 6.61　P-手性叔萘基膦 138 的合成

方案 6.62　双功能亚膦酸盐 139 和膦氧化物 142 的生物催化去对称化

Mikołajczyk 等[65]研究了双功能亚膦酸盐和膦氧化物的生物催化去对称化。在猪肝酯酶存在下,在磷酸盐缓冲液中水解双(甲氧基羰基甲基)-苯基膦氧化物 **138**。采用柱色谱法分离出手性单乙酸盐 ($R$)-**139**,产率为 92%,经脱羧后得到手性膦氧化物 **140**。化合物 **140** 的绝对构型已知,这使得人们能够确定化合物 **139** 的 ($R$)-构型。在各种脂肪酶(包括 PFL、LAH-S、Amano AK 和 Amano PS)存在下,对前手性双(羟甲基)-苯基膦氧化物 **141** 进行了生物催化乙酰化和前手性双(乙酰氧基甲基)-苯基膦氧化物 **142** 的生物催化水解,其中在氯仿中使用 PFL 获得了最佳结果。在这种情况下,手性化合物 ($S$)-**143** 的产率为 50%,ee 为 79%。溶剂的更换(包括离子液体 BMIM+PF$_6$的使用)和各种添加剂的引入对选择性没有影响。将 ($S$)-**143** 转化为绝对构型已知的叔膦硼烷 ($R$)-**145**,通过化学相关性证明 ($S$)-**143** 的绝对构型(方案 6.63)。采用了一种类似的方法对前手性 2-($o$-膦基)烷基丙烷-1,3-二醇 **146** 进行了去对称化。假单胞菌脂肪酶催化二醇 **146** 乙酰化得到手性膦酸酯 **147** (93%～98%ee),它们被转化为受保护的手性 α-氨基-$o$-膦酸 **148**[58](方案 6.64)。

方案 6.63　通过化学相关性确定 ($S$)-**143** 的绝对构型

**方案 6.64**　前手性 2-($o$-膦基) 烷基丙烷-1,3-二醇 **146** 的去对称化

与 P-手性羟甲基膦氧化物相比，类似的 P-硼烷配合物是脂肪酶催化反应的不良底物[73,95,96]。反应进行缓慢，立体选择性低，可能是由于氧原子和 $BH_3$ 基团之间的尺寸差异，以及 P=O 和 P—$BH_3$ 键的不同电子效应。Mikołajczyk 等报道了用乙酸乙烯酯交换法拆分烷氧基-(羟甲基) 苯基膦硼烷 **149**。在脂肪酶 CAL、PSC、Amano AK、Amano PS 和 Amano AH 存在下，在二异丙醚或环己烷中进行反应。在二异丙醚中反应缓慢（完成时间 10～40 天），立体选择性低（2%～20%ee）。在环己烷中反应进行了 6.21h，但选择性也很低（37%ee）（方案 6.65）。

**方案 6.65**　烷氧基-(羟甲基) 苯基膦硼烷 **149** 的生物催化拆分

在侧链中含有不对称中心的 2-羟丙基膦 **152** 的硼烷配合物中，拆分的立体选择性增大。研究了大量的酶，包括 Amano R10、Amano AK、Amano AY、CALB、PPL、PFL、米黑毛霉、假丝酵母脂肪酶、黑曲霉、解脂假丝酵母的脂肪酶、酰化酶 I 和蛋白酶 6。CALB 的拆分效率最高。例如，外消旋（2-羟丙基）二苯基膦硼烷 **152** 与乙酸乙烯酯在 CALB 存在下的反应得到醇 **153** 的（S）-异构体（91%ee）和乙酸盐 **152**。对映选择性因子为 41，该值相当得高（方案 6.66）[95]。

**方案 6.66**　在 CALB 存在的情况下，用乙酸乙烯酯拆分外消旋体 **152**

以乙酸乙烯酯为酰化剂，在各种脂肪酶（包括 CAL、PFL、PSC、Amano AK、Amano AH、Amano PS）存在下对前手性二醇 **154** 进行去对称化，其中只有 PLF 是有效的。溶剂的性质对该方法的立体选择性有很强的影响，即用二异丙醚代替氯仿得到的产物 **155** 的光学对映体。这可能是由于这些溶剂的极性不

同，氯仿（极性较低的溶剂）中的反应与二异丙醚（10%ee）中的反应相比，显示出更高的立体选择性（产物的 ee 为 90%）（方案 6.67）。

**方案 6.67** 在 PFL 催化下，用乙酸乙烯酯酯交换法使得前手性二醇 **154** 去对称化

Wiktelius 等[96]使用各种脂肪酶[Amano A、Amano PS、CALB（Novozym 435）、Amano AK、PPL（Fluka）]对前手性膦硼烷 **156** 和 **157** 进行去对称化，得到对映体 **158**。结果表明，用 CALB 合成的化合物 **158** 对映纯度高于 98%（方案 6.68）。

**方案 6.68** 前手性膦硼烷 **156** 和 **157** 的去对称化

因此，相对廉价和实验上方便使用的酶（尤其是固定在固体载体上的酶）在实验室日常实验中逐渐取代微生物。但是，在有外消旋有机磷化合物的情况下，脂肪酶有时表现出较低的活性，人们在生物催化中仍然使用微生物。

# 6.5 手性有机磷化合物的微生物合成

直接将酶分泌到反应介质中的活微生物可用于将外消旋底物转化为对映纯化合物的生物催化反应[97-99]。通常，微生物催化是在水溶液中进行的[97]，因此，要使用的底物应该是水溶性的。最近，人们开发了一些新型技术，可在非水介质中进行微生物反应[99]。对于通常不稳定或不溶于水的有机磷化合物，这是非常重要的。这类技术适用于两相体系、乳液或无水介质。然而，在任何情况下，都需要适当的条件以使活的生物催化剂在有机介质中具有活性和生命力。尤其是冷冻干燥和固定化提高了生物催化剂的稳定性，防止有毒有机溶剂中毒。例如，这些技术被用于 $\alpha$-酮磷酸酯的生物还原，这些 $\alpha$-酮磷酸酯类很容易在水中水解并且 P—C 键断裂[100]。有机磷化合物的生物合成是利用各种酵母、微观真菌和细菌进行的，这些细菌包括鲍曼不动杆菌、枯草芽孢杆菌、铜绿假单胞菌、荧光假单胞菌、红球菌、液化沙雷氏菌；黑曲霉、球孢白僵菌、布氏白僵菌、枝孢菌 sp. Op328、雅致小克银汉霉、白地霉、桔青霉、草酸青霉、黄萎病杆菌、真菌

以及酿酒酵母、红酵母和黏红酵母。其中一些生物是分离并单独使用的生物催化剂的来源。冷冻干燥微生物（这种形式最方便实际使用）可从化学和生化供应公司（Sigma Aldrich、Fluka 等）购买。

## 6.5.1 酵母催化合成

面包酵母（S. cerevisiae）是一种易于获得的多用途催化剂，广泛应用于有机化学中[98-107]。杂货店的普通酵母通常很适合做实验。在这种生物催化剂的存在下，研究得最好的是酮的还原，包括含磷的酮。例如，酵母催化二乙基 2-氧代烷基膦酸酯 **159** 和 **161** 的不对称还原，分别得到 2-羟烷基膦酸酯 **160** 和 **162**，产率高，同时对映纯度高达 97%～100%[61-63]（方案 6.69）。膦酸酯 **161** 的还原得到非对映体的混合物，总产率为 70%，且 $(R,S):(R,R)$ 为 2:1。

**方案 6.69** 酵母催化二乙基 2-氧代烷基膦酸酯的不对称还原

类似的生物催化还原二乙基 2-氧代丙基膦酸酯 **163a** 使得 2-羟烷基磷酸酯 **31a** 的 ee 为 97%[98]。根据光谱研究，由于在膦酸酯氧原子和羟基氢原子之间形成分子内氢键，所以这种羟基膦酸酯以"冻结"的形式存在（方案 6.70）。

**方案 6.70** 二乙基 2-氧代丙基膦酸酯的生物催化还原

**用面包酵母还原二乙基 2-羟基-2-苯基乙基膦酸酯** 将面包酵母（50g）悬浮于水（300mL）中，然后添加酮膦酸酯（2mmol），在 30℃条件下搅拌 5 天，将反应混合物进行离心，然后用二乙醚（3×30mL）和氯仿（2×30mL）萃取。用无水硫酸钠干燥萃取物，减压除去溶剂。残留物用硅胶柱层析，用乙酸乙酯作洗脱液［无色油状物，99% ee，产率 65%，$[\alpha]_D^{20} = +3.0$（$c=2$，MeOH），$\delta_P = 31$］。

使用酿酒酵母生物催化还原 β-酮磷酸酯 **161** 和 **163** 的效率很大程度上取决于

底物的性质[95,102]。例如，在化合物 161 的情况下，如果羰基附近的烷基产生空间位阻，则产率降低。利用厌氧培养酵母，在一定程度上可以克服这一问题，提高产品产率和还原选择性[103]。特别是，厌氧预培养可以进行在正常条件下不能还原的二乙基-3-氧代-4-甲基丁基膦酸酯的生物催化还原，并获得具有 85%ee 的羟基膦酸酯[100,103]。微生物红酵母、黏红酵母、枝孢菌、黄萎病杆菌和酿酒酵母被用于二乙基-α-酮膦酸酯 164 的对映选择性还原，其在水中可快速水解并裂解 C—P 键。为抑制水解，在无水条件下进行该工艺。固定在 Celite R 630 上的冻干细胞催化反应产生 α-羟基膦酸酯[99,100,103]。在无水正己烷中，细胞催化化合物 164 的还原结果最好，产物 28 的对映纯度高达 99%[99,104,105]（方案 6.71）。高对映纯的手性（R）-和（S）-二乙基 2-羟丙基膦酸酯是通过生物催化还原酮磷酸酯 163 而获得，该过程在以下微生物的存在条件下进行：红酵母、黏红酵母、瘦弱酵母和酿酒酵母。在酿酒酵母存在下的还原只产生（S）-对映体，而在红酵母存在下的反应产生（R）-羟基膦酸酯 31。产品的特征是 ee 大于 90%[107]（方案 6.72）。

**方案 6.71** 酿酒酵母生物还原 β-酮磷酸酯

**方案 6.72** 红酵母和酿酒酵母生物催化还原磷酸酮酯（表 6.4）

用干酵母不对称还原卤代二乙基 2-酮烷基膦酸酯 163b、c～g 得到了相应的二乙基 2-羟基膦酸酯 31，产率良好，对映体纯度令人满意（表 6.4）[100,108]。在有氧条件下，在 30℃下还原酮膦酸酯 163。对于化学上不反应的化合物，采用厌氧还原法。还原的立体选择性取决于 3-取代-2-氧代丙基磷酸酯的性质。侧链中的吸电子基团使产物的光学产率降低。例如，1-溴-2-羟丙基膦酸酯 31 的对映体产率和纯度高于相应的氯代衍生物。此外，含 $CF_3$ 或 $C_3F_7$ 基团的酮磷酸酯 163i、j 的生物催化还原以较低的对映体过量进行[109]。化合物 163h、k 中磷原子上的异丙基也阻碍了这一过程。由此获得的 3-取代-2-羟烷基膦酸酯 31 用作手性试剂，用于合成生物活性分子的含磷类似物（如 P-GABOB 等）[98,109]。在面包酵母还原培养基中添加氯乙酸乙酯或甲基乙烯酮也会导致产品的绝对构型发生变化，即形成 2-羟基膦酸酯的（R）-立体异构体。在不添加添加剂的情况下，形成具有99%ee的（S）-2-羟基膦酸酯。面包酵母对含有两个C=O基团的二氧代烷基膦酸酯165和166进行生物还原，得到羟基（酮基）烷基膦酸酯167、168和35、169的异构体混合物，化学产率合理，光学产率从中等到良好（从80%ee到92%～94%ee）。其中一些化合物作为单独的物质被分离出来，用作手性Horner-Wadsworth-Emmons试剂[102,109]（方案6.73）。

表6.4 干酵母对 β-酮磷酸酯类 163 的生物还原

| 163 | R    | R′       | 产率/% | ee/% | 构型 |
|-----|------|----------|--------|------|------|
| a   | Et   | Me       | 70     | 95   | (S)  |
| b   | Et   | CH$_2$Cl | 82     | 72   | (R)  |
| c   | Me   | CH$_2$Cl | 74     | 70   | (R)  |
| d   | Pr-i | CH$_2$Cl | 57     | 13   | —    |
| e   | Bu   | CH$_2$Cl | 88     | 70   | (R)  |
| f   | Et   | CH$_2$Br | 35     | 83   | (R)  |
| g   | Pr-i | CH$_2$Br | 41     | 52   | —    |
| h   | Bu   | CH$_2$Br | 55     | 87   | (R)  |
| i   | Et   | CF$_3$   | 86     | 52   |      |
| j   | Et   | C$_3$F$_7$ | 55   | 20   |      |
| k   | Et   | CH$_2$N$_3$ | 77 | 92   | (S)  |

$R^1$ = Et, Bu; $R^2$ = Me, CF$_3$, C$_3$H$_7$, OMe

方案6.73 二氧代烷基膦酸酯的生物还原

Mikołajczyk等[37]研发了一种化学酶法合成P-肉碱对映体的方法，在该方法的关键步骤中使用微生物还原法（方案6.74）。以二乙基2-氧代-3-氯丙基膦酸酯163b为原料，经还原、对映体31e和32e的附加酶法纯化，化合物31e转化为膦酸，最后与三甲胺反应得到三甲基铵盐（R）-56。该技术用于制备对映纯的膦酸酯（R）-(+)-31e和（S）-(-)-32e，然后将其转化为P-肉碱（方案6.75）和P-GABOB（方案6.76）。随后在钯存在下用氢还原叠氮化物（S）-58，得到3-氨基-2-羟丙基膦酸酯（S）-168，再用溴代三甲基硅烷和甲醇处理，得到P-GABOB，产率及ee较高。

6 不对称生物催化　333

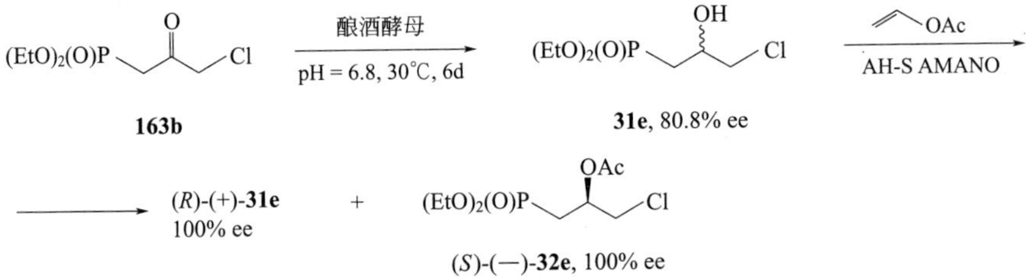

**方案 6.74** 用酵母还原二乙基-2-酮烷基膦酸酯

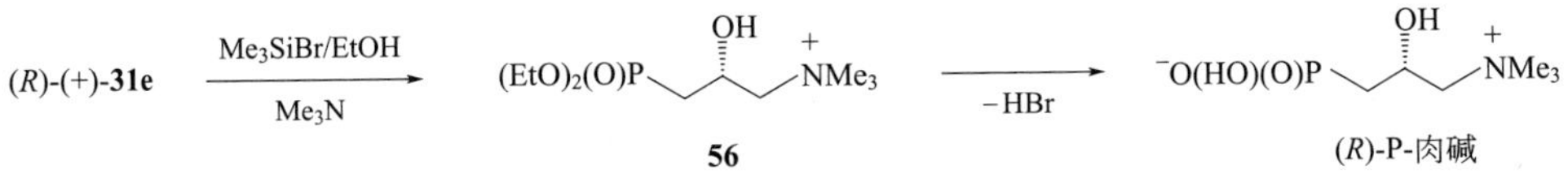

**方案 6.75** 化学酶法合成 P-肉碱

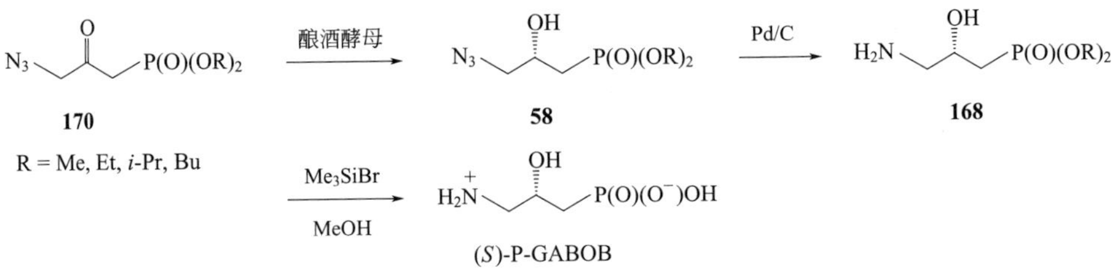

**方案 6.76** P-GABOB 的对映选择性合成

采用微生物法制备的对映纯的羟基（氯）烷基膦酸酯 **31e** 和 **59** 可用于磷霉素前体的合成。在 THF 中用碳酸钾处理手性化合物 (R)-**31e** 和 (R,S)-**59** 得到手性环氧膦酸酯 (S)-**171** 和 (S)-**172**，对映纯度令人满意（方案 6.77）[19,103]。

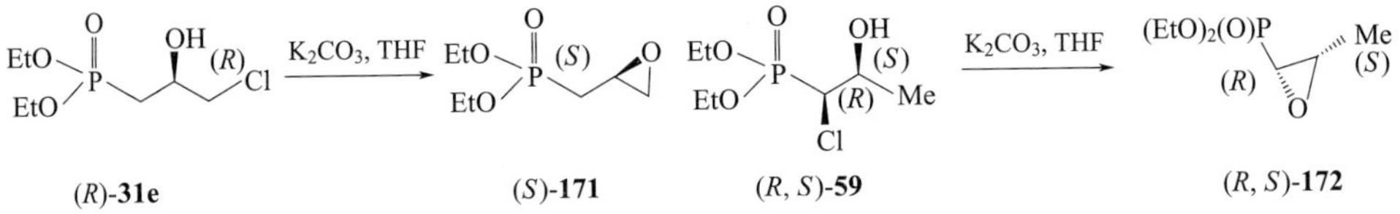

**方案 6.77** 磷霉素前体的合成

Attolini 等[43,110]用不同类型的酵母（即发酵酵母、冻干干酵母以及干酵母粉中的丙酮提取物）对环状二烷基 3-氧代烷基-1-烯基膦酸酯 **173a~c** 进行了对映选择性还原。发酵酵母还原六元和七元烯酮 **173b**、**c**，得到相应的膦酸酯 **44b**、**c**，产率令人满意，对映体过量从中等到良好。同时，五元烯磷酸酯 **173a** 的还原反应涉及 C═C 双键，得到了低 ee 的环状酮 **174a**。反应条件的变化并没有显著提高反应产物的光学纯度。对于六元环，发现磷原子上的大取代基使还原反应的对映选择性提高到 95%。用丙酮酵母提取物还原六元烯磷酸酯 **173b**，虽然其光学纯度基本相同，但还原产物 **44b** 的产率却有所提高。在有机溶剂中用干酵母还原环状烯酮不会提高反应的产物产率和对映选择性。随着六元化合物 **173b** 中磷原子上烷基取代基从 Me 变为 Et 和 $i$-Pr，化合物 **44b** 的光学产率从 45%增加到 95%。六元羟基膦酸酯 **44b** 的 ($S$)-绝对构型由化学相关性确定（方案 6.78）。

**方案 6.78** 环状二烷基（3-酮-1-烯基）膦酸酯的对映选择性还原

应用圆果红螺菌菌株可以拆分以下手性氨基膦酸的化学合成外消旋混合物：1-氨基乙基膦酸、1-氨基-1-异丙基-1-膦酸、1-氨基-1-苯基甲基膦酸和 1-氨基-2-苯基乙基膦酸。应用此方案获得了纯 ($R$)-1-氨基乙基膦酸 (100%ee) 和其他膦酸酯对映体富集的混合物 [($S$)-1-氨基-1-苯基甲基膦酸(73%ee)，($R$)-1-氨基-2-苯基乙基膦酸 (51%ee)，($S$)-1-氨基-2-甲基丙基膦酸 (40%ee)][111]。

## 6.5.2 单细胞真菌合成

白地霉（乳霉菌）是一种植物病原真菌，有两种不同的菌株，即 IFO 4597 和 IFO 5767，通常在还原不同结构的酮时表现出高度的立体选择性。然而，这些真菌对 2-氧代烷基膦酸酯的还原仅对二乙基 2-氧代丙基膦酸酯 **163**（R′=Me, Et）有效，在假丝酵母作用下转化为二乙基（+）-($R$)-2-羟丙基膦酸酯 **31a**，ee 为 98%且产率令人满意。含较大取代基的酮磷酸酯 **163** 要么产率降低，要么根本不反应（方案 6.79）[35]。

**方案 6.79** 用真菌白地霉生物还原 2-氧代烷基膦酸酯

在微生物细胞培养的作用下，对取代的 1,2-环氧膦酸酯 **175** 进行环氧乙烷的水解开环[100,112,113]。与化学水解相比，含磷环氧乙烷在生物催化条件下主要转化为含有少量苏式异构体的赤式-1,2-二羟膦酸酯[113]。例如，化合物 $trans$-**175** 的化学水解生成苏式-和赤式-立体异构体 **176** 的混合物，产率为 79%，比率为 85∶15。同时，白僵菌真菌的微生物水解使这些立体异构体的总产率为 59%，比例为 42∶58[100,113]。用 100%ee 制备了赤式异构体，98%ee 制备了苏式异构体，作为（2S）-对映体。结果表明，该反应是黑曲霉、雅致小克银汉霉、球孢白僵菌、布氏白僵菌、黏红酵母和红球菌等微生物的典型反应（方案 6.80）。

**方案 6.80** 取代 1,2-环氧膦酸酯 175 的水解环氧乙烷开环

在白僵菌 271B、红酵母 70403、黏红酵母 10134、白地霉 6593、草酸青霉和枝孢菌 Op328 菌株的作用下，生物转化 2-氧代-2-苯乙基膦酸二乙酯 **162b**，产生了光学活性的 O-磷酸化 2-羟基-2-苯基乙基膦酸 **177**，其 ee 为 99%，还产生了少量的羟基膦酸酯 **31**[105,112]。以乙酸乙酯为添加剂，在室温下剧烈搅拌 72h 完成生物转化[105]。枝孢菌催化的类似转化仅生成化合物 **31** 的（S）-立体异构体。在不添加添加剂的情况下，在球孢白僵菌 271B 作用下的反应也得到了目标化合物（总产率为 85%）。为了提高生物催化剂的活性，利用化学添加剂对真菌白地霉进行了培养。例如，将乙醇引入反应混合物中可提高化合物 **177** 的产率。在葡萄糖马铃薯琼脂上培养了几种不同的微生物，即草酸青霉、黄曲霉、白地霉和细红酵母，然后在为微生物生长提供有利条件的 Chapeck 生长培养基上培养（方案 6.81）。

**方案 6.81** 真菌作用下 2-氧代-2-苯乙基膦酸二乙酯的生物转化

以外消旋 1-羟基苄基（苯基）亚膦酸盐 **178** 为底物，研究了真菌催化降解过程。外消旋混合物包含四个立体异构体，一个左旋对（$R_p$,R）+（$S_P$,S）和一个右旋对（$R_p$,S）+（$S_P$,R）。在草酸存在下预先培养生物催化剂（预处理真菌，如白地霉，含或不含化学添加剂），以提高生物转化的效率，可将亚膦酸盐 178 分解为成对的非对映体（$R_p$,R）-**178** 和（$S_P$,R）-**178**，ee 值较高（>99%）[114]（方案 6.82）。

利用 L/D-氨基酸氧化酶活性[115]，利用球孢白僵菌、棘孢小克银汉霉、烟曲霉、壳青霉和腊叶芽枝霉等几种真菌菌株作为生物催化剂来分解 1-氨基乙烷膦 **73** 的外消旋混合物。以棘球葡萄球菌为菌株获得最佳结果［42%ee 的

**178**　　**179**　　($R_P$, $R$)-**180**　　($S_P$, $R$)-**180**

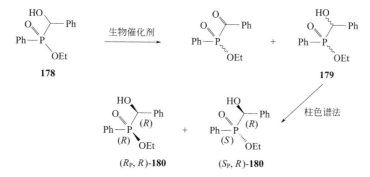

**方案 6.82**　真菌催化拆分乙基 1-羟基苄基（苯基）膦酸酯 **178**

($R$)-异构体]。在磷酸盐缓冲液（pH 6.11）中进行生物转化。圆红冬孢酵母菌株的应用成功拆分了氨基膦酸的几个外消旋混合物（方案 6.83）。所应用的方法获得了纯（$R$)-1-氨基乙基膦酸（100%ee）和几种对映体富集的膦酸酯 **73** 样品（40%～73%ee）[116]。

*rac*-**73**　　($S$)-**73**

R = Me, Ph, *i*-Pr, PhCH$_2$

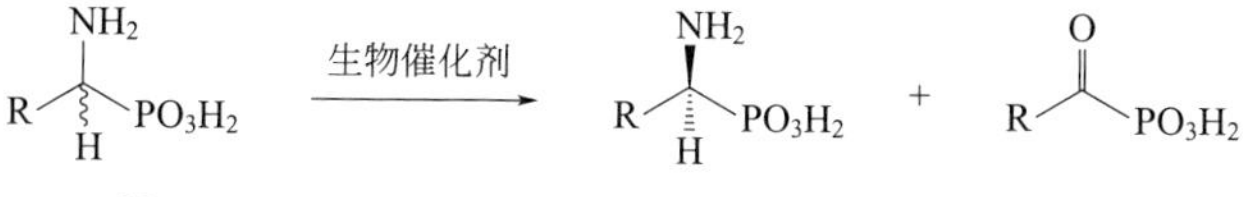

**方案 6.83**　外消旋氨基烷基膦酸的生物催化拆分

## 6.5.3 细菌合成

Kafarski 等[100,108,116]成功地利用脂解细菌将外消旋 $\alpha$-羟烷基膦酸酯 **181** 拆分为对映体。例如，荧光假单胞菌和桔青霉细菌水解外消旋二乙基 1-丁氧基烷基膦酸酯 **181**，得到具有良好对映选择性的手性羟基膦酸酯（$S$)-**182**[104]。桔青霉细菌水解在 $\alpha$-位上有脂肪族取代基的底物，而荧光假单胞菌在水解具有芳香取代基的底物上更有效。随着时间的推移，底物转化程度增大，同时产物的对映纯度降低（方案 6.84）。

**181**　　**182**　　($S$)-**183**, 28%～94% ee

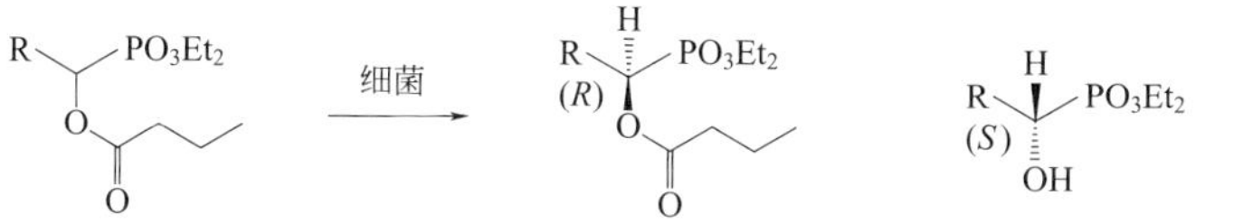

细菌 = 荧光假单胞菌，桔青霉
R = Et, Pr, *i*-Bu, Bu，烯丙基, XC$_6$H$_4$(X = H, 4-Cl, 4-MeO), PhCH$_2$CH$_2$, PhCH(Me), 2-呋喃基

**方案 6.84**　利用细菌微生物合成手性羟基膦酸酯

细菌似乎对含有两个不对称中心的羟基膦酸酯的非对映体混合物有很好的拆分能力。例如，外消旋亚膦酸酯 **184**（四种非对映体的混合物）首先使用四种细菌水解，即枯草芽孢杆菌、鲍曼不动杆菌、液化沙雷菌和铜绿假单胞菌[108]。这些细菌主要是水解具有 α 碳原子的（S）-AC 的非对映体。枯草芽孢杆菌可获得最佳结果（产品 ee 为 90%）。因此，得到四个非对映体，即（$S_p$,S）-**185**、（$R_p$,R）-**186**、（$R_p$,S）-**185** 和（$R_p$,R）-**186**，为两对非对映体，用柱色谱法分离。然后，用枯草芽孢杆菌再次水解非对映体富集的酰氧亚膦酸盐 **10**。用制备 HPLC 对由此获得的非对映体对进行纯化。因此，以光学纯形式分离出一些非对映体，例如羟基膦酸酯（$R_p$,S）-**185**（R＝Ph）。该化合物的绝对构型由 X 射线分析确定（方案 6.85）[108]。

**方案 6.85** 细菌水解亚膦酸酯的非对映异构体

荧光假单胞菌和桔青霉丝状菌也被用于 1-丁氧基膦酸酯的动力学拆分，以获得光学活性二乙基（S）-α-羟基烷基膦酸酯，产率从中等到良好，光学纯度令人满意[111,117]。利用各种细菌菌株（烟曲霉、普通变形杆菌）和真菌放线菌，将 cis-1,2-环氧丙基膦酸成功地分解为（S）-和（R）-对映体（方案 6.84）[107,108]。最近，Zymańczyk-Duda 提出用蓝藻细菌作为生物催化剂来还原 2-氧代烷基膦酸酯。在所测试的蓝藻中，只有在生物转化二乙基 2-氧代丙酸酯中应用极大节旋藻和果结节菌培养，才能获得相应的二乙基 2-羟丙基膦酸酯。底物的转化率为 26.4%，产品的光学纯度超过 99%[111]。

# 6.6 总结

我们考虑了酶促动力学拆分的各种步骤和一些其他技术，这些技术能够获得高光学产率的对映纯有机磷。值得注意的是，尽管在手性有机磷的合成和性质研究方面取得了令人瞩目的成就，但仍存在一些问题。寻找对映体选择方法以容易获得光学活性含磷酸、叔膦和膦氧化物仍然是热门研究方向。在这方面，对手性有机磷化合物的高效酶法和微生物法合成的阐述尤为重要。目前，脂肪酶在化合物化学中广泛应用于手性化合物的制备。以高选择性进行酶促反应的可能性使脂肪酶成为非常有吸引力的催化剂，特别是对于在其他条件下不能进行的转化。我们已经证明了生物催化剂的广泛应用，例如，在有机溶剂中获得各种生物活性有机磷化合物的可能性。大多数生物催化反应都可以在健康和环境安全的条件下进行。生物催化与化学法相比的优势在于它具有较高的立体选择性以及在环境温度和压力下的适用性。酶可以催化各种类型的化学反应，从而提供了获得广泛手性物质的途径。因此，生物催化和不对称合成的结合，将有助于设计具有实际和理论意义的新型合成方法[118-120]。

## 参 考 文 献

1. Faber, K., Fessner, W. D., and Turner, N. J. (eds) (2015) *Biocatalysis in Organic Synthesis* (3 volumes), Thieme, Stuttgart.
2. Liese, A., Seelbach, K., and Wandrey, C. (eds) (2006) Industrial Biotransformations, 2nd edn, Wiley-VCH Verlag GmbH, Weinheim.
3. Gotor, V., Alfonso, I., and Garcıa-Urdiales, E. (eds) (2008) *Asymmetric Organic Synthesis with Enzymes*, Wiley-VCH Verlag GmbH, Weinheim, 325 pp.
4. Bornscheuer, U. T. and Kazlauskas, R. J. (2006) *Hydrolases in Organic Synthesis: Regio-or Stereoselective Biotransformations*, 2nd edn, Wiley-VCH Verlag GmbH, Weinheim.
5. Kolodiazhnyi, O. I. (2011) Enzymatic synthesis of organophosphorus compounds. *Russ. Chem. Rev.*, **80** (9), 883-910.
6. Kielbasinski, P. and Mikołajczyk, M. (2007) in *Future Directions in Biocatalysis* (ed. T. Matsuda), Elsevier, Amsterdam, p. 159.
7. Brzezinska-Rodak, M., Zymanczyk-Duda, E., Kafarski, P., and Lejczak, B. (2002) Application of fungi as biocatalysts for the reduction of diethyl 1-oxoalkylphosphonates in anhydrous hexane. *Biotechnol. Progr.*, **18** (6), 1287-1291.
8. Hammerschmidt, F. (1988) Biosynthese von Naturstoffen mit einer P-C-Bindung, I Einbau von～D[6,6-$D_2$]-Glucose in (2-Aminoethyl) phosphonsaure in Tetrahymena thermophile. *Liebigs Ann. Chem.*, (6), 531-535.
9. Natchev, I. A. (1988) Organophosphorus analogues and derivatives of the natural L-amino carboxylic acids and peptides. I. Enzymatic synthesis of D-, DL-, and L-phosphinothricin and their cyclic analogues. *Bull. Chem. Soc. Jpn.*, **61** (11), 3699-3704.
10. Grabley, S. and Sauber, K. (1982) Process for the enzymatic preparation of L-2-amino-4-methylphosphinobutyric acid. US Patent 4389488, https://www.google.ch/patents/US4389488 (accessed 24 May 2016).
11. Goi, H., Miyado, S., Shomura, T., Suzuki, A., Niwa, T., and Yamada, Y. (1980) Process for the optical resolution of D,L-2-amino-4-methylphosphinobutyric acid. US Patent 4226941, Oct. 7, 1980, http://www.google.co.in/patents/US4226941 (accessed 24 May 2016).
12. Hammerschmidt, F. and Wuggenig, F. (1998) Enzymatic synthesis of organophosphorus compounds. *Phosphorus, Sulfur Silicon Relat. Elem.*, **141** (1), 231-238.
13. Kazlauskas, R. J., Weissfloch, A. N. E., Rappaport, A. T., and Cuccia, L. A. (1991) A rule to predict which enantiomer of a secondary alcohol reacts faster in reactions catalyzed by cholesterol ester-

ase, lipase from Pseudomonas cepacia, and lipase from Candida rugosa. *J. Org. Chem.*, **56** (8), 2656-2665.

14. Whittall, J. and Sutton, P. (2010) Practical Methods for Biocatalysis and Biotransformations, John Wiley & Sons, Ltd, Chichester, 432 pp.
15. Otera, J. (1993) Transesterification. *Chem. Rev.*, **93** (4), 1449-1470.
16. Khushi, T., O'Toole, K. J., and Sime, J. T. (1993) Biotransformation of phosphonate esters. *Tetrahedron Lett.*, **34** (14), 2375-2378.
17. Zhang, Y., Yuan, C., and Li, Z. (2002) Kinetic resolution of hydroxyalkanephosphonates catalyzed by Candida antarctica lipase B in organic media. *Tetrahedron*, **58** (15), 2973-2978.
18. Kolodyazhna, O. O. and Kolodyazhnyi, O. I. (2010) Biocatalytic separation of α-hydroxyphosphonates with lipase of Burkholderia cepacia. *Russ. J. Gen. Chem.*, **80** (8), 1718-1719.
19. Wang, K., Zhang, Y., and Yuan, C. (2003) Enzymatic synthesis of phosphocarnitine, phosphogabob and fosfomycin. *Org. Biomol. Chem.*, **1** (20), 3564-3569.
20. Shioji, K., Tashiro, A., Shibata, S., and Okuma, K. (2003) Synthesis of bifunctional P-chiral hydroxyl phosphinates: lipase-catalyzed stereoselective acylation of ethy (hydroxyalkyl)-phenylphosphinates. *Tetrahedron Lett.*, **44** (5), 1103-1105.
21. Patel, R. N., Banerjee, A., and Szarka, L. J. (1997) Stereoselective acetylation of [1-(hydroxy)-4-(3-phenyl)butyl]phosphonic acid, diethyl ester. *Tetrahedron: Asymmetry*, **8** (7), 1055-1059.
22. Yokomatsu, T., Nakabayashi, N., Matsumoto, K., and Shibuya, S. (1995) Lipase-catalyzed kinetic resolution of cis-1-diethylphosphonomethyl-2hydroxymethylcyclo-hexane. Application to enantioselective synthesis of 1-diethylphosphonomethyl-2-(5′-hydantoinyl) cyclohexane. *Tetrahedron: Asymmetry*, **6** (12), 3055-3062.
23. Spangler, L. A., Mikołajczyk, M., Burdge, E. L., Kiełbasinski, P., Smith, H. C., Łyzwa, P., Fisher, J. D., and Omelanczuk, J. (1999) Synthesis and biological activity of enantiomeric pairs of phosphosulfonate herbicides. *J. Agric. Food. Chem.*, **47** (1), 318-321.
24. Kolodiazhna, O. O., Kolodiazhna, A. O., and Kolodiazhnyi, O. I. (2013) Enzymatic preparation of (1S,2R)-and (1R,2S)-stereoisomers of 2-halocycloalkanols. *Tetrahedron: Asymmetry*, **24** (1), 37-42.
25. Drescher, M., Hammerschmidt, F., and Kählig, H. (1995) Enzymes in organic chemistry; part 3: 1 enantioselective hydrolysis of 1-acyloxyalkylphosphonates by lipase from Aspergillus niger (Lipase AP 6). *Synthesis*, **10**, 1267-1272.
26. Hammerschmidt, F. and Wuggenig, F. (1999) Enzymes in organic chemistry. Part 9: [1]. Chemoenzymatic synthesis of phosphonic acid analogues of l-valine, l-leucine, l-isoleucine, l-methionine and l-α-aminobutyric acid of high enantiomeric excess. *Tetrahedron: Asymmetry*, **10** (9), 1709-1721.
27. Rowe, B. J. and Spilling, C. D. (2001) The synthesis of 1-hydroxy phosphonates of high enantiomeric excess using sequential asymmetric reactions: titanium alkoxide-catalyzed P—C bond formation and kinetic resolution. *Tetrahedron: Asymmetry*, **12** (12), 1701-1708.
28. Majewska, P., Doskocz, M., Lejczak, B., and Kafarski, P. (2009) Enzymatic resolution of α-hydroxyphosphinates with two stereogenic centres and determination of absolute configuration of stereoisomers obtained. *Tetrahedron: Asymmetry*, **20** (13), 1568-1574.
29. Majewska, P. and Kafarski, P. (2006) Simple and effective method for the deracemization of ethyl 1-hydroxyphosphinate using biocatalysts with lipolytic activity. *Tetrahedron: Asymmetry*, **17** (20), 2870-2875.

30. Hammerschmidt, F., Lindner, W., Wuggenig, F., and Zarbl, E. (2000) Enzymes in organic chemistry. Part 10: 1 chemo-enzymatic synthesis of l-phosphaserine and l-phosphaisoserine and enantioseparation of amino-hydroxyethylphosphonic acids by non-aqueous capillary electrophoresis with quinine carbamate as chiral ion pair agent. *Tetrahedron: Asymmetry*, **11** (14), 2955-2964.

31. Yamagishi, T., Miyamae, T., Yokomatsu, T., and Shibuya, S. (2004) Lipase-catalyzed kinetic resolution of $\alpha$-hydroxy-$H$-phosphinates. *Tetrahedron Lett.*, **45** (36), 6713-6716.

32. Pàmies, O. and Bäckvall, J.E. (2002) Enzymatic kinetic resolution and chemoenzymatic dynamic kinetic resolution of $\delta$-hydroxy esters. An efficient route to chiral $\delta$-lactones. *J. Org. Chem.*, **67** (4), 1261-1265.

33. Pàmies, O. and Bäckvall, J.E. (2003) Combination of enzymes and metal catalysts. A powerful approach in asymmetric catalysis. *Chem. Rev.*, **103** (8), 3247-3262.

34. Pàmies, O. and Bäckvall, J.E. (2003) An efficient route to chiral $\alpha$- and $\beta$-hydroxyalkanephosphonates. *J. Org. Chem.*, **68** (12), 4815-4818.

35. Zurawinski, R., Nakamura, K., Drabowicz, J., Kiełbasinskia, P., and Mikołajczyk, M. (2001) Enzymatic desymmetrization of 2-amino-2-methyl-1,3-propanediol: asymmetric synthesis of ($S$)-$N$-Boc-$N$,$O$-isopropylidene-$\alpha$-methylserinal and (4$R$)-methyl-4-[2-(thiophen-2-yl)ethyl]oxazolidin-2-one. *Tetrahedron: Asymmetry*, **12** (22), 3139-3142.

36. Attolini, M., Iacazio, G., Peiffer, G., and Maffei, M. (2002) Enzymatic resolution of diethyl (3-hydroxy-1-butenyl) phosphonate. *Tetrahedron Lett.*, **43** (47), 8547-8549.

37. Mikołajczyk, M., Łuczak, J., and Kiełbasinski, P. (2002) Chemoenzymatic synthesis of phosphocarnitine enantiomers. *J. Org. Chem.*, **67** (22), 7872-7875.

38. Zhang, Y., Li, Z., and Yuan, C. (2002) Candida rugosa lipase-catalyzed enantioselective hydrolysis in organic solvents. Convenient preparation of optically pure 2-hydroxy-2-arylethanephosphonates. *Tetrahedron Lett.*, **43** (17), 3247-3249.

39. Xu, C. and Yuan, C. (2004) Enzymatic synthesis of optically active $\alpha$-chloro-$\delta$-hydroxy-$\beta$-ketoalkanephosphonates and reactions thereof. *Tetrahedron*, **60** (12), 3883-3892.

40. Zhang, Y., Li, J., and Yuan, C. (2003) Enzymatic synthesis of optically active trifluoromethylated 1- and 2-hydroxyalkanephosphonates. *Tetrahedron*, **59** (4), 473-479.

41. Yuan, C., Li, J., and Zhang, W. (2006) A facial chemoenzymatic method for the preparation of chiral 1,2-dihydroxy-3,3,3-trifluoropropanephosphonates. *J. Fluorine Chem.*, **127** (1), 44-47.

42. Zhang, Y., Xu, C., Li, J., and Yuan, C. (2003) Enzymatic synthesis of optically active $\delta$-hydroxy-$\beta$-ketoalkanephosphonates. *Tetrahedron: Asymmetry*, **14** (1), 63-70.

43. Attolini, M., Iacazio, G., Peiffer, G., Charmassona, Y., and Maffei, M. (2004) Enzymatic resolution of diethyl 3-hydroxycycloalkenyl phosphonates. *Tetrahedron: Asymmetry*, **15** (5), 827-830.

44. Woschek, A., Lindner, W., and Hammerschmidt, F. (2003) Enzymes in organic chemistry, 11. Hydrolase-catalyzed resolution of $\alpha$- and $\beta$-hydroxyphosphonates and synthesis of chiral, non-racemic $\beta$-aminophosphonic acids. *Adv. Synth. Catal.*, **345** (12), 1287-1298.

45. Drescher, M. and Hammerschmidt, F. (1997) The cause of the rate acceleration by diethyl ether solutions of lithium perchlorate (LPDE) in organic reactions. Application to high pressure synthesis. *Tetrahedron*, **53** (13), 4627-4648.

46. Drescher, M., Li, Y.F., and Hammerschmidt, F. (1995) Enzymes in organic chemistry, part 2: lipase-catalysed hydrolysis of 1-acyloxy-2-arylethylphosphonates and synthesis of phosphonic acid ana-

logues of L-phenylalanine and L-tyrosine. *Tetrahedron*, **51** (14), 4933-4946.

47. Wuggenig, F. and Hammerschmidt, F. (1999) Chemoenzymatic synthesis of α-aminophosphonic acids. *Phosphorus, Sulfur Silicon Relat. Elem.*, **147** (1), 439.

48. Hammerschmidt, F. and Wuggenig, F. (1998) Enzymes in organic chemistry VI [1]. Enantioselective hydrolysis of 1-chloroacetoxycycloalkylmethylphosphonates with lipase AP 6 from Aspergillus niger and chemoenzymatic synthesis of chiral, nonracemic 1-aminocyclohexylmethylphosphonic acids. *Monatsh. Chem.*, **129** (1), 423-436.

49. Huerta, F. F., Minidis, A. B. E., and Backvall, J. E. (2001) Racemisation in asymmetric synthesis. Dynamic kinetic resolution and related processes in enzyme and metal catalysis. *Chem. Soc. Rev.*, **30** (6), 321-331.

50. Solodenko, V. A. and Kukhar, V. P. (1989) Stereoselective papain-catalyzed synthesis of alafosfalin. *Tetrahedron Lett.*, **30** (49), 6917-6918.

51. Solodenko, V. A., Belik, M. Y., Galushko, S. V., Kukhar, V. P., Kozlova, E. V., Mironenko, D. A., and Svedas, V. K. (1993) Enzymatic preparation of both L-and D-enantiomers of phosphonic and phosphonous analogues of alanine using Penicillin acylase. *Tetrahedron: Asymmetry*, **4** (9), 1965-1968.

52. Solodenko, V. A., Kasheva, T. N., Kukhar, V. P., Kozlova, E. V., Mironenko, D. A., and Svedas, V. K. (1991) Preparation of optically active 1-aminoalkylphosphonic acids by stereoselective enzymatic hydrolysis of racemic N-acylated 1-aminoalkylphosphonic acids. *Tetrahedron*, **47** (24), 3989-3998.

53. Yuan, C., Xu, C., and Zhang, Y. (2003) Enzymatic synthesis of optically active 1-and 2-aminoalkanephosphonates. *Tetrahedron*, **59** (32), 6095-6102.

54. Natchev, I. A. (1989) Total synthesis and enzyme-substrate interaction of D-, DL-, and L-phosphinotricine, "bialaphos" (SF-1293) and its cyclic analogues. *J. Chem. Soc., Perkin Trans.* **1**, (1), 125-131.

55. Schweifer, A. and Hammerschmidt, F. (2008) On the conversion of structural analogues of (S)-2-hydroxypropylphosphonic acid to epoxides by the final enzyme of fosfomycin biosynthesis in S. fradiae. *Bioorg. Med. Chem. Lett.*, **18** (10), 3056-3059.

56. Hammerschmidt, F. (1993) Biosynthesis of natural products with a P—C bond: incorporation of d-[1-$H1$] glucose into 2-aminoethylphosphonic acid in tetmmena thermophila and of d-[1-$H1$] glucose and 1∼methionine into fosfomycin in Sreptomyces fradiae. *Phosphorus, Sulfur Silicon Relat. Elem.*, **76** (1-4), 111-114.

57. McQueney, M. S., Lee, S., Swartz, W. H., Ammon, H. L., Mariano, S., and Dunaway-Mariano, D. (1991) Evidence for an intramolecular, stepwise reaction pathway for PEP phosphomutase catalyzed phosphorus-carbon bond formation. *J. Org. Chem.*, **56** (25), 7121-7130.

58. Yokomatsu, T., Sato, M., and Shibuya, S. (1996) Lipase-Catalyzed Enantioselective Acylation of Prochiral 2-(ω-Phosphono) alkyl-1,3-Propanediols: Application to the Enantioselective Synthesis of ω-Phosphono-α-Amino Acids. *Tetrahedron: Asymmetry*, **7** (9), 2743-2754.

59. Hammerschmidt, F. (1994) Einbau von L- [Methyl-$2H_3$] methionin und 2-[Hydroxy-$^{18}O$]hydroxyethylphosphonsaure in Fosfomycin in Streptomyces fradiae-ein ungewohnlicher Methyltransfer. *Angew. Chem.*, **106** (3), 334-335.

60. Hammerschmidt, F. (1991) Biosynthesis of natural products with a P—C bond. Part 8: on the origin of the oxirane oxygen atom of fosfomycin in Streptomyces fradiae. *J. Chem. Soc., Perkin Trans.* 1, (8), 1993-1996.

61. Freeman, S., Seidel, H. M., Schwalbe, C. H., and Knowles, J. R. (1989) Phosphonate biosynthesis: the sterochemical course of phosphoenolpyruvate phosphomutase. *J. Am. Chem. Soc.*, **111** (26), 9233-9234.

62. Hidaka, T. and Seto, H. (1989) Biosynthesis mechanism of carbon-phosphorus bond formation. Isolation of carboxyphosphonoenolpyruvate and its conversion to phosphinopyruvate. *J. Am. Chem. Soc.*, **111** (20), 8012-8013.

63. Hammerschmidt, F. (1988) Synthese der (R)-und (S)-(2-Amino[2-D1]ethyl) phosphonsaure und Hydroxylierung zu (2-Amino-1-hydroxyethyl) phosphonsaure in Acanthamoeba castellanii (Neff). *Liebigs Ann. Chem.*, (10), 961-964.

64. Hammerschmidt, F. (1991) Markierte Vertreter eines m6glichen Zwischenprodukts der Biosynthese yon Fosfomycin in Streptomyces fradiae: Darstellung von (R,S)-(2-Hydroxypropyl)-, (R,S)-, (R)-, (S)-(2-Hydroxy-1,1-2H$_2$]propyl)-and(R,S)-(2-[$^{18}$O] Hydroxypropyl) phosphonsaiure. *Monatsh. Chem.*, **122**, 389-398.

65. Kiełbasinski, P., Zurawinski, R., Albrycht, M., and Mikołajczyk, M. (2003) The first enzymatic desymmetrizations of prochiral phosphine oxides. *Tetrahedron: Asymmetry*, **14**, 3379-3384.

66. Woschek, A., Wuggenig, F., Peti, W., and Hammerschmidt, F. (2002) On the transformation of (S)-2-hydroxypropylphosphonic acid into fosfomycin in Streptomyces fradiae—A unique method of epoxide ring formation. *ChemBioChem*, **3** (9), 829-835.

67. Simov, B. P., Wuggenig, F., Lämmerhofer, M., Lindner, W., Zarbl, E., and Hammerschmidt, F. (2002) Indirect evidence for the biosynthesis of (1S,2S)-1,2-epoxypropylphosphonic acid as a co-metabolite of fosfomycin[(1R,2S)-1,2-epoxypropylphosphonic acid] by Streptomyces fradiae. *Eur. J. Org. Chem.*, 2002 (7), 1139-1142.

68. Munos, J. W., Moon, S. J., Mansoorabadi, S. O., Chang, W., Hong, L., Yan, F., Liu, A., and Liu, H. W. (2002) Indirect evidence for the biosynthesis of (1S,2S)-1,2-epoxypropylphosphonic acid as a co-metabolite of fosfomycin[(1R,2S)-1,2-epoxypropylphosphonic acid] by Streptomyces fradiae. *Eur. J. Org. Chem.*, 2002 (7), 1139-1142.

69. Yan, F., Moon, S. J. L., Zhao, Z., Lipscomb, J. D., Liu, A., and Liu, H. W. (2007) Determination of the substrate binding mode to the active site iron of (S)-2-hydroxypropylphosphonic acid epoxidase using $^{17}$O-enriched substrates and substrate analogues. *Biochemistry*, **46** (44), 12628-12638.

70. Krasinski, G., Cypryk, M., Kwiatkowska, M., Mikołajczyk, M., and Kiełbasinski, P. (2012) Molecular modeling of the lipase-catalyzed hydrolysis of acetoxymethyl (i-propoxy) phenylphosphine oxide and its P-borane analogue. *J. Mol. Graphics Modell.*, **38**, 290-297.

71. Kiełbasiński, P. and Mikołajczyk, M. (2007) Future Directions in Biocatalysis, (ed. T. Matsuda) Chapter 9, pp. 159-203.

72. Shioji, K., Kurauchi, Y., and Okuma, K. (2003) Novel synthesis of P-chiral hydroxymethylphosphine-boranes through lipase-catalyzed optical resolution. *Bull. Chem. Soc. Jpn.*, **76** (4), 833-834.

73. Kiełbasinski, P., Albrycht, M., Zurawinski, R., and Mikołajczyk, M. (2006) Lipase-mediated kinetic resolution of racemic and desymmetrization of prochiral organophosphorus P-boranes. *J. Mol. Catal. B*, **39** (1-4), 45-49.

74. Kwiatkowska, M., Krasiński, G., Cypryk, M., Cierpiał, T., and Kiełbasiński, P. (2011) Lipase-mediated stereoselective transformations of chiral organophosphorus P-boranes revisited: revision of the absolute configuration of alkoxy (hydroxymethyl) phenylphosphine P-boranes. *Tetrahedron: Asymmetry*, **22** (14-15), 1581-1590.

75. Wiktelius, D., Johansson, M. J., Luthman, K., and Kann, N. (2005) A biocatalytic route to P-chirogenic compounds by lipase-catalyzed desymmetrization of a prochiral phosphine-borane. *Org. Lett.*, **7** (22), 4991-4994.

76. Willms, L., Fulling, G., and Keller R. (1998) Process for the enzymatic resolution of 2-amino-4-methyl-phosphinobutyric acid derivatives. US Patent 5879930 A, Feb. 9, 1998, http://www.google.com/patents/US5879930 (accessed 24 May 2016).

77. Yamagishi, T., Mori, J.-I., Haruki, T., and Yokomatsu, T. (2011) A chemo-enzymatic synthesis of optically active 1,1-diethoxyethyl (aminomethyl) phosphinates: useful chiral building blocks for phosphinyl dipeptide isosteres. *Tetrahedron: Asymmetry*, **22**, 1358-1363.

78. Albrycht, M., Kiełbasinski, P., Drabowicz, J., Mikołajczyk, M., Matsuda, T., Harada, T., and Nakamura, K. (2005) Supercritical carbon dioxide as a reaction medium for enzymatic kinetic resolution of P-chiral hydroxymethanephosphinates. *Tetrahedron: Asymmetry*, **16** (11), 2015-2018.

79. Shioji, K., Ueyama, T., Ueda, N., Mutoh, E., Kurisaki, T., Wakita, H., and Okuma, K. (2008) Evaluation of enantioselectivity in lipase-catalyzed acylation of hydroxyalkylphosphine oxides. *J. Mol. Catal. B: Enzym.*, **55** (3-4), 146-151.

80. Kiełbasiński, P., Żurawiński, R., Pietrusiewicz, K. M., Zabłocka, M., and Mikołajczyk, M. (1998) Synthesis of P-chiral, non-racemic phosphinylacetates via enzymatic resolution of racemates. *Pol. J. Chem.*, **72** (3), 564-572.

81. Li, Y., Aubert, S. D., Maes, E. G., and Raushel, F. M. (2004) Enzymatic resolution of chiral phosphinate esters. *J. Am. Chem. Soc.*, **126**, 8888-8889.

82. Tsai, P.-C., Bigley, A., Li, Y., Ghanem, E., Cadieux, C. L., Kasten, S. A., Reeves, T. E., Cerasoli, D. M., and Raushel, F. M. (2010) Stereoselective hydrolysis of organophosphate nerve agents by the bacterial phosphotriesterase. *Biochemistry*, **49**, 7978-7987.

83. Kim, J., Tsai, P.-C., Chen, S.-L., Himo, F., Almo, S. C., and Raushel, F. M. (2008) Structure of diethyl phosphate bound to the binuclear metal center of phosphotriesterase. *Biochemistry*, **47**, 9497-9504.

84. Li, Y., Aubert, S. D., and Raushel, F. M. (2003) Operational control of stereoselectivity during the enzymatic hydrolysis of racemic organophosphorus compounds. *J. Am. Chem. Soc.*, **125**, 7526-7527.

85. Li, W. S., Li, Y., Hill, C. M., Lum, K. T., and Raushel, F. M. (2002) Enzymatic synthesis of chiral organophosphothioates from prochiral precursors. *J. Am. Chem. Soc.*, **124**, 3498-3499.

86. Nowlan, C., Li, Y., Hermann, J. C., Evans, T., Carpenter, J., Ghanem, E., Shoichet, B. K., and Raushel, F. M. (2006) Resolution of chiral phosphate phosphonate and phosphinate esters by an enantioselective enzyme library. *J. Am. Chem. Soc.*, **128**, 15892-15902.

87. Mikołajczyk, M., Łuczak, J., Kiełbasinski, P., and Colonna, S. (2009) Biocatalytic oxidation of thiophosphoryl compounds: a new chemoenzymatic approach to enantiomeric insecticidal thionophosphates and their oxons. *Tetrahedron: Asymmetry*, **20**, 1948-1951.

88. Kiełbasiński, P., Rachwalski, M., Kwiatkowska, M., Mikołajczyk, M., Wieczorek, W. M., Szyreń, M., Sieroń, L., and Rutjes, F. P. J. T. (2007) Enzyme-promoted desymmetrisation of prochiral bis(cyanomethyl) phenylphosphine oxide. *Tetrahedron: Asymmetry*, **18**, 2108-2112.

89. Kielbasinski, P. and Mikołajczyk, M. (1996) Enzymatic synthesis of chiral, non-racemic phosphoryl compounds. *Phosphorus, Sulfur Silicon Relat. Elem.*, 109-110 (1-4), 497-500.

90. Matsuda, T., Harada, T., Nakamura, K., and Ikariya, T. (2005) Asymmetric synthesis using hydrolytic enzymes in supercritical carbon dioxide. *Tetrahedron: Asymmetry*, **16** (5), 909-915.

91. Baudequin, C., Bregeon, D., Levillain, J., Guillen, F., Plaquevent, J.-C., and Gaumont, A.-C. (2005) Chiral ionic liquids, a renewal for the chemistry of chiral solvents? Design, synthesis and applications for chiral recognition and asymmetric synthesis. *Tetrahedron: Asymmetry*, **16** (24), 3921-3945.

92. Kielbasinski, P., Albrycht, M., Luczak, J., and Mikołajczyk, M. (2002) Enzymatic reactions in ionic liquids: lipase-catalysed kinetic resolution of racemic, P-chiral hydroxymethanephosphinates and hydroxymethylphosphine oxides. *Tetrahedron: Asymmetry*, **13**, 735-738.

93. Kielbasinski, P., Omelanczuk, J., and Mikołajczyk, M. (1998) Lipase-promoted kinetic resolution of racemic, P-chiral hydroxymethylphosphonates and phosphinates. *Tetrahedron: Asymmetry*, **9** (18), 3283-3287.

94. Serreqi, N. A. and Kazlauskas, R. J. (1994) Kinetic resolution of phosphines and phosphine oxides with phosphorus stereocenters by hydrolases. *J. Org. Chem.*, **59** (25), 7609-7615.

95. Faure, B., Iacazio, G., and Maffei, M. (2003) First enzymatic resolution of a phosphane-borane complex. *J. Mol. Catal. B*, **26** (1-2), 29-33.

96. Wiktelius, D., Johansson, M. J., Luthman, K., and Kann, N. (2005) Gallium (III) chloride-catalyzed double insertion of isocyanides into epoxides. *Org. Lett.*, **7** (26), 4991-4993.

97. Borges, K. B., Borges, W. S., Durán-Patrón, R., Pupo, M. T., Bonato, P. S., and Collado, I. G. (2009) Stereoselective biotransformations using fungi as biocatalysts. *Tetrahedron: Asymmetry*, **20** (4), 385-397.

98. Zymanczyk-Duda, E., Lejczak, B., Kafarski, P., Grimaud, J., and Fischer, P. (1995) Enantioselective reduction of diethyl 2-oxoalkylphosphonates by baker's yeast. *Tetrahedron*, **51** (43), 11809-11814.

99. Zymanczyk-Duda, E. (2008) Biocatalyzed reactions in optically active phosphonate synthesis. *Phosphorus, Sulfur Silicon Relat. Elem.*, **183** (2-3), 369-382.

100. Kafarski, P. and Lejczak, B. (2004) Application of bacteria and fungi as biocatalysts for the preparation of optically active hydroxyphosphonates. *J. Mol. Catal. B*, **29** (1-6), 99-104.

101. Yuan, C. Y., Wang, K., and Li, Z. Y. (2001) Enantioselective reduction of 2-keto-3-haloalkane phosphonates by Baker's yeast. *Heteroat. Chem*, **12** (6), 551-556.

102. Wang, K., Li, J.-F., Yuan, C. Y., and Li, Z. Y. (2002) Regio-and stereoselective bioreduction of diketo-*n*-butylphosphonate by Bakers yeast. *Chin. J. Chem.*, **20** (11), 1379-1387.

103. Zymanczyk-Duda, E., Brzezinska-Rodak, M., and Lejczak, B. (2000) Reductive biotransformation of diethyl β-, γ-and δ-oxoalkylphosphonates by cells of baker's yeast. *Enzyme Microb. Technol.*, **26** (2-4), 265-270.

104. Ziora, Z., Maly, A., Lejczak, B., Kafarski, P., Holband, J., and Wojcik, G. (2000) Reactions of N-phthalylamino acid chlorides with trialkyl phosphites. *Heteroat. Chem.*, **11**, 232-239.

105. Zymanczyk-Duda, E., Brzezinska-Rodak, M., and Lejczak, B. (2004) Stereochemical control of asymmetric hydrogen transfer employing five different kinds of fungi in anhydrous hexane. *Enzyme Microb. Technol.*, **34** (6), 578-582.

106. Zymanczyk-Duda, E. and Klimek-Ochab, M. (2012) Stereoselective biotransformations as an effective tool for the synthesis of chiral compounds with P—C bond-Scope and limitations of the methods. *Curr. Org. Chem.*, **16**, 1408.

107. Zymanczyk-Duda, E., Klimek-Ochab, M., Kafarski, P., and Lejczak, B. (2005) Stereochemical control of biocatalytic asymmetric reduction of diethyl 2-oxopropylphosphonate employing yeasts. *J. Organomet. Chem.*, **690** (10), 2593-2596.

108. Majewska, P., Kafarski, P., Lejczak, B., Bryndal, I., and Lis, T. (2006) An approach to the synthesis and assignment of the absolute configuration of all enantiomers of ethyl hydroxy (phenyl) methane (P-phenyl) phosphinate. *Tetrahedron: Asymmetry*, **17** (18), 2697-2701.

109. Wang, K., Li, Z., and Yuan, C. (2002) Enantioselective reduction of 2-ketoalkanephosphonate by Baker's yeast. *Phosphorus, Sulfur Silicon Relat. Elem.*, **177** (6), 1797-1800.

110. Attolini, M., Bouguir, F., Iacazio, G., Peiffer, G., and Maffei, M. (2001) Enantioselective synthesis of cyclic dialkyl (3-hydroxy-1-alkenyl) phosphonates by Baker's yeast-mediated reduction of the corresponding enones. *Tetrahedron*, **57** (3), 537-543.

111. Górak, M. and Zymańczyk-Duda, E. (2015) Application of cyanobacteria for chiral phosphonate synthesis. *Green Chem.*, **17**, 4570-4578.

112. Pedragosa-Moreau, S., Archelas, A., and Furstoss, R. (1996) Microbiological transformation 32: use of epoxide hydrolase mediated biohydrolysis as a way to enantiopure epoxides and vicinal diols: application to substituted styrene oxide derivatives. *Tetrahedron*, **52** (13), 4593-4606.

113. Majewska, P. (2015) Biotransformations of 2-hydroxy-2-(ethoxyphenylphosphinyl) acetic acid and the determination of the absolute configuration of all isomers. *Bioorg. Chem.*, **61** (1), 28-35.

114. Klimek-Ochab, M., Zymanczyk-Duda, E., Brzezinska-Rodak, M., Majewska, P., and Lejczak, B. (2008) Effective fungal catalyzed synthesis of P-chiral organophosphorus compounds. *Tetrahedron: Asymmetry*, **19** (4), 450-453.

115. Brzezińska-Rodak, M., Klimek-Ochab, M., Zymańczyk-Duda, E., and Kafarski, P. (2011) Biocatalytic resolution of enantiomeric mixtures of 1-aminoethanephosphonic acid. *Molecules*, **16**, 5896-5904.

116. Zymanczyk-Duda, E., Brzezińska-Rodak, M., Kozyra, K., and Klimek-Ochab, M. (2015) Fungal platform for direct chiral phosphonic building blocks production. Closer look on conversion pathway. *Appl. Biochem. Biotechnol.*, **175**, 1403-1411.

117. Skwarczynski, M., Lejczak, B., and Kafarski, P. (1999) Enantioselective hydrolysis of 1-butyryloxyalkylphosphonates by lipolytic microorganisms: pseudomonas fluorescens and Penicillium citrinum. *Chirality*, **11** (2), 109-114.

118. Then, J., Aretz, W., and Sauber, K. (1996) Process for the preparation of L-phosphinothricin using transaminases of different specificities in a linked process. US Patent 5587319, https://www.google.ch/patents/US5587319 (accessed 24 May 2016).

119. Zimmermann, G., Maier, J., and Gloger, M. (1989) Process for the preparation of stereoisomers of 1-aminoalkylphosphonic and phosphinic acids. US Patent 4859602, http://www.google.ch/patents/US4859602 (accessed 24 May 2016).

120. Lejczak, B., Haliniarz, E., Skwarczynski, M., and Kafarski, P. (1996) The use of lypolitic microorganisms Pseudomonas fluorescens and Penicillium citrinum for the preparation of optically active 1-hydroxyalkylphosphonates. *Phosphorus, Sulfur Silicon Relat. Elem.*, **111** (1-4), 86-87.

# 索引

## A

| | |
|---|---|
| 氨基膦硼烷 | 58 |
| α-氨基膦酸酯 | 128 |
| 氨基羟基化 | 200 |
| 氨基羟基膦酸酯 | 199 |
| 氨基酸 | 254，266 |
| α-氨基烷基膦酸酯 | 98 |
| 胺化 | 210 |

## B

| | |
|---|---|
| N-苄氧基羰基胺基膦酸酯 | 180 |
| L-薄荷醇 | 72 |
| 薄荷基亚膦酸盐 | 73 |
| 薄荷基亚膦酸酯硼烷 | 44 |
| 不饱和膦酸酯 | 179 |
| α,β-不饱和醛不对称氢膦化反应 | 261 |
| α,β-不饱和酮膦酸酯 | 206 |
| 不对称催化还原 | 193 |
| 不对称催化加氢 | 179 |
| 不对称二羟基化 | 200 |
| 不对称 Stetter 反应 | 259 |
| 不对称 Kabachnik-Fields 反应 | 251 |
| 不对称芳基化 | 203 |
| 不对称共轭加成 | 263 |
| 不对称合成 | 5，26 |
| 不对称化合物 | 7，8 |
| 不对称还原 | 140 |
| 不对称环加成 | 151 |
| 不对称环境 | 184 |
| 不对称环氧化 | 148 |
| 不对称 Michael 加成反应 | 101，137 |
| 不对称加氢 | 190 |
| 不对称金属配合物催化 | 178 |
| 不对称亲电取代 | 66 |
| 不对称氢化硅烷化反应 | 284 |
| 不对称氢磷化 | 214 |
| 不对称氢磷酰化反应 | 247 |
| 不对称氰化反应 | 271 |
| 不对称生物催化 | 298 |
| 不对称烷基化 | 203 |
| 不对称 Friedel-Crafts 烷基化反应 | 206 |
| 不对称氧化 | 64，146，199 |
| 不对称诱导 | 25 |
| 1,4-不对称诱导 | 102 |
| 不对称转化 | 26 |

## C

| | |
|---|---|
| 超临界二氧化碳 | 321 |
| Mannich/Wittig 串联反应 | 275 |
| 次膦配体 | 6 |
| 催化亲电取代 | 206 |
| BINOL 催化剂 | 155 |
| Claisen 重排 | 106 |

## D

| | |
|---|---|
| 氮杂-Henry 反应 | 239，274 |
| 氮杂-Morita-Baylis-Hillman 反应 | 275 |
| 低配位磷配体 | 36 |
| 对映纯 | 8 |
| 对映体 | 8 |
| 对映体拆分 | 311 |
| 对映选择性 | 191 |
| 对映选择性胺化 | 211 |
| 对映选择性反应 | 5，26 |
| 对映选择性合成 | 8，26 |

对映选择性烯化 ················ 108
对映选择性有机催化 ··············· 8
对映异构体 ··················· 8
多重立体选择性 ··············· 153
儿茶酚硼烷 ················· 194
二氨基甲基丙二腈 ············· 247
二薄荷基酮磷酸酯 ············· 195
二羟基膦酸酯 ··············· 199
二氢奎宁 ··············· 254，265
噁唑啉膦 ·················· 203
噁唑磷烷 ··················· 63
噁唑硼烷 ·················· 194

### F

Abramov 反应 ············ 98，213
Baylis-Hillman 反应 ··········· 239
Horner-Wittig 反应 ············ 101
Kabachnik-Fields 反应 ···· 125，218，252
Michaelis-Arbuzov 反应 ·········· 67
Mosher 方法 ················· 21
Mosher-Kusumi 法 ············· 21
MTPA 法 ·················· 23
P-Wittig 反应 ················ 37
Sharpless 反应 ·············· 199
$S_NP$ 反应 ·················· 42
Wittig 反应 ················ 101
方酰胺 ···················· 272
非对映选择性 ················ 191
非对映异构体 ·················· 8
氟化氨基膦酸 ················ 133
P-氟叶立德 ·················· 71
脯氨酸 ················· 239，266
脯氨酸及其衍生物 ············· 242
脯氨酸衍生物 ··············· 259
L-脯氨酰胺 ················· 268

### G

Haynes 共轭加成 ············· 136
光学纯 ······················ 8

Kazlauskas 规则 ·············· 299
Prelog 规则 ················ 299

### H

Smith 合成 ················· 127
环丙烷化反应 ················ 104
Diels-Alder 环加成 ········ 152，225
环加成反应 ················· 225

### J

TADDOL 及其衍生物 ············ 242
Michael 加成 ················ 239
Brønsted 碱 ················ 257
酵母催化合成 ··············· 331
金鸡纳生物碱 ······ 240，243，248，254
金鸡纳有机催化剂 ············· 155
绝对构型 ···················· 5

### K

奎宁 ····················· 239

### L

镧系元素配合物 ··············· 13
铑催化剂 ·················· 180
DIPAMP 类似物 ··············· 47
联萘衍生物 ················· 242
钌配合物 ·················· 192
磷-Henry 反应 ··············· 273
磷-Mannich 反应 ······ 98，113，218，248
磷-Michael 反应 ······· 113，136，220，
                                  254，260，265
磷霉素 ············ 97，200，313，317
磷-羟醛反应 ··· 112，114，121，212，243
磷-羟醛加成反应 ··············· 98
磷-硝基醛 ·················· 273
磷叶立德 ·················· 274
膦硼烷 ·················· 6，283
膦酰基氮丙啶 ················ 199
膦酰基环氧化合物 ············· 199

N-膦酰基噁唑烷酮 ·········· 55
膦-亚膦酸盐配体 ·········· 184
膦-亚膦酰胺配体 ·········· 186
硫脲有机催化 ············ 242
氯膦硼烷 ················ 60

## M

麻黄碱 ·················· 56
酶促拆分 ················ 308
酶促合成 ················ 317
酶催化 ·················· 298
酶生物催化 ·············· 178
酶水解 ·················· 302

## P

BINAP-Ru 配合物 ·········· 191
salalen 配体 ············· 215
TangPhos 配体 ············ 285
硼氢化物 ················ 195

## Q

前手性 ·················· 9
α-羟基膦酸酯 ············ 302
β-羟基膦酸酯 ············ 313
羟基膦酸酯 ······ 191，193，195
Mukaiyama 羟醛反应 ······· 270
羟醛缩合方法 ············ 239
亲电不对称催化 ·········· 202
亲核取代反应 ············ 70
亲核试剂 ················ 262

## S

4-噻唑烷基膦酸酯 ········ 218
三喹磷烷 ················ 78
X 射线晶体分析 ·········· 19
生物催化 ············ 8，298
生物催化反应 ············ 330
生物催化还原 ············ 193
生物催化环氧化 ·········· 319
生物催化氧化 ············ 324
生物催化酯交换法 ········ 310
生物合成 ················ 317
生物碱 ·················· 239
Wittig 试剂 ·············· 327
手性 ················ 4，8
手性胺 ·················· 53
手性钯（二膦）配合物 ···· 205
手性次膦配体 ············ 184
P-手性二氨基膦氧化物 ···· 56
手性二胺 ················ 276
手性二茂铁配体 ·········· 181
手性高效液相色谱法 ······ 17
手性胍 ·················· 258
手性胍盐有机催化剂 ······ 243
手性环钯配合物 ·········· 222
手性 Schiff 碱 ··········· 125
P-手性磷化合物 ·········· 35
手性 BINOL 膦酸酯 ········ 110
手性膦氧化物 ········ 246，326
手性硫脲 ················ 272
手性 P-OP 配体 ··········· 184
手性气相色谱法 ·········· 16
手性羟基膦酸酯 ·········· 191
手性溶剂 ················ 11
手性生物碱 ·············· 254
手性叔萘基膦 ············ 327
手性叔烯胺亚磷酸盐 ······ 222
手性双环磷烷 ············ 81
手性 Brønsted 酸 ········· 251
手性 Lewis 酸催化 ········ 202
手性铜-亚砜酰亚胺 ······· 208
手性衍生试剂 ············ 14
手性助剂 ············ 8，44
手性噁唑硼烷 ············ 197
叔膦 ···················· 202
双氨基膦酸酯 ············ 128
双丙氨膦 ················ 318
双齿膦配体 ·············· 182

双核锌配合物 223
双磷酸酯 97, 265
双膦硼烷 283
双膦酸酯衍生物 265
双噁唑啉配体 210

## T

天然 (R,R)-(+)-酒石酸 195
酮磷酸酯 145, 190, 195
α-酮膦酸酯 266
β-酮膦酸酯 208
β-酮酯 265

## W

外消旋体 9
外消旋仲膦化合物 202
烷氧基鳞盐 65
α-烷氧膦硼烷 278
微生物合成 330

## X

细菌合成 337
硝基膦酸酯 256

β-硝基膦酸酯 224
辛可尼丁硫脲 245
Mannich 型反应 239
C-修饰 150

## Y

α-亚胺膦酸酯 271
亚膦酸盐 323
P-叶立德 274
乙烯基膦酸酯 187, 225
异丙甲草胺 178
鹰爪豆碱 239, 283
有机催化 178, 239

## Z

杂 Diels-Alder 反应 226, 227
N-杂环卡宾 243
N-杂环卡宾配体 222
振动圆二色（VCD） 77
脂肪酶拆分外消旋体 300
[2,3]-Wittig 重排 107
阻转异构二膦配体 97